Michel Marie Jullien

PROBLÈMES DE MÉCANIQUE RATIONNELLE

DISPOSÉS
POUR SERVIR D'APPLICATIONS AUX PRINCIPES ENSEIGNÉS
DANS LES COURS

Tome II

Elibron Classics
www.elibron.com

Elibron Classics series.

ISBN 0-543-84048-4 (paperback)
ISBN 0-543-84047-6 (hardcover)

This Elibron Classics Replica Edition is an unabridged facsimile of the edition published in 1867 by Gauthier-Villars, Paris.

PROBLÈMES

DE

MÉCANIQUE RATIONNELLE.

PARIS. — IMPRIMERIE DE GAUTHIER-VILLARS,
Rue de Seine Saint-Germain, 10, près l'Institut.

PROBLÈMES

DE

MÉCANIQUE RATIONNELLE

DISPOSÉS

POUR SERVIR D'APPLICATIONS AUX PRINCIPES ENSEIGNÉS
DANS LES COURS;

PAR LE P. M. JULLIEN,

DE LA COMPAGNIE DE JÉSUS.

Omnia in mensura, et numero, et pondere
disposuisti.. quoniam tanquam momentum
stateræ sic est ante te orbis terrarum.
SAP. XI, 21, 23.

DEUXIÈME ÉDITION.

TOME SECOND.

PARIS,

GAUTHIER-VILLARS, IMPRIMEUR-LIBRAIRE
DU BUREAU DES LONGITUDES, DE L'ÉCOLE IMPÉRIALE POLYTECHNIQUE,
SUCCESSEUR DE MALLET-BACHELIER,
Quai des Augustins, 55.

1867

TABLE DES MATIÈRES.

DYNAMIQUE.

(Suite.)

CHAPITRE VIII.

CHAPITRE IX.

CHAPITRE X.

COMPLÉMENT

AUX

QUESTIONS DE STATIQUE.

HYDROSTATIQUE.

CHAPITRE PREMIER.

CHAPITRE II.

CHAPITRE III.

HYDRODYNAMIQUE.

CHAPITRE PREMIER.

FIN DE LA TABLE DES MATIÈRES DU TOME SECOND.

PROBLÈMES

DE

MÉCANIQUE RATIONNELLE.

DYNAMIQUE.

(SUITE.)

CHAPITRE V.

PRINCIPE DE D'ALEMBERT.

D'Alembert donna le premier une méthode générale pour déterminer le mouvement d'un système de points matériels sollicités par des forces quelconques (*). Voici comment il expose sa méthode dans son *Traité de Dynamique*, publié en 1743 (IIe partie, chap. 1).

PROBLÈME GÉNÉRAL.

« *Soit donné un système de corps disposés les uns par*
» *rapport aux autres d'une manière quelconque; et sup-*
» *posons qu'on imprime à chacun de ces corps un mou-*
» *vement particulier, qu'il ne puisse suivre à cause de*
» *l'action des autres corps. Trouver le mouvement que*
» *chaque corps doit prendre.*

(*) Ce principe fut formulé pour la première fois dans un Mémoire présenté à l'Académie des Sciences, vers la fin de l'année 1742.

Solution.

» Soient A, B, C, etc., les corps qui composent le
» système, et supposons qu'on leur ait imprimé les mou-
» vements $\mathcal{A}$, $\mathcal{B}$, $\mathcal{C}$, etc., qu'ils soient forcés, à cause de
» leur action mutuelle, de changer dans les mouvements
» a, b, c, etc. Il est clair qu'on peut regarder le mouve-
» ment $\mathcal{A}$ imprimé au corps A comme composé du mou-
» vement a qu'il a pris et d'un autre mouvement α ; qu'on
» peut de même regarder les autres mouvements $\mathcal{B}$,
» $\mathcal{C}$, etc., comme composés des mouvements b, β ; c,
» $\varkappa$, etc. ; d'où il suit que le mouvement des corps A,
» B, C, etc., entre eux aurait été le même si, au lieu de
» leur donner les impulsions $\mathcal{A}$, $\mathcal{B}$, $\mathcal{C}$, etc., on leur eût
» donné à la fois les doubles impulsions a, α ; b, β ; c,
» $\varkappa$, etc. Or, par la supposition, les corps A, B, C, etc.,
» ont pris d'eux-mêmes les mouvements a, b, c, etc ; donc
» les mouvements α, β, $\varkappa$, etc., doivent être tels, qu'ils
» ne dérangent rien dans les mouvements a, b, c, etc.,
» c'est-à-dire que si les corps n'avaient reçu que les mou-
» vements α, β, $\varkappa$, etc., ces mouvements auraient dû se
» détruire mutuellement, et le système demeurer en repos.

» De là résulte le principe suivant, pour trouver le mou-
» vement de plusieurs corps qui agissent les uns sur les
» autres. *Décomposez les mouvements $\mathcal{A}$, $\mathcal{B}$, $\mathcal{C}$, etc.,*
» *imprimés à chaque corps, chacun en deux autres a, α ;*
» *b, β ; c, $\varkappa$, etc., qui seront tels, que, si l'on n'eût im-*
» *primé aux corps que les mouvements a, b, c, etc., ils*
» *eussent pu conserver ces mouvements sans se nuire ré-*
» *ciproquement, et que, si on ne leur eût imprimé que*
» *les mouvements α, β, $\varkappa$, etc., le système fût demeuré*
» *en repos ; il est clair que a, b, c, etc., seront les mou-*
» *vements que ces corps prendront en vertu de leur ac-*
» *tion.* Ce qu'il fallait trouver. »

Il paraît qu'avant d'Alembert, Fontaine avait aperçu le principe qui nous occupe; car dans la *Table des Mémoires* de Fontaine, qui précède son *Traité de Calcul différentiel et intégral* (p. 3), nous trouvons qu'il avait communiqué ce principe à l'Académie en 1739. Toutefois, les idées de Fontaine sur ce sujet ne furent publiées que longtemps après l'apparition du *Traité de Dynamique*, et d'Alembert a certainement l'honneur d'avoir montré la merveilleuse fécondité du principe. Une des plus belles applications qu'il en fit eut pour résultat la solution complète du problème de la précession des équinoxes, problème qui jusqu'à cette époque avait résisté aux efforts réunis d'un grand nombre de géomètres et de Newton lui-même.

On peut encore voir l'origine de la découverte de d'Alembert dans un Mémoire de Jacques Bernoulli publié en 1686 dans les *Acta eruditorum*, sous le titre : *Narratio controversiæ inter Dn. Hugenium et Abbatem Catelanum agitatæ de centro oscillationis, etc.* (*). Il s'agissait du pendule composé. Bernoulli commit une méprise dans la solution; néanmoins il montra comment un problème de Dynamique peut se ramener à un problème de Statique, ce qui est le fond de la méthode de d'Alembert (**).

(*) Jacques Bernoulli, *Opera*, t. I, p. 277.

(**) Voici le raisonnement de Bernoulli :

Soient A, A' deux poids égaux liés à une droite rigide et libre de tourner dans un plan vertical autour de son extrémité; le premier de ces poids sera le plus éloigné de l'extrémité fixe. Le système étant écarté de la verticale, on l'abandonne à lui-même. Soient r et r' les distances des poids au point de suspension, v et v' les vitesses de ces poids correspondantes à une position du système choisie à volonté, u et u' les vitesses qu'auraient ces deux corps aux mêmes points s'ils étaient descendus dans les mêmes circonstances initiales en formant chacun un pendule séparé. La liaison du système a fait acquérir au corps A la vitesse $v - u$, et au corps B la vitesse négative $-(u' - v')$; or ces vitesses acquises doivent se faire équilibre en vertu de la liaison, laquelle constitue un levier; donc

On trouvera de plus amples développements sur ce point de l'histoire des sciences dans la *Mécanique analytique* de Lagrange, IIe partie, 1re section, et dans l'*Histoire des Mathématiques* de Montucla, IVe partie, VIIe livre, § 3, et V[e] partie, IIIe livre, § 4. Dans les Traités modernes, on énonce le principe de d'Alembert sous l'une des formes suivantes :

Lorsqu'un système matériel est en mouvement sous l'action de forces quelconques, les forces qui seraient capables de produire le mouvement observé, si tout le système était libre, font équilibre, en vertu des liaisons, aux forces réellement appliquées prises en sens contraires.

Lorsqu'un système matériel est en mouvement sous l'action de forces quelconques, les forces perdues se font équilibre au moyen des liaisons.

Souvent, pour abréger, on nomme *forces effectives* les forces qui produiraient le mouvement observé si tout le système était libre.

SECTION I.

MOUVEMENT D'UN POINT MATÉRIEL.

1. Nous allons d'abord *déterminer le mouvement d'un point matériel assujetti à rester dans l'intérieur d'un tube qui change à chaque instant de position et même de forme.*

Nous supposerons le tube assez étroit pour que le point

$v - u : u' - v' :: r' : r$. Telle est la relation qui détermine le mouvement du système.

Si Bernoulli eût remplacé les vitesses acquises pendant un temps fini par les vitesses acquises pendant un temps infiniment petit, $\frac{dv}{dt}, \frac{dv'}{dt}$, son raisonnement eût été une application exacte du principe attribué à d'Alembert.

matériel ne puisse pas osciller transversalement dans son intérieur, et nous négligerons le frottement. L'axe de ce tube pourra former une courbe à double courbure.

Rapportons le système à trois axes rectangulaires fixes dans l'espace. Soient :

x, y, z les coordonnées du point matériel à l'époque t;

$x + dx$, $y + dy$, $z + dz$ les coordonnées du même point à l'époque infiniment voisine $t + dt$;

$x + \delta x$, $y + \delta y$, $z + \delta z$ les coordonnées d'un point du tube infiniment voisin du point (x, y, z);

X, Y, Z les composantes parallèles aux axes des forces accélératrices extérieures qui sollicitent le point matériel.

Donnons au point matériel un petit mouvement virtuel qui le fasse passer de la position (x, y, z) à la position $(x + \delta x, y + \delta y, z + \delta z)$. Le principe de d'Alembert, combiné avec celui des vitesses virtuelles, nous fournit l'équation

$$(\text{A}) \quad \left(\frac{d^2x}{dt^2} - \text{X}\right)\delta x + \left(\frac{d^2y}{dt^2} - \text{Y}\right)\delta y + \left(\frac{d^2z}{dt^2} - \text{Z}\right)\delta z = 0.$$

Les coordonnées x, y, z sont encore assujetties à vérifier les équations du tube,

$$\varphi(x, y, z, t) = 0, \quad \chi(x, y, z, t) = 0.$$

Ces trois équations pourront nous donner x, y, z en fonction de t, et alors le problème sera résolu.

Clairaut a traité cette question et plusieurs autres du même genre dans un Mémoire qui fait partie du Recueil de l'Académie des Sciences pour 1742.

Appliquons ces formules à quelques exemples :

2. *Un tube rectiligne, situé dans un plan horizontal, tourne autour de l'un de ses points avec une vitesse angulaire telle, que la tangente de l'angle décrit soit pro-*

portionnelle au temps. Déterminer le mouvement d'un point matériel placé dans l'intérieur de ce tube.

Nous prendrons le plan horizontal pour plan des xy, et la position initiale du tube pour axe des x.

Soit $y = ktx$ l'équation du tube à l'époque t; k sera une constante.

Appliquant la formule générale (A), on n'a pas à considérer les termes en z, et l'on doit poser

$$X = Y = 0, \quad \delta y = kt\delta x.$$

Il vient

$$\frac{d^2x}{dt^2} + kt\frac{d^2y}{dt^2} = 0.$$

De plus, l'équation du tube donne la relation

$$\frac{d^2y}{dt^2} = kt\frac{d^2x}{dt^2} + 2k\frac{dx}{dt}.$$

Éliminant $\frac{d^2y}{dt^2}$, on obtient une relation entre les deux variables x et t,

$$\frac{d^2x}{dt^2} : \frac{dx}{dt} + \frac{2k^2t}{1 + k^2t^2} = 0.$$

L'intégrale première est

$$\log\frac{dx}{dt} + \log(1 + k^2t^2) = \text{const.},$$

ou, si l'on nomme β la vitesse initiale du point dans le tube,

$$dx = \frac{\beta\, dt}{1 + k^2t^2}.$$

On tire de là, en nommant a la valeur initiale de x,

$$x = a + \frac{\beta}{k}\operatorname{arc\,tang}(kt),$$

et par suite,

$$y = akt + \beta t \operatorname{arc\,tang}(kt).$$

Prenons des coordonnées polaires r, θ, dont l'origine soit au centre de rotation, et dont l'axe soit la direction initiale du tube.

Nous aurons, d'après les valeurs précédentes,

$$x = a + \frac{\beta}{k}\theta, \quad y = \left(a + \frac{\beta}{k}\theta\right)\tang\theta;$$

d'où résulte l'équation de la trajectoire,

$$r = \frac{ak + \beta\theta}{k\cos\theta}.$$

3. *Déterminer le mouvement d'un point pesant, placé dans l'intérieur d'un tube rectiligne qui décrit un cône droit autour de la verticale, d'un mouvement uniforme.*

Soient α l'inclinaison du tube sur la verticale dirigée de bas en haut, et ω la vitesse angulaire de la projection du tube sur le plan horizontal.

Prenons l'origine au sommet du cône, l'axe des z dirigé en sens contraire de la pesanteur, et l'axe des x dans le plan vertical qui contient le tube à l'origine du temps. La vitesse ω sera comptée positive lorsque le mouvement en projection horizontale aura lieu de l'axe des x vers l'axe des y.

Il nous faut poser dans la formule (A)

$$X = Y = 0, \quad Z = -g;$$

puis éliminer deux des coordonnées x, y, z à l'aide des équations du tube,

$$\frac{y}{x} = \tang\omega t, \quad \frac{\sqrt{x^2 + y^2}}{z} = \tang\alpha.$$

Mais nous arriverons à des formules plus simples, si nous employons des coordonnées polaires, savoir les angles α, ωt, et la distance r du sommet du cône au point matériel comptée positive de bas en haut.

Les formules de transformation sont les suivantes :

$$(1)\qquad \begin{cases} x = r\sin\alpha\cos\omega t, \\ y = r\sin\alpha\sin\omega t, \\ z = r\cos\alpha. \end{cases}$$

On en tire

$$\delta x = \frac{x}{r}\delta r, \quad \delta y = \frac{y}{r}\delta r, \quad \delta z = \frac{z}{r}\delta r.$$

D'après ces valeurs, la formule (A) donne d'abord l'équation

$$x\frac{d^2x}{dt^2} + y\frac{d^2y}{dt^2} + z\frac{d^2z}{dt^2} + gr\cos\alpha = 0.$$

Mais il faut remplacer ici les variables x, y, z par les variables r, α et t, à l'aide des relations (1). Afin d'abréger cette substitution, observons que si l'on différentie deux fois la relation

$$x^2 + y^2 + z^2 = r^2,$$

on aura

$$x\,d^2x + y\,d^2y + z\,d^2z = dr^2 + r\,d^2r - (dx^2 + dy^2 + dz^2).$$

D'ailleurs la quantité $dx^2 + dy^2 + dz^2$ qui figure ici représente le carré de la distance de deux points infiniment voisins situés sur la surface du cône; et le carré de cette distance peut encore se représenter par la somme

$$dr^2 + r^2\sin^2\alpha\,.\,\omega^2 dt^2,$$

car cette distance est l'hypoténuse d'un triangle rectangle infiniment petit dont les côtés sont dr et $r\sin\alpha\,.\,\omega\,dt$. On a donc

$$x\,d^2x + y\,d^2y + z\,d^2z = r\,d^2r - r^2\sin^2\alpha\,.\,\omega^2 dt^2.$$

Substituant cette valeur, on trouve l'équation transformée

$$\frac{d^2r}{dt^2} - r\omega^2\sin^2\alpha + g\cos\alpha = 0,$$

$$\frac{d^2\left(r - \dfrac{g\cos\alpha}{\omega^2\sin^2\alpha}\right)}{dt^2} = \omega^2\sin^2\alpha\left(r - \frac{g\cos\alpha}{\omega^2\sin^2\alpha}\right),$$

dont l'intégrale est

$$(2) \qquad r - \frac{g\cos\alpha}{\omega^2\sin^2\alpha} = Ce^{\omega t\sin\alpha} + C'e^{-\omega t\sin\alpha}.$$

Les constantes C et C' se déterminent par les données initiales.

Supposons que le point matériel soit lancé du sommet du cône le long du tube avec la vitesse u.

Nous aurons

$$-\frac{g\cos\alpha}{\omega^2\sin^2\alpha} = C + C', \quad \frac{u}{\omega\sin\alpha} = C - C';$$

d'où

$$r = \frac{g\cos\alpha}{\omega^2\sin^2\alpha} + \frac{u - \frac{g}{\omega}\cot\alpha}{2\omega\sin\alpha}e^{\omega t\sin\alpha} - \frac{u + \frac{g}{\omega}\cot\alpha}{2\omega\sin\alpha}e^{-\omega t\sin\alpha}.$$

Si $u > \frac{g}{\omega}\cot\alpha$, r croît jusqu'à l'infini, le mobile s'éloigne indéfiniment.

Si $u = \frac{g}{\omega}\cot\alpha$, r croît sans cesse, et s'approche toujours de la valeur $\frac{g\cos\alpha}{\omega^2\sin^2\alpha}$ sans jamais pouvoir l'atteindre. Ainsi le mobile se meut toujours dans le même sens, mais ne dépasse pas une certaine position.

Si $u < \frac{g}{\omega}\cot\alpha$, alors, posant

$$u = \frac{g}{\omega}\cot\alpha - b,$$

nous avons

$$r = \frac{u+b}{\omega\sin\alpha} - \frac{1}{2\omega\sin\alpha}\left[be^{\omega t\sin\alpha} + (2u+b)e^{-\omega t\sin\alpha}\right],$$

$$\frac{dr}{dt} = -\frac{1}{2}\left[be^{\omega t\sin\alpha} - (2u+b)e^{-\omega t\sin\alpha}\right];$$

d'où nous voyons que si la vitesse u est positive, le mobile cesse de monter pour commencer à descendre à l'époque

$$t = \frac{1}{2\omega \sin\alpha} \log\left(1 + \frac{2u}{b}\right),$$

pour laquelle $\frac{dr}{dt}$ s'annule. Depuis cette époque le mobile descend indéfiniment dans la partie inférieure du tube avec une vitesse toujours croissante.

Examinons maintenant le cas où le tube tournerait dans le plan horizontal.

Il faut poser $\alpha = \frac{\pi}{2}$ dans l'équation (2). Elle devient

$$r = Ce^{\omega t} + C'e^{-\omega t}.$$

Admettons que le point matériel parte sans vitesse initiale d'une distance au centre égale à c, et représentons par σ l'arc décrit dans le temps t par le point du tube d'où le mobile est parti. Alors l'équation de la trajectoire pourra s'écrire.

$$r = \frac{c}{2}\left(e^{\frac{\sigma}{c}} + e^{-\frac{\sigma}{c}}\right).$$

Sous cette forme, elle représente une chaînette dont σ serait l'abscisse et r l'ordonnée.

Ce cas particulier constitue le premier problème où l'on ait étudié le mouvement d'un point matériel assujetti à rester sur une ligne mobile. Il est dû à Jean Bernoulli (*). Ampère l'a résolu dans les *Annales* de Gergonne, t. XX, p. 37.

4. *Étudions le mouvement d'un point matériel assujetti à rester sur une surface qui change à chaque instant de position et de forme.*

(*) *Opera*, t. IV, p. 248.

On pourra se représenter le point matériel comme renfermé entre deux surfaces parallèles infiniment voisines. Nous ferons abstraction du frottement.

Soient :

x, y, z les coordonnées du point matériel à l'époque t;

$x+dx$, $y+dy$, $z+dz$ les coordonnées du même point à l'époque infiniment rapprochée $t+dt$;

$x+\delta x$, $y+\delta y$, $z+\delta z$ les coordonnées d'un point de la surface infiniment voisin du point (x, y, z);

X, Y, Z les composantes parallèles aux axes des forces accélératrices extérieures qui sollicitent le point.

Le principe de d'Alembert, combiné avec celui des vitesses virtuelles, nous donne l'équation

$$\left(\frac{d^2x}{dt^2}-\mathrm{X}\right)\delta x+\left(\frac{d^2y}{dt^2}-\mathrm{Y}\right)\delta y+\left(\frac{d^2z}{dt^2}-\mathrm{Z}\right)\delta z=0.$$

Les variables x, y, z, t doivent encore vérifier l'équation de la surface mobile,

$$\mathrm{F}(x, y, z, t)=0.$$

Cette dernière équation nous permet d'éliminer la variation δz; car elle nous donne

$$\frac{d\mathrm{F}}{dx}\delta x+\frac{d\mathrm{F}}{dy}\delta y+\frac{d\mathrm{F}}{dz}\delta z=0.$$

Il en résulte

$$\left[\left(\frac{d^2x}{dt^2}-\mathrm{X}\right)\frac{d\mathrm{F}}{dz}-\left(\frac{d^2z}{dt^2}-\mathrm{Z}\right)\frac{d\mathrm{F}}{dx}\right]\delta x$$
$$+\left[\left(\frac{d^2y}{dt^2}-\mathrm{Y}\right)\frac{d\mathrm{F}}{dz}-\left(\frac{d^2z}{dt^2}-\mathrm{Z}\right)\frac{d\mathrm{F}}{dy}\right]\delta y=0.$$

Maintenant les variations δx, δy sont tout à fait arbitraires; il faut donc que leurs coefficients soient séparément nuls. Ceci nous fournit les trois équations suivantes, dont l'une est une conséquence des deux autres,

$$\left(\frac{d^2z}{dt^2} - Z\right)\frac{dF}{dy} = \left(\frac{d^2y}{dt^2} - Y\right)\frac{dF}{dz},$$

$$\left(\frac{d^2x}{dt^2} - X\right)\frac{dF}{dz} = \left(\frac{d^2z}{dt^2} - Z\right)\frac{dF}{dx},$$

$$\left(\frac{d^2y}{dt^2} - Y\right)\frac{dF}{dx} = \left(\frac{d^2x}{dt^2} - X\right)\frac{dF}{dy}.$$

Deux de ces trois équations, conjointement avec celle de la surface, détermineront x, y, z en fonction de t, et le problème sera résolu.

5. *Déterminer le mouvement d'un point pesant, lancé le long d'un plan qui tourne uniformément autour d'un axe horizontal.*

Prenons l'axe de rotation pour axe des x, la verticale dirigée dans le sens de la pesanteur pour axe des z, et l'instant où le plan est horizontal pour époque initiale. Nommons ω la vitesse angulaire du plan comptée positive lorsque la rotation a lieu de l'axe des y vers l'axe des z.

Nous avons d'abord

$$\frac{d^2x}{dt^2}\delta x + \frac{d^2y}{dt^2}\delta y + \left(\frac{d^2z}{dt^2} - g\right)\delta z = 0.$$

Au lieu d'éliminer z par l'équation du plan, $\frac{z}{y} = \tang \omega t$, il nous sera plus commode de remplacer les coordonnées y, z par l'angle décrit ωt et par la distance du mobile à l'axe de rotation. Soit r cette distance. Les formules de transformation

$$y = r\cos\omega t, \quad z = r\sin\omega t$$

donnent

$$\delta y = \cos\omega t . \delta r, \quad \delta z = \sin\omega t . \delta r;$$

$$\frac{d^2y}{dt^2} = \cos\omega t . \frac{d^2r}{dt^2} - 2\omega\sin\omega t . \frac{dr}{dt} - \omega^2\cos\omega t . r,$$

$$(1) \qquad \frac{d^2z}{dt^2} = \sin\omega t . \frac{d^2r}{dt^2} + 2\omega\cos\omega t . \frac{dr}{dt} - \omega^2\sin\omega t . r.$$

De ces valeurs on conclut l'équation transformée

$$\frac{d^2x}{dt^2}\delta x + \left(\frac{d^2r}{dt^2} - \omega^2 r - g\sin\omega t\right)\delta r = 0.$$

Ici δx et δr sont à volonté ; on doit donc poser

$$\frac{d^2x}{dt^2} = 0 \quad \text{et} \quad \frac{d^2r}{dt^2} - \omega^2 r - g\sin\omega t = 0.$$

La première équation a pour intégrale

$$x = \mathrm{A}t + \mathrm{A}' :$$

l'intégrale de la seconde s'obtient par la méthode commune des équations linéaires ; elle est

$$(2) \qquad r = \mathrm{B}e^{\omega t} + \mathrm{B}'e^{-\omega t} - \frac{g}{2\omega^2}\sin\omega t.$$

Les quatre constantes A, A′, B, B′ se déterminent sans difficulté, quand on connaît la position et la vitesse initiales.

Supposons en particulier que le mobile parte de l'origine des coordonnées sans vitesse initiale. Alors

$$\mathrm{A} = \mathrm{A}' = 0, \quad \mathrm{B} = \frac{g}{4\omega^2}, \quad \mathrm{B}' = -\frac{g}{4\omega^2};$$

et par conséquent

$$x = 0, \quad r = \frac{g}{4\omega^2}\left(e^{\omega t} - e^{-\omega t} - 2\sin\omega t\right).$$

Lorsque t est très-grand, le mobile décrit dans l'espace une courbe qui est à très-peu près la spirale logarithmique

$$r = \frac{g}{4\omega^2}e^{\theta},$$

l'angle θ tenant ici la place de ωt.

Nos formules supposent que le point matériel reste sur le plan. Or, si le point matériel est simplement posé sur le plan, il finira par l'abandonner. Déterminons l'époque à laquelle cette séparation aura lieu.

Soit R la réaction que le plan exerce sur le mobile. Il y a constamment équilibre entre la réaction R, la pesanteur et la force accélératrice effective prise en sens contraire; par conséquent les projections des deux premières forces sur la verticale sont égales à la projection de la troisième. De là l'équation

$$\frac{d^2z}{dt^2} = g - R\cos\omega t.$$

Si l'on y remplace $\frac{d^2z}{dt^2}$ par sa valeur en r et t, donnée plus haut (1), puis r et ses dérivées par les valeurs en t qui résultent de l'équation (2), il vient

$$R = 2g\cos\omega t - 2\omega^2(Be^{\omega t} - B'e^{-\omega t}).$$

Ainsi la réaction est nulle, et, par suite, le mobile abandonne le plan, à l'époque qui vérifie l'équation

$$\frac{g}{\omega^2}\cos\omega t = Be^{\omega t} - B'e^{-\omega t}.$$

6. *Déterminer le mouvement d'un point matériel placé dans l'intérieur d'un tube circulaire, qui tourne uniformément dans un plan horizontal autour de l'un des points de sa circonférence. On supposera le point matériel placé sans vitesse initiale à l'extrémité du diamètre qui passe au centre de rotation.*

Soient ω la vitesse angulaire, et θ l'angle au centre mesuré par l'arc que le point matériel a parcouru sur le cercle mobile.

On trouve

$$\sin\frac{\theta}{2} = \frac{e^{\omega t} - e^{-\omega t}}{e^{\omega t} + e^{-\omega t}};$$

d'où l'on voit que le point matériel s'avance sans cesse vers le centre de rotation, sans jamais pouvoir l'atteindre.

7. *Déterminer le mouvement d'un point pesant assujetti à se mouvoir sur un plan, qui tourne avec une vitesse uniforme autour d'un axe vertical situé dans ce même plan.*

Soient ω la vitesse angulaire du plan, r la distance du mobile à l'axe de rotation, z la distance du même point au-dessous du plan horizontal qui contient sa position initiale, a, α et β les valeurs initiales de r, $\frac{dr}{dt}$ et $\frac{dz}{dt}$.

On trouve

$$z = \frac{1}{2} gt^2 + \beta t,$$

$$2\omega r = (\omega a + \alpha) e^{\omega t} + (\omega a - \alpha) e^{-\omega t};$$

d'où l'on tire l'équation de la courbe décrite sur le plan,

$$\log \frac{\omega r + \sqrt{\omega^2(r^2 - a^2) + \alpha^2}}{\omega a + \alpha} = \frac{\omega}{g}\left(-\beta + \sqrt{\beta^2 + 2gz}\right).$$

8. *Un point pesant glisse sans frottement sur une courbe liée à un axe vertical, autour duquel elle tourne uniformément; on demande à quelle condition cette courbe doit être assujettie pour que le point glisse d'un mouvement uniforme.*

Conservons la notation du problème précédent, et soient x, y, z les coordonnées d'un point de la courbe, ds la différentielle de l'arc.

La composante tangentielle de la pesanteur, $g\frac{dz}{ds}$, doit faire équilibre à la composante tangentielle de la force centrifuge, $\omega^2\left(x\frac{dx}{ds}+y\frac{dy}{ds}\right)$; donc

$$gdz+\omega^2(xdx+ydy)=0,$$

$$z+\frac{\omega^2}{2g}(x^2+y^2)=\text{const.}$$

Ainsi, la courbe doit être tracée sur un paraboloïde de révolution autour de l'axe de rotation, le paramètre de la parabole génératrice étant $\frac{g}{\omega^2}$.

Question proposée au concours d'agrégation, année 1850.

SECTION II.

QUESTIONS DIVERSES.

1. *Considérons un système de points matériels soumis à des forces et à des liaisons quelconques.*

Soient :

m, m_1, m_2, etc., les masses;

a, a_1, a_2, etc., les positions à l'époque t;

b, b_1, b_2, etc., les positions à l'époque $t+dt$;

c, c_1, c_2, etc., les positions qu'auraient les mêmes points à l'époque $t+dt$, si pendant l'instant dt ils eussent été libres de toutes liaisons, les forces extérieures restant les mêmes.

Les distances cb, c_1b_1, c_2b_2, etc., mesurent les *déviations instantanées* dues aux liaisons.

Ceci posé, proposons-nous de démontrer que *le mouvement d'un système de points matériels, liés entre eux d'une manière quelconque, s'opère à chaque instant de telle sorte, que la somme des produits que l'on obtient en multipliant la masse de chaque point par le carré de sa déviation instantanée due aux liaisons, est inférieure à celle que l'on trouverait en supposant qu'à l'époque*

$t + dt$ les points aient d'autres positions β, β_1, β_2, etc., compatibles avec les liaisons.

Dans le mouvement réel, les forces perdues à l'époque t sont

$$m \frac{\overline{bc}}{dt^2}, \quad m_1 \frac{\overline{b_1 c_1}}{dt^2}, \quad m_2 \frac{\overline{b_2 c_2}}{dt^2}, \ldots.$$

Or ces forces doivent se faire équilibre en vertu des liaisons; par conséquent, si nous donnons aux points du système des déplacements virtuels $\overline{b\beta}$, $\overline{b_1 \beta_1}$, $\overline{b_2 \beta_2}, \ldots$, nous aurons, d'après le principe des vitesses virtuelles,

$$\sum m \overline{bc} . \overline{b\beta} \cos(\widehat{cb\beta}) \begin{matrix} = 0 \\ < 0. \end{matrix}$$

D'ailleurs,

$$\overline{c\beta}^2 = \overline{cb}^2 + \overline{b\beta}^2 - 2\,\overline{bc}.\overline{b\beta} \cos(\widehat{cb\beta});$$

donc la différence

$$\sum m \overline{c\beta}^2 - \sum m \overline{cb}^2 = \sum m \overline{b\beta}^2 - 2 \sum m \overline{bc}.\overline{b\beta} \cos(\widehat{cb\beta})$$

est toujours positive; c'est-à-dire que la somme relative aux déviations réelles, $\sum m \overline{cb}^2$, est inférieure à la somme $\sum m \overline{c\beta}^2$, relative à tout autre système de déviations compatibles avec les liaisons.

Il suit de là que, dans le cas où les mouvements libres ne peuvent exister par suite de conditions nécessaires, ces mouvements sont modifiés par la nature, de la même manière que le calculateur appliquant la méthode des *moindres carrés* modifie les nombres observés, lorsqu'ils se rapportent à des grandeurs qui sont assujetties à des relations nécessaires.

GAUSS, *Journal de Crelle*, t. IV, p. 232.

2. *Considérons un système de points assujettis à des*

liaisons quelconques et un second système semblable au premier quant à la disposition et quant aux liaisons. Soit α le rapport de similitude linéaire entre les deux systèmes. Supposons de plus que β soit le rapport des masses entre les points homologues, et γ le rapport des forces semblablement dirigées qui agissent sur les points homologues dans la position initiale et dans les autres positions semblables. Dans ce cas, le mouvement des deux systèmes sera semblable, c'est-à-dire que les points homologues décriront des courbes semblables dans des temps proportionnels : le rapport des temps sera

$$\varepsilon = \sqrt{\frac{\alpha\beta}{\gamma}},$$

et celui des vitesses

$$\eta = \sqrt{\frac{\alpha\gamma}{\beta}}.$$

En effet, nommant m la masse d'un point, et X, Y, Z les forces motrices qui le sollicitent parallèlement aux axes, nous pourrons représenter le mouvement du premier système par l'équation

$$\sum\left[\left(m\frac{d^2x}{dt^2} - X\right)\delta x + \left(m\frac{d^2y}{dt^2} - Y\right)\delta y + \left(m\frac{d^2z}{dt^2} - Z\right)\delta z\right] = 0,$$

étendue à tous les points de ce système. Si nous supposons que le second système soit homothétique au premier par rapport à l'origine, ce qui ne nuit point à la généralité, nous pourrons représenter le mouvement du second système par l'équation

$$\sum\left[\left(\beta m\frac{\alpha d^2x}{dt^2} - \gamma X\right)\alpha\delta x + \left(\beta m\frac{\alpha d^2y}{dt^2} - \gamma Y\right)\alpha\delta y + \left(\beta m\frac{\alpha d^2z}{dt^2} - \gamma Z\right)\alpha\delta z\right] = 0,$$

étendue à tous les points. Or cette équation coïncide avec la première quand on y remplace dt par $\sqrt{\frac{\alpha\beta}{\gamma}}\,dt$. Cela suffit pour la démonstration.

Mais pour se rendre pleinement raison de ce théorème, il faut observer qu'il entre dans les questions de Dynamique trois quantités tout à fait indépendantes, l'espace, le temps et la masse, et deux autres quantités qui dépendent des premières, la vitesse et la force. La vitesse est proportionnelle à l'espace parcouru et en raison inverse du temps. La force est proportionnelle à la masse, à la vitesse communiquée, et en raison inverse du temps, ou, ce qui revient au même, la force est proportionnelle à la masse, à l'espace qu'elle fait parcourir, et en raison inverse du carré du temps.

Les unités de longueur, de temps et de masse sont tout à fait arbitraires; par conséquent les équations qui proviennent d'une question de Dynamique ne peuvent être altérées quand on multiplie respectivement les longueurs, les temps et les masses par des nombres à volonté α, ε et β; pourvu que l'on multiplie en même temps les vitesses et les forces par les nombres $\eta = \frac{\alpha}{\varepsilon}$, et $\gamma = \frac{\alpha\beta}{\varepsilon^2}$.

Le théorème qui nous occupe est dû à Newton (*Principia*, lib. II, prop. 32). Il constitue une vraie théorie de la similitude en Mécanique, laquelle, comme l'on voit, résulte de l'homogénéité des équations par rapport aux trois espèces de quantités qui y figurent. Quelques applications feront sentir son importance théorique et pratique.

Deux points matériels égaux, attirés vers un centre fixe par une force proportionnelle à la $n^{ième}$ puissance de la distance, partent sans vitesse, l'un d'une distance a, l'autre d'une distance a'. Leurs distances au *centre d'attraction seront proportionnelles après des temps dont le rapport est*

$$\left(\frac{a'}{a}\right)^{\frac{1-n}{2}} \quad (*).$$

En effet,

$$\alpha = \frac{a'}{a}, \quad \beta = 1, \quad \gamma = \left(\frac{a'}{a}\right)^n;$$

donc

$$\sqrt{\frac{\alpha\beta}{\gamma}} = \left(\frac{a'}{a}\right)^{\frac{1-n}{2}}.$$

Si $n = 1$, les distances seront proportionnelles après des temps égaux et, par conséquent, les mobiles arriveront en même temps au centre d'attraction (**).

L'application suivante a été signalée par M. J. Bertrand (***).

Supposons qu'il s'agisse de *prévoir, par des expériences en petit, la valeur d'une invention mécanique dont la réalisation sur une grande échelle serait trop coûteuse.* Il s'agira, par exemple, d'une *locomotive,* et l'appareil construit sera α fois plus petit que la machine projetée.

Le rapport des masses sera α^3, celui des forces dues à la pesanteur sera de même α^3; par conséquent le rapport des autres forces qui agissent sur les deux systèmes doit aussi être α^3. De là il résulte que le rapport des vitesses sera $\sqrt{\alpha}$ comme le rapport des temps, et le rapport des travaux α^4. Examinons séparément les différentes forces qui se trouvent en jeu. Les pressions de la vapeur sur

(*) EULER, *Mechanica*, t. I, cap. III, § 308.

(**) NEWTON, *Principia*, lib. I, prop. XXXVIII, cor. 2.

(***) *Journal de l'École Polytechnique*, XXXIIe Cahier, p. 189.

les pistons devant être dans le rapport de α^3 à l'unité, les tensions rapportées à des surfaces égales devront être dans le rapport de α à l'unité. Les résistances de l'air étant proportionnelles aux surfaces et aux carrés des vitesses, elles se trouveront naturellement dans le rapport voulu de α^3 à l'unité. Les frottements de glissement, étant proportionnels aux pressions, se trouveront aussi dans le même rapport. Enfin les résistances au roulement (*), étant proportionnelles aux pressions et en raison inverse du diamètre des roues, se trouveront dans le rapport de α^2 à l'unité. Ils seront donc trop grands dans le petit système; on devra tenir compte de cette différence, qu'il est difficile d'éviter.

Savart a reconnu, par de nombreuses expériences, que *si l'on prend pour mesure du son rendu par un corps solide élastique le nombre de vibrations exécutées pendant l'unité de temps, ce son varie en raison inverse des dimensions du corps, tandis que ces dimensions croissent ou décroissent dans un rapport donné*. Or, comme l'a remarqué M. Cauchy (**), cette loi générale d'acoustique résulte encore de l'homogénéité des équations du mouvement.

En effet, soient deux corps de même nature, dont les dimensions linéaires sont dans le rapport α. On peut considérer ces corps comme formés d'un même nombre de molécules semblablement disposées et possédant des masses qui sont dans le rapport α^3. Dès lors on a deux systèmes semblables. Si donc les valeurs initiales des déplacements moléculaires nécessaires pour produire des vibrations sont dans le rapport α, le rapport de la durée des vibrations sera $\frac{\alpha^2}{\sqrt{\gamma}}$, γ étant le rapport des forces mo-

(*) *Voir* plus loin, chap. VII, sect. 2.

(**) *Mémoires de l'Académie des Sciences de Paris*, t. IX, p. 117; 1829.

trices. Il nous reste à prouver que le rapport des forces motrices est α^2, ou bien que celui des forces accélératrices est $\frac{1}{\alpha}$. Or, si l'on cherche l'expression de la force accélératrice qui sollicite une molécule (x, y, z), on trouve qu'elle est une somme de termes formés chacun d'une constante, multipliée par l'une des dérivées partielles du second ordre des variations des coordonnées depuis la position d'équilibre, ces dérivées étant prises par rapport aux coordonnées elles-mêmes; en sorte que les coordonnées et leurs variations étant multipliées par α, chaque terme se trouvera du degré -1 par rapport à α. On se rend compte jusqu'à un certain point de cette expression de la force sans aucun calcul, en considérant une file de molécules, et partant de ce principe, que l'action mutuelle de deux molécules très-voisines est proportionnelle à l'écartement qu'elles ont subi à partir de leur position d'équilibre, et que cette action est nulle quand les deux molécules ne sont pas très-voisines l'une de l'autre.

On verrait de la même manière que la loi de Savart s'étend aux sons rendus par une masse fluide, contenue dans un espace fini.

3. *Soient* P *et* P′ *deux petites billes réunies par une tige rigide et sans poids; la première peut glisser sur un fil tendu horizontalement entre deux points fixes, la seconde repose sur le plan horizontal qui contient le fil. Déterminer le mouvement que prend le système quand on lui imprime une vitesse connue le long du plan horizontal.*

On suppose que les frottements sont nuls et que les billes peuvent être assimilées à des points matériels.

Prenons le fil pour axe des x, et soient :

x l'abscisse de la première bille;

x', y' les coordonnées de la seconde;

l la distance des deux billes;

m, m' leurs masses;

θ l'angle que la droite PP' fait avec l'axe des x.

Puisque les forces extérieures sont nulles, on a l'équation

$$m\frac{d^2x}{dt^2}\delta x + m'\left(\frac{d^2x'}{dt^2}\delta x' + \frac{d^2y'}{dt^2}\delta y'\right) = 0.$$

Or

$$x' = x + l\cos\theta, \qquad y' = l\sin\theta;$$

$$\delta x' = \delta x - l\sin\theta\delta\theta, \qquad \delta y' = l\cos\theta\delta\theta;$$

$$\frac{d^2x'}{dt^2} = \frac{d^2x}{dt^2} + l\frac{d^2\cos\theta}{dt^2}, \qquad \frac{d^2y'}{dt^2} = l\frac{d^2\sin\theta}{dt^2}.$$

Substituant ces valeurs dans la première équation, et égalant à zéro les coefficients des variations arbitraires δx, $\delta\theta$, il vient

(1) $$(m + m')\frac{d^2x}{dt^2} + m'l\frac{d^2\cos\theta}{dt^2} = 0,$$

(2) $$-\sin\theta\left(\frac{d^2x}{dt^2} + l\frac{d^2\cos\theta}{dt^2}\right) + l\frac{d^2\sin\theta}{dt^2}\cos\theta = 0.$$

La première équation a pour intégrales successives

(3) $$(m + m')\frac{dx}{dt} - m'l\sin\theta\frac{d\theta}{dt} = A,$$

$$(m + m')x + m'l\cos\theta = At + B,$$

A et B étant deux constantes.

Soient x_0 et θ_0 les valeurs initiales de x et de θ; β et ω celles de $\frac{dx}{dt}$ et $\frac{d\theta}{dt}$. Ces valeurs détermineront les constantes, et l'on trouvera finalement

(4) $$\begin{cases} (m + m')(x - x_0) + m'l(\cos\theta - \cos\theta_0) \\ \quad = [(m + m')\beta - m'l\omega\sin\theta_0]t. \end{cases}$$

L'élimination de la dérivée $\frac{d^2x}{dt^2}$ entre les équations (1) et (2) fournit une seconde équation,

$$(m+m')\frac{d^2\sin\theta}{dt^2}\cos\theta - m\frac{d^2\cos\theta}{dt^2}\sin\theta = 0,$$

qui a pour intégrale

$$(m+m')\left(\frac{d\sin\theta}{dt}\right)^2 + m\left(\frac{d\cos\theta}{dt}\right)^2 = \text{const.},$$

ou

$$(m+m'\cos^2\theta)\frac{d\theta^2}{dt^2} = \text{const.}$$

Si l'on détermine la constante par les données initiales, il vient

$$(5) \qquad \frac{d\theta}{dt} = \omega\sqrt{\frac{m+m'\cos^2\theta_0}{m+m'\cos^2\theta}}.$$

Cette dernière formule donne θ en fonction de t à l'aide d'une intégrale elliptique; portant cette valeur dans l'équation (4), on aura x exprimé en fonction de t.

L'équation différentielle de la courbe que décrit la bille P′ s'obtiendra par l'élimination de dt entre les équations (3) et (5); les coordonnées seront alors x et θ. Elle donnera immédiatement x en fonction de θ à l'aide d'une quadrature.

Clairaut, *Mém. de l'Acad. des Sc. de Paris*, 1736, p. 10.

4. *On suppose trois points matériels, mobiles dans un plan fixe, qui s'attirent proportionnellement à la masse et en raison inverse du carré de la distance. Trouver tous les cas où le mouvement de deux de ces points autour du troisième est de même nature que le mouvement relatif de deux points s'attirant seuls suivant la même loi.*

Soient :

μ l'attraction de l'unité de masse sur l'unité de masse à l'unité de distance;

M, m, m' les masses;

ρ, r, r' les distances $\overline{mm'}$, $\overline{Mm}$, $\overline{Mm'}$;

x, y et x', y' les coordonnées des points m et m' par rapport à des axes rectangulaires et de directions fixes, qui se coupent au point M.

Prenons la question de plus haut, en supposant d'abord que l'attraction de l'unité de masse sur l'unité de masse soit une fonction quelconque de la distance. Représentons cette fonction par $\varphi(r)$.

La force accélératrice qui sollicite le point m a pour composante suivant l'axe des x, supposé fixe,

$$-\mathrm{M}\varphi(r)\frac{x}{r} - m'\varphi(\rho)\frac{x-x'}{\rho}.$$

Si nous ajoutons à cette force une nouvelle force accélératrice, égale et contraire à celle qui sollicite suivant la même direction le point pris pour origine, nous pourrons considérer l'origine comme fixe, et les équations que nous fournira le principe de d'Alembert, dans cette hypothèse, seront celles du mouvement relatif. Ces équations sont les suivantes :

$$(1)\quad \frac{d^2x}{dt^2} + (\mathrm{M}+m)\varphi(r)\frac{x}{r} + m'\left[\varphi(r')\frac{x'}{r'} + \varphi(\rho)\frac{x-x'}{\rho}\right] = 0,$$

$$(2)\quad \frac{d^2y}{dt^2} + (\mathrm{M}+m)\varphi(r)\frac{y}{r} + m'\left[\varphi(r')\frac{y'}{r'} + \varphi(\rho)\frac{y-y'}{\rho}\right] = 0,$$

$$(3)\quad \frac{d^2x'}{dt^2} + (\mathrm{M}+m')\varphi(r')\frac{x'}{r'} + m\left[\varphi(r)\frac{x}{r} + \varphi(\rho)\frac{x'-x}{\rho}\right] = 0,$$

$$(4)\quad \frac{d^2y'}{dt^2} + (\mathrm{M}+m')\varphi(r')\frac{y'}{r'} + m\left[\varphi(r)\frac{y}{r} + \varphi(\rho)\frac{y'-y}{\rho}\right] = 0.$$

Or, si le point m était attiré par un seul point placé à l'origine, son mouvement serait régi par des équations de la forme

$$\frac{d^2x}{dt^2} + \mathrm{K}\varphi(r)\frac{x}{r} = 0, \qquad \frac{d^2y}{dt^2} + \mathrm{K}\varphi(r)\frac{y}{r} = 0,$$

K désignant une constante. Pour que le mouvement soit de même nature dans le système des trois points, il faut donc que l'on ait constamment

$$\varphi(r')\frac{x'}{r'} + \varphi(\rho)\frac{x - x'}{\rho} = \text{H}\varphi(r)\frac{x}{r},$$

$$\varphi(r')\frac{y'}{r'} + \varphi(\rho)\frac{y - y'}{\rho} = \text{H}\varphi(r)\frac{y}{r},$$

H désignant une constante. L'élimination de H nous donne la condition

$$(x'y - y'x)\left[\frac{\varphi(r')}{r'} - \frac{\varphi(\rho)}{\rho}\right] = 0.$$

Les équations (3) et (4), traitées de la même manière, nous auraient donné la condition semblable

$$(xy' - yx')\left[\frac{\varphi(r)}{r} - \frac{\varphi(\rho)}{\rho}\right] = 0.$$

De là résultent deux solutions,

$$\frac{\varphi(\rho)}{\rho} = \frac{\varphi(r)}{r} = \frac{\varphi(r')}{r'} \quad \text{et} \quad \frac{x}{y} = \frac{x}{y'}.$$

Sans pousser plus loin la discussion du cas général, venons au cas le plus intéressant, celui où $\varphi(r) = \frac{\mu}{r^2}$.

Première solution. $\rho = r = r'$; *les trois points sont constamment situés aux sommets d'un triangle équilatéral.*

Les équations (1), (2), (3), (4) se réduisent aux suivantes :

$$\frac{d^2x}{dt^2} + \mu(\text{M} + m + m')\frac{x}{r^3} = 0,$$

$$\frac{d^2y}{dt^2} + \mu(\text{M} + m + m')\frac{y}{r^3} = 0,$$

$$\ldots\ldots\ldots\ldots\ldots\ldots\ldots\ldots;$$

d'où l'on voit que chacun des deux corps m, m' se meut

comme s'il était attiré vers l'origine par une masse égale à la masse totale des trois corps.

Pour que ce mouvement ait lieu, il ne suffit pas que les corps soient primitivement situés aux sommets d'un triangle équilatéral, il faut encore que les vitesses initiales de deux corps relativement au troisième soient égales et également inclinées sur les droites qui joignent les deux premiers corps au dernier, en sorte qu'on ait au premier instant

$$\frac{d\rho}{dt} = \frac{dr}{dt} = \frac{dr'}{dt}.$$

Seconde solution. $\frac{x}{y} = \frac{x'}{y'}$; *les trois points sont constamment en ligne droite, et si le point m' se trouve au milieu,*

$$\frac{x'}{x} = \frac{y'}{y} = \frac{r'}{r}, \quad \rho = r - r'.$$

Ces dernières relations permettent d'écrire l'équation (1) sous la forme

$$(5) \qquad \frac{d^2x}{dt^2} + \frac{\mu}{r^2}\left[\mathrm{M} + m + \frac{m'}{\left(\frac{r'}{r}\right)^2} + \frac{m'}{\left(1 - \frac{r'}{r}\right)^2}\right]\frac{x}{r} = 0;$$

alors on voit que le point m se meut comme s'il était attiré vers l'origine par une force égale à

$$(6) \qquad \frac{\mu}{r^2}\left[\mathrm{M} + m + \frac{m'}{\left(\frac{r'}{r}\right)^2} + \frac{m'}{\left(1 - \frac{r'}{r}\right)^2}\right].$$

Or les trajectoires des points m, m', rapportées à des coordonnées polaires dont l'origine est au point M, ont des équations de la forme

$$\mathrm{F}(r, \theta) = 0, \quad F(r', \theta) = 0.$$

Si ces équations étaient connues, l'élimination de θ donnerait une relation entre les distances simultanées r et r', de laquelle on pourrait tirer la valeur de r' en fonction de r. Le rapport $\frac{r'}{r}$ et, par suite, l'expression (6) sont donc des fonctions de r. D'un autre côté, quand la force attractive est une fonction de la distance, la trajectoire ne peut être une section conique, comme l'exige notre problème, que dans le seul cas où la force est inversement proportionnelle au carré de la distance; donc

$$\frac{r'}{r} = \text{const.}$$

Soit

(7)
$$\frac{r'}{r} = \frac{1}{1+p};$$

d'où

$$x = (1+p)x', \quad y = (1+p)y', \quad \rho = pr'.$$

Si l'on reporte ces valeurs dans l'équation (1) ou (5), il vient

$$\frac{d^2x}{dt^2} + \frac{\mu}{r^2}\left[M + m + m'(1+p)^2\left(1 + \frac{1}{p^2}\right)\right]\frac{x}{r} = 0.$$

Les mêmes substitutions faites dans l'équation (3) donnent

$$\frac{d^2x'}{dt^2} + \frac{\mu}{r^2}\left[(M + m')(1+p)^2 + m\left(1 - \frac{(1+p)^2}{p^2}\right)\right]\frac{x}{r} = 0.$$

Mais on doit avoir

$$\frac{d^2x}{dt^2} = (1+p)\frac{d^2x'}{dt^2};$$

par conséquent,

$$M + m + m'(1+p)^2\left(1 + \frac{1}{p^2}\right)$$
$$= (M + m')(1+p)^3 + m(1+p) - m\frac{(1+p)^3}{p^2},$$

ou bien

$$(8)\quad \begin{cases} (M + m')p^5 + (3M + 2m')p^4 + (3M + m')p^3 \\ \quad -(m' + 3m)p^2 - (2m' + 3m)p - (m + m') = 0. \end{cases}$$

Les équations (2) et (4), traitées de la même manière, conduiraient à la même relation que doit vérifier la constante p. La valeur de cette constante est donc la racine positive de l'équation (8), laquelle est unique d'après la règle de Descartes.

En résumé, les trois mobiles sont toujours en ligne droite, et leurs distances sont dans un rapport constant, déterminé par les équations (7) et (8). Les sections coniques décrites par les points m, m' sont homothétiques par rapport au point M.

Pour produire ce mouvement, il faut des positions initiales qui satisfassent aux conditions précédentes, et des vitesses initiales relatives qui soient parallèles entre elles et proportionnelles à la distance au point M.

Si l'on suppose que M se rapporte au soleil, m' à la terre et m à la lune, on aura, d'après les nombres de la *Mécanique céleste* (t. III, p. 71 et 185),

$$M = 1, \quad m' = \frac{1}{329630}, \quad m = \frac{1}{329630 \times 68,5}.$$

Ces nombres, rapprochés de l'équation (8), montrent que p sera une petite fraction; on peut donc, sans erreur considérable, égaler le plus grand terme positif au plus grand terme négatif; alors il vient

$$p = \sqrt[3]{\frac{m + m'}{3}}, \quad \text{ou à peu près} \quad p = \frac{1}{100}\ (*).$$

(*) M. Liouville a démontré (*Additions à la Connaissance des Temps* pour 1845, et *Journal de Mathématiques*, 1856, p. 248) que dans cette solution le système formé par les trois corps est instable; en sorte que, dès

Les deux cas que nous venons d'examiner sont les seuls où l'on ait pu trouver toutes les intégrales rigoureuses du fameux *problème des trois corps*. Ils ont été discutés par Lagrange dans son *Essai d'une nouvelle méthode pour résoudre le problème des trois corps*, ouvrage qui a remporté le prix de l'Académie des Sciences de Paris, en 1772.

5. *Un fil flexible, pesant et homogène, porté par l'une de ses extrémités, tourne uniformément autour d'un axe vertical. Dire si le fil peut conserver une figure permanente, et quelle est cette figure.*

Fig. 51.

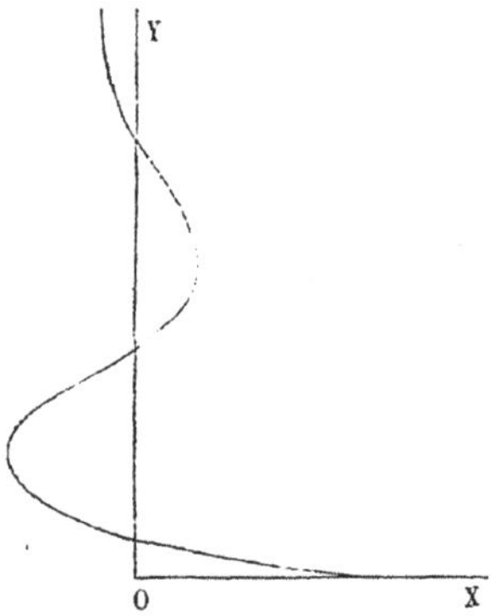

Admettons que cette figure permanente soit possible, et cherchons à la déterminer.

Le principe de d'Alembert réduit le problème à une simple question de Statique. Trois forces agissent sur chacun des éléments du fil, la pesanteur, et deux ten-

---

qu'il est légèrement troublé, il tend à se déranger de plus en plus d'une manière rapide. Il en résulte que, si ce système avait été réalisé par le Créateur dans le soleil, la terre et la lune, la lumière de la lune, loin de remplacer constamment celle du soleil pendant les nuits, comme l'affirme Laplace dans l'*Exposition du Système du monde* (liv. IV, chap. v), aurait été probablement moins fréquente qu'elle ne l'est dans l'état actuel des choses.

Quant au système fourni par la première solution, M. Gascheau (Thèse de Mécanique) a montré qu'il est stable quand on a

$$\frac{(M+m+m')^2}{Mm+Mm'+mm'} > 27,$$

et seulement dans ce cas. Cette inégalité est satisfaite par le soleil, la terre et la lune.

sions dirigées en sens contraires suivant les tangentes extrêmes. Ces trois forces doivent faire équilibre à la force effective dirigée en sens contraire, c'est-à-dire à la force centrifuge; ainsi les moments des quatre forces autour de l'axe de rotation doivent faire une somme nulle. Les moments de la pesanteur et de la force centrifuge étant nuls, ceux des deux tensions doivent être égaux et de signes contraires; par suite, quel que soit le point du fil que l'on considère, le moment de la tension en ce point doit être égal, en valeur absolue, au moment de la tension à l'extrémité libre, lequel est nul, puisque la tension est nulle à cette extrémité. Cela exige que l'axe soit rencontré par chacune des tangentes à la courbe formée par le fil; d'où il résulte que *la courbe est plane*. Au reste, si l'on omettait de faire cette remarque dès le principe, l'analyse y suppléerait.

Deux coordonnées nous suffisent. Prenons l'axe des y sur l'axe de rotation, dirigé en sens contraire de la pesanteur, et faisons passer l'axe des x par l'extrémité inférieure du fil.

Soient ω la vitesse angulaire, T la tension essentiellement positive, et s l'arc compté à partir de l'extrémité inférieure.

Le principe de d'Alembert, appliqué à l'un des éléments du fil, nous donne les équations

$$(1)\qquad d\left(\mathrm{T}\frac{dx}{ds}\right)+\omega^2 x\,ds=0,$$

$$(2)\qquad d\left(\mathrm{T}\frac{dy}{ds}\right)-g\,ds=0.$$

La seconde a pour intégrale

$$\mathrm{T}\frac{dy}{ds}=gs+\text{const.};$$

et, puisque T et s sont nuls à l'extrémité,

$$(3)\qquad T\frac{dy}{ds} = gs.$$

Multiplions les équations (1) et (2) respectivement par $\frac{dx}{ds}$ et $\frac{dy}{ds}$, puis ajoutons les produits, en développant les différentielles et observant que $\left(\frac{dx}{ds}\right)^2 + \left(\frac{dy}{ds}\right)^2 = 1$. Il vient

$$dT = -\omega^2 x\,dx + g\,dy,$$

$$T = -\frac{1}{2}\omega^2 x^2 + gy + \text{const.}$$

Soit a la distance de l'axe à l'extrémité inférieure. Nous devrons avoir simultanément

$$x = a,\quad y = 0,\quad T = 0.$$

Cela nous détermine la constante et nous donne

$$(4)\qquad T = \frac{\omega^2}{2}(a^2 - x^2) + gy.$$

Pour obtenir l'équation différentielle de la courbe, remplaçons ds, dans les équations (1) et (2), par sa valeur $\left[1 + \left(\frac{dx}{dy}\right)^2\right]^{\frac{1}{2}} dy$, et considérons y comme la variable indépendante; nous pourrons écrire les résultats sous la forme

$$\frac{dx}{dy}d.T\left[1 + \left(\frac{dx}{dy}\right)^2\right]^{-\frac{1}{2}} + T\frac{d^2x}{dy^2}dy\left[1 + \left(\frac{dx}{dy}\right)^2\right]^{-\frac{1}{2}} + \omega^2 x\,dy\left[1 + \left(\frac{dx}{dy}\right)^2\right]^{\frac{1}{2}} = 0,$$

$$d.T\left[1 + \left(\frac{dx}{dy}\right)^2\right]^{-\frac{1}{2}} - g\,dy\left[1 + \left(\frac{dx}{dy}\right)^2\right]^{\frac{1}{2}} = 0.$$

Retranchant ces équations membre à membre après avoir multiplié la seconde par $\frac{dx}{dy}$, puis remplaçant T par sa valeur (4), il vient

$$\left[y + \frac{1}{2}\frac{\omega^2}{g}(a^2 - x^2)\right]\frac{d^2x}{dy^2} + \left(\frac{dx}{dy}\right)^3 + \frac{\omega^2}{g}x\left(\frac{dx}{dy}\right)^2 + \frac{dx}{dy} + \frac{\omega^2}{g}x = 0.$$

Cette équation différentielle, résolue par rapport à la plus haute dérivée, a tous ses coefficients réels; par conséquent elle représente une courbe. *Le fil peut conserver une figure permanente.*

Il nous reste à étudier cette figure.

L'équation (3) nous montre que la tension, estimée parallèlement à l'axe de rotation, est égale au poids du fil situé au-dessous du point considéré; T est donc supérieur à gy, et, par conséquent, (4), x ne peut atteindre a. T étant essentiellement positif, la même équation (3) nous fait voir que y croît toujours quand s augmente. Par là nous pouvons déjà entrevoir que la courbe forme une suite d'ondulations de part et d'autre de l'axe de rotation. Le nombre de ces ondulations est évidemment indéterminé; il dépend de la longueur du fil et de sa position initiale.

Intégrons l'équation (1) à partir de l'extrémité inférieure du fil; nous aurons

$$T\frac{dx}{ds} = -\omega^2\int x\,ds, \quad \text{ou bien} \quad T\frac{dx}{ds} = -\omega^2 x_1 s,$$

en nommant x_1 la distance de l'axe au centre de gravité de l'arc s sur lequel s'étend l'intégrale. Divisant cette dernière relation par l'équation (3), il vient

$$(5) \qquad \frac{dx}{dy} = -\frac{\omega^2 x_1}{g}.$$

Or, si nous supposons que la distance à l'axe soit un

maximum ou un minimum à l'extrémité de l'arc s, $\frac{dx}{dy}$ sera nul à ce point; donc aussi x_1 sera nul, c'est-à-dire que *le centre de gravité du fil qui pend au-dessous d'un point dont la distance à l'axe est un maximum ou un minimum se trouve sur l'axe de rotation.*

Il est évident que la même chose peut se dire de toute portion de fil dont les extrémités sont parallèles à l'axe. De là il suit qu'une telle portion du fil coupe toujours l'axe, et l'on en conclut que la distance de l'axe aux différents points du fil, prise en valeur absolue, n'a pas d'autre minimum que zéro. Ainsi la forme générale de la courbe est bien telle que l'indique la figure.

De ce que nous venons de dire il résulte, eu égard au théorème de Guldin, que toute portion de la courbe qui est terminée à deux points consécutifs parmi ceux où la tangente est verticale (en y comprenant l'extrémité libre), est divisée par l'axe en deux parties qui engendrent dans leur rotation des surfaces équivalentes. A l'aide de la même relation (5), il est aisé de voir que plus généralement, *si l'on considère deux arcs situés tout entiers d'un même côté de l'axe, et dont les tangentes extrêmes soient parallèles deux à deux, les surfaces engendrées par ces deux arcs sont équivalentes.*

Aux points où la tangente est verticale, $\frac{dy}{ds} = 1$; donc, en vertu des équations (3) et (4), on a pour ces points

$$T = gs, \quad g(s - y) = \frac{\omega^2}{2}(a^2 - x^2).$$

Puisque $\frac{dy}{ds}$ est généralement inférieur à l'unité et jamais supérieur, $s - y$ croît avec y; d'après cela, la dernière relation nous fait voir que, *de deux points où le fil est vertical, le plus éloigné de l'axe est le moins élevé.*

Ceci, rapproché de ce que nous avons dit sur l'aire des différentes nappes de la surface, nous montre que *la distance de deux intersections consécutives de l'axe par la courbe va en augmentant à mesure que l'on s'élève au-dessus de l'origine.*

Quand on suit la courbe en partant de son extrémité inférieure, on rencontre les points d'inflexion sur les branches qui se rapprochent de l'axe. En effet, si l'on pose $\frac{d^2x}{dy^2} = 0$ dans l'équation différentielle de la courbe, elle donne

$$\frac{dx}{dy} = -\frac{\omega^2}{g}x.$$

La courbe intéressante qui nous occupe ici peut se réaliser à très-peu près en faisant tourner avec la main une chaîne à la fois pesante et flexible.

6. *Un fil flexible, homogène et soustrait à la gravité, tourne uniformément autour d'une droite fixe sur laquelle sont attachées ses extrémités. Dire si le fil peut conserver une figure permanente, et quelle est cette figure.*

On montrera d'abord que la courbe, si elle existe, doit être une courbe plane; puis, prenant l'origine à l'une des extrémités du fil, et l'axe des y suivant l'axe de rotation, on arrivera à l'équation différentielle

$$dy = \pm \frac{a\,dx}{\sqrt{(b-x)^2 - a^2}},$$

dans laquelle a et b sont des constantes positives, et $a < b$.

Cette équation représente une courbe réelle; et, comme les constantes sont indépendantes de la vitesse angulaire, la forme de la courbe ne dépend pas de la vitesse angulaire; elle dépend seulement de la longueur du fil, de la distance de ses extrémités et de sa position initiale.

Il existe une infinité de formes d'équilibre, dans lesquelles le fil est partagé en arcs égaux, situés alternativement de part et d'autre de l'axe de rotation. Ces formes diverses se distinguent par les valeurs différentes des constantes a et b.

Ce problème a été proposé par M. Sturm, au concours d'agrégation de 1842.

7. *Un cordon, engagé sur une poulie* A_1, *porte à l'une de ses extrémités le poids* $P+p$ *et à l'autre extrémité le poids* P. *Un deuxième cordon, engagé sur une deuxième poulie* A_2, *porte à l'une de ses extrémités la chape de la poulie* A_1, *et à l'autre un poids* $2P$. *Un troisième cordon, engagé sur une poulie* A_3, *porte à l'une de ses extrémités la poulie* A_2, *et à l'autre le poids* $4P$. *Ainsi de suite, jusqu'à un* $n^{\text{ième}}$ *cordon qui s'engage sur une poulie fixe* A_n *et porte d'une part la poulie mobile* A_{n-1}, *de l'autre le poids* $2^{n-1}P$.

Trouver le mouvement du système, en négligeant les frottements ainsi que les poids des cordons et des poulies.

Considérons un système formé de trois poulies seulement A_1, A_2, A_3 et de quatre poids $P+p$, P, $2P$, $4P$.

Nommons y, y_1, y_2, y_3 les hauteurs des poids $P+p$, P, $2P$, $4P$ au-dessus d'un même plan horizontal; écrivons, par la méthode des vitesses virtuelles, que les forces appliquées aux quatre poids, prises en sens contraires, font équilibre aux forces effectives.

Il vient

$$(1)\quad \left\{\begin{aligned}&\left(4P\frac{d^2y_3}{dt^2}+4Pg\right)\delta y_3+\left(2P\frac{d^2y_2}{dt^2}+2Pg\right)\delta y_2\\&\quad+\left(P\frac{d^2y_1}{dt^2}+Pg\right)\delta y_1+\left[(P+p)\frac{d^2y}{dt^2}+(P+p)g\right]\delta y=0.\end{aligned}\right.$$

Les liaisons du système donnent entre les variables y, y_1, y_2, y_3 la relation

$$(2) \qquad 4y_3 + 2y_2 + y_1 + y = \text{const.}$$

Portons dans l'équation (1) les valeurs de δy, $\frac{d^2 y}{dt^2}$ que donne cette relation (2), et égalons séparément à zéro les coefficients de δy_3, δy_2, δy_1. Nous obtenons trois équations de la forme

$$V + P\frac{d^2 y_3}{dt^2} = 0,$$

$$V + P\frac{d^2 y_2}{dt^2} = 0,$$

$$V + P\frac{d^2 y_1}{dt^2} = 0,$$

où

$$V = 4(P+p)\frac{d^2 y_3}{dt^2} + 2(P+p)\frac{d^2 y_2}{dt^2} + (P+p)\frac{d^2 y_1}{dt^2} - pg.$$

Il s'ensuit que les équations du mouvement des poids P, 2P, 4P sont

$$\frac{d^2 y_3}{dt^2} = \frac{d^2 y_2}{dt^2} = \frac{d^2 y_1}{dt^2} = \frac{pg}{8P + 7p}.$$

D'après ces valeurs et la relation (2), le mouvement du poids $P + p$ est donné par l'équation

$$\frac{d^2 y}{dt^2} = -\frac{7pg}{8P + 7p}.$$

On voit que tous les poids prendront un mouvement uniformément accéléré.

Généralement, si les vitesses initiales sont nulles, chacun des poids P, 2P, ..., 2^{n-1}P montera avec une même vitesse

$$v = \frac{pgt}{2^n P + (2^n - 1)p},$$

le poids $P+p$ descendra avec la vitesse

$$(2^n - 1)v,$$

les poulies A_1, A_2, ... A_{n-1} descendront avec les vitesses

$$(2^{n-1} - 1)v, \quad (2^{n-2} - 1)v, \ldots, \quad v.$$

Si l'on réunit les extrémités des cordons auxquels nous avons supposé attachés les poids P, 2P, ... 2^{n-1}P, et qu'on suspende à cette extrémité commune un poids égal à $(2^n - 1)$ P, on pourra maintenir ce poids en équilibre en appliquant à l'extrémité libre du premier cordon une puissance égale à P.

Ainsi, pour un tel système de n poulies employé à soulever un poids, le rapport de la résistance à la puissance est $2^n - 1$; tandis que pour un système de moufles le rapport de la résistance à la puissance n'est égal qu'au nombre n des poulies.

Van Muschenbroeck, *Introductio ad philosophiam naturalem, Mec.*, § 496.

8. Les équations générales du mouvement d'un point matériel libre,

$$\frac{d^2x}{dt^2} - X = 0, \quad \frac{d^2y}{dt^2} - Y = 0, \quad \frac{d^2z}{dt^2} - Z = 0,$$

peuvent s'écrire

$$\frac{d.}{ds}\left(v\frac{dx}{ds}\right) - \frac{X}{v} = 0,$$

$$\frac{d.}{ds}\left(v\frac{dy}{ds}\right) - \frac{Y}{v} = 0,$$

$$\frac{d.}{ds}\left(v\frac{dz}{ds}\right) - \frac{Z}{v} = 0;$$

on le reconnaît aisément, si l'on observe que $v = \frac{ds}{dt}$.

Ces dernières équations, comparées aux équations générales de l'équilibre d'un fil flexible (t. **I**, p. 137),

$$\frac{d.}{ds}\left(t\frac{dx}{ds}\right) + mX = 0,$$

$$\frac{d.}{ds}\left(t\frac{dy}{ds}\right) + mY = 0,$$

$$\frac{d.}{ds}\left(t\frac{dz}{ds}\right) + mZ = 0,$$

nous donnent le théorème suivant :

Un point matériel sollicité par les forces accélératrices X, Y, Z, *fonctions des seules coordonnées, a pour trajectoire et pour vitesse* v *la courbe d'équilibre et la tension d'un fil flexible qui serait sollicité par les forces*

$$X' = -\frac{X}{mv}, \quad Y' = -\frac{Y}{mv}, \quad Z' = -\frac{Z}{mv},$$

m étant la masse du fil rapportée à l'unité de longueur; pourvu, toutefois, qu'en un point donné, commun aux deux courbes, la vitesse du point soit égale à la tension du fil et de même direction.

Réciproquement, un fil flexible, dont la masse rapportée à l'unité de longueur est m, et qui est sollicité par les forces X′, Y′, Z′, *rapportées à l'unité de masse, a pour forme d'équilibre et pour tension t la trajectoire et la vitesse d'un point matériel sollicité par les forces* $X = -mtX'$, $Y = -mtY'$, $Z = -mtZ'$, *pourvu qu'en un point donné, commun aux deux courbes, la tension du fil et la vitesse du point soient égales en grandeur et en direction.*

Exemples. — 1° Un point pesant, lancé de l'origine des coordonnées dans la direction horizontale de l'axe des x avec la vitesse $\sqrt{ag}$, décrit la parabole

$$x^2 = 2ay$$

avec la vitesse $v = \sqrt{\frac{g}{a}(a^2 + x^2)}$.

Il s'ensuit qu'un fil flexible, sollicité de bas en haut par la force verticale

$$\frac{\sqrt{ag}}{m\sqrt{a^2 + x^2}},$$

décrit la même parabole, pourvu qu'il passe à l'origine des coordonnées, que sa tangente en ce point soit horizontale, et que la tension y soit égale à $\sqrt{ag}$. Alors sa tension en un point quelconque est

$$\sqrt{\frac{g}{a}(a^2 + x^2)}.$$

Nous sommes arrivés directement au même résultat, t. I, p. 152.

2° On sait qu'un fil flexible, homogène et pesant, en équilibre, décrit la chaînette

$$y = \frac{a}{2}\left(e^{\frac{x}{a}} + e^{-\frac{x}{a}}\right),$$

et que, sa tension au point le plus bas $(x = 0, y = a)$ étant représentée par τ, sa tension en un point quelconque est

$$t = \tau\frac{y}{a}.$$

Il en résulte qu'un point matériel, lancé horizontalement du point $(x = 0, y = a)$ avec la vitesse τ, et sollicité par une force verticale, dirigée de bas en haut, égale à

$$\frac{m\tau g}{a}y,$$

décrit la même chaînette.

3° Le théorème qui nous occupe peut s'employer pour trouver les équations générales qui, dans le cas d'un fil en équilibre, répondent aux diverses équations générales du mouvement d'un point. On trouvera, en nommant s l'arc, t la tension et S la force appliquée, estimée suivant la tangente à la courbe, qu'à l'équation des forces vives répond l'équation

$$t - t_0 = \int_s^0 \mathrm{S}\, ds,$$

qu'à l'équation des aires répond l'équation

$$tr^2 d\theta = \mathrm{C} ds,$$

r étant le rayon mené du centre de forces à la courbe, et C désignant une constante (t. I, p. 158).

Enfin, au principe de la *moindre action*, exprimé par la formule

$$\delta . \int mv ds = 0,$$

répond la formule

$$\delta . \int t ds = 0.$$

C'est-à-dire que, si l'on intègre entre deux points choisis à volonté le produit de l'arc élémentaire par la tension qu'il supporte, la somme obtenue est inférieure à celle qu'on obtiendrait de la même manière entre les deux mêmes points extrêmes, après que, par de nouvelles liaisons, on aurait assujetti le fil à décrire une nouvelle courbe sous l'influence des mêmes forces.

CHAPITRE VI.

MOMENTS D'INERTIE.

On nomme *moment d'inertie* d'un corps par rapport à un axe, la somme des produits que l'on obtient en multipliant la masse de chaque molécule par le carré de sa distance à l'axe.

Si l'on désigne par M la masse du corps entier, et par k une ligne convenablement déterminée, on pourra mettre le moment d'inertie sous la forme Mk^2; alors la ligne k est ce que l'on nomme le *rayon de giration* du corps autour de l'axe considéré.

Euler s'est servi le premier du terme *moment d'inertie*; voici comment il s'en explique (*) : « Ratio hujus denominationis ex similitudine motus progressivi est desumpta : quemadmodum enim in motu progressivo, si a vi secundum suam directionem sollicitante acceleretur, est incrementum celeritatis ut vis sollicitans divisa per massam seu inertiam; ita in motu giratorio, quoniam loco ipsius vis sollicitantis ejus momentum considerari oportet, eam expressionem $\int r^2 dM$, quæ loco inertiæ in calculum ingreditur, *momentum inertiæ* appellemus, ut incrementum celeritatis angularis simili modo proportionale fiat momento vis sollicitantis diviso per momentum inertiæ. »

(*) *Theoria motus corporum solidorum*, cap. V, p. 167.

Soient k et k' les rayons de giration d'un corps autour de deux droites parallèles L et L', a la distance de ces droites, x' la distance d'une molécule dM à un plan mené par la droite L' perpendiculairement au plan des deux droites L et L', cette distance étant comptée positive du côté de la droite L. On a généralement la relation

$$\mathrm{M}k^2 = \mathrm{M}(a^2 + k'^2) - 2a\int x'\,d\mathrm{M}.$$

Quand la droite L' passe au centre de gravité, le dernier terme disparaît et l'on a simplement

$$(\mathrm{U}) \qquad k^2 = a^2 + k'^2.$$

Par un point pris à volonté dans l'intérieur d'un corps traçons des droites en nombre quelconque, et sur chacune de ces droites portons une longueur égale à la valeur inverse de la racine carrée du moment d'inertie relatif à cet axe. Les extrémités de ces longueurs seront toutes sur la surface d'un même ellipsoïde. Si nous prenons l'origine des coordonnées à l'origine des droites, et si nous posons

$$a = \frac{1}{\mathrm{M}}\int x^2 d\mathrm{M}, \quad b = \frac{1}{\mathrm{M}}\int y^2 d\mathrm{M}, \quad c = \frac{1}{\mathrm{M}}\int z^2 d\mathrm{M},$$

$$d = \frac{1}{\mathrm{M}}\int yz\,d\mathrm{M}, \quad e = \frac{1}{\mathrm{M}}\int zx\,d\mathrm{M}, \quad f = \frac{1}{\mathrm{M}}\int xy\,d\mathrm{M},$$

les intégrales s'étendant au corps entier, l'équation de l'ellipsoïde sera

$$(\mathrm{V}) \quad (b+c)x^2 + (c+a)y^2 + (a+b)z^2 - 2dyz - 2ezx - 2fxy = \frac{1}{\mathrm{M}}.$$

Cet ellipsoïde a été nommé par M. Poinsot *ellipsoïde central* du corps par rapport au point pris pour origine des droites.

Considérons l'un quelconque des axes coordonnés,

l'axe des x par exemple. Si l'on a $e = 0$ et $f = 0$, on dit que l'axe des x est un *axe principal d'inertie* relativement au point pris pour origine des coordonnées, et le moment d'inertie relatif à cet axe se nomme *moment d'inertie principal*. En tout point du corps passent trois axes principaux d'inertie; ces axes sont dirigés suivant les axes de l'ellipsoïde central relatif à ce point, et par conséquent ils se coupent à angle droit.

1. *Trouver le rayon de giration d'une lentille biconvexe homogène autour d'une parallèle à l'axe de révolution. On suppose la lentille terminée par deux surfaces sphériques égales.*

Il nous suffit de considérer une seule des deux lentilles plan-convexes dont l'ensemble forme la lentille proposée.

Soient :

r le rayon de la surface sphérique ;

a la flèche de la lentille plan-convexe ;

b le rayon de la base ;

M la masse;

ρ la densité ;

k et k' les rayons de giration autour de l'axe proposé et autour de l'axe de révolution;

c la distance de ces deux axes.

Commençons par déterminer le rayon k'^2.

Pour cela considérons d'abord une tranche infiniment mince et perpendiculaire à l'axe. Si nous nommons y le rayon de cette tranche et x sa distance au sommet de la lentille, le moment d'inertie de la tranche autour de l'axe de révolution sera

$$\rho dx \int_0^{2\pi} \int_0^{y} y^2 . y \, d\theta \, dy = \frac{1}{2} \pi \rho y^4 dx.$$

De là il résulte

$$\mathrm{M}k'^2 = \frac{1}{2}\pi\rho\int_0^a y^4 dx = \frac{1}{2}\pi\rho\int_0^a (2rx - x^2)^2 dx$$

$$= \frac{1}{2}\pi\rho\left(\frac{4r^2a^3}{3} - \frac{4ra^4}{4} + \frac{a^5}{5}\right).$$

Or on a

$$r = \frac{a^2 + b^2}{2a};$$

par conséquent,

$$\mathrm{M}k'^2 = \frac{1}{2}\pi\rho\left[\frac{a(a^2+b^2)^2}{3} - \frac{a^3(a^2+b^2)}{2} + \frac{a^5}{5}\right]$$

$$= \frac{\pi\rho a}{6.10}(a^4 + 5a^2b^2 + 10b^4),$$

et, puisque $\mathrm{M} = \frac{1}{6}\pi\rho(a^3 + 3ab^2)$, on a

$$k'^2 = \frac{1}{10}\,\frac{a^4 + 5a^2b^2 + 10b^4}{a^2 + 3b^2}.$$

Maintenant il est aisé de calculer k^2, car

$$k^2 = k'^2 + c^2.$$

Euler, *Theoria motus corporum solidorum*, cap. VI, prob. 42.

2. *Étant donnés une pyramide homogène à base quelconque et trois axes rectangulaires* OX, OY, OZ *passant au sommet, concevons que l'on ait joint le centre de gravité* G *de l'aire de la base à un sommet* A *du contour polygonal de cette aire et au milieu* B *d'un côté adjacent. Si l'on nomme* M *la masse de la pyramide triangulaire qui aurait pour base le triangle* GAB *et pour sommet le sommet* O *de la pyramide donnée; p, l, a les longueurs* OG, GB, BA; *p_x, l_x, a_x leurs projections sur le plan* YOZ; *et que l'on indique par le signe* $\sum$ *une*

somme relative à toutes les pyramides triangulaires telles que la pyramide OGAB, dont l'ensemble constitue la pyramide donnée, le moment d'inertie de ce dernier corps autour de l'axe OX sera représenté par la formule

$$\int (y^2 + z^2)\,dM = \frac{3}{5}\sum M\left(p_x^2 + \frac{1}{2}l_x^2 + \frac{1}{6}a_x^2\right).$$

Il s'agit de démontrer ce résultat.

Disons tout de suite que *le moment d'inertie d'un polyèdre homogène, de forme quelconque, autour d'une droite quelconque OX, sera représenté par la même formule, pourvu que l'on étende le signe sommatoire $\sum$ à toutes les pyramides ayant pour sommet un même point de la droite OX et pour bases les différentes faces du polyèdre, et que dans cette somme on regarde comme négatives les masses des pyramides qui, relativement à leur base, sont situées du côté opposé au polyèdre.*

Fig. 52.

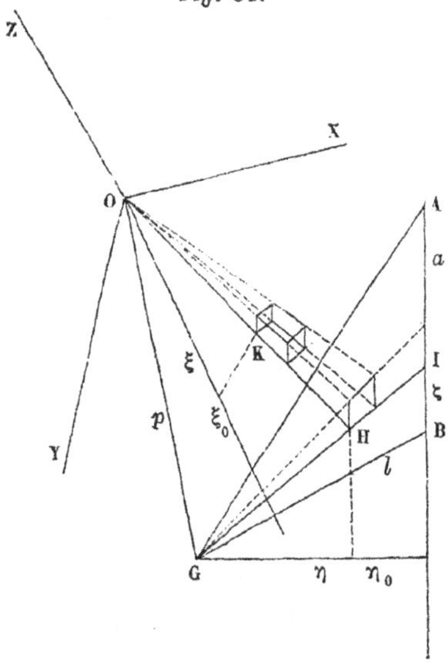

Considérons la pyramide triangulaire OGBA.

Soient :

ξ_0 la perpendiculaire abaissée du sommet O sur la base;

η_0 la perpendiculaire abaissée du point G sur le côté AB;

K un point quelconque du solide;

H le pied de la droite OK sur le plan de la base;

I l'intersection de la droite GH avec le côté AB;

ζ la distance BI;

η la projection de GH sur la droite η_0;

ξ la projection de OK sur la droite ξ_0.

Les valeurs assignées aux quantités ξ, η, ζ définissent la position du point K.

Prenons pour élément de la base GAB le petit quadrilatère compris entre la droite GI, une droite infiniment voisine menée par le point G, une parallèle à AB menée par le point H et une parallèle infiniment voisine. La surface de cet élément sera $\frac{\eta}{\eta_0} d\zeta . d\eta$. Concevons que cet élément soit la base d'une petite pyramide ayant son sommet au point O, et prenons pour élément de masse dM la masse du petit solide découpé dans cette pyramide par un plan mené au point K parallèlement à la base, et par un plan parallèle infiniment voisin. En supposant la densité égale à l'unité, nous aurons

$$dM = \frac{\xi^2}{\xi_0^2} \frac{\eta}{\eta_0} d\zeta\, d\eta . d\xi.$$

Ceci posé, soient x, x', x'' les abscisses des points K, H, I, et p_1, l_1, a_1 les projections des distances p, l, a sur l'axe des x.

Nous aurons

$$x = \frac{\xi}{\xi_0} x', \quad x' = p_1 + \frac{\eta}{\eta_0}(x'' - p_1), \quad x'' = p_1 + l_1 + \frac{\zeta}{a} a_1,$$

et par conséquent,

$$x = \frac{\xi}{\xi_0}\left[p_1 + \frac{\eta}{\eta_0}\left(l_1 + \frac{\zeta}{a} a_1\right)\right].$$

D'après cette valeur, et en observant que pour embrasser toute la pyramide triangulaire il faut faire varier les rapports $\frac{\zeta}{a}$, $\frac{\eta}{\eta_0}$, $\frac{\xi}{\xi_0}$ de zéro à l'unité, il vient

$$\int x^2 dM = \frac{1}{5} a\eta_0\xi_0 \left[\frac{1}{2}p_1^2 + \frac{2}{3}p_1\left(l_1 + \frac{1}{2}a_1\right) + \frac{1}{4}\left(l_1^2 + l_1 a_1 + \frac{1}{3}a_1^2\right)\right].$$

La somme de toutes les équations semblables, relatives à toutes les pyramides triangulaires qui composent la pyramide donnée, fera connaître l'expression de l'intégrale $\int x^2 dM$ étendue à tous les éléments de ce dernier corps. Les trois remarques suivantes permettent de simplifier le résultat.

1° Le produit $a\eta_0\xi_0$ est égal à six fois la masse de la pyramide triangulaire; on peut donc le remplacer par 6M.

2° Pour les deux pyramides triangulaires qui se joignent au milieu B d'une même arête, la quantité représentée par a_1 est égale et de signe contraire, tandis que les autres quantités qui figurent dans la formule sont égales et de même signe; donc les termes qui contiennent a_1 à la première puissance disparaissent dans la somme relative à toutes les pyramides.

3° Le produit $\frac{2}{15}a\eta_0\xi_0 p_1 l_1$ se décompose en deux facteurs $\frac{2}{5}\xi_0 p_1$ et $\frac{1}{2}a\eta_0 \cdot \frac{2}{3}l_1$, dont le premier reste constant quand on passe d'une pyramide triangulaire à une autre, et dont le second représente le moment statique de l'aire GAB par rapport à un plan mené par le centre de gravité G perpendiculairement à l'axe OX. Or ces moments, relatifs aux différents triangles qui forment la base de la pyramide donnée, ont une somme nulle; donc le terme $a\eta_0\xi_0 p_1 l_1$ disparaît dans la somme.

Il reste finalement

$$\int x^2 dM = \frac{3}{5}\sum M\left(p_1^2 + \frac{1}{2}l_1^2 + \frac{1}{6}a_1^2\right).$$

On aura de même, en nommant p_2, l_2, a_2 et p_3, l_3, a_3 les projections de p, l, a sur les axes OY et OZ,

$$\int y^2 dM = \frac{3}{5}\sum M\left(p_2^2 + \frac{1}{2}l_2^2 + \frac{1}{6}a_2^2\right),$$

$$\int z^2 dM = \frac{3}{5}\sum M\left(p_3^2 + \frac{1}{2}l_3^2 + \frac{1}{6}a_3^2\right).$$

La somme de ces deux dernières équations donne précisément la formule qu'il s'agit de démontrer.

Comme application, nous calculerons le moment d'inertie d'un *polyèdre régulier* homogène, autour d'un axe OX passant par le centre de gravité de ce corps et, par suite, autour d'un axe quelconque.

Il est aisé de reconnaître à l'inspection des polyèdres réguliers, par la considération de l'ellipsoïde central, que les moments d'inertie de ces corps autour des axes qui passent au centre de gravité sont tous égaux.

En effet, dans le tétraèdre les droites qui joignent les milieux des arêtes opposées, dans le cube les droites qui joignent les centres des faces opposées, dans l'octaèdre les droites qui joignent les sommets opposés, sont trois droites rectangulaires passant au centre de gravité du polyèdre, et autour desquelles les moments d'inertie sont évidemment égaux. Il en résulte que l'ellipsoïde central relatif au centre de gravité est une sphère.

Dans le dodécaèdre et l'icosaèdre les droites qui joignent les centres de gravité des faces opposées passent au centre de gravité du polyèdre, et sont évidemment des diamètres égaux de l'ellipsoïde central relatif à ce point; d'ailleurs la disposition de ces droites est telle, qu'elles ne peuvent être des diamètres égaux d'un ellipsoïde qu'autant que celui-ci est une sphère.

D'après cela le moment d'inertie autour de l'axe OX est égal au tiers de la somme des moments d'inertie autour des trois axes OX, OY, OZ; c'est-à-dire que l'on a

$$\int (y^2 + z^2)\, dM = \frac{2}{5} \sum M \left(p^2 + \frac{1}{2} l^2 + \frac{1}{6} a^2\right).$$

De plus, les quantités p, l, a sont les mêmes pour toutes les pyramides triangulaires. La masse M de chacune de ces pyramides est $\frac{1}{6} pla$. Si l'on nomme μ le nombre des arêtes sur chaque face du polyèdre, et ν le nombre des arêtes qui se réunissent à chaque sommet, le nombre des pyramides triangulaires, quadruple du nombre total des arêtes, sera

$$\frac{8\mu\nu}{2(\mu + \nu) - \mu\nu}.$$

De tout cela résulte la valeur suivante du moment d'inertie,

$$\int (y^2 + z^2)\, dM = \frac{8}{15} \frac{\mu\nu\, pla}{2(\mu + \nu) - \mu\nu} \left(p^2 + \frac{1}{2} l^2 + \frac{1}{6} a^2\right).$$

L'une des longueurs p, l, a étant donnée, les deux autres s'en déduisent par les relations

$$(p^2 + l^2) \sin^2 \frac{\pi}{\nu} = (p^2 + l^2 + a^2) \cos^2 \frac{\pi}{\mu} \; (*),$$

$$l \sin \frac{\pi}{\mu} = a \cos \frac{\pi}{\mu}.$$

HOPPE, *Archiv der Mathematik und Physik*, von J. A. Grünert; Greiswald, 1855, t. XXIV, p. 204.

(*) On obtient cette relation en considérant le trièdre dont le sommet est au centre de gravité du polyèdre et qui a pour arêtes OA, OB, OG. En

3. *Démontrer la proposition suivante : Si l'on cherche l'ellipsoïde central d'un corps pour chacun des points d'une même droite, et que l'on mène le plan conjugué de cette droite dans chacun des ellipsoïdes, tous ces plans se couperont suivant une même ligne.*

Prenons la droite considérée pour axe des x, et représentons par x_1, y_1, z_1 les coordonnées du centre de gravité du corps. L'équation (V) représentera l'ellipsoïde central relatif au point pris pour origine; et pour en déduire l'équation de l'ellipsoïde relatif au point $x = \delta$, il suffira de changer

x en $x - \delta$;

a en $\frac{1}{M}\int (x - \delta)^2 dM = a + \delta^2 - 2x_1\delta$;

e en $e - z_1\delta$;

f en $f - y_1\delta$.

Mais il ne sera point nécessaire de former cette seconde équation; car les substitutions indiquées, faites dans l'équation du plan conjugué de l'axe des x relativement au premier ellipsoïde, donneront l'équation du plan conjugué du même axe relativement au second ellipsoïde.

D'après cela, l'équation du premier plan conjugué est

$$(1) \qquad (b + c)x - fy - ez = 0,$$

et celle du second,

$$(b + c)(x - \delta) - (f - y_1\delta)y - (e - z_1\delta)z = 0.$$

---

effet, les angles dièdres correspondants à ces arêtes sont respectivement $\frac{\pi}{\nu}, \frac{\pi}{2}, \frac{\pi}{\mu}$; il en résulte que l'on a

$$\cos\frac{\pi}{\mu} = \sin\frac{\pi}{\nu}\cos(\widehat{AOB});$$

et par conséquent,

$$\overline{OB}^2 \sin^2\frac{\pi}{\nu} = \overline{OA}^2 \cos^2\frac{\pi}{\mu}.$$

L'intersection de ces deux plans est représentée par l'équation (1) jointe à l'équation

$$(2) \qquad y_1 y + z_1 z = b + c.$$

Or ces deux équations sont indépendantes de δ; par conséquent l'intersection appartient au plan conjugué de l'axe des x dans l'ellipsoïde central relatif à l'un quelconque des points de cet axe.

Supposons que e et f soient nuls pour une origine convenablement choisie, c'est-à-dire que la droite donnée soit un axe principal d'inertie relativement à l'un de ses points pris pour origine.

Alors, d'après l'équation (1), l'intersection commune des plans conjugués sera dans le plan des yz; d'après l'équation (2), elle sera située dans un plan perpendiculaire au plan déterminé par l'axe des x et par le centre de gravité, et sa distance à l'axe des x sera le quotient du carré du rayon de giration autour de cet axe par la distance du centre de gravité au même axe. Il résulte de là et d'une proposition bien connue que, *si le corps est libre de tourner autour de la droite considérée, et qu'une force instantanée vienne à le frapper suivant l'intersection commune des plans conjugués, l'axe n'éprouvera aucune percussion.*

4. *Trouver pour un corps quelconque le lieu des points* O *tels que, les axes principaux d'inertie relatifs à ce point étant pris pour axes coordonnés, l'une des quantités*

$$a = \frac{1}{M}\int x^2\, dM, \quad b = \frac{1}{M}\int y^2\, dM, \quad c = \frac{1}{M}\int z^2\, dM$$

ait une valeur assignée d'avance H.

Les seules données de la question sont les valeurs A,

B, C *que prennent les quantités* a, b, c *lorsque l'origine* O *coïncide avec le centre de gravité du corps.*

Prenons d'abord, autour du point O, des axes coordonnés rectangulaires de directions quelconques, OX', OY', OZ', et posons

$$a' = \frac{1}{M}\int x'^2 dM, \quad b' = \frac{1}{M}\int y'^2 dM, \quad c' = \frac{1}{M}\int z'^2 dM,$$

$$d' = \frac{1}{M}\int y'z' dM, \quad e' = \frac{1}{M}\int z'x' dM, \quad f' = \frac{1}{M}\int x'y' dM.$$

Représentons encore par h l'une des quantités a, b, c, en sorte que $M(a+b+c-h)$ soit l'un des moments d'inertie principaux relatifs à l'origine, et nommons λ, μ, ν les cosinus des angles que fait l'axe de ce moment avec nos axes coordonnés.

L'équation de l'ellipsoïde central sera

$$(b'+c')x'^2 + (c'+a')y'^2 + (a'+b')z'^2 - 2d'y'z' - 2e'z'x' - 2f'x'y' = \frac{1}{M},$$

ou, ce qui revient au même,

$$a'x'^2 + b'y'^2 + c'z'^2 + 2d'y'z' + 2e'z'x' + 2f'x'y' = (a'+b'+c')(x'^2+y'^2+z'^2) - \frac{1}{M}.$$

Appliquons cette équation au point de la surface qui est situé sur un axe principal. En nommant λ, μ, ν les cosinus des angles que cet axe fait avec les axes coordonnés, et observant que l'inverse du carré de la distance du point considéré à l'origine est $M(a'+b'+c'-h)$ ou $M(a+b+c-h)$, il vient

$$a'\lambda^2 + b'\mu^2 + c'\nu^2 + 2d'\mu\nu + 2e'\nu\lambda + 2f'\lambda\mu = h.$$

De plus, puisque l'axe principal d'inertie est normal à la surface de l'ellipsoïde, les quantités λ, μ, ν, h doivent vérifier les relations

$$(1)\quad \frac{a'\lambda + f'\mu + e'\nu}{\lambda} = \frac{b'\mu + d'\nu + f'\lambda}{\mu} = \frac{c'\nu + e'\lambda + d'\mu}{\nu} = h;$$

d'où nous tirons, par l'élimination des cosinus,

$$h^3 - (a' + b' + c')\,h^2 + (a'b' + b'c' + c'a' - d'^2 - e'^2 - f'^2)\,h$$
$$- (a'b'c' - a'd'^2 - b'e'^2 - c'f'^2 + 2d'e'f') = 0.$$

Telle est l'équation qui a pour racines les trois valeurs de h correspondantes à l'origine O.

Supposons maintenant que les axes OX', OY', OZ' soient parallèles aux axes principaux d'inertie relatifs au centre de gravité, et transportons l'origine à ce centre. Nous aurons, en nommant ξ, η, ζ les coordonnées du point O relatives à la nouvelle origine,

$$(2)\quad \begin{cases} a' = A + \xi^2, & b' = B + \eta^2, & c' = C + \zeta^2, \\ d' = \eta\zeta, & e' = \zeta\xi, & f' = \xi\eta; \end{cases}$$

et, par la substitution de ces valeurs, la dernière équation deviendra

$$\frac{\xi^2}{h - A} + \frac{\eta^2}{h - B} + \frac{\zeta^2}{h - C} = 1.$$

Quand on y donne à h la valeur particulière H, l'équation résultante

$$(3)\quad \frac{\xi^2}{H - A} + \frac{\eta^2}{H - B} + \frac{\zeta^2}{H - C} = 1$$

représente le lieu cherché.

Ce lieu est une *surface du second ordre*, qui a pour centre le centre de gravité du corps, et pour axes les axes principaux d'inertie relatifs au centre de gravité.

Soit

$$A < B < C.$$

Pour que la surface soit réelle, il faut que H soit supérieur à A. Suivant que H est compris entre A et B, B et C, ou que H est supérieur à C, la surface est un hyperboloïde à deux nappes, un hyperboloïde à une nappe, ou un ellipsoïde.

Les surfaces en nombre infini que l'on obtient en faisant varier H sont toutes *homofocales*. Il en résulte, comme l'on sait, que deux surfaces de même famille ne se rencontrent pas, et que deux surfaces de familles différentes se coupent à angle droit suivant leurs lignes de courbure.

Les axes principaux d'inertie relatifs à un point quelconque O *sont dirigés suivant les tangentes aux intersections des trois surfaces homofocales qui passent à ce point.*

En effet, les cosinus des angles que la normale à l'une des surfaces fait avec les axes coordonnés sont proportionnels aux quantités

$$\frac{\xi}{H-A}, \quad \frac{\eta}{H-B}, \quad \frac{\zeta}{H-C}.$$

Or, si dans les équations (1), qui définissent les directions des axes principaux, on remplace h par H, λ, μ, ν par les fractions précédentes, et a', b', c', d', e', f' par les valeurs (2), ces équations sont identiquement vérifiées, eu égard à ce que le point (ξ, η, ζ) se trouve sur la surface représentée par l'équation (3).

En chaque point O, les quantités désignées par a, b, c, rangées par ordre de grandeur, se trouvent comprises respectivement entre A et B, B et C, C et ∞. Il s'ensuit que les moments d'inertie principaux rangés par ordre de grandeur, $a+b$, $a+c$, $b+c$, étant comparés aux moments d'inertie principaux relatifs au centre de gravité et rangés dans le même ordre, $A+B$, $A+C$, $B+C$, vérifient les inégalités suivantes :

$$A+B < a+b < B+C, \quad a+c > A+C, \quad b+c > B+C.$$

Il nous est facile de *trouver les points où les trois moments d'inertie ont trois valeurs données.*

Soient H_1, H_2, H_3 les valeurs de a, b, c qui résultent des trois moments donnés, et ξ, η, ζ les coordonnées des points dont il s'agit.

Pour obtenir ces coordonnées il nous faut résoudre les trois équations simultanées

$$\frac{\xi^2}{H_1 - A} + \frac{\eta^2}{H_1 - B} + \frac{\zeta^2}{H_1 - C} = 1,$$

$$\frac{\xi^2}{H_2 - A} + \frac{\eta^2}{H_2 - B} + \frac{\zeta^2}{H_2 - C} = 1,$$

$$\frac{\xi^2}{H_3 - A} + \frac{\eta^2}{H_3 - B} + \frac{\zeta^2}{H_3 - C} = 1.$$

Nous y parviendrons facilement comme il suit (*) :

Dans l'équation (3), qui comprend chacune des équations proposées, remplaçons H par $A - u$, et considérons alors ξ, η, ζ comme des quantités connues, et u comme l'inconnue. Sous ce point de vue, l'équation sera du troisième degré, et ses racines seront $A - H_1$, $A - H_2$, $A - H_3$.

Cette équation pourra s'écrire

$$1 + \frac{\xi^2}{u} + \frac{\eta^2}{u + B - A} + \frac{\zeta^2}{u + C - A} = 0.$$

Faisant disparaître les dénominateurs et égalant le dernier terme au produit des racines changé de signe, il vient

$$\xi^2 (B - A)(C - A) = -(A - H_1)(A - H_2)(A - H_3).$$

(*) Le procédé de résolution que nous donnons ici est dû au P. Chelini ; il s'applique à un nombre quelconque d'équations de même forme.

Nous trouverions de même

$$\eta^2(C-B)(A-B) = -(B-H_1)(B-H_2)(B-H_3),$$
$$\zeta^2(A-C)(B-C) = -(C-H_1)(C-H_2)(C-H_3).$$

Les équations sont résolues. On voit qu'il existe huit points où les trois moments d'inertie principaux ont les valeurs données. Ces huit points appartiennent tous à un même système de trois surfaces ; ils sont deux à deux aux extrémités d'un même diamètre, et pour chacun de ces couples de points les axes principaux d'inertie sont parallèles.

J. Binet, *Journal de l'École Polyt.*, XVIe Cahier, p. 41 ; 1811.

5. *Étant donnés les axes et les moments d'inertie principaux relatifs au centre de gravité, déterminer le lieu des points où deux des moments d'inertie principaux ont une même valeur.*

Conservons la notation du problème précédent, et supposons toujours $A < B < C$. Il nous faut trouver la relation qui existe entre ξ, η, ζ lorsque l'équation en H,

$$(1) \qquad \frac{\xi^2}{H-A} + \frac{\eta^2}{H-B} + \frac{\zeta^2}{H-C} = 1,$$

a deux racines égales.

Quand deux racines différentes de A, B, C sont égales, l'une d'elles appartient à l'équation dérivée

$$\frac{\xi^2}{(H-A)^2} + \frac{\eta^2}{(H-B)^2} + \frac{\zeta^2}{(H-C)^2} = 0.$$

Or cette dernière équation n'a que des racines imaginaires ; donc, s'il est des racines doubles, elles ne sont autres que A, B ou C.

Pour reconnaître dans quels cas ces quantités sont effectivement des racines doubles, il convient de faire disparaître les dénominateurs de l'équation (1) avant de prendre sa dérivée. Alors on arrive sans peine aux résultats suivants :

La valeur $H = C$ est racine double quand on a

$$(2) \qquad \zeta = 0 \quad \text{et} \quad \frac{\xi^2}{C-A} + \frac{\eta^2}{C-B} = 1.$$

La valeur $H = B$ est racine double quand on a

$$(3) \qquad \eta = 0 \quad \text{et} \quad \frac{\xi^2}{B-A} - \frac{\zeta^2}{C-B} = 1,$$

La valeur $H = A$ ne peut jamais être racine double.

Par conséquent, l'ellipse et l'hyperbole représentées par les équations (2) et (3) contiennent tous les points où deux des moments d'inertie principaux ont une même valeur.

J. Binet, *ibid.*

6. *Déterminer tous les points où les axes principaux sont parallèles à ceux qui se coupent en un point donné.*

Soient O le point donné, OX′, OY′, OZ′ les axes principaux qui se coupent à ce point, GX, GY, GZ des axes parallèles menés par le centre de gravité, et x_1, y_1, z_1 les coordonnées du point O relatives aux derniers axes.

On a, par hypothèse,

$$\int y' z' \, dM = 0, \quad \int z' x' \, dM = 0, \quad \int x' y' \, dM = 0,$$

ou bien, en transportant les axes au centre de gravité,

$$(A) \qquad \left\{ \begin{aligned} &\int yz\,dM + M y_1 z_1 = 0, \\ &\int zx\,dM + M z_1 x_1 = 0, \\ &\int xy\,dM + M x_1 y_1 = 0. \end{aligned} \right.$$

Les intégrales qui figurent dans ces équations (A) conservent la même valeur, lorsqu'on substitue au point donné O un nouveau point autour duquel les axes principaux d'inertie aient les mêmes directions. Par conséquent nous obtiendrons le lieu cherché en résolvant les équations (A) par rapport à x_1, y_1, z_1, et regardant les intégrales comme des constantes.

S'il n'est aucune des intégrales qui soit nulle, les équations (A) nous donneront deux systèmes de valeurs de x_1, y_1, z_1 égales et de signes contraires. Ainsi, il n'est en général que deux points où les axes principaux aient des directions données. La droite qui unit ces deux points est divisée en deux parties égales par le centre de gravité.

Admettons maintenant que l'une des intégrales soit nulle; ce sera par exemple l'intégrale $\int yz\,d\text{M}$. Alors nous aurons

$$z_1 = 0 \quad \text{ou} \quad y_1 = 0;$$

et par conséquent l'une des deux autres intégrales sera nulle.

Soient

$$z_1 = 0 \quad \text{et} \quad \int zx\,d\text{M} = 0.$$

Dans ce cas le point donné O se trouve sur l'un des plans principaux d'inertie relatifs au centre de gravité; l'un des axes principaux d'inertie relatifs au point donné, OZ′, est parallèle à l'un des axes principaux d'inertie relatifs au centre de gravité; et le lieu cherché est l'hyperbole équilatère représentée par l'équation

$$\text{M}x_1 y_1 + \int xy\,d\text{M} = 0.$$

Supposons enfin que les trois intégrales soient nulles. Dans ce cas deux des coordonnées x_1, y_1, z_1 sont nulles;

c'est-à-dire que le lieu cherché est l'un quelconque des trois axes principaux d'inertie relatifs au centre de gravité.

Guibert, *Journ. de l'École Polyt.*, XXVe Cahier, p. 118.

Corollaire. — Le résultat obtenu dans le cas d'une intégrale nulle, comparé à celui du problème 4, nous conduit à ce théorème de géométrie : *Sur une série d'ellipses ou d'hyperboles homofocales, le lieu des points de contact des tangentes parallèles à une direction donnée est une hyperbole équilatère qui passe aux foyers communs.*

7. *Étant donnés un corps et un point choisis à volonté, déterminer, parmi toutes les lignes qui passent à ce point, celles qui sont un axe principal d'inertie du corps relativement à l'un de leurs points.*

Soient P le point donné ; $G\xi$, $G\eta$, $G\zeta$ les axes principaux d'inertie relatifs au centre de gravité ; ξ_1, η_1, ζ_1 les coordonnées du point P par rapport à ces axes ; λ, μ, ν les cosinus des angles qu'une droite menée par le point P forme avec ces axes ; O le point de cette droite par rapport auquel elle est un axe principal d'inertie ; r la distance PO ; OX', OY', OZ' des axes parallèles à ceux des ξ, η, ζ ; et conservons pour le reste la notation du problème 4.

Les cosinus λ, μ, ν doivent (Probl. 4) vérifier les équations

$$(\text{A}) \qquad \frac{a'\lambda + f'\mu + e'\nu}{\lambda} = \frac{b'\mu + d'\nu + f'\lambda}{\mu} = \frac{c'\nu + e'\lambda + d'\mu}{\nu},$$

et

$$\lambda^2 + \mu^2 + \nu^2 = 1.$$

Or on a, pour un point quelconque (x', y', z'), (ξ, η, ζ),

$$x' = \xi - (\xi_1 + r\lambda), \quad y' = \eta - (\eta_1 + r\mu),$$
$$z' = \zeta - (\zeta_1 + r\nu);$$

d'où

$$a' = A + (\xi_1 + r\lambda)^2, \quad b' = B + (\eta_1 + r\mu)^2,$$
$$c' = C + (\zeta_1 + r\nu)^2,$$
$$d' = (\eta_1 + r\mu)(\zeta_1 + r\nu), \quad e' = (\zeta_1 + r\nu)(\xi_1 + r\lambda),$$
$$f' = (\xi_1 + r\lambda)(\eta_1 + r\mu).$$

Substituant ces valeurs dans les équations (A), et éliminant r, ce qui est facile parce que les termes en r^2 se détruisent, il vient

$$\mu\nu\xi_1(B - C) + \nu\lambda\eta_1(C - A) + \lambda\mu\zeta_1(A - B) = 0.$$

Cette relation nous montre que toutes les droites concourantes qui sont un axe principal d'inertie pour un de leurs points forment le cône du second degré représenté par l'équation

$$\begin{aligned}&(\eta - \eta_1)(\zeta - \zeta_1)\xi_1(B - C)\\ &+ (\zeta - \zeta_1)(\xi - \xi_1)\eta_1(C - A)\\ &+ (\xi - \xi_1)(\eta - \eta_1)\zeta_1(A - B) = 0,\end{aligned}$$

ou

$$\begin{aligned}&(B - C)\xi_1\eta\zeta + (C - A)\eta_1\zeta\xi + (A - B)\zeta_1\xi\eta\\ &+ (B - C)\eta_1\zeta_1\xi + (C - A)\zeta_1\xi_1\eta + (A - B)\xi_1\eta_1\zeta = 0.\end{aligned}$$

Ampère, *Mém. de l'Acad. des Sc. de Paris*, t. V; 1821-1822.

Corollaire. — De là et du résultat du problème 4 nous concluons cette proposition de géométrie : *Le lieu de toutes les normales que l'on peut abaisser d'un point donné sur trois séries de surfaces homofocales est un cône du second degré.*

8. *Démontrer que la condition nécessaire et suffisante pour que l'arête d'un tétraèdre homogène soit un axe principal d'inertie du corps relativement à l'un de ses points, est que cette arête soit dans un plan perpendiculaire à l'arête opposée.*

Baehr, *Nouvelles Annales de Mathématiques*, 1854, p. 385.

9. Nous proposerons de vérifier quelques-uns des résultats suivants :

Il s'agit de corps homogènes ; on nomme k le rayon de giration.

Pour une droite AB *autour d'un axe qui passe à l'extrémité* A *et fait un angle* β *avec la droite,* la longueur de la droite étant l, on a

$$k^2 = \frac{l^2 \sin^2 \beta}{3}.$$

Pour une droite autour d'un axe perpendiculaire et non situé dans le même plan, $2a$ étant la longueur de la droite et b la perpendiculaire abaissée du milieu de la droite sur l'axe,

$$k^2 = \frac{1}{3} a^2 + b^2.$$

Pour un arc de cercle autour d'un axe perpendiculaire à son plan et passant à son centre de gravité, r étant le rayon, c la corde et a la longueur de l'arc,

$$k^2 = \frac{r^2}{a^2}(a^2 - c^2).$$

Pour un arc de cercle autour d'un axe perpendiculaire à son plan et passant au milieu de l'arc,

$$k^2 = \frac{2r^2}{a}(a - c).$$

Pour la surface d'une ellipse autour du grand axe, $2a$ étant le grand axe et $2b$ le petit axe,

$$k^2 = \frac{b^2}{4}.$$

Autour du petit axe, on aurait $k^2 = \frac{a^2}{4}$.

Pour la surface d'un triangle isocèle autour de la perpendiculaire abaissée du sommet sur la base, la base étant $2b$,

$$k^2 = \frac{b^2}{6}.$$

Pour la surface d'un triangle ABC *autour d'un axe perpendiculaire passant au sommet* A, les côtés opposés aux sommets A, B, C étant respectivement a, b, c,

$$k^2 = \frac{1}{12}(3b^2 + 3c^2 - a^2).$$

Pour la surface d'un triangle autour d'un axe perpendiculaire passant au centre de gravité,

$$k^2 = \frac{1}{36}(a^2 + b^2 + c^2).$$

Pour la surface d'une ellipse autour d'un axe perpendiculaire passant au centre, $2a$, $2b$ étant les axes de la courbe,

$$k^2 = \frac{1}{4}(a^2 + b^2).$$

Pour la surface d'un parallélogramme autour d'un axe perpendiculaire passant au centre, $2a$, $2b$ étant les côtés,

$$k^2 = \frac{a^2 + b^2}{3}.$$

Pour la surface d'un polygone régulier autour d'un axe passant au centre de gravité, n étant le nombre des côtés et c la longueur de chacun d'eux,

$$k^2 = \frac{c^2}{12}\,\frac{2 + \cos\frac{2\pi}{n}}{1 - \cos\frac{2\pi}{n}}.$$

Pour une sphère creuse autour d'un diamètre, a et b

étant les rayons de la surface externe et de la surface interne,

$$k^2 = \frac{2}{5}\frac{a^5 - b^5}{a^3 - b^3}.$$

Pour un cône droit autour de son axe, a étant le rayon de la base,

$$k^2 = \frac{3}{10}a^2.$$

Pour un cylindre autour de son axe, a étant le rayon de la base,

$$k^2 = \frac{1}{2}a^2.$$

Pour un cylindre autour d'une perpendiculaire au milieu de l'axe, a étant le rayon de la base et $2b$ la longueur du cylindre,

$$k^2 = \frac{1}{4}a^2 + \frac{1}{3}b^2.$$

Pour un cône droit autour d'une perpendiculaire à l'axe menée par le centre de gravité, a étant le rayon de la base et c la hauteur du cône,

$$k^2 = \frac{3}{80}(4a^2 + c^2).$$

Pour une lentille biconvexe autour d'un diamètre de la base commune des deux lentilles plan-convexes qui la composent, la notation restant la même que dans le problème 1,

$$k^2 = \frac{1}{20}\frac{7a^4 + 15a^2b^2 + 10b^4}{a^2 + 3b^2}.$$

Plusieurs de ces résultats, et en particulier ceux qui se rapportent aux solides, ont été donnés par Euler dans l'ouvrage intitulé : *Theoria motus corporum solidorum*, cap. VI.

CHAPITRE VII.

PRINCIPE DES FORCES VIVES ET DE LA TRANSMISSION DU TRAVAIL.

SECTION I.

FORCES VIVES.

L'expression de *force vive* a été introduite en Mécanique par Leibnitz, qui s'en est servi pour la première fois dans son Mémoire : « Specimen dynamicum pro admirandis naturæ legibus circa corporum vires, et mutuas actiones detegendis, et ad suas causas revocandis » (*Acta eruditorum*, 1795). Il avait en vue de distinguer la force d'un corps en mouvement de celle d'un corps immobile qui presse un obstacle. Cette dernière force, qui n'est en effet qu'une tendance au mouvement, fut nommée par opposition *force morte*.

La mesure de la force vive, nommée aussi à cette époque *force motrice* ou *force mouvante*, fut le sujet d'un débat mémorable dans les annales des sciences entre Leibnitz et les disciples de Descartes.

Leibnitz considérait la force vive comme une puissance inhérente au corps en mouvement, par laquelle il est capable de vaincre une certaine somme de résistance. Pour trouver la mesure de la force vive, il regardait tout corps animé d'un mouvement, comme ayant reçu ce mouvement par l'action de la gravité en tombant d'une hauteur convenable. Or, disait-il, si un corps de masse m est animé d'une vitesse v, il est capable de remonter à une hauteur égale à $\frac{v^2}{2g}$, en surmontant la résistance produite par la gravité. Si le corps était animé d'une vitesse double, triple, etc., il serait capable de remonter à une hauteur quatre fois, neuf fois, etc., égale à la précédente; donc il serait capable de vaincre une résistance quatre fois, neuf fois, etc., égale. De là il suit que la force vive est proportionnelle au carré de la vitesse v; elle est d'ailleurs évidemment proportionnelle à la masse m, comme la résistance de la gravité: donc la vraie mesure de la force vive est le produit de la masse par le carré de la vitesse ou mv^2.

Les disciples de Descartes répondaient que si le corps possède une vitesse double, il peut à la vérité remonter à une hauteur quadruple; mais cela dans un temps double. Or produire un effet quadruple dans un temps double, c'est avoir une puissance double et non une puissance quadruple: donc la puissance ou la force vive d'un corps en mouvement est simplement proportionnelle à la vitesse, et sa mesure naturelle est le produit de la masse par la vitesse ou mv. Et d'ailleurs, ajoutaient-ils, si l'on ne faisait pas entrer la durée de l'effort dans l'estimation de la force, il s'ensuivrait qu'un enfant aurait la même force qu'un homme, puisqu'un enfant peut faire en deux jours le travail qu'un homme fait en un seul jour.

Du côté de Leibnitz se rangèrent Jean et Daniel Bernoulli, Wolff, S'Gravesande, Camus, Muschenbroeck, Papin, Hermann, etc. Les principaux adversaires furent Maclaurin, Clarke, Stirling, Désaguliers, Robins et Mairan. Malgré leurs définitions opposées, les deux partis arrivaient aux mêmes résultats dans la plupart des problèmes.

Cette discussion dura trente années. Enfin d'Alembert fit voir, dans la préface de sa *Dynamique*, que la dispute portait principalement sur les termes, sans avoir aucun rapport nécessaire avec les principes fondamentaux de la Mécanique. Depuis cette époque on est convenu de nommer *quantité de mouvement* d'un corps le produit de sa masse par sa vitesse, d'appeler *force vive* le produit de la masse par le carré de la vitesse, et de conserver au mot *force motrice* la signification que lui attribue Newton dans les *Principes*, savoir le produit de la masse du corps par l'accélération que la force communiquerait au corps s'il était libre. L'*accélération* dont il s'agit ici est la dérivée par rapport au temps de la vitesse estimée dans le sens de la force; on la nomme aussi *force accélératrice*. Ces dénominations sont indépendantes de toute théorie sur la nature intime des forces; elles doivent être considérées comme des conventions faites pour simplifier le langage.

Le principe des forces vives consiste dans l'existence d'une intégrale commune à tous les problèmes de Dynamique où les liaisons s'expriment par des équations indépendantes du temps. Si l'on représente par X, Y, Z les forces motrices qui sollicitent la molécule m dans le sens des axes coordonnés, par v la vitesse de cette molécule à l'époque t, par v_0 sa vitesse à l'époque t_0, et si l'on convient que le signe sommatoire $\sum$ s'étend à toutes les molécules du système, l'intégrale dont il s'agit peut s'écrire

$$\sum mv^2 - \sum mv_0^2 = 2\int_{t_0}^{t} \sum (\mathrm{X}\,dx + \mathrm{Y}\,dy + \mathrm{Z}\,dz).$$

Dans le cas où la somme $\sum (\mathrm{X}\,dx + \mathrm{Y}\,dy + \mathrm{Z}\,dz)$ est la différentielle exacte d'une fonction des coordonnées x, y, z, etc., considérées comme variables indépendantes, l'accroissement de la force vive de tout le système,

$$\sum mv^2 - \sum mv_0^2,$$

est la somme des accroissements de force vive que recevraient les différentes molécules si, étant toujours sollicitées par les forces dont les expressions en fonction des coordonnées sont X, Y, Z, etc., on les forçait, par des liaisons convenables, à passer de la première position à la seconde, en suivant un chemin choisi à volonté.

Dans le cas où la somme $\sum (X\,dx + Y\,dy + Z\,dz)$ est la différentielle exacte d'une certaine fonction des coordonnées x, y, z, etc., considérées comme variables assujetties à vérifier quelques-unes des équations de liaisons, par exemple $L = 0$, $M = 0, \ldots$, $R = 0$, l'accroissement de force vive de tout le système est la somme des accroissements de force vive que recevraient les différentes molécules si, étant toujours sollicitées par les forces X, Y, Z, elles étaient forcées, par des liaisons convenables, de passer par un chemin quelconque de la première position à la seconde, en vérifiant toutefois les conditions $L = 0$, $M = 0, \ldots$, $R = 0$ pendant toute la durée du mouvement.

Enfin, lorsque la somme $\sum (X\,dx + Y\,dy + Z\,dz)$ n'est point la différentielle exacte d'une fonction des coordonnées x, y, z, etc., considérées comme des variables assujetties à vérifier les équations de liaisons, l'intégrale

$$\int_{t_0}^{t} \sum (X\,dx + Y\,dy + Z\,dz)$$

ne peut s'obtenir qu'en substituant à x, y, z, etc., leurs valeurs en fonction du temps fournies par l'intégration des équations du mouvement ; en sorte que, dans ce cas, le théorème des forces vives n'est d'aucune utilité pour trouver les intégrales du problème.

Quand plusieurs molécules sont liées entre elles de manière à former un système solide, les actions mutuelles qui naissent de ces liaisons n'entrent pour rien dans l'accroissement des forces vives.

La force vive d'un système se décompose toujours en deux parties, dont l'une est la force vive due au mouvement du système relativement à son centre de gravité considéré comme fixe, et l'autre est la force vive qu'aurait le système s'il était tout entier concentré à son centre de gravité, sans que le mouvement de ce point soit altéré. Quand le système est libre, ou que les liaisons se réduisent à des relations entre les distances mutuelles des molécules, l'équation des forces vives s'applique séparément au mouvement relatif du système autour de son centre de gravité.

Le théorème des forces vives suffit pour déterminer le mouvement des systèmes à *liaisons complètes*. On nomme ainsi les systèmes de molécules où les équations de liaisons sont en nombre égal aux coordonnées moins une. C'est le cas de presque toutes les machines employées dans l'industrie.

On trouve la première trace du principe des forces vives dans un postulatum dont Huyghens s'est servi pour déterminer le centre d'oscillation (*); mais ce fut Jean Bernoulli (**) qui le premier soupçonna une loi générale de la nature dans la conservation des forces vives. Daniel Bernoulli (***) appliqua les idées de son père au cas de plusieurs corps qui s'attirent avec une intensité fonction

(*) Si pendulum è pluribus ponderibus compositum, atque è quiete dimissum, partem quamcumque oscillationis integræ confecerit, atque inde porro intelligantur pondera ejus singula, relicto communi vinculo, celeritates acquisitas sursum convertere, ac quousque possunt ascendere; hoc facto, centrum gravitatis ex omnibus compositæ, ad eamdem altitudinem reversum erit, quam ante inceptam oscillationem obtinebat (*Horologium oscillatorium*, P. IV, prop. 4).

(**) *Opera*, passim.

(***) *Mémoires de l'Académie des Sciences de Berlin*, 1748, p. 356.

quelconque de la distance. D'Alembert (*) démontra le théorème pour plusieurs cas particuliers à l'aide de son principe général de Dynamique; il ne fut point difficile de reconnaître que sa démonstration s'applique à tous les cas où le théorème subsiste; aussi peut-on regarder le théorème général comme démontré dès cette époque.

1. *Déterminer le mouvement du pendule formé par un corps invariablement lié avec un axe cylindrique qui roule sans glisser sur deux portions d'un même plan horizontal.*

Fig. 53.

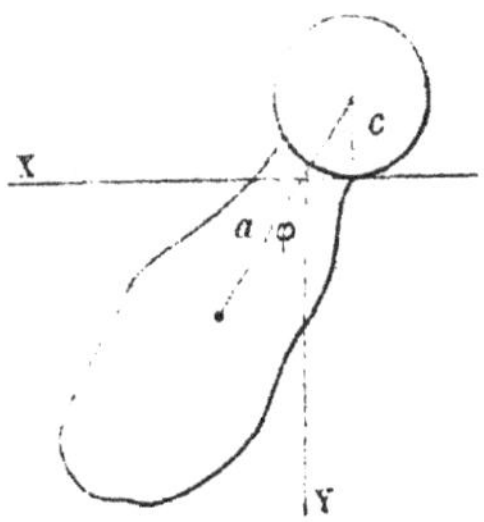

Considérons la section faite par un plan perpendiculaire à l'axe, mené par le centre de gravité de tout le système; les oscillations seront parallèles à ce plan.

Soient :

c le rayon du cylindre;

a la distance de l'axe du cylindre au centre de gravité du système;

m la masse du système;

h son rayon de giration autour d'une parallèle à l'axe menée par le centre de gravité.

Prenons l'origine au point où la section du cylindre, dans la position d'équilibre, touche la trace du plan horizontal; dirigeons l'axe des y dans le sens de la pesanteur, et nommons

x, y les coordonnées du centre de gravité;

φ l'angle que la droite a fait avec l'axe des y;

α la valeur initiale de l'angle φ correspondante à une vitesse nulle.

(*) *Traité de Dynamique*, part. II, chap. IV.

Le principe des forces vives nous donne

$$m\left(k^2\frac{d\varphi^2}{dt^2}+\frac{dx^2}{dt^2}+\frac{dy^2}{dt^2}\right)=2mgy+\text{const.}$$

Or

$$x=a\sin\varphi-c\varphi,\quad y=a\cos\varphi-c;$$

$$\frac{dx}{dt}=(a\cos\varphi-c)\frac{d\varphi}{dt},\quad \frac{dy}{dt}=-a\sin\varphi\frac{d\varphi}{dt};$$

substituant ces valeurs, et déterminant la constante par les données initiales, il vient

$$(k^2+a^2+c^2-2ac\cos\varphi)\frac{d\varphi^2}{dt^2}=2ga(\cos\varphi-\cos\alpha).$$

Telle est l'équation qui nous fait connaître la vitesse angulaire du pendule dans une position quelconque.

Si nous représentons par T la durée d'une oscillation, nous aurons

$$T=\sqrt{\frac{2}{ag}}\int_0^\alpha\frac{(k^2+a^2+c^2-2ac\cos\varphi)^{\frac{1}{2}}}{(\cos\varphi-\cos\alpha)^{\frac{1}{2}}}d\varphi.$$

Cette intégrale ne peut s'obtenir sous forme finie; mais, si nous supposons les oscillations fort petites, il sera facile de calculer sa valeur approchée.

En effet, posons

$$\sin\frac{\varphi}{2}=\psi,\quad \sin\frac{\alpha}{2}=\beta;$$

nous aurons approximativement, en négligeant les puissances de ψ et de β supérieures à la seconde,

$$\cos\varphi=1-2\psi^2,\quad \cos\alpha=1-2\beta^2,\quad d\varphi=\frac{2d\psi}{\sqrt{1-\psi^2}},$$

$$T=\sqrt{\frac{2}{ag}}\int_0^\beta\frac{(k^2+a^2+c^2-2ac+4ac\psi^2)^{\frac{1}{2}}}{(2\beta^2-2\psi^2)^{\frac{1}{2}}}\frac{2d\psi}{\sqrt{1-\psi^2}},$$

ou, posant, pour abréger,

$$k^2 + (a - c)^2 = h^2,$$

$$\mathrm{T} = \frac{2}{\sqrt{ag}} \int_0^{\beta} \sqrt{\frac{h^2 + 4ac\psi^2}{(1-\psi^2)(\beta^2 - \psi^2)}}\, d\psi.$$

Dans notre ordre d'approximation, nous pouvons remplacer $\sqrt{\frac{h^2 + 4ac\psi^2}{1-\psi^2}}$ par $h\left(1 + \frac{4ac + h^2}{2h^2}\psi^2\right)$; alors l'intégration peut s'effectuer, et il vient

$$\mathrm{T} = \frac{\pi h}{\sqrt{ag}} + \frac{\pi\beta^2(4ac + h^2)}{4h\sqrt{ag}}.$$

EULER, *Nova Acta Acad. Petrop.*, 1788, p. 145.

2. *Un fil flexible, très-mince et sans poids, attaché à un point fixe par son extrémité supérieure, s'enroule sur la circonférence d'un cercle vertical, lequel fait corps avec un solide dont le centre de gravité coïncide avec le centre du cercle. Une partie du fil étant déroulée et tendue verticalement, on abandonne le corps à son poids. Déterminer le mouvement qu'il prendra.*

Il est clair que la partie rectiligne du fil sera toujours verticale, car toutes les forces qui sollicitent le corps sont verticales.

Soient :

y la longueur de cette partie rectiligne;

y_0 la valeur initiale de y;

θ l'angle dont le corps a tourné autour de son centre de gravité;

a le rayon du cercle;

m la masse du corps;

k son rayon de giration autour d'une perpendiculaire au plan du cercle menée par le centre.

On a

$$m\left(k^2\frac{d\theta^2}{dt^2}+\frac{dy^2}{dt^2}\right)=2mg(y-y_0);$$

et d'ailleurs

$$y=y_0+a\theta,\quad \frac{d\theta}{dt}=\frac{1}{a}\frac{dy}{dt}.$$

A l'aide de cette dernière relation l'équation des forces vives peut s'écrire

$$\frac{a^2+k^2}{a^2}\frac{dy^2}{dt^2}=2g(y-y_0).$$

Elle a pour intégrale

$$y-y_0 \quad \text{ou} \quad a\theta=\frac{ga^2t^2}{2(a^2+k^2)}.$$

Cet exemple est l'un des *Theoremata selecta* donnés par Jean Bernoulli *pro conservatione virium vivarum demonstrandâ et experimentis confirmandâ.*

Comment. Acad. Petrop., 1727, p. 200. — *Opera*, t. III, p. 127.

3. *Un pilon, maintenu vertical à l'aide d'un collier, est pressé avec une force connue contre un plan incliné, surface supérieure d'un corps qui est libre de glisser dans une rainure horizontale. Déterminer le mouvement communiqué à ce corps, en négligeant les frottements.*

Prenons l'axe des y dirigé suivant le pilon en sens contraire de la pesanteur, et l'axe des x dirigé en sens contraire du mouvement dans le plan horizontal de la rainure.

Nommons α l'angle que la trace du plan incliné sur le plan des xy fait avec la verticale;

y et x' les distances à l'origine des points où cette trace coupe les axes;

$f(y)$ la force appliquée au pilon;

m la masse du pilon;

m' celle du corps;

y_0 la valeur de y à l'instant où le mouvement commence.

Nous avons

$$m\frac{dy^2}{dt^2}+m'\frac{dx'^2}{dt^2}=2\int_y^{y_0}f(y)\,dy.$$

Eliminant x' par la relation $x'=y\tang\alpha$, il vient

$$dt=\frac{dy\sqrt{m+m'\tang^2\alpha}}{\sqrt{2\int_y^{y_0}f(y)\,dy}}.$$

Si l'on suppose, en particulier, que la force agissant sur le pilon soit la pesanteur seule, alors on a

$$\int_y^{y_0}f(y)\,dy=mg(y_0-y),$$

et l'intégration de l'équation du mouvement peut s'effectuer. On trouve

$$y=y_0-\frac{\frac{1}{2}mgt^2}{m+m'\tang^2\alpha},$$

$$x'=y_0\tang\alpha-\frac{\frac{1}{2}mgt^2\tang\alpha}{m+m'\tang^2\alpha}.$$

4. *Un poids* P *est suspendu à un anneau* D; *dans cet anneau passe une corde qui, d'une part, est attachée à un point fixe* A, *et qui, d'autre part, après avoir passé sur une poulie de renvoi* B, *va s'enrouler sur un cylindre homogène horizontal* C, *mobile autour de son axe, et soutient enfin un poids* P'.

On fait abstraction du poids, de la raideur et de l'épaisseur de la corde, ainsi que des frottements. La poulie de renvoi B est supposée infiniment petite et à la même hauteur que le point fixe A. La corde ne glisse point sur le cylindre C, mais elle l'entraîne dans son mouvement. Trouver le mouvement du système, en supposant qu'il n'y ait pas de vitesse initiale.

Fig. 54.

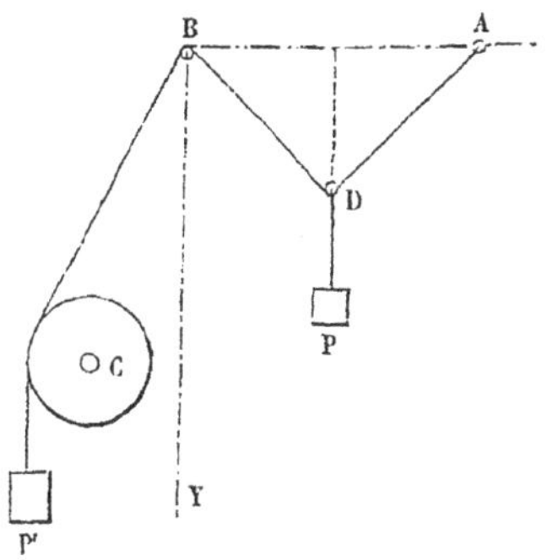

Soient :

$2a$ la distance AB;
M la masse du cylindre C;
r le rayon du cylindre;
θ l'angle dont le cylindre a tourné depuis l'origine du mouvement;
y et y' les distances de l'anneau D et du poids P' à l'horizontale AB;
y_0 et y'_0 les valeurs initiales de y et de y'.

Nous supposerons qu'à l'instant où le mouvement commence, les cordes qui portent les poids sont verticales et l'anneau D est à égale distance de A et de B. Dans cette hypothèse, chacun des deux poids restera constamment sur une même verticale, puisque rien ne tend à le dévier ni à droite ni à gauche.

L'équation des forces vives est donc la suivante :

$$\frac{P}{g}\left(\frac{dy}{dt}\right)^2 + \frac{P'}{g}\left(\frac{dy'}{dt}\right)^2 + \frac{1}{2}Mr^2\left(\frac{d\theta}{dt}\right)^2$$
$$= 2P(y - y_0) + 2P'(y' - y'_0).$$

Nous avons d'ailleurs

$$y' + 2\sqrt{a^2 + y^2} = \text{const.}, \quad y' - r\theta = \text{const.};$$

d'où

$$\frac{dy'}{dt} = -\frac{2y}{\sqrt{a^2 + y^2}}\frac{dy}{dt}, \quad \frac{d\theta}{dt} = \frac{1}{r}\frac{dy'}{dt}.$$

Substituant ces valeurs dans l'équation des forces vives, et posant, pour abréger,

$$\frac{Pa^2}{P + 4P' + 2Mg} = \alpha^2,$$

il vient

$$\text{(A)} \quad dt = \pm\frac{a}{\alpha}\frac{1}{\sqrt{2g}}\sqrt{\frac{\alpha^2 + y^2}{a^2 + y^2}} \cdot \frac{dy}{\sqrt{y - y_0 - \frac{2P'}{P}\left(\sqrt{a^2 + y^2} - \sqrt{a^2 + y_0^2}\right)}}.$$

Cette équation ne peut s'intégrer sous forme finie; néanmoins il nous est facile de reconnaître quelle est la nature du mouvement dans les différents cas qui peuvent se présenter.

1° Observons d'abord que le système reste en équilibre si l'on a

$$\frac{P}{2P'} = \frac{y_0}{\sqrt{a^2 + y_0^2}}.$$

2° Soit

$$\frac{P}{2P'} > \frac{y_0}{\sqrt{a^2 + y_0^2}}.$$

Alors le poids P l'emporte dans l'état initial, y augmente, et par suite il faut prendre le signe + dans l'équation (A) tant que $\frac{dt}{dy}$ ne devient point infini.

Or le radical qui divise dy s'annule, non-seulement

pour $y = y_0$, mais encore pour

$$y = y_0 + 2\,\frac{\frac{P}{2P'}\sqrt{a^2+y_0^2} - y_0}{1 - \left(\frac{P}{2P'}\right)^2} = y_1.$$

Ceci nous conduit à faire successivement deux hypothèses dans le cas que nous examinons.

Si $\frac{P}{2P'} > 1$, y_1 est plus petit que y_0, $\frac{dt}{dy}$ ne devient point infini, et par conséquent $\frac{dy}{dt}$ reste toujours positif, c'est-à-dire que le poids P descend autant que la longueur de la corde le permet. Si la corde avait une longueur indéfinie, la vitesse du poids croîtrait au delà de toute limite; car $\frac{dt}{dy}$ converge vers o lorsque y augmente indéfiniment.

Si $\frac{P}{2P'} < 1$, y_1 est plus grand que y_0, et par conséquent l'anneau arrive en descendant jusqu'à la distance y_1 pour laquelle $\frac{dt}{dy}$ devient infini. Là sa vitesse est nulle, mais les poids ne se font point équilibre, le poids P' l'emporte. L'anneau s'élève donc jusqu'à la distance y_0 en repassant aux mêmes points avec la même vitesse; puis il redescend, et ainsi de suite. Dans l'équation (A) le signe + répond toujours à la descente, et le signe — à la montée.

3° Supposons maintenant

$$\frac{P}{2P'} < \frac{y_0}{\sqrt{a^2+y_0^2}}.$$

Alors le poids P' l'emporte dans l'état initial, l'anneau D monte jusqu'à la distance y_1, laquelle est inférieure à y_0; puis il descend jusqu'à la distance y_0, remonte, et oscille ainsi tant qu'on ne met pas d'obstacle au mouvement.

Question proposée au concours d'agrégation, année 1851.

Nous engagerons à reprendre le même problème, en supposant que la poulie de renvoi B ne soit pas située à la même hauteur que le point d'attache A. Dans ce cas, l'anneau D décrit une *hyperbole équilatère* dont les asymptotes sont l'horizontale et la verticale qui se coupent au milieu de la ligne AB.

5. *Une chaîne pesante, infiniment mince, mais d'épaisseur variable, se meut sur une cycloïde dont l'axe est vertical et la concavité tournée en haut. Démontrer que le point qui est le centre de gravité de la chaîne lorsqu'elle est tendue en ligne droite, se meut comme un point pesant isolé.*

Prenons l'origine au sommet de la cycloïde et l'axe des y dirigé en sens contraire de la pesanteur. Soient :

G le point considéré, centre de gravité de la chaîne tendue en ligne droite;

s l'arc compris entre l'origine et le point G;

σ l'arc compris entre le point G et un point quelconque de la chaîne;

dm la masse de l'élément $d\sigma$;

x et y les coordonnées de cet élément;

a le diamètre du cercle générateur de la cycloïde.

On a, par le principe des forces vives,

$$\frac{ds^2}{dt^2}\int dm = -2g\int y\,dm + \text{const.},$$

les intégrales qui figurent ici s'étendant à tous les éléments de la chaîne.

Or, d'après la nature de la cycloïde,

$$s + \sigma = 2\sqrt{ay}, \quad y = \frac{(s+\sigma)^2}{4a}.$$

Si l'on substitue cette valeur de y dans l'équation précédente, en observant que $\int \sigma\, dm = 0$, et que $\int \sigma^2\, dm$ est une constante, on trouve

$$\frac{ds^2}{dt^2} = \frac{g}{2a}(\text{const.} - s^2),$$

ce qui est l'équation du mouvement d'un point pesant isolé sur la cycloïde.

Puiseux, *Journal de M. Liouville*, t. VIII, p. 71; 1843.

6. *Déterminer le mouvement d'une barre pesante, homogène et d'épaisseur constante, dont les extrémités s'appuient sur deux droites fixes situées dans le même plan.*

Soient $2l$ la longueur de la barre, m sa masse, θ l'angle qu'elle fait avec l'horizon, α et α' les inclinaisons des droites fixes sur l'horizon.

Fig. 55.

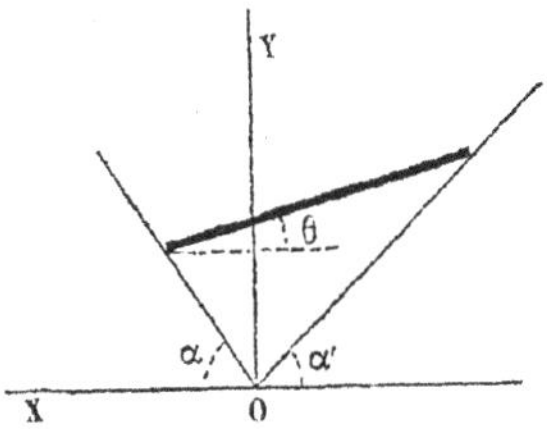

Prenons l'origine des coordonnées à l'intersection des deux droites fixes, l'axe des y dirigé en sens contraire de la pesanteur, et représentons par x, y les coordonnées du centre de gravité de la barre.

Nous avons

$$m\left(\frac{l^2}{3}\frac{d\theta^2}{dt^2} + \frac{dx^2}{dt^2} + \frac{dy^2}{dt^2}\right) = -2mgy + \text{const.}$$

Éliminant x et y à l'aide des valeurs

$$x = l\left[\frac{2\cos\alpha\sin(\alpha'-\theta)}{\sin(\alpha+\alpha')} - \cos\theta\right],$$

$$y = l\left[\frac{2\sin\alpha\sin(\alpha'-\theta)}{\sin(\alpha+\alpha')} + \sin\theta\right],$$

nous obtiendrons une équation qui nous fera connaître la vitesse angulaire $\frac{d\theta}{dt}$ correspondante à l'inclinaison θ.

Quand on suppose $\alpha = 0$ et $\alpha' = \frac{\pi}{2}$, l'équation dont il s'agit devient

$$\frac{d\theta^2}{dt^2} - \beta^2 = \frac{3g}{2l}(\sin\theta_0 - \sin\theta),$$

θ_0 et β représentant les valeurs initiales de l'angle θ et de la vitesse angulaire $\frac{d\theta}{dt}$.

Dans la même hypothèse, la barre étant dans sa position initiale, attachons au point où elle touche l'axe des y un pendule d'une longueur égale à $\frac{4}{3}l$; plaçons ce pendule suivant le prolongement de la barre, puis imprimons aux deux corps une même vitesse angulaire β. D'après l'équation que nous venons d'obtenir, le pendule et la barre resteront parallèles dans leur mouvement, tant que celle-ci continuera à se mouvoir appuyée sur les deux droites fixes.

Nous avons vu (t. I, p. 196) que l'équilibre de la barre est instable, en sorte que son mouvement ne peut être oscillatoire. De plus, si on suppose cette barre simplement posée contre les droites, puis abandonnée sans vitesse initiale, on trouve qu'elle se séparera de la droite verticale dès que l'inclinaison θ aura acquis la valeur déterminée par l'équation

$$\sin\theta = \frac{2}{3}\sin\theta_0.$$

7. *Un point pesant A descend sans vitesse initiale le long d'une courbe S, en tirant un second point pesant B sur une autre courbe S', à l'aide d'un fil qui passe sur une très-petite poulie de renvoi. Déterminer les vitesses des deux points lorsqu'ils ont parcouru des hauteurs verticales données.*

Soient m, m' les masses des deux points, v, v' leurs vitesses respectives lorsqu'ils ont parcouru les hauteurs verticales y, y', l'un en montant, l'autre en descendant, et ds, ds' les éléments des deux courbes.

On trouve

$$\frac{ds^2}{v^2} = \frac{ds'^2}{v'^2} = \frac{m ds^2 + m' ds'^2}{2g(my - m'y')}.$$

JEAN BERNOULLI, *Acta erud.*, 1735, p. 210. — *Opera*, t. III, p. 256.

8. *Une équerre formée de deux tiges minces, homogènes et partout d'égale épaisseur, peut tourner librement dans un plan vertical autour de son sommet qui est fixe. Étant donné l'angle que l'une des tiges fait avec l'horizon quand l'équerre est en équilibre, on demande de déterminer l'amplitude des oscillations que l'équerre exécute lorsqu'on l'abandonne à son poids, après avoir amené la tige considérée dans une position horizontale.*

Soient β l'inclinaison donnée et θ l'angle qui mesure l'amplitude des oscillations.

On trouve

$$\theta = 2\beta.$$

9. *Une chaîne homogène, très-mince et d'épaisseur constante, est en partie étendue sur un plan horizontal parfaitement glissant, tandis que l'autre partie pend au-dessous du plan. Déterminer le mouvement que prend cette chaîne lorsqu'on l'abandonne à son poids.*

Soient l la longueur de la chaîne, x la longueur de la partie qui pend au-dessous du plan, et x_0 la valeur initiale de x.

On trouve l'équation

$$t\sqrt{\frac{g}{l}} = \log \frac{x + \sqrt{x^2 - x_0^2}}{x_0}.$$

Si l'on y pose $x = l$, elle fait connaître le temps nécessaire pour que la chaîne tombe tout entière hors du plan.

SECTION II.

TRANSMISSION DU TRAVAIL PAR LES MACHINES.

On nomme *travail élémentaire* d'une force, le produit de cette force par la projection sur sa propre direction du chemin que son point d'application parcourt pendant un instant infiniment petit dt. La somme des travaux élémentaires produits pendant un temps donné $t - t_0$ mesure le travail de la force pendant le même temps. Cette définition répond très-bien à l'idée que l'on se forme communément du travail d'un moteur, laquelle implique distance parcourue et résistance surmontée. Elle permet d'énoncer le principe des forces vives sous cette forme simple :

Dans tout système de points matériels assujettis à des liaisons indépendantes du temps, l'accroissement de la somme des forces vives, pendant un temps donné, est égal à deux fois la somme des travaux produits pendant le même temps par toutes les forces qui agissent sur le système.

C'est ainsi que l'on énonce ordinairement le principe des forces vives dans l'étude des machines en mouvement.

Dans la plupart des machines, les pièces solides qui les

composent ne se déforment pas sensiblement, au moins pendant un temps peu considérable; de là il résulte qu'en appliquant le principe des forces vives au mouvement des machines, on peut généralement faire abstraction des forces intérieures qui naissent des actions mutuelles entre les différentes molécules de chaque pièce.

On doit considérer dans toute machine deux espèces de forces, les unes *mouvantes*, les autres *résistantes*. Les premières ont un travail positif, c'est le *travail moteur;* les secondes ont un travail négatif, c'est le *travail résistant*.

Soient :

$\sum mv^2$ et $\sum mv_0^2$ les sommes des forces vives correspondantes aux époques t et t_0;

T_m la somme des travaux positifs produits pendant le temps $t - t_0$;

T_r la somme des travaux négatifs développés pendant le même temps et pris en valeurs absolues.

Nous aurons

$$\sum mv^2 - \sum mv_0^2 = 2\,(T_m - T_r).$$

La discussion attentive de cette équation indique les conditions que doit remplir une bonne machine, et les principes généraux qui doivent présider à sa construction.

La force mouvante étant donnée, si la force résistante est tellement considérable, qu'elle empêche tout mouvement, le travail sera nul; si au contraire la force résistante est très-faible, la vitesse pourra devenir grande; mais, comme cette vitesse est presque toujours limitée par la nature du moteur, le travail sera toujours peu considérable. On conçoit par là qu'il est une proportion entre les efforts et les vitesses pour laquelle le travail est un maximum. Parent (*) est le premier qui ait fait cette remarque, et se soit proposé de trouver les conditions du maximum de travail pour quelques machines. Les géomètres et ingénieurs qui vinrent après lui, Daniel Bernoulli, Euler, Borda, Coulomb, Carnot, Bélidor et Smeaton, entrèrent dans cette voie de recherches utiles. Ce fut Lagrange (**) qui signala l'importance de l'équation des forces vives dans les questions relatives à l'effet des machines. Cette idée fut fécondée par Petit (***), par Navier (****), et surtout par Coriolis dans son excellent *Traité du calcul et de l'effet des machines* (1829). C'est à cet auteur que l'on doit l'expression de *travail d'une force*, employée dans le sens que nous avons défini.

1. *Discussion de l'équation des forces vives*

$$\text{(A)} \qquad \sum mv^2 - \sum mv_0^2 = 2(\mathrm{T}_m - \mathrm{T}_r).$$

Les forces vives qui entrent au premier membre de cette équation sont la force vive de chaque molécule de la machine dans son mouvement naturel, celle des mêmes molécules dans le mouvement vibratoire qui accompagne presque toujours le premier mouvement, celle des supports et du sol environnant, enfin celle de l'air ambiant. Le travail résistant T_r qui figure au second membre se compose du *travail utile* que la machine a pour but de produire, et du *travail nuisible*, nommé aussi *travail des résistances passives*. Ce dernier renferme le travail produit par le frottement des pièces l'une contre l'autre ou contre les supports, le travail dépensé dans les vibrations

(*) *Mémoires de l'Académie des Sciences de Paris*, 1704, p. 323.

(**) *Théorie des Fonctions analytiques*, P. III, c. VII; 1797.

(***) *Annales de Chimie*, 1818, t. VIII, p. 287.

(****) Notes ajoutées dans la nouvelle édition de l'*Architecture hydraulique* de Bélidor, t. I; 1819.

qui sont communiquées aux diverses pièces de la machine, le travail dépensé dans les mouvements qui sont communiqués aux supports et au sol environnant, enfin le travail qui naît de la résistance de l'air ambiant. Le travail des frottements peut se calculer. Celui des vibrations de la machine ne peut se mesurer dans l'état actuel de la science, mais on démontre qu'il est égal à la force vive produite par les mêmes vibrations; on peut donc faire abstraction de ce travail et de cette force vive dans l'équation générale. Le travail qui naît des mouvements communiqués aux supports et au sol environnant est parfois considérable; on n'a pas pu jusqu'ici le soumettre au calcul. Enfin le travail consommé par l'air ambiant est en général une très-petite fraction du travail résistant total; on peut la négliger.

Quand on considère le mouvement depuis son origine jusqu'à son extinction ou, plus généralement, entre deux instants où les vitesses sont les mêmes, le premier membre de l'équation (A) est nul. Il en résulte que *le travail moteur, dans ce cas, est égal au travail résistant*. Ainsi l'effet de la machine, pendant toute la durée du mouvement, a été de transmettre le travail des forces mouvantes aux forces résistantes, sans aucune déperdition. Ceci constitue le principe nommé par Coriolis *principe de la transmission du travail*.

Il importe de diminuer autant que possible le travail des résistances passives, afin qu'une plus grande portion du travail résistant se traduise en effet utile. Par conséquent, dans l'établissement d'une machine, on aura soin d'éviter les frottements qui ne sont point nécessaires, d'adoucir ceux qu'on ne peut éviter; on prendra toutes les précautions convenables pour qu'il ne soit pas communiqué de vibrations considérables aux supports et au sol environnant. Il faudra éviter les chocs avec plus de soin encore; car, outre qu'un choc fait naître des vibrations intenses dans les pièces de la machine et dans leurs supports, il produit des déformations qui, sans être considérables, peuvent néanmoins absorber une grande quantité de travail à cause de la résistance considérable des forces moléculaires. Les meilleures machines se meuvent sans bruit, sans ébranlement, et pour ainsi dire sans laisser soupçonner l'effort qu'elles produisent.

Les maxima et les minima de la force vive ne peuvent se présenter que dans les positions de la machine où la force motrice fait équilibre à la force résistante. On le reconnaît, en observant que les travaux élémentaires, qui représentent la différentielle de la force vive, sont précisément les moments virtuels dont la somme est nulle lorsqu'il y a équilibre. En outre, pour que l'équilibre ait lieu, il suffit que les travaux élémentaires des différentes forces aient une somme nulle dans les deux mouvements contraires dont la machine est susceptible de part et d'autre de la position considérée. Les différents cas sont compris dans le théorème suivant :

Quand la force motrice fait équilibre à la force résistante, il y a maximum ou minimum de force vive, ou bien il n'y a ni maximum ni minimum, suivant que la somme algébrique du travail élémentaire moteur et du travail élémentaire résistant passe en s'annulant du positif au négatif ou du négatif au positif, ou bien ne change pas de signe.

Dans le premier cas, la position correspondante de la machine est une position d'*équilibre stable*; car, si l'on écarte un peu la machine de cette position dans le sens du mouvement, la force résistante, qui alors est supérieure à la force motrice, tend à ramener la machine dans la position première; et si l'écart est produit en sens contraire du mouvement, la force motrice, qui alors est la plus grande, tend à ramener encore la machine dans la première position. On verra de même que, dans le second cas, la position de la machine pour laquelle les forces sont égales est une position d'*équilibre instable*; car, quel que soit le sens du petit déplacement produit, celle des deux forces qui est la plus considérable tend à éloigner la machine de la position première. Dans le troisième cas, l'équilibre n'est ni stable ni instable, ou plutôt il est stable relativement à un écart produit dans un sens, et instable relativement à un écart produit dans l'autre sens; car, quel que soit le sens du déplacement, la force qui est la plus grande agit dans la même direction. L'existence de ce dernier cas d'équilibre est cause que les positions d'équilibre stable et d'équilibre instable ne se succèdent pas toujours alternativement. Enfin, si les forces se font équilibre pour une série de positions consécutives de part et d'autre de la position considérée, celle-ci est une position d'*équilibre indifférent*.

2. *Mouvement uniforme, volants et régulateurs.* — Lorsqu'une machine commence à se mouvoir, le travail moteur élémentaire l'emporte d'abord sur le travail résistant ; alors la force vive et la vitesse augmentent. Le travail résistant élémentaire devient bientôt égal au travail moteur ; à cet instant, la force vive est un maximum. Si le travail moteur et le travail résistant continuent de varier d'une manière inégale, la vitesse subit des variations correspondantes. Cependant on a de l'intérêt à maintenir l'uniformité du mouvement, non qu'elle soit nécessaire à une bonne transmission du travail, mais parce que le travail produit est de meilleure qualité au point de vue industriel : il a plus de régularité. En outre, si les vitesses étaient sujettes à des variations rapides, ces

changements brusques ne pourraient guère s'effectuer sans produire des ébranlements dans les supports. Il est donc important de chercher comment on pourra favoriser l'uniformité du mouvement.

Dans la plupart des machines les vitesses des différentes parties ont des rapports constants, abstraction faite des vibrations. Soient v la vitesse d'une molécule de la machine choisie à volonté, av celle de l'une quelconque des autres molécules. L'équation des forces vives prendra la forme

$$(v^2 - v_0^2) \sum ma^2 = 2(T_m - T_r).$$

Or, la différence $T_m - T_r$ étant donnée, plus $\sum ma^2$ sera considérable, moins la différence des vitesses $v - v_0$ sera grande; on diminuera donc les inégalités de la vitesse, si l'on ajoute à la machine de nouvelles pièces dont le poids et la vitesse relative soient considérables.

Ces pièces additionnelles portent le nom de *volants*. Pour qu'elles n'augmentent pas les variations du travail moteur et du travail résistant, on fait en sorte que leur centre de gravité reste immobile; car alors le travail de la pesanteur sur ces pièces est constamment nul; leur seul inconvénient est d'accroître un peu la somme des frottements. Les volants sont ordinairement de grandes roues concentriques à l'arbre principal de la machine.

Il arrive assez souvent que la force motrice et la force résistante peuvent être réglées de manière qu'elles reprennent toujours les mêmes valeurs, lorsque l'arbre de la machine a tourné d'un angle déterminé; dans ce cas, le mouvement finira par être périodique, l'amplitude de la période sera l'angle dont il s'agit. Nous pourrons déterminer le moment d'inertie du volant qu'il faut adapter à l'arbre pour que la différence entre la plus grande et la plus petite des valeurs de la vitesse soit réduite, dans chaque période, à une fraction donnée de la vitesse moyenne. Un exemple simple indiquera la marche à suivre.

Nous supposons un arbre horizontal OA, muni d'une manivelle ON, qui est articulée à une bielle verticale NM. La force résistante est un poids Q suspendu à l'extrémité d'une chaîne qui s'enroule sur l'arbre. La force motrice est une force constante P, qui pendant une demi-révolution tire la bielle dans le sens de la pesanteur, et pendant l'autre demi-révolution la pousse en sens contraire, de manière à favoriser toujours le mouvement de rotation sans écarter la bielle de la verticale. Nous négligeons le poids de la chaîne et celui de la bielle, et nous admettons que le mouvement soit devenu périodique.

Fig. 56.

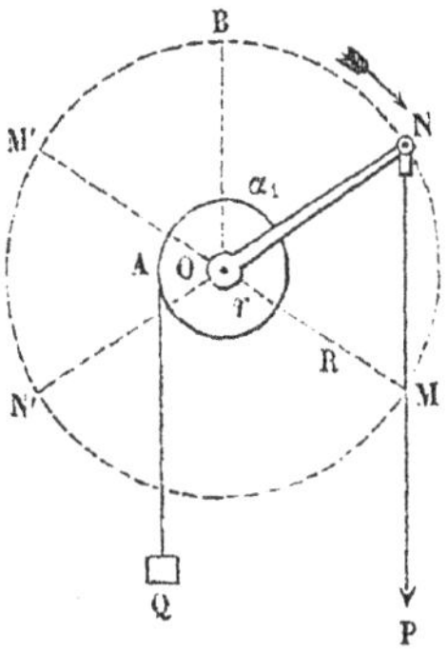

Puisque le mouvement est périodique, le travail de la force motrice pendant un tour entier est égal au travail de la force résistante. Si donc on nomme r et R les rayons de l'arbre et de la manivelle, on aura

$$4\,\mathrm{R}.\mathrm{P} = 2\pi r.\mathrm{Q},$$

$$\mathrm{P} = \frac{\pi r}{2\,\mathrm{R}}\,\mathrm{Q}.$$

Quand la vitesse est un maximum ou un minimum, la force motrice fait équilibre à la force résistante. Ainsi, en désignant par α l'angle que la manivelle fait avec la verticale OB à l'instant du maximum ou du minimum de vitesse, on a la relation

$$\pm\,\mathrm{PR}\sin\alpha = \mathrm{Q}r;$$

d'où l'on tire, eu égard à l'équation précédente,

$$\alpha = \pm \text{arc sin} \frac{2}{\pi}.$$

Soient $\text{BON} = -\text{BOM}' = \alpha_1$ le plus petit des angles dont le sinus est $\frac{2}{\pi}$, et $\text{BOM} = -\text{BON}' = \pi - \alpha_1$. La vitesse a évidemment la même valeur minimum en N et N′, et la même valeur maximum en M et M′; car, en vertu de la symétrie, le mouvement est le même aux deux extrémités d'un même diamètre.

Soient ω_1 la vitesse angulaire maximum, ω_0 la vitesse angulaire minimum, et $\sum m\rho^2$ le moment d'inertie de l'arbre, de la manivelle et du volant inconnu autour du même axe O.

D'après ce qui précède, l'équation des forces vives, étendue à l'arc décrit NM, devient

$$(\omega_1^2 - \omega_0^2) \sum m\rho^2 = 2[2\text{PR} \cos\alpha_1 - \text{Q}r(\pi - 2\alpha_1)],$$

$$(1) \quad (\omega_1^2 - \omega_0^2) \sum m\rho^2 = 2\text{Q}r[\pi(\cos\alpha_1 - 1) + 2\alpha_1].$$

Soient encore Ω le quotient de 2π par la durée d'une révolution de l'arbre, c'est-à-dire la vitesse angulaire moyenne, quantité qui est supposée connue. Il s'agit de déterminer le moment d'inertie $\sum m\rho^2$ par la condition que le rapport $\frac{\omega_1 - \omega_0}{\Omega}$ se réduise à une fraction donnée μ, sans que la vitesse Ω éprouve aucun changement.

La vitesse moyenne Ω différera peu de la demi-somme des vitesses extrêmes, lorsque le problème sera résolu, et que la quantité μ sera une petite fraction. Si donc on pose

$$\Omega(1-\varepsilon)=\frac{\omega_1+\omega_0}{2},$$

ε sera une petite quantité, et l'on aura

$$\omega_1^2-\omega_0^2=2(\omega_1-\omega_0)\Omega(1-\varepsilon)=2\mu\Omega^2(1-\varepsilon),$$

$$(2)\qquad \sum m\rho^2=\frac{Qr}{\mu\Omega^2}\left[\pi(\cos\alpha_1-1)+2\alpha_1\right](1+\varepsilon+\varepsilon^2+\ldots).$$

Pour une première approximation, on peut négliger ε; alors il vient

$$\sum m\rho^2=\frac{Qr}{\mu\Omega^2}\left[\pi(\cos\alpha_1-1)+2\alpha_1\right].$$

Cette équation fait connaître d'une manière approchée le moment d'inertie du volant, lorsque celui de l'arbre et de la manivelle sont donnés. Admettant cette valeur, on tirera de l'équation générale des forces vives la valeur de la vitesse angulaire ω correspondante à un angle quelconque θ, exprimée en fonction de cet angle et de la vitesse ω_0; on calculera cette vitesse ω_0 à l'aide de la relation $\int_0^{2\pi}\omega\,d\theta=2\pi\Omega$, puis on aura ω_1 par l'équation (1), et enfin ε par la relation

$$\varepsilon=1-\frac{\omega_1+\omega_0}{2\Omega}.$$

Ceci fait, on prendra pour nouvelle valeur du moment d'inertie la valeur déjà trouvée augmentée de

$$\frac{Qr}{\mu\Omega^2}\left[\pi(\cos\alpha_1-1)+2\alpha_1\right]\varepsilon.$$

Cette nouvelle valeur sera plus exacte que la première; on pourra s'en servir pour calculer une nouvelle valeur de ε, que l'on substituera dans la formule (2) en négligeant seulement le cube de ε. De cette manière on poussera l'approximation aussi loin qu'on le jugera convenable.

Ordinairement on prend le nombre μ égal à $\frac{1}{30}$, et l'on se borne à la première approximation.

Pour réduire les formules en nombres rapportés aux unités communément admises dans ce genre de questions, on exprimera Q en kilogrammes, r en mètres, et l'on rapportera les vitesses à la seconde prise pour unité de temps. Alors, si l'on nomme n le nombre de tours que l'arbre exécute en une minute, $\frac{2\pi n}{60}$ sera la vitesse angulaire moyenne Ω, $\frac{n}{60.75}2\pi r Q$ sera le nombre de chevaux qui mesure la force de la machine; représentant ce nombre par la lettre c, on aura, à la première approximation,

$$\sum m\rho^2 = \frac{2025000\,c}{\mu\pi^3 n^3}\left(\sqrt{\pi^2-4} - \pi + 2\arcsin\frac{2}{\pi}\right).$$

Comme la forme du volant n'est point déterminée, on profitera de cette indétermination pour diminuer son poids et alléger d'autant les frottements sur l'axe. Il suffira d'éloigner les parties les plus massives de l'axe de rotation. Néanmoins on ne pourra pas augmenter indéfiniment le rayon de la couronne qui forme ordinairement la partie principale du volant; car les forces centrifuges, qui croissent comme le rayon, finiraient par être assez puissantes pour rompre la pièce.

Cet exemple est plus général qu'il ne paraît au premier abord; car il comprend toutes les machines qui peuvent se réduire à une série de pièces tournant autour d'axes fixes, et liées à l'arbre principal de manière que la vitesse angulaire de chaque pièce reste dans un rapport constant avec celle de l'arbre. La force résistante peut d'ailleurs être appliquée à l'un quelconque de ces corps, ou répartie sur plusieurs d'entre eux, pourvu que la force appliquée à chaque corps ait toujours le même moment relatif à l'axe de rotation correspondant.

En effet, soient I le moment d'inertie d'un corps autour de son axe de rotation, i le rapport constant de sa vitesse angulaire à la vitesse angulaire ω de l'arbre principal, et $Q'r'$ le moment de la force résistante qui lui est appliquée, pris relativement à l'axe de ce même corps. Sans changer la somme des forces vives, on peut substituer à ce corps une masse distribuée symétriquement sur l'arbre principal et à une distance de l'axe telle, que le moment d'inertie de cette masse autour de l'axe soit Ii^2. Sans changer le travail résistant, on peut remplacer la force Q' par une force $Q'\frac{r'}{r}$ ajoutée au poids Q qui agit directement sur l'arbre principal à la distance r. Alors on sera ramené au cas simple qui vient d'être traité. Les formules resteront les mêmes, mais $\sum m\rho^2$ représentera le moment d'inertie du volant et de l'arbre fictif qui remplace tous les corps, et Q représentera le poids fictif qui remplace toutes les forces résistantes. Cette méthode analytique et rigoureuse conduit le plus souvent à des calculs pénibles et difficiles. C'est pourquoi les ingénieurs préfèrent employer des procédés approximatifs, dont l'exactitude est suffisante pour la pratique.

Supposons d'abord que la vitesse de chaque molécule de la machine soit dans un rapport constant avec la vitesse angulaire de l'arbre principal, dont on veut égaliser le mouvement, ou du moins admettons que les pièces qui ne satisfont point à cette condition aient une force vive constamment négligeable vis-à-vis de la force vive possédée au même instant par l'ensemble des autres pièces. Ceci revient à supposer que la somme des forces vives peut, sans erreur sensible, se représenter par une expression de la forme $\omega^2 \sum m\rho^2$, ω désignant la vitesse angulaire de l'arbre, et $\sum m\rho^2$ une somme constante formée d'une partie connue, plus le moment d'inertie du volant.

Nous remplacerons les forces motrices par une force unique appliquée directement à l'arbre, perpendiculaire à l'axe, et ayant à chaque instant même travail élémentaire que les forces motrices réellement appliquées. Ceci est évidemment possible et même facile. Nous ferons une substitution semblable pour les forces résistantes. Ce sont ces deux forces fictives que nous considérerons dorénavant.

Imaginons que l'on ait construit une courbe S_m qui ait pour ordonnée le moment de la force motrice relatif à l'axe, et pour abscisse la longueur de l'arc qui, dans le cercle de rayon égal à l'unité, mesure l'angle dont l'arbre a tourné. L'aire comprise entre la courbe, l'axe des abscisses et deux ordonnées infiniment voisines, correspondantes aux angles θ et $\theta + d\theta$, mesurera le travail élémentaire de la force motrice pour la position déterminée par l'angle θ. Car toute force appliquée sur l'arbre et perpendiculaire à l'axe peut être considérée comme appliquée à l'extrémité du rayon qui lui est perpendiculaire.

Supposons que l'on ait construit de même une seconde courbe S_r, rapportée aux mêmes axes coordonnés, et relative à la force résistante.

Les aires de ces deux courbes, comprises entre deux ordonnées AC, BD distantes de 2π, mesurent l'une le travail moteur, l'autre le travail résistant développé pendant un tour entier. Ces deux aires doivent être égales pour que le mouvement soit périodique avec une amplitude de période égale à 2π (*). Si cette égalité n'a pas lieu, on modifiera la force motrice, le plus souvent disponible, de manière à établir sensiblement l'égalité des deux aires.

Ceci fait, les intersections des deux courbes doivent se trouver en nombre pair entre les deux ordonnées AC, BD. Chacune des aires comprises entre les deux courbes, et limitées à deux intersections consécutives, mesure la moitié de la quantité dont croît ou décroît la force vive pendant que l'arbre tourne de l'angle mesuré par la différence des abscisses correspondantes aux deux intersections extrêmes. Parmi ces aires, celles dont le contour supérieur est formé par la courbe S_m répondent à un accroissement de force vive, les autres répondent à une diminution de force vive. Prenons un nombre impair de ces aires consécutives, en commençant par l'une de celles qui répondent à un accroissement de force vive; ajoutons celles qui répondent à un accroissement, et retranchons celles qui répondent à une diminution. Soit $E_2 - E_3 + E_4$ la plus grande différence que nous puissions former de cette manière. La première intersection I_1 répondra à la plus petite vitesse angulaire ω_0, la dernière intersection I_4 répondra à la plus grande vitesse angulaire ω_1, et nous aurons l'équation

Fig. 57.

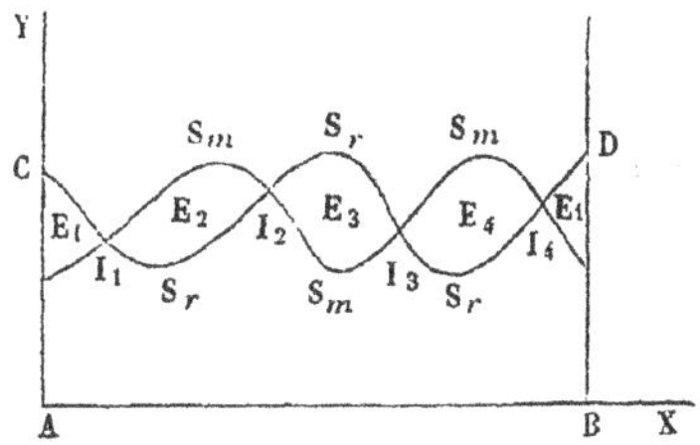

$$(\omega_1^2 - \omega_0^2)\sum m\rho^2 = 2(E_2 - E_3 + E_4).$$

La solution s'achève comme dans le cas simple traité

(*) Si l'amplitude de la période était un autre angle β, on prendrait la distance des ordonnées extrêmes AC, BD égale à l'arc β.

précédemment. Si l'on conserve la même notation, et que, de plus, on nomme k le rapport de l'aire $E_2 - E_3 + E_4$ à l'aire qui mesure le travail résistant développé pendant un tour entier, on aura, pour déterminer le moment d'inertie du volant, en se bornant à la première approximation,

$$\sum m\rho^2 = \frac{4050000\, ck}{\mu\pi^2 n^3}.$$

Les courbes S_m, S_r peuvent se tracer assez facilement à l'aide du *frein de Prony* ou du *dynamomètre à ressorts* de M. Poncelet. Un crayon, fixé à l'appareil dynamométrique, trace la courbe sur un papier que la machine elle-même met en mouvement.

Considérons encore une *machine à vapeur de Watt*. Le piston communique le mouvement à l'arbre par l'intermédiaire du balancier, de la bielle et de la manivelle. L'arbre fait mouvoir des pièces dont les vitesses sont avec la sienne dans des rapports constants.

Pour le calcul de la force vive, on peut, sans erreur trop grande, considérer les masses du piston à vapeur, de la bielle et des pistons des pompes qui sont mises en mouvement par le balancier, comme concentrées aux points d'articulation de ces corps sur le balancier. De plus, la force vive moyenne du balancier étant ordinairement inférieure à la centième partie de celle du volant et de l'arbre fictif, qui remplace toutes les autres pièces de la machine, il est permis de remplacer la valeur exacte de la force vive du balancier par une valeur approchée, d'un calcul plus commode. Or, si l'on nomme ω la vitesse angulaire de l'arbre, ω' celle du balancier, R' la demi-longueur du balancier, et l la longueur variable d'une parallèle au balancier menée par le centre de l'arbre jusqu'à la rencontre de la bielle, on a constamment la relation (t. I, p. 230)

$$\omega' = \frac{l}{R'}\omega.$$

Ainsi, la force vive du balancier est rigoureusement le produit du moment d'inertie de ce corps autour de son axe par le facteur $\frac{l^2}{R'^2}\omega^2$. Il nous est permis de remplacer ce dernier facteur par la quantité peu différente $\frac{l^2}{R'^2}\Omega^2$, Ω désignant la moyenne arithmétique entre la plus grande et la plus petite valeur de ω, c'est-à-dire $\frac{\omega_1 + \omega_0}{2}$.

Ceci posé, soient :

$\sum m\rho^2$ le moment d'inertie de l'arbre fictif et du volant;

ω_i la vitesse angulaire que possèdent ces deux pièces quand la manivelle est au *point mort*, c'est-à-dire quand le prolongement de la bielle rencontre l'axe de rotation;

I le produit de $\frac{\Omega^2}{R'^2}$ par le moment d'inertie du balancier autour de son axe propre;

T_m le travail de la vapeur diminué du travail des résistances qui agissent sur le balancier, savoir le frottement du piston, et l'effort de la pompe alimentaire, de la pompe à air et de la pompe à eau, ce travail étant compté à partir de la position de la machine qui correspond au point mort;

T_r le travail de la résistance appliquée sur l'arbre, compté depuis la même position.

L'équation des forces vives, pour une position quelconque, sera sensiblement

$$\frac{1}{2}(\omega^2 - \omega_i^2)\sum m\rho^2 = -\mathrm{I}l^2 + T_m - T_r.$$

On construira, dans une épure à grande échelle, les valeurs de $\mathrm{I}l^2$, T_m, T_r correspondantes à des arcs décrits qui croissent en progression arithmétique et comprennent un tour entier; puis on cherchera sur cette épure la plus grande valeur M_1 du second membre de l'équation précédente et la plus petite valeur M_0. Ces valeurs étant trouvées, le problème sera résolu; car on aura

$$\frac{1}{2}(\omega_1^2 - \omega_0^2)\sum m\rho^2 = M_1 - M_0,$$

et, par suite, assujettissant le rapport $\frac{\omega_1 - \omega_0}{\Omega}$ à prendre la valeur μ,

$$\sum m\rho^2 = \frac{M_1 - M_0}{\mu\Omega^2}.$$

On pourra consulter avec fruit sur ce sujet un beau Mémoire de Coriolis inséré au XXIe Cahier du *Journal de l'École Polytechnique*.

Lorsque la machine a plusieurs arbres réunis par des engrenages ou des courroies sans fin, et d'ailleurs sollicités par des forces quelconques, il n'est point indifférent de placer le volant sur tel ou tel arbre. Il convient de le placer sur celui qui éprouve les plus grandes variations dans sa force appliquée, afin d'éviter autant que possible les chocs dans les engrenages.

En effet, considérons deux arbres de rayons r, r', sollicités dans le sens du mouvement par deux forces dont les moments autour des axes respectifs soient Pr, $P'r'$, et supposons que le premier arbre conduise le second par l'intermédiaire d'une courroie sans fin ou d'un engrenage à dents très-petites. Nous pourrons assimiler la pression des dents de l'engrenage ou la différence entre les tensions des deux brins de la courroie, à la tension d'une corde qui s'enroulerait sur le premier arbre et se déroulerait sur l'autre. Alors, si nous représentons par T cette tension, par ω, ω' les vitesses angulaires des deux arbres, et par Mr^2, $M'r'^2$ leurs moments d'inertie autour de leurs axes respectifs, nous aurons, en appliquant l'équation des forces vives à un instant infiniment petit,

$$2(\mathrm{P}-\mathrm{T})\, r\omega\, dt = \mathrm{M} r^2 d.\omega^2,$$
$$2(\mathrm{P}'+\mathrm{T})\, r'\omega'\, dt = \mathrm{M}' r'^2 d.\omega'^2.$$

D'après la relation $r\omega = r'\omega'$, il s'ensuit

$$\frac{\mathrm{P}-\mathrm{T}}{\mathrm{P}'+\mathrm{T}} = \frac{\mathrm{M}}{\mathrm{M}'}, \quad \mathrm{T} = \frac{\mathrm{PM}'-\mathrm{P}'\mathrm{M}}{\mathrm{M}+\mathrm{M}'}.$$

Cette valeur de la tension nous montre que, pour deux accroissements égaux attribués séparément à P et à P', les variations correspondantes de la tension sont entre elles dans le rapport inverse des quantités M et M'. Donc, pour éviter que la tension varie brusquement ou change de signe, auxquels cas il y aurait choc entre les dents de l'engrenage, il convient de faire correspondre le plus grand moment d'inertie à l'arbre dont la force appliquée éprouve les variations les plus subites et les plus considérables.

3. *Travail résistant des frottements.* — Étudions le travail développé par les frottements dans quelques machines les plus simples. Il s'agit ici du *frottement dynamique* tel qu'on l'a défini (t. I, p. 69).

Pour estimer le travail du frottement, on peut considérer la force de frottement comme celle d'un ressort, qui s'oppose à l'écartement des molécules en contact, suivant la tangente commune aux deux surfaces dont elles font partie, tant que la distance de ces molécules est inappréciable, ou tant que d'autres molécules infiniment voisines ne sont pas venues se toucher et jouer le rôle des premières. D'après cela, *le travail dû au frottement de deux surfaces qui glissent l'une sur l'autre a pour mesure l'intensité de la force de frottement intégrée par rapport à l'arc de glissement.*

Engrenages plans. — Considérons d'abord le frottement développé dans le mouvement d'un engrenage cylindrique. Nous pouvons supposer les roues réduites à leurs bases ; et nous avons vu (t. I, p. 238 et suiv.) que le mouvement relatif des deux profils s'obtient en supposant fixe l'une des circonférences primitives, et faisant rouler l'autre circonférence primitive sur le contour de la première. Dans ce mouvement fictif, tout point de la figure mobile décrit à chaque instant un petit arc de cercle autour du point de contact des circonférences primitives. Observons en passant que l'angle sous-tendu par cet arc élémentaire est la somme des deux angles infiniment petits dont les circonférences primitives ont tourné dans le mouvement réel. De plus, les éléments en contact dans les deux profils sont à chaque instant perpendiculaires sur la droite qui les joint au point de contact des circonférences primitives. Ainsi, nous voyons déjà que pour des rotations égales et infiniment petites d'une circonférence primitive, l'arc de glissement élémentaire est proportionnel à la distance du contact des dents au contact des circonférences primitives ; en sorte que, si la pression normale est constante, le travail élémentaire du frottement est lui-même proportionnel à cette distance.

Venons au détail du calcul.

Soient r, r' les rayons des deux circonférences primitives O, O′ ;

Q la résistance, supposée constante, qui agit tangentiellement à la roue conduite O′, et s'oppose à son mouvement ;

P la pression normale qui s'exerce entre les dents en contact ;

μ le coefficient de frottement ;

x la distance variable du point de contact A des circonférences primitives, au point de contact M des dents correspondantes;

Fig. 58.

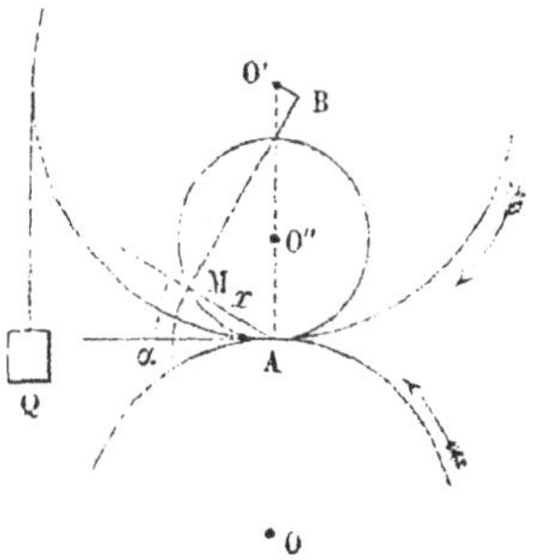

s l'arc décrit par un point des circonférences primitives, depuis l'instant où les deux dents considérées ont commencé à se conduire;

S la valeur finale de l'arc s lorsque les deux dents se séparent.

D'après ce que nous avons dit, l'arc élémentaire de glissement d'une dent sur l'autre est

$$x\left(\frac{ds}{r}+\frac{ds}{r'}\right).$$

Par suite, le travail du frottement pendant toute la durée du contact a pour expression

$$\mu\left(\frac{1}{r}+\frac{1}{r'}\right)\int_0^S \mathrm{P}x\,ds.$$

Il reste à exprimer $\mathrm{P}x$ en fonction de s.

Le mouvement des roues étant supposé uniforme, les forces Q, P et la force de frottement se font équilibre autour de l'axe O′. Si donc on mène par le point de contact des dents la tangente commune MB, et par le centre O′ une perpendiculaire O′B sur cette tangente, on aura

$$\text{(V)} \qquad \mathrm{Q}r' = \mathrm{P}\left(\overline{\mathrm{BM}} + \mu\,\overline{\mathrm{BO'}}\right),$$

la distance $\overline{\mathrm{BO'}}$ pouvant être positive ou négative. Or, quand on connaîtra le profil des dents, on pourra exprimer $\overline{\mathrm{BM}}$, $\overline{\mathrm{BO'}}$, x et, par suite, $\mathrm{P}x$ en fonction de s.

Supposons que le profil des dents de la roue O′ soit une épicycloïde engendrée par un point M d'une circonférence

O″ roulant intérieurement sur la circonférence O′. On sait (t. I, p. 242) que, si l'on fait rouler simultanément les circonférences O′, O″ sur la circonférence O, supposée fixe, de manière que les trois circonférences se touchent constamment en un même point, le point décrivant M est à chaque instant le point de contact des dents correspondantes. Soient a le diamètre de la circonférence O″, et α l'angle que la droite AM fait avec la tangente commune aux circonférences.

On a

$$x = a \sin \alpha, \quad \overline{\text{BM}} = r' \cos \alpha, \quad \overline{\text{BO}'} = (r' - a) \sin \alpha,$$

et, si l'on suppose que les dents commencent à se conduire lorsqu'elles se touchent au point de contact des circonférences primitives, on a

$$a\alpha = s.$$

D'après ces valeurs, l'équation (V) devient

$$\text{Q}r' = \text{P}\left[r' \cos \frac{s}{a} + \mu (r' - a) \sin \frac{s}{a}\right];$$

et le travail développé par le frottement des deux dents a pour valeur

$$\mu \text{Q} a \left(\frac{1}{r} + \frac{1}{r'}\right) \int_0^{\text{S}} \frac{\sin \frac{s}{a}}{\cos \frac{s}{a} + \mu \left(1 - \frac{a}{r'}\right) \sin \frac{s}{a}} ds.$$

L'intégrale qui figure ici peut s'obtenir sous forme finie, en prenant pour variable la quantité tang $\frac{s}{2a}$.

Si l'on fait $a = r'$, on a l'*engrenage à flanc* (t. I, p. 241). Le terme dépendant du frottement disparaît sous le signe $\int$; en sorte que le travail a pour valeur

$$\mu Q r' \left(\frac{1}{r}+\frac{1}{r'}\right)\int_0^S \operatorname{tang}\frac{s}{r'}\,ds = \mu Q r'^2 \left(\frac{1}{r}+\frac{1}{r'}\right)\log\operatorname{séc}\frac{S}{r'}.$$

Si l'on fait $a=\infty$, on a un engrenage dont les dents ont pour profils des développantes des circonférences primitives. Lorsque les dents sont petites, cet engrenage peut se confondre avec *l'engrenage à développantes de cercle,* tel qu'il a été défini (t. I, p. 243). Pour ce système, le travail du frottement est

$$\mu Q\left(\frac{1}{r}+\frac{1}{r'}\right)\int_0^S \frac{s\,ds}{1-\frac{\mu}{r'}s}$$

$$= Q r'\left(\frac{1}{r}+\frac{1}{r'}\right)\left(\frac{r'}{\mu}\log\frac{1}{1-\frac{\mu}{r'}S} - S\right).$$

Dans les autres cas, l'expression finie et rigoureuse du travail est moins simple. Mais, comme les dents sont toujours très-petites, S est un petit arc, et, par suite, on peut, sans erreur considérable, négliger sous le signe $\int$ les puissances de $\frac{s}{a}$ supérieures à la première. La valeur approchée du travail devient alors

$$\mu Q a\left(\frac{1}{r}+\frac{1}{r'}\right)\int_0^S \frac{s}{a}\,ds = \frac{1}{2}\mu Q\left(\frac{1}{r}+\frac{1}{r'}\right)S^2.$$

Nommant n le nombre des dents de la roue O, n' le nombre des dents de la roue O', on a

$$S=\frac{2\pi r}{n}=\frac{2\pi r'}{n'},$$

ce qui permet d'écrire la valeur précédente sous la forme

$$\pi\mu Q\left(\frac{1}{n}+\frac{1}{n'}\right)S.$$

Telle est la formule communément employée. Elle exprime que la force du frottement peut être remplacée par une force égale à $\pi\mu Q\left(\frac{1}{n}+\frac{1}{n'}\right)$, qui serait appliquée sur un point de la circonférence O', dans la direction de la tangente, et en sens contraire du mouvement. Mais le travail obtenu de cette manière est un peu trop faible.

M. Combes a étendu cette analyse aux engrenages coniques et à la vis sans fin [*Journal de Liouville*, t. II, p. 109; 1837 (*)].

Coin. — Supposons qu'il s'agisse d'un coin BAB', dont toutes les molécules sont animées d'une vitesse uniforme, parallèle à la pression qu'on exerce perpendiculairement sur la tête.

Fig. 59.

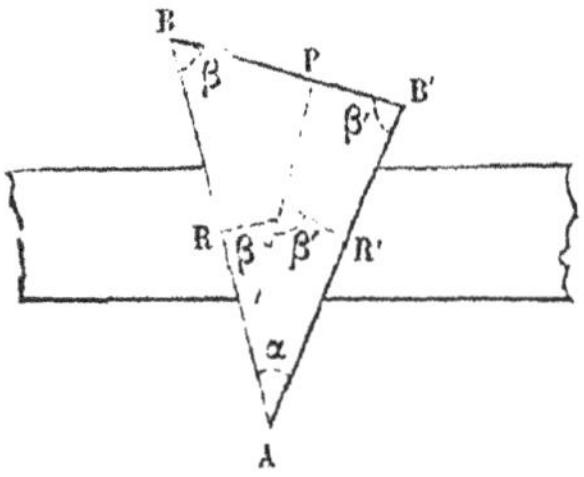

Nommons P cette pression, α l'angle du tranchant, β et β' les inclinaisons des faces latérales sur la tête, R et R' les réactions normales exercées contre ces faces, μ et μ' les coefficients de frottement relatifs aux mêmes faces. Nous négligerons le poids du coin vis-à-vis des autres forces, ou bien nous le comprendrons dans la puissance P, si celle-ci est verticale et dirigée sur le centre de gravité du coin.

Puisque le mouvement est uniforme, les forces exté-

(*) *Voir* encore un Mémoire de M. Resal, *Journal de l'École Polytechnique*, XXXIIIe Cahier.

rieures se font équilibre; leurs projections parallèles à la tête ont une somme nulle, ainsi que leurs projections perpendiculaires. On a donc

$$R \sin\beta - R' \sin\beta' - \mu R \cos\beta + \mu' R' \cos\beta' = 0,$$
$$P - R \cos\beta - R' \cos\beta' - \mu R \sin\beta - \mu' R' \sin\beta' = 0,$$

et par conséquent

$$P = R \frac{(1 - \mu\mu') \sin\alpha + (\mu + \mu') \cos\alpha}{\sin\beta' - \mu' \cos\beta'}.$$

Soit l le chemin décrit par le coin dans le sens de la force P. Le travail moteur sera Pl, et le travail utile, qui est celui des réactions normales R et R', aura pour valeur

$$Rl \cos\beta + R'l \cos\beta' = Rl \frac{\sin\alpha - (\mu + \mu') \cos\beta \cos\beta'}{\sin\beta' - \mu' \cos\beta'}.$$

Le rapport du travail utile au travail moteur,

$$\frac{\sin\alpha - (\mu + \mu') \cos\beta \cos\beta'}{(1 - \mu\mu') \sin\alpha + (\mu + \mu') \cos\alpha},$$

est maximum, pour un tranchant donné, lorsque

$$\cos\beta \cos\beta' = 0,$$

c'est-à-dire lorsque l'un des angles à la tête est droit.

Admettons que β' soit un angle droit. Le rapport des travaux devient

$$\frac{\tan\alpha}{(1 - \mu\mu') \tan\alpha + (\mu + \mu')} = \frac{1}{1 - \mu\mu' + (\mu + \mu') \tan\beta};$$

et cette fraction croît à mesure que β diminue ou que α augmente. Ainsi, *quand on fait abstraction de l'élasticité des corps, la forme la plus avantageuse que l'on puisse donner au coin est celle d'un prisme rectangle à la base et très-obtus au sommet.* Néanmoins, dans la réalité, plus le tranchant est obtus, plus il y a de force consommée dans l'écrasement du corps qu'il s'agit de fendre. Cette considération fait voir qu'il est dans chaque cas une limite que l'angle α ne saurait dépasser sans que l'effet utile en soit diminué.

Lorsque la section du coin est un triangle isocèle, et que les coefficients de frottement relatifs aux deux faces sont égaux, le rapport du travail moteur au travail utile se réduit à la fraction

$$\frac{1}{1+\mu\,\text{tang}\,\beta}.$$

On voit qu'il y a encore de l'avantage à augmenter l'angle du tranchant.

Vis à filet triangulaire. — On suppose une vis dont le filet est engendré par un triangle qui se meut tout autour d'un noyau cylindrique, en restant dans le plan de l'axe, et de telle sorte que chaque point décrive une hélice.

Fig. 60.

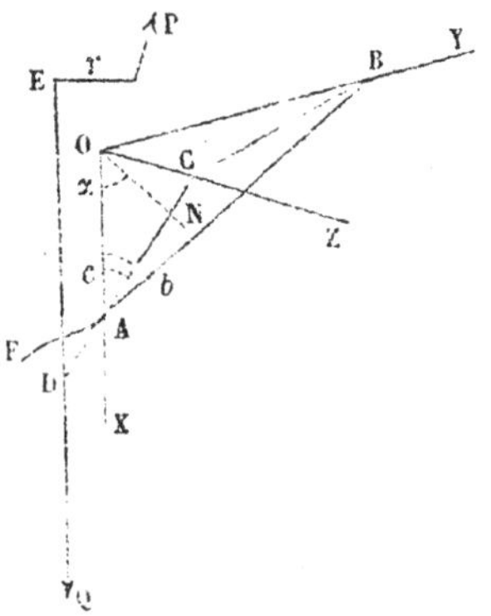

L'axe de la vis est vertical, et porte un poids Q; une force horizontale P, tangente au cylindre qui forme le noyau, fait monter le poids Q, en faisant tourner la vis d'un mouvement uniforme dans un écrou fixe. Il s'agit d'évaluer le travail moteur consommé par les frottements.

Nous considérerons la saillie du filet comme infiniment petite; ou plutôt nous supposerons que la charge soit distribuée uniformément sur les éléments de la surface du filet qui se trouvent compris entre deux hélices infiniment voisines, choisies de manière que le travail ne soit point changé. Alors cette suite d'éléments formera à elle seule l'une des faces d'un *filet moyen*, infiniment mince, que nous substituerons au filet réel. Si la saillie du filet est peu considérable relativement au rayon du cylindre, nous ne commettrons pas d'erreur sensible en prenant le rayon du filet moyen égal à la demi-somme des rayons extrêmes du filet réel.

Soient DE l'axe de la vis, AF le filet, AB la tangente à l'hélice au point A, AC une génératrice de la surface hélicoïde et AO une verticale. Le plan BAC est tangent à la surface hélicoïde. Nous prendrons le plan vertical AOC pour plan des xz, un second plan vertical AOB, perpendiculaire au premier, pour plan des xy, et un plan horizontal pour plan des yz; les axes seront placés comme l'indique la figure.

Nommons :

α l'angle que la normale ON abaissée de l'origine sur le plan tangent BAC fait avec l'axe des x;

b et c les angles que la tangente AB et la génératrice AC forment avec la verticale;

r le rayon du filet moyen, qui est aussi le bras de levier de la puissance P;

h le pas du filet;

μ le coefficient de frottement entre le filet et l'écrou;

R la réaction normale exercée par l'écrou sur le filet;

dR l'élément de cette réaction correspondant à l'élément de surface du filet.

Nous confondrons dans le poids Q le poids de la vis avec celui de la charge étrangère.

Puisque le mouvement est uniforme, les forces appliquées sur la vis se font équilibre. Écrivant que leurs composantes verticales se détruisent, on obtient l'équation

$$Q = \int \cos\alpha\, dR - \mu \int \cos b\, dR = R(\cos\alpha - \mu \cos b).$$

On aura une seconde équation en exprimant que les moments des forces autour de l'axe font une somme nulle; mais, comme cette équation ne peut s'obtenir sans quelque peine, il sera préférable de lui substituer celle qui résulte du principe des vitesses virtuelles, appliqué au mouvement naturel de la vis pendant un tour entier. Si l'on observe que la longueur d'une spire est $\frac{h}{\cos b}$ ou $\frac{2\pi r}{\sin b}$, on obtient l'équation

$$P.2\pi r = Qh + \int \frac{h}{\cos b}\mu . dR = h\left(Q + \frac{\mu R}{\cos b}\right)$$
$$= 2\pi r \cot b \left(Q + \frac{\mu R}{\cos b}\right).$$

Les équations précédentes donnent, par l'élimination de R,

$$P = Q \cot b + \frac{\mu Q}{\sin b(\cos\alpha - \mu \cos b)};$$

d'où l'on voit que le frottement a pour effet d'augmenter la force P de la quantité

$$\frac{\mu Q}{\sin b(\cos\alpha - \mu \cos b)}.$$

Cet accroissement devient infini lorsque $\frac{\cos\alpha}{\cos b} = \mu$; alors le mouvement uniforme est impossible, quelle que soit la force motrice.

Pour achever la discussion il convient d'exprimer $\cos\alpha$ en fonction des angles b et c qui, avec le rayon r, suffisent à déterminer la vis. Cet angle est celui de la normale au plan ABC avec l'axe des x. Or le plan ABC a pour équation

$$\frac{x}{\overline{OA}}+\frac{y}{\overline{OB}}+\frac{z}{\overline{OC}}=1,$$

ou

$$x+\frac{y}{\operatorname{tang} b}+\frac{z}{\operatorname{tang} c}=\overline{OA};$$

par conséquent,

$$\cos\alpha=\frac{1}{\sqrt{1+\cot^2 b+\cot^2 c}}.$$

Substituant cette valeur dans l'expression de P, il vient

$$\begin{aligned}P&=Q\,\frac{\cot b+\mu\sin b\sqrt{1+\cot^2 b+\cot^2 c}}{1-\mu\cos b\sqrt{1+\cot^2 b+\cot^2 c}}\\&=Q\,\frac{h\sin c\sqrt{h^2+4\pi^2r^2}+2\pi r\mu\sqrt{h^2\sin^2 c+4\pi^2r^2}}{2\pi r\sin c\sqrt{h^2+4\pi^2r^2}-h\mu\sqrt{h^2\sin^2 c+4\pi^2r^2}}\ (^*).\end{aligned}$$

Le rapport du travail utile au travail moteur est

$$\frac{Q\cot b}{P}=\frac{1-\mu\cos b\sqrt{1+\cot^2 b+\cot^2 c}}{1+\mu\dfrac{\sin^2 b}{\cos b}\sqrt{1+\cot^2 b+\cot^2 c}}.$$

L'inclinaison de l'hélice sur l'axe étant donnée, ce rapport est maximum lorsque c est égal à $\frac{\pi}{2}$. Ainsi, *toutes choses égales, la vis à filet rectangulaire a l'avantage sur la vis à filet triangulaire.*

Dans le cas de la vis à filet rectangulaire, l'expression précédente du rapport entre le travail utile et le travail

(*) Cette formule est due au professeur Persy. La manière dont nous l'avons obtenue est celle de M. Poncelet (*Journal de Crelle*, t. II, p. 293).

moteur prend la forme simple

$$\frac{Q\cot b}{P} = \frac{1 - \mu\cot b}{1 + \mu\tang b}.$$

Son maximum répond à l'angle b qui vérifie la relation

$$\tang 2b = -\frac{1}{\mu}.$$

Cordes et courroies glissant sur des surfaces.—Comme exemple de calcul relatif au frottement des lames flexibles qui glissent sur des surfaces, nous résoudrons le problème suivant :

Un cylindre tourne, avec une vitesse donnée ω, autour d'un axe passant par son centre de gravité. On veut anéantir cette vitesse dans un temps donné t, à l'aide d'un frein formé d'une lame flexible qui embrasse sur la circonférence un angle connu Θ. Déterminer la traction constante qu'il faut exercer pendant ce temps à l'une des extrémités de la lame, l'autre extrémité étant fixe.

Soient r le rayon du cylindre, Mk^2 son moment d'inertie relatif à l'axe, μ le coefficient de frottement, θ un angle au centre, compté sur la lame circulaire en sens contraire de la rotation et à partir de l'extrémité de l'arc formé par cette lame, T et T′ les tractions ou tensions qui répondent aux angles $\theta = \Theta$ et $\theta = 0$.

D'après ce que nous avons vu (t. I, p. 165, prob. 3), l'élément de la lame qui répond à l'angle θ éprouve la tension $T' e^{\mu\theta}$, et il exerce sur l'élément de surface du cylindre une pression normale égale à $\frac{1}{r} T' e^{\mu\theta} d\theta$.

Ceci nous permet d'écrire l'équation du problème,

$$Mk^2\omega^2 = 2\int_0^t\int_0^\Theta \mu T' e^{\mu\theta}\,dt\,d\theta = 2tT'\left(e^{\mu\Theta} - 1\right).$$

On en tire

$$T' = \frac{M k^2 \omega^2}{2t\left(e^{\mu\Theta} - 1\right)},$$

et, puisque $T = T' e^{\mu\Theta}$, on a

$$T = \frac{M k^2 \omega^2}{2t\left(1 - e^{-\mu\Theta}\right)}.$$

4. *Résistance du roulement.* — Imaginons un cylindre pesant qui roule sur un plan horizontal. Par l'effet de la compressibilité des substances en contact, le cylindre et le plan s'impriment l'un dans l'autre. Cela fait naître, du côté où se dirige le cylindre, des réactions inclinées, qui s'opposent au roulement tendant à s'effectuer autour de l'extrémité du diamètre vertical. Si les corps en contact ne sont pas parfaitement élastiques, les réactions qui s'exercent en arrière du cylindre ne compensent pas les réactions exercées en avant; alors il y a résistance au roulement.

Il n'est pas nécessaire de connaître les directions et les intensités de ces forces pour étudier le mouvement du cylindre. Il suffit pour cela de connaître leur moment résultant par rapport à la génératrice de contact; car cette génératrice reste fixe pendant le mouvement élémentaire du corps, tant que celui-ci roule sans glisser.

D'après les expériences de Coulomb (*), il faut appliquer au cylindre, pour déterminer son roulement, une force dont le moment par rapport à la génératrice de contact est égal au produit du poids du cylindre par un coefficient numérique, qui ne dépend que de la nature des surfaces du cylindre et du plan.

Soient R la pression normale du cylindre contre le plan, r le rayon du cylindre, et ν le coefficient de *résis-*

(*) *Savants étrangers* (Académie des Sciences), t. X; 1785.

tance au roulement naissant. On pourra faire rouler le cylindre en appliquant à son axe une force perpendiculaire et horizontale, égale à $\frac{\nu R}{r}$. De même, la *résistance au roulement établi*, ou la force nécessaire pour maintenir l'uniformité du roulement, a par rapport à la génératrice de contact un moment égal au produit du poids du cylindre par un coefficient numérique qui, pour deux surfaces données, est moindre que le coefficient de résistance au roulement naissant. Si le cylindre devait rouler sur un plan incliné ou sur une surface courbe, le moment de la résistance au roulement serait proportionnel à la pression normale qui s'exerce entre les surfaces en contact.

On voit d'après cela que la résistance au roulement a le même effet qu'un couple dont le moment est proportionnel à la pression normale des surfaces en contact.

M. Arthur Morin (*) a repris ces expériences dans des conditions plus favorables; il a reconnu que les lois de Coulomb sont généralement peu exactes, et qu'il est impossible de donner à ce sujet les lois simples et générales. Néanmoins, dit-il, la résistance horizontale opposée au mouvement des voitures par les routes pavées ou en empierrement solide est sensiblement proportionnelle à la pression, et inversement proportionnelle au rayon des roues; elle est indépendante du nombre des roues, à très-peu près indépendante de la largeur des bandes de roues, et croît avec la vitesse.

Au reste, le frottement de roulement est ordinairement négligeable vis-à-vis du frottement de glissement; et même on en fait entièrement abstraction dans tous les calculs relatifs aux corps solides et durs qui entrent dans la composition des machines. On n'a guère à le considérer

(*) *Comptes rendus de l'Académie des Sciences*, t. X, XII, XIII et XIV; 1840-1842. — *Expériences sur le tirage des voitures*; Paris, 1842.

que dans certains phénomènes spéciaux, tels que le roulement des voitures, le transport sur des rouleaux. Nous traiterons ce cas brièvement, en nous plaçant dans les conditions qui, suivant M. Morin, laissent subsister les lois de Coulomb. Supposant la vitesse constante, nous n'aurons pas à tenir compte de son influence sur le frottement, une fois le coefficient de frottement déterminé pour cette vitesse.

Considérons une roue qui roule uniformément sur un plan horizontal en tournant autour de son essieu. Soient :

P la charge de l'essieu, y compris son poids;

p le poids de la roue;

r son rayon;

ρ celui de l'essieu;

ν le coefficient de résistance au roulement (*) entre la roue et le plan;

μ le coefficient de frottement de glissement entre l'essieu et le creux du moyeu;

F la force horizontale qu'il faut appliquer à l'essieu pour maintenir l'uniformité du mouvement.

La force F se compose de deux parties : l'une fait équilibre au frottement de roulement, sa valeur est $\nu \frac{(P+p)}{r}$; l'autre, que nous nommerons f, fait équilibre au frottement de glissement. Pour obtenir sa valeur, observons qu'en vertu du jeu de l'emboîtement, le frottement ne s'exerce que sur une seule génératrice de l'essieu, et déterminons d'abord cette génératrice.

La réaction du moyeu sur l'essieu est égale et contraire à la résultante des autres forces appliquées sur l'essieu, laquelle est égale à $\sqrt{P^2+F^2}$. D'ailleurs, nous avons

(*) D'après M. Poncelet, sur une chaussée en empierrement à l'état ordinaire, $\mu = 0{,}08$; sur un chemin de fer, $\mu = 0{,}002$.

vu (t. I, p. 70) que, toutes les fois qu'il y a frottement entre deux surfaces, la réaction totale n'est point dirigée suivant la normale commune aux surfaces en contact, mais fait avec elle un angle dont la tangente est égale au coefficient de frottement. Il en résulte que, dans notre cas, la direction de la force $\sqrt{P^2+F^2}$ fait avec le rayon de l'essieu mené vers la génératrice de contact un angle $\varphi = \text{arc tang}\,\mu$. Cela exige que la résultante P des poids qui pèsent sur l'essieu passe un peu en arrière de son axe. La charge d'une brouette ou d'une voiture et l'effort vertical du moteur se combinent pour vérifier cette condition.

D'après cela, la pression normale entre l'essieu et la boîte est

$$\sqrt{P^2+F^2}\cos\varphi = \frac{1}{\sqrt{1+\mu^2}}\sqrt{P^2+F^2},$$

et la force de frottement

$$\frac{\mu}{\sqrt{1+\mu^2}}\sqrt{P^2+F^2}.$$

Ce frottement et la force f doivent avoir des moments virtuels égaux; donc

$$rf = \rho\,\frac{\mu}{\sqrt{1+\mu^2}}\sqrt{P^2+F^2}.$$

De là suit l'équation

$$F = \frac{\nu(P+p)}{r} + \frac{\mu}{\sqrt{1+\mu^2}}\,\frac{\rho}{r}\sqrt{P^2+F^2}.$$

Posant

$$\frac{\mu}{\sqrt{1+\mu^2}} = \mu',$$

on en tire

$$F = \frac{\nu r(P+p) + \mu'\rho\sqrt{(r^2-\mu'^2\rho^2)P^2+\nu^2(P+p)^2}}{r^2-\mu'^2\rho^2}.$$

Le produit de cette expression par l'espace horizontal parcouru donne le travail nécessaire au transport de la charge P, travail qui est employé tout entier à vaincre les frottements.

Supposons maintenant que la force F soit inclinée à l'horizon d'un angle α, et tende à soulever la roue.

Dans ce cas, la pression sur le plan horizontal est

$$P + p - F\sin\alpha,$$

et la résultante des forces appliquées sur l'essieu, outre le frottement, est égale à

$$\sqrt{P^2 + F^2 - 2PF\sin\alpha}.$$

Par suite, on a

$$F\cos\alpha = \frac{\nu(P + p - F\sin\alpha)}{r} + \mu' \frac{\rho}{r}\sqrt{P^2 + F^2 - 2PF\sin\alpha}.$$

On pourra tirer de cette équation la valeur de $F\cos\alpha$ en fonction de α, et l'angle α qui rendra cette valeur un minimum sera l'inclinaison la plus favorable au tirage.

Si le plan est incliné à l'horizon d'un angle α, et si la force F est parallèle au plan, la pression normale sur le plan est

$$(P + p)\cos\alpha,$$

et la résultante des forces appliquées sur l'essieu, outre le frottement, est égale à

$$\sqrt{P^2 + F^2 - 2PF\sin\alpha}.$$

Par suite, on a l'équation

$$F = \frac{\nu(P + p)\cos\alpha}{r} + \mu' \frac{\rho}{r}\sqrt{P^2 + F^2 - 2PF\sin\alpha},$$

d'où l'on peut tirer la valeur de F. Alors, si l'on nomme μ_1 le coefficient du frottement de glissement entre la roue et le plan, la condition pour que la roue tourne sans glisser sera exprimée par l'inégalité

$$F < \mu_1 (P + p) \cos\alpha.$$

Cette condition pourra se trouver satisfaite, même lorsque l'inclinaison du plan sera nulle.

On trouvera facilement que *pour faire avancer un madrier sur un plan horizontal, en le faisant rouler sur des rouleaux en nombre quelconque, il faut lui appliquer dans le sens du mouvement une force horizontale, égale à*

$$\frac{\nu P + \nu'(P + P')}{2r}.$$

P est le poids du madrier, P′ est la somme des poids des rouleaux, ν et ν' sont les coefficients de résistance au roulement des rouleaux contre le madrier et sur le plan, r est le rayon des rouleaux.

5. *Raideur des cordes.* — Lorsqu'un poids Q est soulevé d'un mouvement uniforme à l'aide d'une corde qui passe sur une poulie de renvoi, on observe que le travail de la puissance P, diminué du travail consommé par le frottement de la poulie sur son axe, est supérieur en valeur numérique au travail de la pesanteur sur le poids Q. La puissance a donc à surmonter une résistance autre que celles du poids et du frottement. Il est aisé de découvrir la nature de cette résistance nouvelle. La corde qui porte le poids Q doit se ployer en arrivant sur la poulie; comme elle n'est pas parfaitement flexible, il y a du travail dépensé à vaincre son ressort; et, comme elle n'est pas parfaitement élastique, ce tra-

Fig. 61.

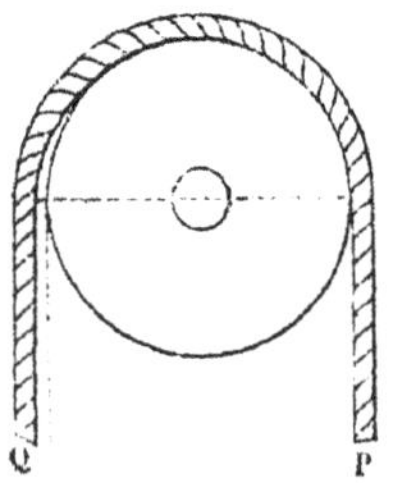

vail dépensé n'est pas entièrement rendu lorsque la courbe quitte la poulie du côté de la puissance. On observe, en effet, que le bras de levier de la résistance est toujours un peu supérieur à celui de la puissance, bien que les points d'application des deux forces, pris sur les cordons rectilignes, aient constamment la même vitesse.

D'après les expériences de Coulomb (*), la partie de l'excès du travail moteur sur le travail résistant qui est due à la raideur de la corde, pour un chemin parcouru égal à l'unité, peut se représenter, quelle que soit la vitesse, par une expression de la forme

$$\frac{a+bQ}{2r},$$

r étant le rayon de la poulie augmenté du rayon de la corde, et a, b désignant deux constantes qui dépendent de la nature de la corde, de sa grosseur, de son état de vétusté. Toutes choses égales, a est à peu près proportionnel à la quatrième puissance du diamètre de la corde, et b proportionnel à la seconde puissance.

Cherchons la relation qui lie entre elles les forces P et Q dans le mouvement uniforme de la *poulie*.

Soient ρ le rayon de l'axe ou celui de l'œil de la poulie, suivant que l'axe tient à la poulie ou bien à la chape, et f la force de frottement qui s'exerce sur l'axe.

Écrivons que la somme algébrique des quantités de travail est nulle. En observant que $2\pi r$ est le chemin parcouru par les points d'application de la puissance et de la résistance dans *un tour de la poulie*, nous trouvons

$$Pr - f\rho - \left(Q + \frac{a+bQ}{2r}\right) r = 0.$$

(*) *Savants étrangers* (Académie des Sciences), t. X ; 1785.

Il nous reste à exprimer f en fonction de P et de Q.

On a vu au problème précédent, dans un cas tout à fait semblable, que, si l'on représente par μ le coefficient de frottement, la force du frottement est égale au produit de $\frac{\mu}{\sqrt{1+\mu^2}}$ par la réaction totale qui s'exerce entre les surfaces en contact, laquelle est ici $\sqrt{P^2+Q^2+2PQ\cos(\widehat{PQ})}$, quand on néglige le poids de la poulie. Substituant cette valeur dans l'équation précédente, il vient

$$P = Q + \frac{a+bQ}{2r} + \frac{\mu}{\sqrt{1+\mu^2}}\frac{\rho}{r}\sqrt{P^2+Q^2+2PQ\cos(\widehat{PQ})}.$$

Dans le cas où les forces P et Q sont parallèles, on a

$$P = \frac{\frac{a}{2} + \left(\frac{b}{2} + r + \frac{\mu}{\sqrt{1+\mu^2}}\rho\right)Q}{r - \frac{\mu}{\sqrt{1+\mu^2}}\rho},$$

valeur qui est de la forme

$$P = A + BQ.$$

Adoptant cette dernière formule, on trouvera facilement que, pour soulever le poids Q d'un mouvement uniforme à l'aide de *moufles* formées de n poulies égales, il faut appliquer au dernier cordon une force P dont la valeur est

$$A\left(\frac{nB^n}{B^n-1} - \frac{1}{B-1}\right) + \frac{(B-1)B^n}{B^n-1}Q.$$

Si l'on observe que le coefficient B est sensiblement supérieur à l'unité, on voit par les dernières formules que le rapport $\frac{P}{Q}$ diminue quand le poids Q augmente. Il en est de même du rapport entre le travail moteur et le travail utile.

Les systèmes de poulies sont donc plus avantageusement employés à soulever de grandes charges qu'à élever de petits poids.

CHAPITRE VIII.

PRINCIPE DU MOUVEMENT DU CENTRE DE GRAVITÉ ET PRINCIPE DES AIRES.

SECTION I.

PRINCIPE DU MOUVEMENT DU CENTRE DE GRAVITÉ.

Le principe du mouvement du centre de gravité peut s'énoncer ainsi : *Dans tout système de points libres, ou dont les liaisons s'expriment par des relations entre les distances mutuelles seules, le mouvement du centre de gravité est celui qui aurait lieu si tous les points étaient réunis au centre de gravité, et qu'ils fussent sollicités par les mêmes forces accélératrices qui les sollicitent réellement.*

Newton (*) découvrit le théorème pour les systèmes où les forces se réduisent à des actions mutuelles; plus tard d'Alembert (**) l'étendit au cas où les forces sont constantes en grandeur et en direction, et à quelques autres cas particuliers; enfin Lagrange (***) démontra le principe dans toute sa généralité.

1. *Dans un corps* ABCA', *qui peut glisser sur un plan horizontal et parfaitement uni* OCBX, *est pratiqué un canal très-étroit* ALA', *situé dans un plan vertical qui*

(*) *Principia*, Axiomata sive leges motûs, cor. 4.

(**) *Traité de Dynamique*, part. II, chap. II.

(***) *Mécanique analytique*, part. II, sect. 3, § 1.

contient le centre de gravité du corps. Déterminer la courbe que doit affecter ce canal, pour qu'un point pesant P, qui y serait déposé, exécute des oscillations tautochrones. On négligera les frottements.

Nous pouvons supposer tout le système condensé sur le plan du canal.

Soient M la masse du corps, m celle du mobile P, X la distance d'un point D de la base du corps à un point fixe O pris sur le plan horizontal, x la distance du mobile à la verticale du point D, et y la hauteur du mobile au-dessus du plan.

Fig. 62.

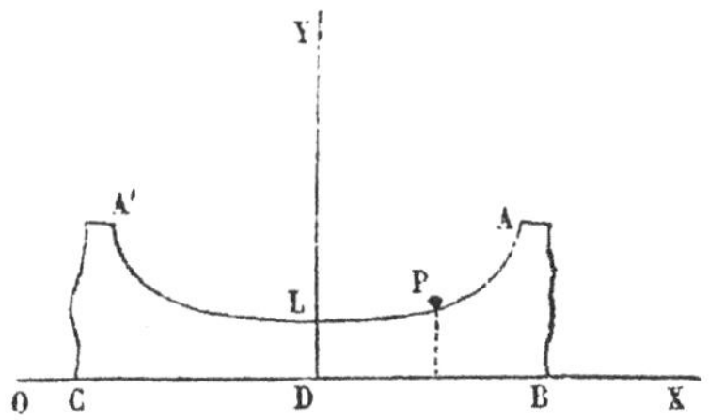

Le principe du mouvement du centre de gravité s'applique au système formé par le corps et le point pesant, pourvu que l'on considère le corps comme sollicité, non-seulement par la pesanteur, mais encore par la réaction du plan fixe horizontal. En effet, le système ne sera plus assujetti qu'à une seule liaison, consistant en ce que le point mobile doit rester dans le canal; et cette liaison est une relation entre les distances mutuelles; car, si l'on nomme r, r' les distances d'un point quelconque à deux points déterminés, pris sur le corps, la courbe formée par le canal pourra se représenter par une équation de la forme

$$f(r, r') = 0;$$

en sorte que la liaison qui existe entre le corps et le point mobile sera représentée par la même équation, où les distances r, r' seront relatives au point mobile.

Au reste, pour s'assurer que le principe du mouvement

du centre de gravité est applicable dans le sens indiqué, il suffit d'observer que l'ensemble du point et du corps peut se mouvoir comme un corps solide, tout en satisfaisant aux liaisons.

Ceci posé, la distance du centre de gravité du système à la verticale du point O est

$$\frac{m(X+x)+MX}{m+M}.$$

Puisque les forces horizontales sont nulles, cette distance doit rester constante; on a donc

$$m\frac{d(X+x)}{dt}+M\frac{dX}{dt}=0.$$

Le principe des forces vives donne encore l'équation

$$m\left[\frac{d(X+x)}{dt}\right]^2+m\frac{dy^2}{dt^2}+M\frac{dX^2}{dt^2}=2mg(y_0-y),$$

y_0 étant la valeur initiale de y.

On tire de la première équation

$$\text{(A)}\qquad \frac{dX}{dt}=-\frac{m}{m+M}\frac{dx}{dt}.$$

Substituant cette valeur dans la seconde équation, il vient

$$\frac{M}{M+m}\frac{dx^2}{dt^2}+\frac{dy^2}{dt^2}=2g(y_0-y);$$

d'où

$$t=-\frac{1}{\sqrt{2g}}\int\left(\frac{\frac{M}{M+m}\frac{dx^2}{dy^2}+1}{y_0-y}\right)^{\frac{1}{2}}dy.$$

Si la courbe du canal était donnée, la dernière formule

ferait connaître le mouvement du point, et l'équation (A) celui du corps (*). Mais ici le problème est différent.

Supposons que l'extrémité des arcs qui doivent être parcourus pendant le même temps ait une ordonnée nulle. Il nous faut trouver la relation entre x et y qui rend indépendante de y_0 l'intégrale

$$\int_{y_0}^{0} \left(\frac{\frac{M}{M+m} \frac{dx^2}{dy^2} + 1}{y_0 - y} \right)^{\frac{1}{2}} dy.$$

Cette relation doit être telle, que la quantité comprise sous le signe $\int$ soit de degré 0 en y_0, y, dy; d'ailleurs elle doit être indépendante de y_0. Nous satisferons à ces conditions en posant

$$\frac{M}{M+m} \frac{dx^2}{dy^2} + 1 = \frac{2a}{y};$$

a est une constante.

Cette relation peut s'écrire

$$\frac{dx}{dy} = \left(\frac{M+m}{M}\right)^{\frac{1}{2}} \left(\frac{2a-y}{y}\right)^{\frac{1}{2}};$$

en l'intégrant, on aura l'équation de la courbe que doit former le canal.

Quand on suppose que la courbe passe à l'origine, il vient

$$x = \left(\frac{M+m}{M}\right)^{\frac{1}{2}} \left(\sqrt{2ay - y^2} + a \text{ arc cos } \frac{a-y}{a}\right).$$

On reconnaît une *cycloïde allongée*, qui se construit

(*) Par exemple, si le canal est rectiligne, on trouvera que le point pesant décrit dans l'espace une ligne droite d'un mouvement uniformément accéléré. (JEAN BERNOULLI, *Comment. Acad. Petrop.*, 1730, p. 11. — *Opera*, t. III, p. 365.)

en dilatant les ordonnées d'une cycloïde perpendiculaires à l'axe, dans le rapport de $\sqrt{M+m}$ à $\sqrt{M}$.

La durée d'une demi-oscillation est

$$\tau = \sqrt{\frac{a}{g}} \int_0^{y_0} \frac{dy}{\sqrt{y_0 y - y^2}} = \pi \sqrt{\frac{a}{g}}.$$

Quand cette durée est donnée, on en conclut la valeur de la constante

$$a = g \frac{\tau^2}{\pi^2}.$$

CLAIRAUT, *Mém. de l'Acad. des Sc. de Paris*, 1742, p. 41.

2. *Déterminer le mouvement de deux points matériels qui s'attirent proportionnellement à la masse et en raison inverse du carré de la distance.*

Soient m, m' les masses;

r, r' les distances au centre de gravité commun;

ρ la distance mutuelle;

μ l'attraction de l'unité de masse sur l'unité de masse à l'unité de distance.

Le centre de gravité commun aura le mouvement rectiligne et uniforme que produirait une quantité de mouvement initiale, égale à la résultante des quantités de mouvement initiales des deux mobiles, en supposant au centre de gravité une masse égale à la somme des masses des deux points. Le mouvement de ces deux points autour du centre de gravité sera celui qui résulterait des positions et vitesses initiales relatives au centre de gravité, et aussi de forces accélératrices dirigées vers ce centre, égales à $\frac{\mu m'}{\rho^2}$ pour le point m, et à $\frac{\mu m}{\rho^2}$ pour le point m'.

Or, d'après les relations

$$\frac{r}{m'} = \frac{r'}{m} = \frac{\rho}{m+m'},$$

les valeurs de ces forces accélératrices peuvent s'écrire

$$\frac{\mu m'^3}{(m+m')^2}\frac{1}{r^2},\qquad \frac{\mu m^3}{(m+m')^2}\frac{1}{r'^2};$$

d'où l'on voit que le mouvement relatif au centre de gravité n'est autre que le mouvement bien connu d'un point matériel autour d'un centre fixe qui l'attire.

Il en résulte, en particulier, que les deux orbites décrites autour du centre de gravité, considéré comme fixe, sont des courbes planes, bien qu'elles ne soient pas nécessairement situées dans un même plan. En outre, la relation $\frac{r}{m'}=\frac{r'}{m}$ montre que ces deux courbes sont semblables et semblablement placées, le centre de gravité étant centre de similitude inverse.

On aura le mouvement absolu en ajoutant les coordonnées du centre de gravité à celles du mouvement relatif. Les courbes que l'on obtiendra de la sorte seront généralement transcendantes.

SECTION II.

PRINCIPE DES AIRES.

Considérons un système de points matériels, dont les liaisons se réduisent à des relations entre les distances mutuelles seulement. *D'une origine fixe menons des rayons vecteurs aux différents points du système, et faisons la somme des produits que l'on obtient en multipliant la masse de chaque point par la projection droite sur un plan fixe de l'aire décrite dans l'espace par son rayon vecteur à partir d'une époque déterminée, qui est la même pour tous les points. Si les moments des forces motrices autour de la droite qui projette l'origine font une somme nulle, la somme des produits dont il s'agit croîtra proportionnellement au temps.*

Tel est le *principe des aires.*

Outre les liaisons ci-dessus mentionnées, l'un des points peut être assujetti à rester fixe; mais, dans ce cas, l'origine doit être prise au point fixe.

Le principe des aires est une généralisation du théorème de Newton (*) sur les aires que décrit le rayon vecteur d'un point matériel sollicité par une force centrale. Il fut découvert presque en même temps par Euler (**), Daniel Bernoulli (***) et d'Arcy (****), à l'occasion du mouvement de plusieurs points matériels renfermés dans un tube de forme donnée, mobile autour d'un point fixe.

1. *Un point matériel, de masse m, est lié à l'extrémité de deux fils inextensibles et sans masse, qui traversent un petit anneau fixe* O, *et tiennent à leurs secondes extrémités deux autres points matériels, de masses m', m''. Tout le système est situé sur un plan horizontal et parfaitement uni. Déterminer le mouvement des points et la tension des fils, en négligeant le frottement sur l'anneau, et supposant que les fils restent constamment tendus.*

Soient $Om = r$, $Om' = r'$, $Om'' = r''$;

θ, θ', θ'' les angles que forment les rayons sur un axe fixe, situé dans le plan horizontal;

T' et T'' les tensions des fils mOm' et mOm'';

l' et l'' les longueurs de ces fils.

(*) *Principia*, lib. I, prop. 1.

(**) Opuscula, *De motu corporum tubis mobilibus inclusorum*, sect. 2; 1746.

(***) *Mémoires de l'Académie des Sciences de Berlin*, 1745, p. 54.

(****) *Mémoires de l'Acad. des Sciences de Paris*, 1747, p. 348.

Puisque toutes les forces sont dirigées vers le centre O, on peut appliquer les formules des forces centrales à chacun des trois points. De là les équations

$$(1)\quad \begin{cases} \dfrac{d^2 r}{dt^2} = r\dfrac{d\theta^2}{dt^2} - \dfrac{T' + T''}{m}, \\[2ex] \dfrac{d^2 r'}{dt^2} = r'\dfrac{d\theta'^2}{dt^2} - \dfrac{T'}{m'}, \\[2ex] \dfrac{d^2 r''}{dt^2} = r''\dfrac{d\theta''^2}{dt^2} - \dfrac{T''}{m''}. \end{cases}$$

Le principe des aires s'applique à chaque point considéré isolément. Il en résulte qu'en représentant par C, C', C'' les quantités constantes qui mesurent le double des aires décrites dans l'unité de temps par les rayons r, r', r'', on a les trois équations

$$(2)\qquad r^2\frac{d\theta}{dt} = C, \quad r'^2\frac{d\theta'}{dt} = C', \quad r''^2\frac{d\theta''}{dt} = C''.$$

Enfin les relations

$$(3)\qquad r + r' = l', \quad r + r'' = l''$$

donnent

$$(4)\qquad \frac{dr}{dt} + \frac{dr'}{dt} = 0, \quad \frac{dr}{dt} + \frac{dr''}{dt} = 0;$$

$$(5)\qquad \frac{d^2 r}{dt^2} + \frac{d^2 r'}{dt^2} = 0, \quad \frac{d^2 r}{dt^2} + \frac{d^2 r''}{dt^2} = 0.$$

Pour avoir les valeurs des tensions, il suffit d'ajouter successivement la première des équations (1) avec chacune des deux autres, en éliminant les dérivées par les équations (2) et (5). Il vient ainsi

$$\frac{T'}{m'} + \frac{T' + T''}{m} = \frac{C^2}{r^3} + \frac{C'^2}{r'^3},$$

$$\frac{T''}{m''} + \frac{T'' + T'}{m} = \frac{C^2}{r^3} + \frac{C''^2}{r''^3};$$

d'où l'on tire aisément

$$(m + m' + m'')\frac{T'}{m'} = \frac{m C^2}{r^3} + \frac{(m + m'') C'^2}{r'^3} - \frac{m'' C''^2}{r''^3},$$

$$(m + m' + m'')\frac{T''}{m''} = \frac{m C^2}{r^3} + \frac{(m + m') C''^2}{r''^3} - \frac{m' C'^2}{r'^3}.$$

Cherchons maintenant les trajectoires.

D'après le principe des forces vives, on a

$$m\left(\frac{dr^2}{dt^2} + r^2\frac{d\theta^2}{dt^2}\right) + m'\left(\frac{dr'^2}{dt^2} + r'^2\frac{d\theta'^2}{dt^2}\right) + m''\left(\frac{dr''^2}{dt^2} + r''^2\frac{d\theta''^2}{dt^2}\right) = \text{const.} = \text{A}.$$

Si l'on élimine r', r'', θ', θ'' et dt à l'aide des relations (2), (3) et (4), il vient

$$(5)\quad \left\{ (m + m' + m'')\frac{C^2}{r^4}\frac{dr^2}{d\theta^2} + m\frac{C^2}{r^2} + m'\frac{C'^2}{(l' - r)^2} + m''\frac{C''^2}{(l'' - r)^2} = \text{A}. \right.$$

Telle est l'équation de la trajectoire du point m. On obtiendrait de la même manière les équations des deux autres trajectoires.

Les formules (2) montrent que les mobiles ne peuvent jamais atteindre l'anneau, à moins que leurs vitesses initiales n'aient été dirigées vers ce point; dans ce cas leur mouvement serait constamment rectiligne.

Admettons que ce cas se présente pour les mobiles m', m''.

Alors C', C'' seront nulles, et l'équation (5) pourra s'intégrer sous forme finie. On trouvera l'intégrale

$$r = C\sqrt{\frac{m}{A}}\,\text{séc}\left(\sqrt{\frac{m}{m + m' + m''}}\,\theta + \text{const.}\right).$$

On traiterait sans plus de difficultés le cas où les

points matériels réunis par des fils au point m seraient en nombre quelconque.

RICCATI, *Comment. Bonon.*, t. V, part. I, p. 150; 1767.

2. *Appliquer les principes des forces vives, du mouvement du centre de gravité et des aires au mouvement du soleil et des planètes considérés comme des points matériels.*

On considère ici l'ensemble d'une planète et de ses satellites comme ne formant qu'une seule masse, située au centre de gravité du système.

Soient : M, m, m', etc., les produits des masses du soleil et des planètes par la constante qui mesure l'attraction de l'unité de masse sur l'unité de masse à l'unité de distance;

X, Y, Z les coordonnées du soleil par rapport à des axes rectangulaires et fixes dans l'espace;

ξ, η, ζ; ξ', η', ζ'; etc., les coordonnées des planètes m, m', etc.;

r, r', etc., les distances du soleil aux planètes m, m', etc.:

$\rho_{i,k}$ la distance de la planète $m^{(i)}$ à la planète $m^{(k)}$.

Les équations du mouvement sont les suivantes :

$$\frac{d^2 X}{dt^2} = \frac{m(\xi - X)}{r^3} + \frac{m'(\xi' - X)}{r'^3} + \ldots,$$

$$\frac{d^2 Y}{dt^2} = \frac{m(\eta - Y)}{r^3} + \frac{m'(\eta' - Y)}{r'^3} + \ldots,$$

$$\frac{d^2 Z}{dt^2} = \frac{m(\zeta - Z)}{r^3} + \frac{m'(\zeta' - Z)}{r'^3} + \ldots,$$

$$\frac{d^2 \xi}{dt^2} = \frac{M(X - \xi)}{r^3} + \frac{m'(\xi' - \xi)}{\rho_{0,1}^3} + \frac{m''(\xi'' - \xi)}{\rho_{0,2}^3} + \ldots,$$

$$\frac{d^2 \eta}{dt^2} = \frac{M(Y - \eta)}{r^3} + \frac{m'(\eta' - \eta)}{\rho_{0,1}^3} + \frac{m''(\eta'' - \eta)}{\rho_{0,2}^3} + \ldots,$$

$$\frac{d^2 \zeta}{dt^2} = \frac{M(Z - \zeta)}{r^3} + \frac{m'(\zeta' - \zeta)}{\rho_{0,1}^3} + \frac{m''(\zeta'' - \zeta)}{\rho_{0,2}^3} + \ldots,$$

. . . .

Le principe des forces vives donne l'intégrale

$$(1)\quad \left\{\begin{aligned} &M\frac{dX^2+dY^2+dZ^2}{dt^2}+\sum\left(m\frac{d\xi^2+d\eta^2+d\zeta^2}{dt^2}\right)\\ &=2M\sum\frac{m}{r}+2\sum\frac{mm'}{\rho_{0,1}}+h,\end{aligned}\right.$$

où h représente une constante, et $\sum$ un signe sommatoire qui s'étend à toutes les combinaisons des différentes planètes.

Le principe du mouvement du centre de gravité donne les intégrales

$$(2)\quad \left\{\begin{aligned} &MX+\sum m\xi=at+\alpha,\\ &MY+\sum m\eta=bt+\beta,\\ &MZ+\sum m\zeta=ct+\gamma,\end{aligned}\right.$$

a, b, c, α, β, γ étant des constantes.

Enfin le principe des aires donne trois intégrales, dont l'une rentre dans les deux autres :

$$(3)\quad \left\{\begin{aligned} &M\frac{Y\,dZ-Z\,dY}{dt}+\sum\left(m\frac{\eta\,d\zeta-\zeta\,d\eta}{dt}\right)=e,\\ &M\frac{Z\,dX-X\,dZ}{dt}+\sum\left(m\frac{\zeta\,d\xi-\xi\,d\zeta}{dt}\right)=f,\\ &M\frac{X\,dY-Y\,dX}{dt}+\sum\left(m\frac{\xi\,d\eta-\eta\,d\xi}{dt}\right)=g,\end{aligned}\right.$$

e, f, g désignant des constantes.

Ces intégrales rigoureuses du mouvement absolu des corps célestes sont les seules que l'on ait pu trouver jusqu'ici.

On a bien plus souvent à considérer le mouvement relatif des planètes autour du soleil que leur mouvement absolu dans l'espace. Il sera donc utile de chercher ce que deviennent les intégrales précédentes, quand on regarde le soleil comme fixe, et qu'on transporte en ce point l'origine des coordonnées.

Soient :

x, y, z les coordonnées de la planète m pour la nouvelle origine;

x', y', z' celles de la planète m', et ainsi de suite.

Nous aurons

$$\begin{aligned} \xi &= \mathrm{X} + x, & \xi' &= \mathrm{X} + x', \ldots, \\ \eta &= \mathrm{Y} + y, & \eta' &= \mathrm{Y} + y', \ldots, \\ \zeta &= \mathrm{Z} + z, & \zeta' &= \mathrm{Z} + z', \ldots. \end{aligned}$$

Substituant ces valeurs de ξ, η, ζ, ξ',... dans les formules (1), (2) et (3), les nouvelles formules (2) nous donneront des valeurs de X, Y, Z qui, substituées dans les nouvelles formules (1) et (3), nous fourniront les quatre intégrales du mouvement relatif seules connues, savoir :

$$\left(\mathrm{M}+\sum m\right)\sum\left(m\,\frac{dx^2+dy^2+dz^2}{dt^2}\right)-\left(\sum m\frac{dx}{dt}\right)^2-\left(\sum m\frac{dy}{dt}\right)^2-\left(\sum m\frac{dz}{dt}\right)^2$$
$$-\,2\left(\mathrm{M}+\sum m\right)\left(\mathrm{M}\sum\frac{m}{r}+\sum\frac{mm'}{\rho_{0,1}}\right)=\text{const.};$$

$$\left(\mathrm{M}+\sum m\right)\sum\left(m\,\frac{y\,dz-z\,dy}{dt}\right)+\sum mz\,.\sum m\frac{dy}{dt}-\sum my\,.\sum m\frac{dz}{dt}=\text{const.},$$

$$\left(\mathrm{M}+\sum m\right)\sum\left(m\,\frac{z\,dx-x\,dz}{dt}\right)+\sum mx\,.\sum m\frac{dz}{dt}-\sum mz\,.\sum m\frac{dx}{dt}=\text{const.},$$

$$\left(\mathrm{M}+\sum m\right)\sum\left(m\,\frac{x\,dy-y\,dx}{dt}\right)+\sum my\,.\sum m\frac{dx}{dt}-\sum mx\,.\sum m\frac{dy}{dt}=\text{const.}$$

On pourra, par de simples transformations, mettre ces intégrales sous la forme donnée dans la *Mécanique cé-*

leste (liv. II, ch. II, § 9) :

$$\sum\left[mm'\frac{(dx'-dx)^2+(dy'-dy)^2+(dz'-dz)^2}{dt^2}\right]+M\sum\left(m\frac{dx^2+dy^2+dz^2}{dt^2}\right)$$
$$-2\left(M+\sum m\right)\left(M\sum\frac{m}{r}+\sum\frac{mm'}{\rho_{0,1}}\right)=\text{const.},$$

$$\sum\left[mm'\frac{(y'-y)(dz'-dz)-(z'-z)(dy'-dy)}{dt}\right]+M\sum\left(m\frac{y\,dz-z\,dy}{dt}\right)=\text{const.},$$

$$\sum\left[mm'\frac{(z'-z)(dx'-dx)-(x'-x)(dz'-dz)}{dt}\right]+M\sum\left(m\frac{z\,dx-x\,dz}{dt}\right)=\text{const.},$$

$$\sum\left[mm'\frac{(x'-x)(dy'-dy)-(y'-y)(dx'-dx)}{dt}\right]+M\sum\left(m\frac{x\,dy-y\,dx}{dt}\right)=\text{const.}$$

3. *Deux points matériels, de masses m, m', sont réunis par une tige rigide et sans masse, mobile dans un plan horizontal autour de l'un de ses points qui est fixe; la molécule m peut glisser librement le long de la tige, tandis que la molécule m' est fixée sur cette droite. Étant donné le mouvement initial du point m, déterminer sa trajectoire.*

Si l'on nomme a la distance du point m' au point fixe, r et θ les coordonnées polaires du point m relativement au même point fixe pris pour origine, et A une constante qu'on détermine aisément par les circonstances initiales, on trouve l'équation

$$m\frac{dr^2}{d\theta^2}=A(mr^2+m'a^2)^2-(mr^2+m'a^2).$$

CLAIRAUT, *Mém. de l'Acad. des Sc. de Paris*, 1742, p. 22.

4. *Deux points matériels égaux sont fixés aux extrémités d'une tige rigide et sans masse, mobile en tout sens autour d'un point fixe situé en son milieu. Déterminer le mouvement de la tige.*

Soient φ l'inclinaison de la tige sur la verticale, θ l'angle qu'elle fait avec un plan vertical fixe, β la valeur initiale de l'angle φ, ω et υ les valeurs initiales de $\frac{d\varphi}{dt}$ et de $\frac{d\theta}{dt}$, c et c' des constantes que l'on détermine par les données initiales, et $c''^2 = \omega^2 + \upsilon^2 \sin^2\beta$.

On trouve les équations

$$\sin^2\varphi \frac{d\theta}{dt} = c,$$

$$\cos\varphi = \frac{\sqrt{c''^2 - c^2}}{c''} \cos . c''(t + c').$$

CHAPITRE IX.

MOUVEMENT D'UN CORPS SOLIDE.

SECTION I.

MOUVEMENT D'UN CORPS SOLIDE AUTOUR D'UN AXE FIXE.

Soient ω la vitesse angulaire, et Mk^2 le moment d'inertie du corps autour de l'axe de rotation. Prenons cet axe pour axe des z, et nommons X, Y les forces motrices extérieures qui sollicitent la molécule (x, y) suivant les axes des x et des y. Nous aurons

$$(A) \qquad \frac{d\omega}{dt} = \frac{\sum(Yx - Xy)}{Mk^2},$$

le signe $\sum$ indiquant une somme étendue à toutes les molécules du corps considéré.

Les pressions sur l'axe se calculent en exprimant que les forces motrices extérieures, transportées sur l'axe, et les forces centrifuges nées de la rotation, sont équilibrées par les réactions de l'axe, égales et contraires aux pressions.

Une des applications les plus importantes de cette théorie consiste à déterminer le mouvement d'un corps pesant autour d'un axe horizontal. Soient h la distance du centre de gravité à l'axe de rotation, et C un point situé avec le centre de gravité sur une même perpendiculaire à l'axe, à une distance l de cet axe, donnée par la formule

$$(B) \qquad l = \frac{k^2}{h}.$$

Le mouvement du point C ne serait pas altéré si toute la masse du corps était réunie en ce point. On le nomme, pour cette raison, *centre d'oscillation* du corps relativement à l'axe considéré. La longueur l est celle du pendule simple qui oscille dans le même temps que le *pendule composé* formé par le corps dont il s'agit.

Le P. Mersenne proposa, en 1646, de déterminer la durée des oscillations d'un corps pesant autour d'un axe horizontal, ce qui revient à déterminer le centre d'oscillation. Tous les géomètres qui abordèrent la solution, Descartes (1), Roberval (2), Wallis (3), Fabri (4) et le P. Mersenne (5) lui-même supposèrent tacitement que le centre d'oscillation coïncide avec le *centre de percussion*. Cette proposition est exacte; mais il est étonnant qu'ils l'aient admise sans la démontrer. Elle leur permit de trouver le centre d'oscillation dans un certain nombre de figures. Descartes détermina celui des figures planes oscillant dans leur plan, et se trompa pour les autres cas; Roberval trouva celui de certaines figures planes n'oscillant pas dans leur plan; enfin Huyghens résolut le cas général. Ce ne fut pourtant qu'après plusieurs essais infructueux qu'il parvint à la solution tant désirée. Elle fut publiée dans la quatrième partie de son *Horologium oscillatorium*, 1673. Cette solution se fonde sur deux postulata : le centre de gravité d'un système de corps pesants ne peut remonter de lui-même à une hauteur plus grande que celle d'où il est tombé, de quelque manière que se modifie la disposition mutuelle des corps. Un pendule composé

---

(1) *Lettres de Descartes.*

(2) *Ibid.*

(3) *Mechanica, sive De motu.*

(4) *Tract. de motu, Append. physico-math. de centro percussionis.*

(5) *Mersenii Reflexiones physico-mathematicæ*, cap. XI et XII.

remonte toujours à la hauteur d'où il est descendu librement.

Quelques années après la publication de l'*Horologium oscillatorium*, l'abbé Catelan (*) fit observer que les postulata de Huyghens ne peuvent être pris pour des axiomes. Ce fut l'occasion de nouvelles recherches de la part de l'Hôpital, Jacques Bernoulli et autres géomètres. Ces travaux amenèrent la solution simple, bien connue aujourd'hui.

1. *Pendule de Graham. — Un pendule qui porte à son extrémité un cylindre creux, contenant du mercure, et dirigé suivant le prolongement de la tige, oscille dans un plan vertical. Étant donnés le poids p du pendule, les distances h et l du point de suspension au centre de gravité et au centre d'oscillation, et le rayon intérieur du cylindre r, déterminer le poids p' du mercure qu'il faut verser dans le cylindre pour que le pendule batte exactement la seconde.*

Soient k le rayon de giration du pendule donné autour d'une parallèle à l'axe de suspension, passant au centre de gravité; k' le rayon de giration du mercure additionnel autour d'une parallèle à l'axe, passant au centre de gravité de cette masse; h' la distance du point de suspension au centre de gravité du mercure additionnel; L la longueur du pendule simple qui bat la seconde (à Paris, $\mathrm{L} = 0^{\mathrm{m}},993\,900\,17$).

La formule (B), jointe à la relation qui existe entre les rayons de giration autour de deux axes dont l'un passe au centre de gravité, nous donne l'équation

$$\mathrm{L} = \frac{\mathrm{H}^2 + \dfrac{p}{p+p'}[(h-\mathrm{H})^2 + k^2] + \dfrac{p'}{p+p'}[(\mathrm{H}-h')^2 + k'^2]}{\mathrm{H}},$$

(*) *Journal des Savants*, 1682 et 1684.

où l'on a fait

$$\frac{ph + p'h'}{p + p'} = \mathrm{H}.$$

Il vient, en réduisant,

$$\mathrm{L} = \frac{p(h^2 + k^2) + p'(h'^2 + k'^2)}{ph + p'h'},$$

et, si l'on remplace $h^2 + k^2$ par sa valeur lh,

(1) $$ph(l - \mathrm{L}) = p'[h'(\mathrm{L} - h') - k'^2].$$

Nommons ρ la densité du mercure, et u la distance du point de suspension à la surface supérieure du mercure que contient le pendule dans son premier état.

Nous aurons

$$p' = 2\pi\rho r^2 (u - h'),$$

et (page 64)

$$k'^2 = \frac{1}{4} r^2 + \frac{1}{3}(u - h')^2.$$

Ces deux relations nous permettent d'éliminer h' et k' de la dernière équation; alors nous obtenons, pour déterminer p', l'équation du troisième degré

$$p'^3 - \frac{3}{2}\pi\rho r^2 (2u - \mathrm{L})p'^2$$
$$- \frac{3}{4}\pi^2\rho^2 r^4 [4u(\mathrm{L} - u) - r^2]p' + 3\pi^2\rho^2 r^4 ph(l - \mathrm{L}) = 0.$$

Dans le cas où le pendule donné battrait à peu près la seconde, on pourrait considérer le mercure ajouté comme formant une lame circulaire sans épaisseur, et l'on aurait sensiblement

$$h' = u, \quad k'^2 = \frac{1}{4} r^2;$$

d'où (1)

$$p' = p\,\frac{4h(l - \mathrm{L})}{4u(\mathrm{L} - u) - r^2}.$$

La capillarité et les oscillations du mercure sont des causes perturbatrices que nous avons négligées; mais nos calculs seront tout à fait exacts, si nous remplaçons le mercure par de petits disques solides enfilés sur un axe commun.

On sait que le pendule à mercure peut être disposé de manière que les variations de la température n'aient pas d'influence sensible sur la durée des oscillations. On le regarde comme le meilleur des pendules compensateurs.

2. *On suppose un pendule formé d'une sphère pesante et homogène, dont le rayon est r et la masse m, fixée par son centre à l'extrémité d'une tige sans poids, dont la longueur est a. On demande à quel point de la tige il faut fixer le centre d'une nouvelle sphère homogène, dont le rayon et la masse sont r' et m', pour diminuer le plus possible la durée des oscillations.*

Soient a' la distance du point de suspension au centre de la sphère additionnelle, h la distance du même point au centre de gravité des deux sphères, k le rayon de giration du système autour d'une perpendiculaire à la tige, menée par le centre de gravité, et l la longueur du pendule synchrone.

On trouve aisément

$$h = \frac{ma + m'a'}{m + m'},$$

$$k^2 = \frac{m}{m+m'}\left[\frac{2}{5}r^2 + (a-h)^2\right] + \frac{m'}{m+m'}\left[\frac{2}{5}r'^2 + (h-a')^2\right],$$

$$l = \frac{h^2 + k^2}{h} = \frac{ma^2 + m'a'^2 + \frac{2}{5}(mr^2 + m'r'^2)}{ma + m'a'}.$$

Posant $\frac{dl}{da'} = 0$, et tirant de cette équation la valeur de

a', il vient

$$a' = \frac{-ma + \left[m(m+m')a^2 + \frac{2}{5}m'(mr^2 + m'r'^2)\right]^{\frac{1}{2}}}{m'}.$$

On voit par là que, lorsqu'on fait glisser un curseur sur la tige d'un pendule en l'élevant de plus en plus, on finit par atteindre une hauteur telle, qu'en élevant encore le curseur on produit le même effet que si on l'abaissait, c'est-à-dire qu'on augmente la durée des oscillations.

Si la lentille et le curseur peuvent être assimilés à deux points matériels de masse m, m', portés par une tige sans poids, de longueur a, la distance a' du curseur au point de suspension, pour laquelle se produit le phénomène dont nous parlons, satisfait à l'équation

$$\frac{m'a'}{ma} = -1 + \sqrt{1 + \frac{m'}{m}}.$$

EULER, *Theoria motus corporum solidorum*, c. VII, prob. 48.

3. *Considérons une tige pesante, homogène et partout d'égale épaisseur, qui oscille dans un plan vertical autour de son extrémité. Si cette tige était flexible, elle se courberait. Nous la supposons rigide, et nous voulons trouver le point où la force qui tend à la courber exerce le plus grand effort.*

Soient a la longueur de la tige, m sa masse, θ l'angle qu'elle fait avec la direction de la pesanteur, b la distance du point cherché B à l'extrémité fixe, r la distance entre la même extrémité et l'un quelconque des éléments de la tige qui sont situés au-dessous du point B.

La force motrice gagnée en vertu des liaisons par l'élément dr, estimée dans le sens du mouvement, est égale au produit de la masse $\frac{dr}{a}m$ par la différence entre la force accélératrice effective $-r\frac{d^2\theta}{dt^2}$ et la force accélératrice appliquée $g\sin\theta$. La somme des moments autour du point B des forces gagnées par tous les éléments dr mesure l'effort qui tend à courber la tige au point B. Cet effort a donc pour expression

$$-\frac{m}{a}\int_b^a\left(r\frac{d^2\theta}{dt^2}+g\sin\theta\right)(r-b)\,dr.$$

Or on a, dans le mouvement de la tige,

$$\frac{d^2\theta}{dt^2}=-\frac{3g}{2a}\sin\theta.$$

Par conséquent l'effort dont il s'agit est

$$\frac{mg\sin\theta}{2a^2}\int_b^a(3r-2a)(r-b)\,dr=\frac{mg\sin\theta}{4a^2}b(a-b)^2.$$

Le maximum a lieu quand $b=\frac{a}{3}$.

Ainsi, le point cherché est symétrique du centre d'oscillation par rapport au centre de gravité.

Le moment de la force qui tend à courber la tige en ce point a pour valeur

$$\frac{mg\sin\theta}{27}a.$$

4. *Avec quelle vitesse une voiture peut-elle tourner sur un plan incliné, sans qu'elle cesse de s'appuyer sur ses quatre roues?*

Fig. 63.

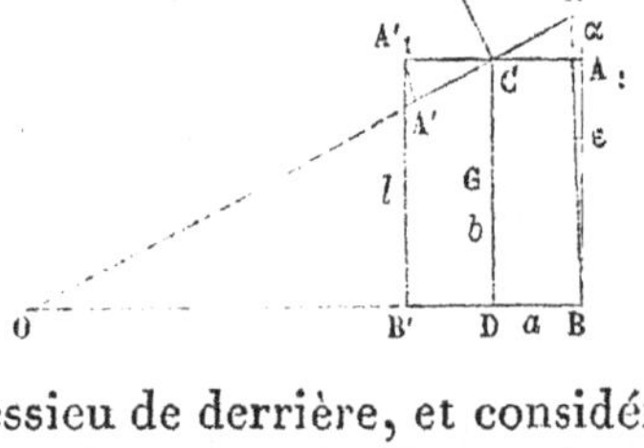

Supposons que la ligne de plus grande pente sur le plan soit parallèle à l'essieu de derrière, et considérons le système en projection droite sur le plan incliné.

Soient :

B, B′ les points d'appui des roues de derrière sur le plan ;

A, A′ ceux des roues de devant ;

A_1, A'_1 les positions qu'auraient ces derniers points si la voiture ne tournait pas :

α l'angle des deux essieux ;

ε l'angle A_1BA ;

$2a$ la distance AA′ ou BB′ ;

l la distance des deux essieux, lorsqu'ils sont parallèles ;

i l'inclinaison du plan sur l'horizon ;

P le poids de la voiture ;

G la projection de son centre de gravité, située à égale distance des droites BA_1, $B'A'_1$;

h la distance du plan au centre de gravité ;

b la distance du centre de gravité au plan vertical qui contient l'essieu de derrière ;

$\frac{P}{n}$ la traction, que nous supposerons exercée dans une direction parallèle au plan et perpendiculaire à l'essieu de devant ;

h' la distance du plan au point d'application de la traction ;

v la vitesse du milieu D de l'essieu de derrière.

Pour que la voiture reste appuyée sur ses quatre roues, il faut que le poids et la traction aient autour de AB un moment supérieur à celui des forces centrifuges. Formons cette inégalité.

Le moment du poids est égal au produit du poids par le cosinus de l'angle que la droite BA fait avec l'horizon, et par la distance du centre de gravité au plan vertical qui contient la même droite BA. Nous trouvons d'abord, pour expression de ce moment,

$$P[(a\cos i - h\sin i)\cos\varepsilon - b\cos i\sin\varepsilon].$$

D'ailleurs la projection de AB sur $A'_1 A_1$ est égale, d'une part, à $a(1-\cos\alpha)$, d'autre part à $(l+a\sin\alpha)\,\mathrm{tang}\,\varepsilon$, ce qui nous donne

$$\frac{\sin\varepsilon}{a(1-\cos\alpha)} = \frac{\cos\varepsilon}{l+a\sin\alpha} = \frac{1}{[a^2(1-\cos\alpha)^2+(l+a\sin\alpha)^2]^{\frac{1}{2}}}.$$

Le moment de la traction est

$$\frac{P}{n} h' \sin(\alpha-\varepsilon).$$

Il reste à trouver le moment des forces centrifuges. Nous admettons que les roues ne glissent point. Il en résulte que leurs points de contact sur le plan tournent, dans l'instant considéré, autour de l'intersection O des droites AA', BB'. Par suite, les milieux des essieux et la voiture tout entière tournent autour d'une perpendiculaire au plan menée par le point O, avec une vitesse angulaire égale à

$$\frac{v}{\overline{OD}} \quad \text{ou} \quad \frac{v}{l}\,\mathrm{tang}\,\alpha.$$

Prenons le point O pour origine des coordonnées, la perpendiculaire au plan pour axe des z, et une perpendiculaire à BA pour axe des x.

Le moment des forces centrifuges sera représenté par l'intégrale

$$\frac{v^2}{gl^2}\,\mathrm{tang}^2\alpha \int zx\,dP,$$

étendue à toutes les molécules de la voiture.

Pour évaluer cette intégrale, il est commode de transporter l'origine au centre de gravité, puis de faire tourner les axes parallèles au plan de manière que le nouvel axe des x soit perpendiculaire à la droite BA_1. Nommant x', y', z' les nouvelles coordonnées, nous aurons

$$x = \left(x' + \frac{l}{\text{tang}\,\alpha}\right)\cos\varepsilon + (y' + b)\sin\varepsilon,$$
$$z = z' + h,$$

et le moment des forces centrifuges deviendra

$$\frac{v^2}{gl^2}\,\text{tang}^2\alpha\left[Ph\left(\frac{l\cos\varepsilon}{\text{tang}\,\alpha} + b\sin\varepsilon\right) + \cos\varepsilon\int x'z'\,dP \right.$$
$$\left. + \sin\varepsilon\int y'z'\,dP\right].$$

Ces valeurs nous permettent d'écrire immédiatement la condition cherchée. Mais auparavant faisons quelques simplifications.

La traction est une petite fraction du poids total, $\frac{1}{20}$ environ, et l'angle ε est peu considérable; il en résulte que nous pourrons substituer $\sin\alpha$ à $\sin(\alpha - \varepsilon)$, dans le moment de la traction.

Le plan des $y'z'$ partage la voiture en deux parties sensiblement symétriques; nous pourrons donc supposer nulle l'intégale $\int x'z'\,dP$.

Le plan des $x'z'$ divise la voiture en deux parties qui ne sont pas très-différentes; en outre $\sin\varepsilon$ est une assez petite fraction; par conséquent, dans le moment des forces centrifuges, nous pourrons encore négliger le terme $\sin\varepsilon\int y'z'\,dP$ vis-à-vis du premier. Tout ceci n'introduira dans le résultat que des erreurs insignifiantes pour ce genre de questions.

L'inégalité que doivent vérifier la vitesse, l'inclinaison

du plan et l'angle de déviation devient alors

$$(a\cos i - h\sin i)\cos\varepsilon - b\cos i\sin\varepsilon + h'\frac{\sin\alpha}{n}$$
$$> \frac{hv^2}{gl^2}\tang\alpha\,(l\cos\varepsilon + b\tang\alpha\sin\varepsilon),$$

où $\sin\varepsilon$ et $\cos\varepsilon$ ont les valeurs données plus haut.

Le rapport $\frac{a}{h}$ exprime la tangente de l'inclinaison du plan sur lequel la voiture en repos commencerait à verser. Les règlements de la police française exigent que, dans les grandes messageries, ce rapport soit égal à $\frac{1}{3}$.

Si l'on adopte les nombres suivants,

$$\frac{a}{h} = \frac{1}{3},\quad a = 0^{m},85,\quad h' = 0^{m},50,\quad l = 2^{m},\quad b = 0^{m},92,\quad \alpha < 43^{o},$$

qui, d'après Coriolis, conviennent aux grandes messageries de France, et si l'on suppose $\alpha = 30$ degrés, la vitesse v, pour laquelle la voiture tendrait à s'incliner sur un plan horizontal, est de $12^{kil},7$ à l'heure. Toutefois on doit observer que les vitesses obtenues par ces formules sont un peu trop grandes pour des voitures suspendues.

Coriolis, *Journal de l'École Polyt.*, XXIVe Cahier, p. 155; 1835.

5. *Une plaque mince et pesante, qui a la forme d'un triangle rectangle isocèle, est suspendue par le sommet de l'angle droit, et porte sur le prolongement de l'un des côtés égaux un axe très-court, qui s'engage dans un anneau horizontal fixé verticalement au-dessous du point de suspension. Déterminer la vitesse avec laquelle la plaque doit tourner autour de l'axe fixe pour que l'anneau n'éprouve aucune pression.*

Si l'on nomme a le côté de l'angle droit et ω la vitesse angulaire, on trouve

$$\omega = 2\sqrt{\frac{g}{a}}.$$

6. *Une tige mince et homogène, mobile autour d'un axe horizontal qui s'engage dans son extrémité, est d'abord amenée dans une position horizontale, puis abandonnée à son poids. Démontrer que l'angle θ décrit par la tige, et l'angle φ compris entre la tige et la droite suivant laquelle est dirigée la pression qu'éprouve l'axe, vérifient constamment la relation*

$$\operatorname{tang}\theta \operatorname{tang}\varphi = \frac{1}{10}.$$

7. *Le métronome de Maelzel est un pendule vertical, dont la tige* AOB *porte une lentille* L *à son extrémité inférieure* A, *et un curseur* C *sur sa branche supérieure* OB. *Trouver le point de la tige où il faut amener le curseur pour que le pendule batte, par minute, un nombre donné d'oscillations.*

Fig. 64.

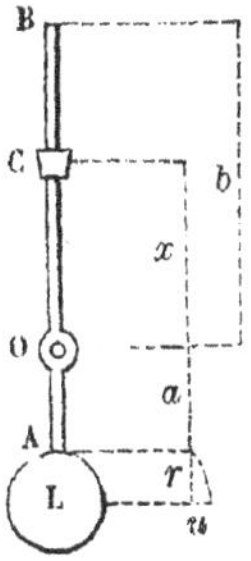

Soient n le nombre donné, O l'axe de suspension, $\mathrm{OA} = a$, $\mathrm{OB} = b$, $\mathrm{OC} = x$, P le poids de la lentille, P′ celui de la tige, p celui du curseur. On suppose la lentille formée de deux lentilles plan-convexes égales, et l'on nomme son rayon r, son axe $2u$.

Si l'on pose

$$k^2 = a^2 + 2ar + \frac{40r^4 + 15r^2u^2 + u^4}{10(3r^2 + u^2)},$$

$$k'^2 = \frac{a^2 - ab + b^2}{3}, \quad l = \frac{3600g}{\pi^2 n^2},$$

on a, pour déterminer x, l'équation du second degré

$$x^2 + lx + \frac{P}{p}[k^2 - l(r+a)] + \frac{P'}{p}\left(k'^2 + l\frac{b-a}{2}\right) = 0.$$

8. *Un chemin de fer décrit une courbe horizontale, dont le rayon, compté du milieu de la voie, est* R ; *quelle élévation faut-il donner au rail extérieur au-dessus du rail intérieur pour que le wagon s'appuie également sur les deux rails ?*

On peut négliger l'effet de la traction ; car cette force est une petite fraction du poids, surtout pour le dernier wagon, qui est le plus exposé à verser.

Soient $2a$ la largeur de la voie, v la vitesse sur le milieu de la voie et u la différence de niveau des deux rails.

Si l'on suppose que la masse du wagon soit distribuée symétriquement de part et d'autre de la section longitudinale et de la section transversale qui partagent la largeur et la longueur en deux parties égales, on trouve

$$u = \frac{2av^2}{\sqrt{g^2R^2 + v^4}}.$$

9. *Trouver, dans un corps pesant, le lieu des axes de suspension, autour desquels le corps oscillerait dans le même temps qu'un pendule simple de longueur donnée l, et qui sont à une distance connue h du centre de gravité.*

Prenons pour axes des x, des y et des z les axes principaux d'inertie du corps relatifs à son centre de gravité ; nommons A, B, C les moments d'inertie relatifs à ces axes, M la masse du corps, et posons

$$N = Mh(l - h).$$

Le lieu cherché est celui que trace dans le corps la

surface d'un cylindre droit, de rayon h, dont l'axe décrit le cône du second degré représenté par l'équation

$$(N - A)x^2 + (N - B)y^2 + (N - C)z^2 = 0.$$

Biot, *Journ. de l'École Polyt.*, XIIIe Cahier, p. 242.

10. *Trouver, dans un corps pesant, le lieu des axes de suspension autour desquels le corps oscillerait dans un temps donné, et qui passent par un point connu.*

Conservons la notation du problème précédent, et nommons x', y', z' les coordonnées du point commun à tous les axes.

Le lieu cherché est la surface représentée par l'équation

$$l[(x-x')^2+(y-y')^2+(z-z')^2]^{\frac{1}{2}} - [(x'z-z'x)^2+(y'z-z'y)^2]^{\frac{1}{2}}$$
$$= \frac{A(x-x')^2+B(y-y')^2+C(z-z')^2}{M[(x'z-z'x)^2+(y'z-z'y)^2]^{\frac{1}{2}}}.$$

Biot, *ibid.*

SECTION II.

MOUVEMENT D'UN CORPS SOLIDE AUTOUR D'UN AXE QUI SE MEUT PARALLÈLEMENT A LUI-MÊME.

Le problème général du mouvement d'un corps solide autour d'un axe qui se meut parallèlement à lui-même se résout en déterminant d'abord le mouvement de translation du centre de gravité, puis la rotation du corps autour d'une parallèle à l'axe mobile, menée par le centre de gravité et considérée comme fixe.

1. *Déterminer le mouvement que prend une tige pesante, lorsqu'on l'abandonne à son poids, sans vitesse initiale, après avoir placé une des extrémités sur un plan incliné parfaitement uni. On suppose la tige située dans*

un plan vertical perpendiculaire à la trace horizontale du plan.

Fig. 65.

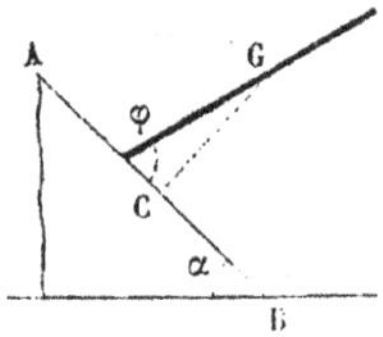

Soient :

α l'inclinaison du plan ;

m la masse de la tige ;

k son rayon de giration autour d'une perpendiculaire menée par le centre de gravité ;

a la distance du centre de gravité à l'extrémité qui touche le plan ;

x le chemin parcouru le long du plan par la projection C du centre de gravité ;

φ l'inclinaison de la barre sur le plan ;

β la valeur initiale de cette inclinaison ;

R la réaction du plan.

Le mouvement du centre de gravité est régi par les deux équations

$$m\frac{d^2x}{dt^2} = mg\sin\alpha, \quad m\frac{d^2.a\sin\varphi}{dt^2} = \mathrm{R} - mg\cos\alpha,$$

et la rotation autour du centre de gravité par l'équation

$$mk^2\frac{d^2\varphi}{dt^2} = -\mathrm{R}a\cos\varphi.$$

La valeur de x est donnée par la première équation, intégrée deux fois,

$$x = \frac{1}{2}gt^2\sin\alpha + a\cos\beta.$$

Nous aurons la valeur de φ, si nous éliminons R entre la seconde équation et la troisième. Il vient

$$a^2\cos\varphi\frac{d^2\sin\varphi}{dt^2} = -k^2\frac{d^2\varphi}{dt^2} - ag\cos\alpha\cos\varphi,$$

et en intégrant

$$(\text{V})\qquad (a^2\cos^2\varphi + k^2)\frac{d\varphi^2}{dt^2} = 2ag\cos\alpha(\sin\beta - \sin\varphi),$$

$$t = -\frac{1}{\sqrt{2ag\cos\alpha}}\int_\beta^\varphi \sqrt{\frac{a^2\cos^2\varphi + k^2}{\sin\beta - \sin\varphi}}\,d\varphi,$$

valeur qui, avec celle de x, détermine complétement le mouvement de la tige.

La réaction R est donnée par la formule

$$\text{R} = -\frac{mk^2}{a\cos\varphi}\frac{d^2\varphi}{dt^2},$$

dans laquelle il faut remplacer $\frac{d^2\varphi}{dt^2}$ par la valeur finie que l'on obtient en différentiant l'équation (V). On trouve

$$\text{R} = \frac{mk^2 g\cos\alpha}{(a^2\cos^2\varphi + k^2)^2}[k^2 + a^2(1 + \sin^2\varphi - 2\sin\beta\sin\varphi)].$$

Fuss, *Nova Acta Petrop.*, t. XIII, p. 70; 1797.

2. *Une tige pesante, homogène et partout d'égale épaisseur, suspendue dans une position horizontale par deux fils verticaux d'égale longueur attachés à ses extrémités, a été légèrement dérangée de sa position d'équilibre. Assigner la durée des petites oscillations que cette tige exécute, en restant horizontale et conservant son centre de gravité sur une même verticale. Les fils sont assez légers pour qu'on puisse négliger leur inertie.*

Soient m la masse de la tige, $2a$ sa longueur, θ l'angle qu'elle fait avec sa position d'équilibre, l la longueur de chacun des fils.

Pour de très-petites oscillations, on peut négliger le déplacement vertical de la tige, à moins que le rapport

$\frac{l}{a}$ ne soit une très-petite fraction, ce que nous ne supposons point. Il en résulte que la tension de chaque fil est constamment égale à $\frac{mg}{2}$; en sorte que cette tension, estimée suivant une horizontale perpendiculaire à la tige, a pour valeur

$$\frac{mg}{2} \cdot \frac{a\theta}{l}.$$

Si donc on observe que le rayon de giration de la tige autour de son axe de rotation est $\frac{a}{\sqrt{3}}$, on voit que les oscillations sont régies par l'équation

$$m\frac{a^2}{3} \cdot \frac{d^2\theta}{dt^2} = -2\frac{mg}{2} \cdot \frac{a\theta}{l} \cdot a,$$

ou, simplement,

$$\frac{d^2\theta}{dt^2} = -\frac{3g}{l}\theta.$$

L'intégration donne, en désignant par α la plus grande valeur de θ,

$$\frac{d\theta^2}{dt^2} = \frac{3g}{l}(\alpha^2 - \theta^2).$$

Il en résulte que la durée d'une oscillation est exprimée par l'intégrale

$$\sqrt{\frac{l}{3g}} \int_{-\alpha}^{\alpha} \frac{d\theta}{\sqrt{\alpha^2 - \theta^2}} = \pi\sqrt{\frac{l}{3g}}.$$

Cette durée ne dépend point de la longueur de la barre; elle est la même que pour un pendule simple dont la longueur serait le tiers de la longueur commune des deux fils.

Lady's and gentleman's Diary, 1842, p. 51.

3. *Une sphère creuse, homogène et remplie de liquide de même densité que la paroi, descend sans vitesse initiale sur un plan incliné, qui exerce assez de frottement pour déterminer la sphère à rouler sans glisser. Comparer le temps qu'elle emploie pour parcourir un espace donné à celui qu'emploierait une sphère pleine, de même rayon et de même densité.*

Soient :

α l'inclinaison du plan sur l'horizon;

m la masse de la paroi solide;

a son rayon extérieur;

k son rayon de giration autour d'un diamètre;

m', a', k' les quantités analogues pour la sphère liquide;

x l'espace parcouru par le centre parallèlement au plan;

θ l'angle dont le solide a tourné autour de son centre;

F la force de frottement qui s'oppose au glissement;

x', θ', F$'$ les quantités analogues dans le cas d'une sphère pleine.

Pendant le mouvement de la sphère creuse, le fluide ne tourne pas, mais ses molécules sont toutes transportées parallèlement au chemin parcouru par le centre de figure. Il en résulte que les équations du mouvement de l'enveloppe sont les suivantes :

$$(m + m')\frac{d^2x}{dt^2} = (m + m')g\sin\alpha - \mathrm{F},$$

$$mk^2\frac{d^2\theta}{dt^2} = a\mathrm{F},$$

desquelles on tire, en observant que $\theta = \dfrac{x}{a}$,

$$[mk^2 + (m + m')a^2]\frac{d^2x}{dt^2} = (m + m')a^2 g\sin\alpha.$$

L'intégrale est

$$[mk^2+(m+m')a^2]x=\frac{m+m'}{2}a^2 g\sin\alpha.t^2.$$

Si maintenant on considère la sphère pleine, on a les équations

$$(m+m')\frac{d^2x'}{dt^2}=(m+m')g\sin\alpha-F',$$

$$(mk^2+m'k'^2)\frac{d^2\theta'}{dt^2}=aF',$$

d'où

$$[mk^2+m'k'^2+(m+m')a^2]\frac{d^2x'}{dt^2}=(m+m')a^2g\sin\alpha,$$

$$[mk^2+m'k'^2+(m+m')a^2]x'=\frac{m+m'}{2}a^2g\sin\alpha.t^2.$$

D'après ces formules, les espaces parcourus par les deux mobiles pendant le même temps sont dans le rapport

$$\frac{x}{x'}=\frac{mk^2+m'k'^2+(m+m')a^2}{mk^2+(m+m')a^2}.$$

Si l'on remplace mk^2 et $m'k'^2$ par leurs valeurs $\frac{2}{5}(m+m')a^2-\frac{2}{5}m'a'^2$ et $\frac{2}{5}m'a'^2$, puis les masses par leurs expressions en fonction des rayons, et que l'on nomme n le rapport $\frac{a}{a'}$ du rayon extérieur au rayon intérieur, on trouve

$$\frac{x}{x'}=\frac{7n^5}{7n^5-2}.$$

Dans le cas de $n=2$, cette formule donne

$$\frac{x}{x'}=\frac{112}{111}.$$

Lady's and gentleman's Diary, 1842, p. 51.

4. *Une sphère pesante et homogène est posée sans vitesse initiale sur un plan incliné. Déterminer le mouvement qu'elle prendra, en tenant compte du frottement de glissement et de la résistance au roulement.*

Soient :

m la masse de la sphère;

a son rayon;

k son rayon de giration;

α l'inclinaison du plan sur l'horizon;

μ et μ' les coefficients de frottement au départ et pendant le glissement;

ν et ν' les moments du couple de résistance au roulement pour l'unité de pression au départ et pendant le roulement (*voir* p. 111).

Nous admettrons que μ' et ν' sont respectivement un peu moindres que μ et ν, ce qui est conforme aux observations.

Nommons encore x l'espace parcouru par le centre de la sphère, et θ l'angle dont elle a tourné autour du diamètre parallèle à l'horizontale du plan.

Quand la sphère est posée sans vitesse sur le plan, son poids tend à la faire tourner autour du point de contact, tandis que la résistance au roulement agit en sens contraire. Le moment du poids est $mga \sin\alpha$; le moment du couple de résistance au roulement peut prendre toutes les valeurs inférieures à $\nu mg \cos\alpha$.

Premier cas. — Le moment du couple de résistance au roulement pour le départ est supérieur au moment du poids :

$$\operatorname{tang}\alpha < \frac{\nu}{a}.$$

Dans ce cas, le couple de résistance au roulement fait équilibre au poids autour du point de contact; la sphère ne roule pas dans le premier instant. Elle se trouve dans les mêmes circonstances qu'un corps plat couché sur le plan.

1° Si tangα est inférieur à μ, la sphère reste immobile (*voir* t. I, p. 70).

2° Si tangα est supérieur à μ, la sphère commence à glisser; le mouvement de son centre est régi par l'équation

$$m\frac{d^2x}{dt^2} = mg\sin\alpha - \mu' mg\cos\alpha.$$

Elle ne tournera jamais autour de son centre, et par conséquent elle ne roulera point. En effet, les forces qui la sollicitent à tourner sont, d'une part, la force de frottement dont le moment autour du centre est $a\mu' mg\cos\alpha$, d'autre part le couple de résistance au roulement, qui agit en sens contraire avec un moment susceptible de prendre toutes les valeurs inférieures à $\nu mg\cos\alpha$. Or, dans le cas où nous sommes, ce moment $\nu mg\cos\alpha$ est supérieur à celui de la force de frottement; car des inégalités

$$\text{tang}\,\alpha < \frac{\nu}{a},$$

et

$$\text{tang}\,\alpha > \mu,$$

il suit $\mu < \frac{\nu}{a}$, et à plus forte raison $\mu' < \frac{\nu}{a}$; d'où

$$a\mu' mg\cos\alpha < \nu mg\cos\alpha.$$

Le couple de résistance au roulement fera donc constamment équilibre autour du centre à la force de frottement développée par le glissement. La position du mobile à une époque quelconque est donnée par les équations

$$(1) \qquad x = \frac{g}{2}(\sin\alpha - \mu'\cos\alpha)\,t^2, \quad \theta = 0.$$

Deuxième cas. — Le moment du couple de résistance au roulement pour le départ est inférieur au moment du poids autour du point de contact :

$$(2)\qquad \tang\alpha > \frac{\nu}{a}.$$

Au premier instant le couple de résistance au roulement n'est plus assez puissant pour empêcher directement la sphère de rouler en vertu de son poids. Cependant nous ne sommes pas en droit de conclure que le roulement aura toujours lieu, et beaucoup moins qu'il aura lieu sans glissement simultané. Car en considérant le mouvement de la sphère autour de son centre de gravité, nous voyons que ce mouvement de rotation, nécessairement dirigé dans le sens de la descente, ne peut avoir lieu qu'autant que le moment du couple de résistance au roulement $\nu' mg \cos\alpha$, est inférieur au moment de la réaction tangentielle de frottement relatif au centre de la sphère. D'ailleurs cette force de frottement dépend en partie du roulement lui-même, et elle ne peut en aucun cas surpasser $\mu mg \cos\alpha$; de là une nouvelle condition. Le calcul de la force de frottement est nécessaire pour distinguer les différents cas.

Supposons donc que la sphère roule. Nommons F la force tangentielle de frottement : le mouvement de son centre de gravité et le mouvement autour de ce centre seront représentés par les deux équations

$$(3)\qquad m\frac{d^2x}{dt^2} = mg\sin\alpha - F,$$

$$(4)\qquad mk^2\frac{d^2\theta}{dt^2} = aF - \nu' mg\cos\alpha.$$

Si le roulement a lieu sans glissement,

$$x = a\theta,\quad \frac{d^2x}{dt^2} = a\frac{d^2\theta}{dt^2},$$

et par suite

$$mg\sin\alpha - F = \frac{a^2 F - a\nu' mg\cos\alpha}{k^2},$$

d'où

$$(5) \qquad F = \frac{mg}{a^2 + k^2}(k^2\sin\alpha + a\nu'\cos\alpha).$$

1° Cette valeur de F est moindre que $\mu mg\cos\alpha$, ou, ce qui exprime la même condition,

$$\tan g\alpha < \mu + \frac{a^2}{k^2}\left(\mu - \frac{\nu'}{a}\right).$$

Alors aussi le moment du couple de résistance au roulement $\nu' mg\cos\alpha$ est inférieur à celui de la réaction tangentielle; car en substituant la valeur (5) de F dans l'inégalité

$$\nu' mg\cos\alpha < aF,$$

et faisant les réductions, on arrive à

$$\tan g\alpha > \frac{\nu'}{a},$$

ce qui est exact en vertu de la condition (2), puisque ν' est moindre que ν.

On voit dès lors que rien ne s'oppose à ce que la sphère roule sans glisser.

Les équations (3) et (4) deviennent

$$\frac{d^2x}{dt^2} = \frac{a^2}{a^2 + k^2} g\left(\sin\alpha - \frac{\nu'}{a}\cos\alpha\right),$$

$$\frac{d^2\theta}{dt^2} = a\frac{d^2x}{dt^2};$$

$\frac{d^2x}{dt^2}$ et $\frac{d^2\theta}{dt^2}$ sont positifs. On a pour une époque quelconque

$$x = \frac{g}{2}\,\frac{a^2}{a^2 + k^2}\left(\sin\alpha - \frac{\nu'}{a}\cos\alpha\right)t^2,$$

$$\theta = \frac{x}{a}.$$

Remarquons ici que *la résistance au roulement ralentit la descente du mobile en influant sur la réaction tangentielle, bien que cette résistance ne figure pas dans l'équation* (3) *du mouvement du centre.*

2° On a

$$(6) \qquad \operatorname{tang}\alpha > \mu + \frac{a^2}{k^2}\left(\mu - \frac{\nu'}{a}\right),$$

c'est-à-dire que la valeur de la force de frottement F, calculée en supposant que la sphère ne glisse point, est impossible. Il s'ensuit que le corps ne pourra moins faire que de glisser. Alors la réaction tangentielle, on le sait, prend nécessairement la valeur $\mu' mg \cos\alpha$.

Si le moment de cette force de frottement relatif au centre, $a\mu' mg\cos\alpha$, est inférieur au moment du couple de résistance au roulement, $\nu' mg\cos\alpha$, ou si l'on a

$$\mu' < \frac{\nu'}{a},$$

la sphère ne pourra pas rouler ; elle descendra en glissant sans rouler, comme nous l'avons expliqué au premier cas (2°). Sa position sera donnée à toute époque par les équations (1).

Enfin, si l'on a

$$(7) \qquad \mu' > \frac{\nu'}{a},$$

le roulement et le glissement auront lieu en même temps, le rapport des accélérations de ces deux mouvements simultanés sera tel, que la réaction tangentielle de frottement ait constamment la valeur $\mu' mg\cos\alpha$. Calculons ce rapport. Soit ia le rapport de l'accélération du centre à l'accélération de la rotation. Nous avons

$$(8) \qquad \frac{d^2x}{dt^2} = ia\frac{d^2\theta}{dt^2}.$$

Remplaçant les accélérations par leurs valeurs tirées des équations (3) et (4), il vient

$$mg\sin\alpha - F = \frac{ia^2F - ia\nu' mg\cos\alpha}{k^2},$$

d'où

$$F = \frac{mg}{ia^2 + k^2}(k^2\sin\alpha + ia\nu'\cos\alpha).$$

Cette expression, égalée à $\mu' mg\cos\alpha$, nous donne

$$(9) \qquad i = \frac{k^2(\operatorname{tang}\alpha - \mu')}{a^2\left(\mu' - \frac{\nu'}{a}\right)}.$$

Ce nombre i est évidemment le rapport du chemin parcouru par le centre, au chemin parcouru dans le même temps sur la surface de la sphère par son point de contact avec le plan. Il est toujours positif et plus grand que l'unité, car le dénominateur $a^2\left(\mu' - \frac{\nu'}{a}\right)$ est positif (7), et, d'après l'inégalité (6),

$$k^2(\operatorname{tang}\alpha - \mu) > a^2\left(\mu - \frac{\nu'}{a}\right),$$

ou, à plus forte raison, μ' étant moindre que μ,

$$k^2(\operatorname{tang}\alpha - \mu') > a^2\left(\mu' - \frac{\nu'}{a}\right),$$

en sorte que le numérateur est plus grand que le dénominateur.

Le mouvement est régi par l'équation

$$m \frac{d^2 x}{dt^2} = mg \sin\alpha - \mu' mg \cos\alpha$$

et par l'équation (8).

On a pour une époque quelconque

$$x = \frac{g}{2} (\sin\alpha - \mu' \cos\alpha) t^2, \quad \theta = aix.$$

Cette expression de x est celle que nous avons obtenue (1) dans le cas où le corps glisse sans rouler. *La résistance au roulement n'a donc aucune influence sur la vitesse du centre, dès que le roulement est accompagné d'un glissement, quelque petit qu'il soit.*

La vitesse du centre est la somme d'une vitesse due au glissement et d'une vitesse due au roulement. Le rapport de la première vitesse composante à la seconde est $i - 1$. Ce rapport augmente avec l'inclinaison du plan sur l'horizon (9) ; il devient infini, c'est-à-dire qu'il n'y a plus de roulement, quand le plan devient vertical.

En résumé, si les trois conditions

$$\tan\alpha > \frac{\nu}{a}, \quad \frac{\nu'}{a} < \mu', \quad \tan\alpha < \mu + \frac{a^2}{k^2}\left(\mu - \frac{\nu'}{a}\right),$$

sont satisfaites, la sphère roule sans glisser. Si les deux premières conditions sont seules vérifiées, la sphère roule et glisse en même temps. Si la première condition seule est satisfaite, la sphère glisse sans rouler.

Enfin, si la première condition n'est pas satisfaite, la sphère se comporte comme un corps plat incapable de rouler.

Il est presque inutile d'ajouter que la discussion et les formules précédentes se rapportent également à la sphère, au cylindre et à beaucoup d'autres corps. Pour une sphère, $k^2 = \frac{2}{5}a^2$; pour un cylindre de rayon a, $k^2 = \frac{1}{2}a^2$.

5. *On lance une sphère homogène le long d'un plan incliné, dans une direction perpendiculaire à l'horizontale du plan, en même temps qu'on lui imprime une rotation de même sens que celle qui aurait lieu si la sphère roulait sans glisser, mais plus rapide. Déterminer le mouvement, en tenant compte du frottement de glissement.*

Soient :

α l'inclinaison du plan sur l'horizon;

m la masse de la sphère;

a son rayon;

k son rayon de giration autour d'un diamètre;

x l'espace que son centre a parcouru parallèlement au plan;

θ l'angle dont la sphère a tourné autour de son centre;

μ le coefficient de frottement entre les deux surfaces en contact, pour l'état de glissement.

Dans les premiers instants, le mouvement est régi par les équations

$$\frac{d^2x}{dt^2} = g\sin\alpha + \mu g\cos\alpha,$$

$$k^2\frac{d^2\theta}{dt^2} = -\mu a g\cos\alpha.$$

Si l'on nomme c et ω les valeurs initiales de $\frac{dx}{dt}$ et de $\frac{d\theta}{dt}$, on obtient, pour intégrales premières et secondes,

$$\frac{dx}{dt} = g(\sin\alpha + \mu\cos\alpha)t + c, \qquad \frac{d\theta}{dt} = -\frac{\mu a g\cos\alpha}{k^2}t + \omega;$$

$$x = \frac{1}{2}g(\sin\alpha + \mu\cos\alpha)t^2 + ct, \quad \theta = -\frac{\mu a g\cos\alpha}{2k^2}t^2 + \omega t.$$

Ces formules subsistent tant que la sphère tourne plus rapidement que si elle roulait sans glisser, c'est-à-dire tant que $\frac{dx}{dt}$ n'est pas devenu égal à $a\frac{d\theta}{dt}$. Or cette égalité a lieu, et par suite le glissement cesse, à l'époque

$$\tau = \frac{k^2(a\omega - c)}{\mu g(a^2+k^2)\cos\alpha + gk^2\sin\alpha}.$$

A cette époque le frottement change de sens, et devient statique, de dynamique qu'il était. Par suite (t. I, p. 69), le coefficient de frottement prend une nouvelle valeur plus considérable que la première; cette valeur peut même être telle, que tout glissement soit désormais impossible.

Supposons d'abord qu'il en soit ainsi. Alors, en désignant par c', x', θ' des constantes déterminées par le mouvement antérieur à l'époque τ, nous aurons depuis cette époque, de la même manière qu'au problème précédent,

$$x = \frac{a^2 g\sin\alpha}{2(a^2+k^2)}(t-\tau)^2 + c'(t-\tau) + x',$$

$$\theta = \frac{ag\sin\alpha}{2(a^2+k^2)}(t-\tau)^2 + \frac{c'}{a}(t-\tau) + \theta'.$$

Dans cet état, la force de frottement qui s'oppose au glissement a toujours la même valeur, savoir

$$F = \frac{mk^2}{a}\frac{d^2\theta}{dt^2} = \frac{mk^2 g\sin\alpha}{a^2+k^2} = \frac{k^2\tan g\alpha}{a^2+k^2}mg\cos\alpha.$$

Cette valeur montre que la sphère roulera en effet sans glisser, si le coefficient de frottement au départ est égal ou supérieur à $\frac{k^2\tan g\alpha}{a^2+k^2}$.

Supposons, en second lieu, que le coefficient de frottement au départ ne soit pas assez considérable pour empêcher la sphère de glisser de suite après l'époque τ, ce qui a lieu quand ce coefficient est inférieur à $\frac{k^2 \tan \alpha}{a^2 + k^2}$. Alors les équations qui régissent le mouvement, après l'époque τ, sont les suivantes :

$$\frac{d^2 x}{dt^2} = g \sin \alpha - \mu g \cos \alpha,$$

$$k^2 \frac{d^2 \theta}{dt^2} = \mu a g \cos \alpha.$$

Une double intégration donne

$$x = \frac{1}{2} g (\sin \alpha - \mu \cos \alpha)(t - \tau)^2 + c'(t - \tau) + x',$$

$$\theta = \frac{\mu a g \cos \alpha}{2 k^2}(t - \tau)^2 + \frac{c'}{a}(t - \tau) + \theta',$$

les constantes c', x', θ' ayant ici les mêmes expressions que dans le cas précédent. Il faut observer que la quantité $\sin \alpha - \mu \cos \alpha$ est positive; car le coefficient de frottement est moindre pendant le mouvement qu'au départ, et au départ ce coefficient est moindre que $\tan \alpha$.

Dans l'état qui nous occupe, il y a à la fois glissement et roulement. Il nous est facile de trouver l'espace parcouru par le seul effet du glissement.

En effet, nommant ξ l'espace parcouru par glissement, depuis l'époque τ jusqu'à l'époque t, nous avons

$$\frac{d\xi}{dt} = \frac{dx}{dt} - a \frac{d\theta}{dt} = g(t - \tau)\left(\sin \alpha - \mu \cos \alpha \frac{a^2 + k^2}{k^2}\right);$$

d'où

$$\xi = \frac{1}{2} g (t - \tau)^2 \left(\sin \alpha - \mu \cos \alpha \frac{a^2 + k^2}{k^2}\right).$$

EULER, *Acta Acad. Petrop.*, 1781, P. II, p. 131.

6. *Un cylindre est placé horizontalement sur la sur-*

face concave d'un grand cylindre creux, pareillement horizontal, et dans lequel une fente, pratiquée suivant une section droite, donne passage à un corps solide de forme quelconque, invariablement lié au petit cylindre. L'ensemble de ces deux derniers corps forme une sorte de pendule composé. On propose de déterminer la longueur du pendule simple qui oscille dans le même temps que ce pendule composé, en ne considérant que de petites oscillations, et admettant que le cylindre intérieur roule sans glisser sur le cylindre concave.

Fig. 66.

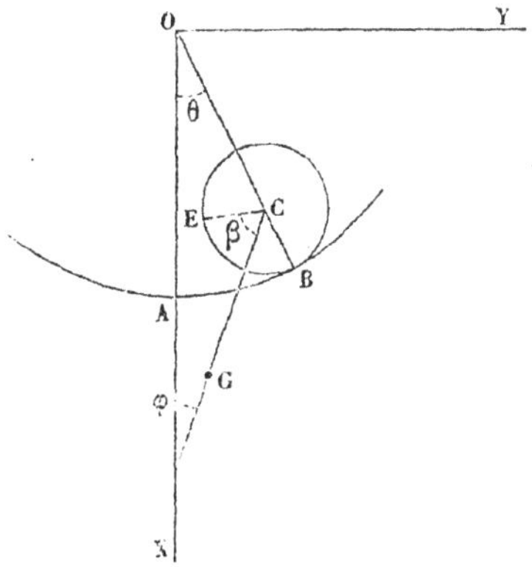

Considérons la section faite par un plan perpendiculaire aux cylindres, et contenant le centre de gravité G du pendule composé.

Soient O et C les centres des sections du cylindre creux et du cylindre mobile;

OAX un rayon vertical, dirigé dans le sens de la pesanteur, et qui sera l'axe des x;

OY un rayon horizontal, qui sera l'axe des y;

x, y les coordonnées du centre de gravité G;

θ l'angle AOC;

φ l'angle que CG fait avec la direction de la pesanteur;

E le point de la section du petit cylindre qui vient toucher le cylindre extérieur sur l'axe des x, quand on fait rouler convenablement le premier corps;

β l'angle constant ECG;

a et b les rayons du grand et du petit cylindre;

c la distance CG;

m la masse du pendule;

k son rayon de giration autour d'une parallèle aux cylindres, menée par le centre de gravité;

R la réaction normale du grand cylindre sur le cylindre mobile;

F la force de frottement qui s'oppose au glissement du second cylindre sur le premier.

Les équations rigoureuses du problème sont, pour le mouvement du centre de gravité,

$$m\frac{d^2x}{dt^2} = mg - \mathrm{R}\cos\theta - \mathrm{F}\sin\theta,$$

$$m\frac{d^2y}{dt^2} = -\mathrm{R}\sin\theta + \mathrm{F}\cos\theta,$$

et pour la rotation autour du centre de gravité,

$$mk^2\frac{d^2\varphi}{dt^2} = -\mathrm{R}c\sin(\theta+\varphi) + \mathrm{F}[c\cos(\theta+\varphi) - b].$$

Puisque nous avons en vue seulement le calcul des petites oscillations, nous pouvons négliger les termes du second degré par rapport à θ, φ, $\frac{d^2x}{dt^2}$ et $\frac{d^2y}{dt^2}$. Ceci réduit nos équations aux suivantes :

$$m\frac{d^2x}{dt^2} = mg - \mathrm{R} - \mathrm{F}\theta,$$

$$m\frac{d^2y}{dt^2} = -\mathrm{R}\theta + \mathrm{F},$$

$$mk^2\frac{d^2\varphi}{dt^2} = -\mathrm{R}c(\theta+\varphi) + \mathrm{F}(c-b).$$

Si nous éliminons les forces inconnues R et F entre

ces trois équations, il vient, au même degré d'approximation,

$$k^2 \frac{d^2\varphi}{dt^2} + cg(\theta + \varphi) = (c - b)\left(\frac{d^2y}{dt^2} + g\theta\right).$$

Les relations géométriques

$$b(\beta + \theta + \varphi) = a\theta,$$
$$y = (a - b)\sin\theta - c\sin\varphi$$

nous permettent d'éliminer encore les variables y et θ de la dernière équation. Nous obtenons ainsi l'équation linéaire

$$[k^2 + (c - b)^2]\frac{d^2\varphi}{dt^2} + \frac{b^2 + ac - bc}{a - b} g\varphi + \frac{g\beta b^2}{a - b} = 0.$$

Faisant disparaître le terme tout connu, en posant

$$\varphi + \frac{\beta b^2}{b^2 + ac - bc} = \psi,$$

il vient finalement l'équation

$$\frac{(a - b)[k^2 + (c - b)^2]}{b^2 + ac - bc}\frac{d^2\psi}{dt^2} + g\psi = 0.$$

Elle coïncide avec l'équation qui détermine le mouvement d'un pendule simple dont l'angle sur la verticale serait ψ, et dont la longueur serait égale à la fraction

$$\frac{(a - b)[k^2 + (c - b)^2]}{b^2 + ac - bc}.$$

Or les angles φ et ψ ne diffèrent que d'une quantité constante; donc la fraction précédente mesure la longueur du pendule simple qui oscille dans le même temps que le pendule donné.

EULER, *Acta Acad. Petrop.*, 1780, P. II, p. 164.

7. *Un cylindre homogène est placé horizontalement sur un plan incliné parfaitement uni. Un fil sans masse, fixé par une de ses extrémités au contour du cylindre, s'enroule sur ce corps suivant la section droite qui contient le centre de gravité, et s'attache par l'autre extrémité à un point fixe situé dans le plan de cette section, à une hauteur, au-dessus du plan incliné, égale au rayon du cylindre. Le fil étant complétement enroulé, on abandonne le cylindre à son poids. Déterminer, pour une position donnée, la tension* T *du fil, et la vitesse avec laquelle décroît l'angle* θ *que le fil fait avec le plan incliné.*

Fig. 67.

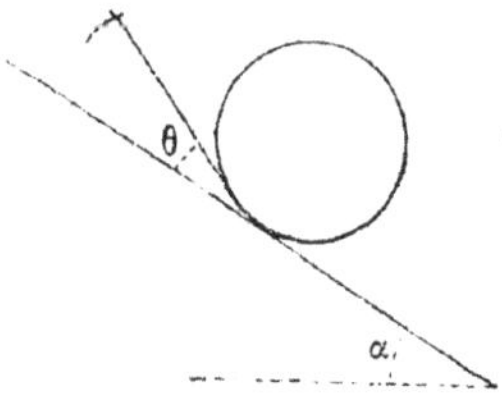

Soient a le rayon du cylindre, m sa masse, k son rayon de giration autour de l'axe et α l'inclinaison du plan.

On trouve

$$\frac{d\theta^2}{dt^2} = \frac{2ga\sin\alpha(1-\sin\theta)\sin^3\theta}{\cos^2\theta(a^2+k^2\cos^2\theta)},$$

$$T = mk^2 g\sin\alpha\,\frac{a^2(1+\sin^2\theta-2\sin^3\theta)+k^2\cos^4\theta}{\cos\theta\,(a^2+k^2\cos^2\theta)^2}.$$

EULER, *Nova Acta Acad. Petrop.*, 1795-6, p. 64.

8. *Un cylindre homogène est couché en équilibre sur un plan horizontal indéfini. Déterminer le mouvement que prend ce corps, lorsque le plan vient à tourner uniformément autour de la ligne de contact primitive, en supposant que le plan mobile exerce assez de frottement pour empêcher le corps de glisser.*

Soient ω la vitesse angulaire du plan, a le rayon du cylindre, m sa masse, k son rayon de giration autour de l'axe, x le chemin parcouru sur le plan par la ligne de contact.

Tant que le cylindre reste en contact avec le plan, on a

$$x = \sqrt{\frac{3}{2}}\frac{g}{5\omega^2}\left(e^{\sqrt{\frac{2}{3}}\omega t} - e^{-\sqrt{\frac{2}{3}}\omega t}\right) - \frac{2g}{5\omega^2}\sin\omega t,$$

et la pression normale qu'il exerce sur le plan est

$$\frac{9}{5}gm\cos\omega t - am\omega^2 - \frac{2gm}{5}\left(e^{\sqrt{\frac{2}{3}}\omega t} + e^{-\sqrt{\frac{2}{3}}\omega t}\right).$$

Le cylindre abandonne le plan à l'instant où cette pression devient nulle.

9. *On dépose sur un plan incliné et dépoli une sphère homogène, animée, autour d'un diamètre horizontal, d'une rotation contraire à celle qui la ferait rouler en bas du plan. Déterminer le mouvement de la sphère, en supposant le coefficient de frottement, pour l'état de glissement, égal à la tangente de l'inclinaison du plan.*

Conservant la notation du problème 5, et posant

$$\mu = \tang\alpha,$$

on arrive aux conclusions suivantes.

Jusqu'à l'époque

$$\tau = \frac{k^2\omega}{\mu a g\cos\alpha} = \frac{2a\omega}{5g\sin\alpha},$$

le centre de la sphère reste immobile, bien que le corps tourne sur lui-même avec une vitesse donnée par la formule

$$\frac{d\theta}{dt} = -\frac{ag\sin\alpha}{k^2}t + \omega.$$

A partir de l'époque τ, la sphère roule en bas du plan sans glisser, comme si elle était partie sans vitesse initiale.

EULER, *Acta Acad. Petrop.*, 1781, P. II, p. 131.

10. *Un cylindre non homogène, mais dont tous les points situés sur une même parallèle à l'axe ont la même densité, est posé sur un plan horizontal et parfaitement uni. Déterminer la durée des petites oscillations que ce cylindre exécute sous l'action de la pesanteur, quand le centre de gravité a été légèrement écarté du plan vertical qui contient l'axe.*

On peut se borner à considérer le mouvement d'une tranche du cylindre, comprise entre deux plans perpendiculaires à l'axe et infiniment rapprochés.

Soient c la distance du centre de gravité au centre de figure, k le rayon de giration autour d'un axe mené par le centre de gravité perpendiculairement au plan de la tranche, α l'angle qui mesure le plus grand écart entre la verticale et la ligne qui joint les deux centres.

La durée d'une petite oscillation est

$$\frac{k\pi}{\sqrt{cg}}\left(1+\frac{4c^2+k^2}{4k^2}\sin^2\frac{\alpha}{2}\right).$$

On peut observer que, quelle que soit l'amplitude des oscillations, le centre de gravité se meut toujours sur une même verticale; en sorte que la droite qui joint le centre de gravité au centre de figure se meut en conservant ses extrémités sur deux droites fixes, l'une horizontale, l'autre verticale. Il en résulte que *tout point de la tranche situé en ligne droite avec le centre de gravité et le centre de figure décrit dans l'espace une ellipse, dont les axes sont l'horizontale et la verticale qui se coupent au centre de figure dans la position d'équilibre.*

Les longueurs des demi-axes sont les distances du point considéré au centre de gravité et au centre de figure.

EULER, *Nova Acta Acad. Petrop.*, 1783, p. 119.

11. *Le cylindre considéré dans le problème précédent est maintenu sur un plan horizontal et parfaitement uni, dans une position telle, que le rayon mené au centre de gravité fait un angle α avec le rayon mené au point d'appui. Dans cet état, on lui imprime une vitesse angulaire ω, autour d'un axe mené par le centre de gravité parallèlement aux génératrices. Quelle doit être cette vitesse angulaire pour que le centre de gravité monte au-dessus du centre de figure sur la verticale du point d'appui, et s'y maintienne en repos?*

Conservant la notation du problème précédent, on trouve

$$\omega = 2\cos\frac{\alpha}{2}\sqrt{\frac{gc}{k^2 + c^2\sin^2\alpha}}.$$

EULER, *ibid.*

12. *Un cylindre non homogène roule sur un plan horizontal, qui exerce assez de frottement pour empêcher le corps de glisser. Déterminer la vitesse angulaire du cylindre en un point donné de sa course.*

Soient a le rayon du cylindre, θ l'angle décrit par le rayon mené au centre de gravité, ω la vitesse angulaire initiale, c et k les mêmes quantités que dans les problèmes précédents.

On trouve

$$(k^2 + a^2 + c^2 - 2ac\cos\theta)\frac{d\theta^2}{dt^2} = [k^2 + (a - c)^2]\omega^2 - 4cg\sin^2\frac{\theta}{2}.$$

EULER, *ibid.*

13. *On introduit plusieurs points matériels dans un tube rectiligne, très-étroit et pesant, libre de tourner*

dans un plan horizontal autour de l'un de ses points qui est fixe. Les points matériels étant placés à des distances connues du centre de rotation, on imprime au tube une vitesse angulaire donnée. Déterminer le mouvement du tube et des points matériels.

Soient M la masse du tube, k son rayon de giration autour de l'axe de rotation, θ l'angle dont le tube a tourné, ω la vitesse angulaire imprimée; m, m', m'', etc., les masses des points matériels; r, r', r'', etc., leurs distances à l'axe de rotation; a, a', a'', etc., les valeurs initiales de ces mêmes distances.

On trouve

$$\frac{r}{a} = \frac{r'}{a'} = \frac{r''}{a''} = \ldots,$$

$$\frac{d\theta}{dt} = \omega \frac{Mk^2 + ma^2 + m'a'^2 + \ldots}{Mk^2 + \frac{r^2}{a^2}(ma^2 + m'a'^2 + \ldots)},$$

$$\frac{dr^2}{dt^2} = \omega^2(r^2 - a^2)\frac{Mk^2 + ma^2 + m'a'^2 + \ldots}{Mk^2 + \frac{r^2}{a^2}(ma^2 + m'a'^2 + \ldots)}.$$

Si l'on faisait abstraction de la masse du tube, on aurait

$$\frac{a}{r} = \frac{a'}{r'} = \frac{a''}{r''} = \ldots = \cos\theta,$$

$$\frac{r^2}{a^2} = \frac{r'^2}{a'^2} = \frac{r''^2}{a''^2} = \ldots = 1 + \omega^2 t^2.$$

DANIEL BERNOULLI, *Mém. de l'Acad. des Sciences de Berlin*, 1745, p. 63.

SECTION III.

MOUVEMENT QUELCONQUE D'UN CORPS SOLIDE.

Le mouvement le plus général d'un corps solide peut se décomposer en une translation d'un point invariablement lié avec le corps, et en une rotation du corps autour de ce point. Pour déterminer cette rotation, on peut considérer le point autour duquel elle s'effectue, comme maintenu fixe dans l'espace, pourvu que l'on ajoute à chaque molécule une nouvelle force accélératrice, égale et contraire à celle qui sollicite réellement le point pris pour centre de la rotation. Il y a grand avantage à prendre le centre de gravité pour le centre de la rotation; car le mouvement de ce point est celui qui aurait lieu si toute la masse et toutes les forces accélératrices y étaient réunies, et de plus la rotation autour de ce point, supposé fixe, s'obtient sans ajouter de nouvelles forces accélératrices.

Nous savons déjà résoudre la première partie du problème, où il s'agit de déterminer le mouvement du centre de gravité. Il reste à nous occuper de la seconde partie, c'est-à-dire de la rotation d'un corps solide autour d'un point fixe.

Pendant cette rotation, il existe à chaque instant une droite fixe dans le corps et dans l'espace. Cette droite est l'axe instantané de rotation. Elle change généralement de position dans le corps et dans l'espace d'un instant à un autre, et décrit ainsi deux cônes, dont l'un est fixe dans le corps, et l'autre fixe dans l'espace. Par l'effet de la rotation, le premier cône roule sur le second sans glisser; la génératrice de contact est à chaque instant l'axe instantané de rotation. Il n'est qu'un seul cas où ces deux cônes puissent se réduire à des droites, et l'axe instantané être fixe; c'est le cas où, le corps ayant commencé à tourner autour d'un axe principal d'inertie relatif au point fixe, le couple accélérateur est dans un plan perpendiculaire à cet axe.

Nous représenterons les vitesses de rotation par des droites proportionnelles, les couples par des droites proportionnelles à leurs moments et perpendiculaires à leurs plans. Ces droites seront dirigées de manière qu'un observateur dont les pieds seraient au point fixe, et qui serait couché sur la droite, verrait le corps tourner devant lui de gauche à droite (*) par l'effet de la rotation ou du couple. On sait que ces droites se composeront suivant la loi du parallélogramme, comme si elles représentaient des forces.

Nous conviendrons encore que les rotations sur les plans coordonnés seront positives de l'axe des x vers l'axe des y, de l'axe des y vers l'axe des z et de l'axe des z vers l'axe des x.

Soient O le point fixe, qui peut être l'un quelconque des points du corps;

OX, OY, OZ trois axes rectangulaires fixes;

OX_1, OY_1, OZ_1 les axes principaux d'inertie du corps relatifs au point O;

A, B, C les moments d'inertie principaux autour de ces axes;

θ l'angle de OZ avec OZ_1, angle qui sera toujours compris entre o et π;

ON celle des deux directions opposées de la trace du plan X_1OY_1 sur le plan XOY pour laquelle la rotation θ de OZ vers OZ_1 est positive;

φ et ψ les angles que fait la trace ON avec les droites OX_1 et OX, ces angles étant comptés positifs dans le sens direct, le premier à partir de la trace, le second à partir de OX;

ω la vitesse angulaire, ou la vitesse de rotation autour de l'axe instantané;

(*) Cet usage, qui a prévalu dans les Traités de Mécanique, est contraire aux conventions adoptées dans les ouvrages d'Astronomie.

p, q, r les composantes de la vitesse de rotation ω suivant les axes OX_1, OY_1, OZ_1;

L, M, N les sommes des moments des forces motrices autour des mêmes axes, exprimées en fonction de θ, φ, ψ.

Les vitesses angulaires p, q, r et la position (θ, φ, ψ) des axes mobiles sont déterminées par les six équations simultanées

$$(\mathrm{I})\quad \left\{\begin{aligned} &A\frac{dp}{dt}+(C-B)qr=L,\\ &B\frac{dq}{dt}+(A-C)rp=M,\\ &C\frac{dr}{dt}+(B-A)pq=N; \end{aligned}\right.$$

$$(\mathrm{II})\quad \left\{\begin{aligned} &\sin\theta\sin\varphi\frac{d\psi}{dt}+\cos\varphi\frac{d\theta}{dt}=p,\\ &\sin\theta\cos\varphi\frac{d\psi}{dt}-\sin\varphi\frac{d\theta}{dt}=q,\\ &\cos\theta\frac{d\psi}{dt}+\frac{d\varphi}{dt}=r. \end{aligned}\right.$$

Ces équations, données par Euler, renferment toute la solution du problème. On ne sait les intégrer que dans un petit nombre de cas particuliers; encore, dans ces cas, l'intégration conduit-elle à des quadratures que l'on ne peut effectuer en quantités finies.

Le problème de la rotation des corps est un de ceux qui ont le plus exercé les géomètres par les difficultés qu'il présente. Le premier travail important sur ce sujet fut publié par d'Alembert en 1749, dans ses *Recherches sur la précession des équinoxes*. Un an plus tard, Euler donna son Mémoire intitulé : *Découverte d'un nouveau principe de Mécanique* (*), dans lequel il traite le pro-

(*) *Mémoires de l'Académie des Sciences de Berlin*, 1750, p. 185.

blème de la rotation des corps sous le point de vue le plus général. Mais il manquait à ces géomètres une connaissance de la plus haute importance dans cette théorie, nous voulons parler des trois *axes principaux d'inertie* et de leur propriété d'être *axes permanents de rotation*. Un professeur de Gœttingue, Segner, fit cette découverte (*). Euler (**), puis d'Alembert (***) en profitèrent bientôt pour simplifier leurs formules. Enfin Euler mit au jour son bel ouvrage : *Theoria motus corporum solidorum* (1767), qui fut regardé comme étant à peu près le dernier mot de la science sur cette matière, jusqu'en l'année 1834, où M. Poinsot présenta à l'Académie des Sciences sa *Nouvelle Théorie de la rotation des corps* (****). Dans cette théorie, le problème est traité d'une manière synthétique et figurée, qui jette une vive lumière sur plusieurs points restés jusqu'alors cachés sous la complication des formules.

1. *Déterminer le mouvement d'un solide de révolution, pesant et homogène, autour d'un point fixe situé sur son axe de figure.*

Nos calculs s'appliqueront à tout solide dont deux moments d'inertie principaux autour du point fixe auront même valeur, et dont le centre de gravité sera situé sur le troisième axe principal d'inertie.

Nous conserverons la notation adoptée dans les préliminaires. L'axe OZ sera dirigé en sens contraire de la pesanteur, et l'axe OZ_1 suivant le demi-axe de révolution qui fait un angle aigu avec OZ au commencement du mouvement. Le centre de gravité du corps sera évidem-

(*) *Specimen theoriæ turbinum*; Halle, 1755.

(**) *Mémoires de l'Académie des Sciences de Berlin*, 1758, p. 154.

(***) *Opuscules mathématiques*, t. I; 1761.

(****) *Voir* le *Journal de M. Liouville*, t. XVI, p. 9 et 289; 1851.

ment situé sur l'axe OZ_1. De plus, nous nommerons m la masse du corps, a'' et b'' les cosinus des angles que les axes OX_1 et OY_1 font avec l'axe OZ, et l la distance du centre de gravité G au point fixe, cette distance étant comptée positive dans la direction OZ_1.

Fig. 68.

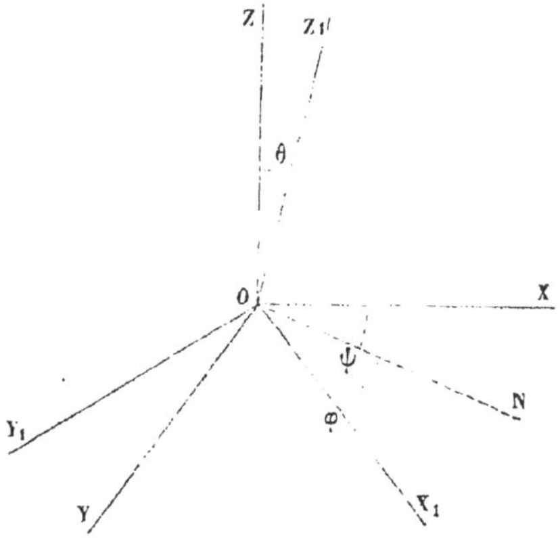

Le corps peut être considéré comme sollicité par une force unique, égale et parallèle à son poids, appliquée au centre de gravité. Le moment des forces appliquées relatif à l'axe de figure est nul; comme d'ailleurs $A = B$, il en résulte (équations I) que la vitesse de rotation r autour de l'axe de figure est constante.

Soit

$$r = n.$$

Ceci posé, appliquons directement les principes des forces vives et des aires. Ces principes nous fourniront deux intégrales premières, qui seront suffisantes pour ramener le problème aux quadratures.

Il est aisé de voir qu'un point du corps, dont les coordonnées relatives aux axes OX_1, OY_1, OZ_1 sont x_1, y_1, z_1, a pour composantes de sa vitesse, suivant les directions déterminées que possèdent les mêmes axes à l'instant considéré,

$$qz_1 - ry_1, \quad rx_1 - pz_1, \quad py_1 - qx_1.$$

Il s'ensuit que la somme des forces vives est

$$\int [(qz_1 - ry_1)^2 + (rx_1 - pz_1)^2 + (py_1 - qx_1)^2]\, dm$$
$$= A(p^2 + q^2) + Cn^2.$$

Égalant cette somme au double du travail de la force, et désignant par θ_0 la valeur initiale de θ, on obtient l'intégrale

$$(1) \qquad A(p^2 + q^2) + Cn^2 = 2mgl(\cos\theta_0 - \cos\theta) + \text{const.}$$

Puisque les forces appliquées ont un moment nul autour de l'axe OZ, le principe des aires est applicable en prenant le plan XOY pour plan de projection. Or la somme des produits de la masse de chaque molécule du corps et de l'aire décrite par cette molécule pendant l'instant infiniment petit dt, en vertu de la rotation autour d'un axe quelconque, l'axe OX_1, par exemple, est égale au produit de la moitié du moment d'inertie A relatif à cet axe par l'angle pdt décrit autour de cet axe; et la somme des projections de ces aires sur le plan XOY est égale à la somme des aires multipliée par le cosinus de l'angle que fait l'axe OX_1 avec l'axe OZ; sa valeur est donc $\frac{1}{2} A p a'' dt$. D'après cela, on a l'équation

$$(2) \qquad A(pa'' + qb'') + Cn\cos\theta = \text{const.}$$

A l'aide des relations (II), et des valeurs

$$a'' = \sin\theta \sin\varphi, \quad b'' = \sin\theta\cos\varphi,$$

il est facile d'exprimer les relations (1) et (2) par les

seules variables ψ, θ. On trouve d'abord

$$p^2 + q^2 = \sin^2\theta \frac{d\psi^2}{dt^2} + \frac{d\theta^2}{dt^2},$$

$$pa'' + qb'' = \sin^2\theta \frac{d\psi}{dt};$$

et, par suite, on a les équations transformées

$$(3)\quad A\left(\sin^2\theta \frac{d\psi^2}{dt^2} + \frac{d\theta^2}{dt^2}\right) = 2mgl(\cos\theta_0 - \cos\theta) - Cn^2 + \text{const.},$$

$$(4)\qquad A\sin^2\theta \frac{d\psi}{dt} = -Cn\cos\theta + \text{const.}$$

Éliminant $\frac{d\psi}{dt}$, on obtiendra une équation de la forme

$$dt = f(\theta)\,d\theta,$$

qui fera connaître θ en fonction de t par une quadrature. Reportant cette valeur dans l'équation (4), on aura ψ en fonction de t par une seconde quadrature. Enfin la dernière équation (II) fera connaître φ en fonction de t, et le problème sera résolu. Toutes les intégrales se réduiront aux fonctions elliptiques.

Supposons, en particulier, que le mouvement initial soit une simple rotation autour de l'axe de figure, en sorte que les valeurs initiales de $\frac{d\psi}{dt}$ et de $\frac{d\theta}{dt}$ soient nulles.

Les équations (3) et (4) se réduisent alors aux suivantes :

$$(5)\qquad A\left(\sin^2\theta \frac{d\psi^2}{dt^2} + \frac{d\theta^2}{dt^2}\right) = 2mgl(\cos\theta_0 - \cos\theta),$$

$$(6)\qquad A\sin^2\theta \frac{d\psi}{dt} = Cn(\cos\theta_0 - \cos\theta).$$

La première de ces équations montre que l'on a constamment $\theta > \theta_0$ si l est positif, et $\theta < \theta_0$ si l est négatif. Ainsi, l'inclinaison de l'axe de figure sur la verticale est constamment supérieure ou constamment inférieure à l'inclinaison initiale, suivant que le centre de gravité est au-dessus ou au-dessous du point fixe dans l'état initial. On voit encore, par la seconde équation, que la vitesse $\frac{d\psi}{dt}$, avec laquelle tourne la trace ON de l'équateur X_1OY_1 sur le plan fixe XOY, est de même signe que la vitesse de rotation n si $\theta > \theta_0$, et de signe contraire si $\theta < \theta_0$. Empruntant les termes de la mécanique céleste, nous dirons que *le mouvement de précession*, dont $\frac{d\psi}{dt}$ mesure la vitesse, *est de même sens que le mouvement de rotation autour de l'axe de figure, ou bien de sens contraire, suivant que le centre de gravité est au-dessus ou au-dessous du point fixe au commencement du mouvement.*

Éliminant $\frac{d\psi}{dt}$ entre les équations (5) et (6), il vient

$$(7)\quad dt = \frac{\sqrt{A}\,d\theta}{\pm\sqrt{(\cos\theta_0 - \cos\theta)\left[2mgl - \frac{C^2n^2(\cos\theta_0 - \cos\theta)}{A\sin^2\theta}\right]}}.$$

Pour nous fixer, supposons l positif. Alors le second facteur du radical est positif au commencement du mouvement, qnand $\theta = \theta_0$; par suite, le premier facteur doit aussi être positif, c'est-à-dire que θ doit commencer par croître. Il en résulte qu'il faut prendre d'abord le radical avec le signe $+$. La dérivée $\frac{d\theta}{dt}$ étant une fonction continue de θ, le radical qui la représente ne pourra changer de signe qu'en s'annulant. On doit donc garder le signe $+$, tant que θ n'aura pas atteint, en croissant, une valeur qui annule le second facteur du radical. Or il existe toujours une valeur de l'angle θ, supérieure à θ_0, qui annule le facteur en question; car ce facteur prend des signes contraires, quand on y pose successivement $\theta = \theta_0$ et $\theta = \pi$. Soit θ_1 cette valeur.

Le temps T, nécessaire pour que θ atteigne la valeur θ_1, est donné par l'intégrale

$$T = \int_{\theta_0}^{\theta_1} \frac{\sqrt{A}\, d\theta}{\sqrt{(\cos\theta_0 - \cos\theta)\left[2mgl - \frac{C^2 n^2 (\cos\theta_0 - \cos\theta)}{A \sin^2\theta}\right]}}.$$

Ce temps est fini, bien que l'élément de l'intégrale devienne infini aux deux limites. En effet, posant

$$\cos\theta = s, \quad \cos\theta_0 = s_0, \quad \cos\theta_1 = s_1,$$

on a

$$T = \int_{s_1}^{s_0} \frac{A\, ds}{\sqrt{(s_0 - s)[2mglA(1 - s^2) - C^2 n^2 (s_0 - s)]}}.$$

Or, le facteur du second degré en s qui est sous le radical prenant le signe $-$ pour $s = \pm 1$, et le signe $+$ pour $s = s_0$, il s'ensuit que s_1 est une racine simple de ce facteur égalé à zéro, et que par suite les facteurs $s - s_0$ et $s_1 - s$ n'entrent sous le signe $\int$ qu'à la puissance $-\frac{1}{2}$. Mais, généralement, $f(s)$ étant une fonction continue dans le voisinage de $s = a$, et ε étant un infiniment petit positif ou négatif, la limite de l'intégrale $\int_a^{a+\varepsilon} \frac{f(s)}{\sqrt{s - a}} ds$, pour $\varepsilon = 0$, n'est point infinie; car cette quantité peut s'écrire

$$f(a) \lim. \int_a^{a+\varepsilon} \frac{ds}{\sqrt{s - a}} = \frac{1}{2} f(a) \lim. \left(\sqrt{s - a}\right)_a^{a+\varepsilon} = 0.$$

Il en résulte que θ atteindra la valeur θ_1.

D'après ce que nous venons de dire, s_1 est la plus petite racine du trinôme de second degré qui forme le second facteur sous le radical, s_0 est plus grand que s_1, et, à cause du coefficient négatif du terme en s^2, le trinôme est positif pour toute valeur de s comprise entre s_1 et s_0, et négatif pour toute valeur moindre que s_1. D'ailleurs le premier facteur $s_0 - s$ est positif pour toute valeur moindre que s_0. La quantité comprise sous le radical deviendrait donc négative, si s prenait une valeur inférieure à s_1, et cela ne peut pas être. Donc il faut que l'angle θ diminue à l'instant où il est arrivé à la valeur θ_1. Dans cette seconde période, le radical doit être pris avec le signe —; l'inclinaison θ diminue jusqu'à la valeur θ_0, dans le même temps T qu'elle a mis à croître de θ_0 à θ_1; puis le mouvement recommence de la même manière. L'axe exécute ainsi des oscillations isochrones dans le plan mobile ZOZ_1.

Le plan vertical ZOZ_1, qui contient l'axe de révolution, ne tourne pas uniformément; mais son mouvement est parfaitement identique pendant chacune des demi-oscillations de l'axe. Car la trace ON de l'équateur étant constamment perpendiculaire aux deux droites OZ, OZ_1, son mouvement de rotation est le même que celui du plan ZOZ_1; et, d'après l'équation (6), la vitesse de rotation de cette trace, ou $\frac{d\psi}{dt}$, ne dépend que de l'angle θ.

La vitesse angulaire totale,

$$\omega = \sqrt{n^2 + p^2 + q^2},$$

est un minimum lorsque p et q sont nuls, ce qui a lieu quand $\theta = \theta_0$, c'est-à-dire quand l'axe OZ_1 est le plus rapproché de la verticale OZ.

La même vitesse ω est un maximum, lorsque la somme

$$p^2 + q^2 \quad \text{ou} \quad \sin^2\theta \frac{d\psi^2}{dt^2} + \frac{d\theta^2}{dt^2} \quad \text{ou} \quad 2mgl(\cos\theta_0 - \cos\theta)$$

est elle-même un maximum, c'est-à-dire quand l'axe est le plus écarté de la verticale.

Considérant le mouvement de la projection du centre de gravité sur le plan horizontal XOY, on voit que cette projection reste toujours comprise entre deux circonférences, décrites du point fixe comme centre, avec les rayons $l \sin\theta_0$ et $l \sin\theta_1$. Elle décrit, toujours dans le même sens, une courbe formant une sorte de rosace, dont les feuilles s'implantent sur la circonférence de rayon $l \sin\theta_0$, et se terminent sur la circonférence de rayon $l \sin\theta_1$. En suivant la marche du rayon vecteur, on reconnaît facilement que cette courbe est tangente à la seconde circonférence, et normale à la première. En effet, la dérivée du rayon vecteur, $\frac{d.l\sin\theta}{dt}$ ou $l\cos\theta\frac{d\theta}{dt}$, est nulle pour $\theta = \theta_1$, et la vitesse angulaire de ce rayon,

$$\frac{d\psi}{dt} = \frac{Cn(\cos\theta_0 - \cos\theta)}{A\sin^2\theta},$$

n'est point nulle pour $\theta = \theta_1$; en sorte que le rapport de l'accroissement du rayon vecteur à celui de l'angle décrit, ou $\frac{d.l\sin\theta}{d\psi}$, s'annule sur la circonférence dont le rayon est $l\sin\theta_1$. Il s'ensuit que la courbe est tangente à cette circonférence. On verrait de même que ce rapport devient infini sur la circonférence dont le rayon est $l\sin\theta_0$; par conséquent, la courbe est normale à cette seconde circonférence.

Si la distance l était négative, les résultats seraient les mêmes, sauf que l'angle θ_1 serait plus petit que l'angle θ_0.

A l'inspection du binôme

$$2mgl - \frac{C^2n^2(\cos\theta_0 - \cos\theta)}{A\sin^2\theta}$$

qni, égalé à zéro, a pour racine $\theta = \theta_1$, on voit que, si la vitesse angulaire initiale n est très-grande, ou bien si le rapport $\frac{mgl\mathrm{A}}{\mathrm{C}^2}$ est très-petit, un petit accroissement donné à θ depuis la valeur θ_0 rendra le second terme égal au premier en valeur numérique, la racine θ_1 sera très-peu différente de θ_0, et, par conséquent, l'inclinaison de l'axe sur la verticale variera très-peu. Dans ce cas, les intégrations pourront s'effectuer par approximation.

Cas particulier où l'inclinaison de l'axe varie très-peu. — Soit

$$\theta = \theta_0 + u.$$

u sera un petit angle; on négligera son carré.

Portant cette valeur dans la formule (7), et observant que l'on a, au degré d'approximation voulu,

$$\cos\theta_0 - \cos\theta = u\sin\theta_0 \quad \text{et} \quad \frac{\cos\theta_0 - \cos\theta}{\sin^2\theta} = \frac{u}{\sin\theta_0},$$

il vient

$$dt = \frac{\mathrm{A}\,du}{\pm\sqrt{u(2mgl\mathrm{A}\sin\theta_0 - \mathrm{C}^2n^2u)}}.$$

Soient encore, pour abréger,

$$\frac{mgl\mathrm{A}\sin\theta_0}{\mathrm{C}^2n^2} = u_1 \quad \text{et} \quad \frac{\mathrm{C}n}{\mathrm{A}} = k.$$

L'équation devient

$$k\,dt = \frac{du}{\pm\sqrt{u(2u_1 - u)}}.$$

Son intégrale est

$$\pm kt = \arccos\frac{u_1 - u}{u_1},$$

sans constante, car u est nul à l'origine du mouvement.

Si l'on pose

$$\theta_0 + u_1 = \theta',$$

cette intégrale pourra s'écrire

$$\theta = \theta' - u_1 \cos kt.$$

L'équation (6) devient, au même degré d'approximation,

$$\frac{d\psi}{dt} = \frac{ku}{\sin\theta_0} = \frac{ku_1}{\sin\theta_0} - \frac{ku_1}{\sin\theta_0}\cos kt.$$

On en tire

$$\psi = \text{const} + \frac{ku_1}{\sin\theta_0} t - \frac{u_1}{\sin\theta_0}\sin kt,$$

ou bien, en négligeant u_1^2, qui est de même ordre de grandeur que u^2,

$$\psi = \text{const} + \frac{ku_1}{\sin\theta'} t - \frac{u_1}{\sin\theta'}\sin kt.$$

Enfin la dernière équation (II) donne

$$\frac{d\varphi}{dt} = n - \cos\theta' \frac{d\psi}{dt};$$

d'où

$$\varphi = \text{const} + nt - \cos\theta' . \psi,$$

$$\varphi = \text{const} + (n - ku_1 \cot\theta')t + u_1 \cot\theta' \sin kt.$$

Le mouvement de l'axe est susceptible d'une représentation géométrique assez simple. Imaginons un axe, pour lequel on aurait constamment $\theta = \theta'$, et $\psi = \text{const} + \frac{ku_1}{\sin\theta'} t$. Cet axe fictif décrira autour de la verticale un cône circulaire, d'un mouvement uniforme, tandis que l'axe vrai tournera autour de cet axe fictif, avec un mouvement relatif représenté par les termes périodiques

$$-u_1 \cos kt \quad \text{et} \quad -\frac{u_1}{\sin\theta'}\sin kt,$$

qui doivent être ajoutés respectivement aux valeurs de θ

et de ψ relatives au premier axe. Ces termes étant très-petits et périodiques, il en résulte que l'axe fictif peut être considéré comme occupant, à chaque instant, une sorte de position moyenne entre les positions successives que prend l'axe vrai aux environs de l'époque considérée.

Décrivons une sphère du point fixe comme centre, avec un rayon égal à l'unité. Considérons les points où l'axe vrai et l'axe moyen percent cette surface, et nommons ces points le *pôle vrai* et le *pôle moyen*. Nous verrons sans peine que *le pôle vrai décrit autour du pôle moyen, supposé fixe, un petit cercle, dont le rayon sphérique est égal à* u_1 *en valeur absolue. Ce mouvement circulaire est toujours uniforme. Il est de même sens que la rotation du pôle moyen autour de la verticale, ou bien de sens contraire, suivant que la vitesse angulaire* n *est positive ou négative, quelle que soit d'ailleurs la position du centre de gravité dans l'état initial, au-dessus ou au-dessous du point fixe.* En effet, la distance des deux pôles étant de même ordre que u, nous pouvons, dans l'étude de leur mouvement relatif, confondre la surface de la sphère avec celle du plan tangent au pôle moyen. Rapportons la position du pôle vrai à deux axes coordonnés des ξ et des ζ, ayant leur origine au pôle moyen, et dont le premier sera dirigé suivant la tangente au méridien du pôle moyen du côté de la verticale OZ, et le second suivant la tangente au parallèle du pôle moyen en sens contraire du mouvement sur ce parallèle. Nous aurons

$$\xi = u_1 \cos kt,$$

et η sera le produit de $\dfrac{u_1}{\sin\theta'}\sin kt$ par le rayon du parallèle, $\sin\theta'$; c'est-à-dire que nous aurons

$$\eta = u_1 \sin kt,$$

et, par suite,

$$\xi^2 + \eta^2 = u_1^2, \quad \frac{\xi d\eta - \eta d\xi}{dt} = k u_1^2 = \frac{C u_1^2}{A} n.$$

Ces valeurs justifient tout ce que nous avons annoncé; car le mouvement relatif du pôle vrai est de même sens que le mouvement du pôle moyen, quand le premier pôle se meut de l'axe des ξ vers l'axe des η; et ceci a lieu, comme on sait, lorsque la quantité $\frac{\xi d\eta - \eta d\xi}{dt}$ est positive.

Ce mouvement de l'axe vrai autour de l'axe moyen constitue la *nutation* de l'axe. Son amplitude est

$$2u_1 = \frac{2 mgl A \sin\theta_0}{C^2 n^2},$$

et la durée de sa période,

$$\frac{2\pi}{k} = \frac{2\pi A}{Cn}.$$

Le mouvement angulaire de nutation sera d'autant plus rapide que la vitesse de rotation autour de l'axe sera plus grande. *Lorsque l'inclinaison moyenne de l'axe sur la verticale n'est pas très-petite, le mouvement angulaire de nutation est bien plus rapide que celui de précession;* car, pour la précession moyenne, la durée de la période est

$$\frac{2\pi}{k} \frac{\sin\theta'}{u_1}.$$

Tous ces résultats, relatifs au cas où le centre de gravité est situé au-dessous du point fixe, concordent à peu de chose près avec les phénomènes que l'observation et l'analyse ont fait découvrir dans le mouvement de la terre autour de son centre de gravité. La différence la plus sensible consiste en ce que le pôle vrai, dans son mouvement autour du pôle moyen, ne décrit pas un petit cercle, mais une petite ellipse dont le grand axe est situé dans le méridien du pôle moyen. Encore faut-il ajouter que l'excentricité de cette ellipse est assez faible pour avoir échappé à Bradley, le premier qui signala le mouvement de nutation.

Lagrange, dans la *Mécanique analytique* (part. II, sect. IX, n° 35), a ramené aux quadratures la détermination du mouvement d'un solide de révolution, pesant, et retenu par un point quelconque de son axe de figure. Il ne paraît pas que ce résultat ait été obtenu avant lui.

2. *Déterminer le mouvement d'une toupie lancée sur un plan horizontal, qui n'exerce aucun frottement.*

La toupie est un corps de révolution, qui s'appuie sur le plan horizontal toujours par un même point P de sa surface. Nous supposerons le centre de gravité O situé sur l'axe de figure. Cet axe sera un axe principal d'inertie relatif au centre de gravité; et nous admettrons que les deux autres moments d'inertie principaux autour du centre de gravité soient égaux.

Fig. 69.

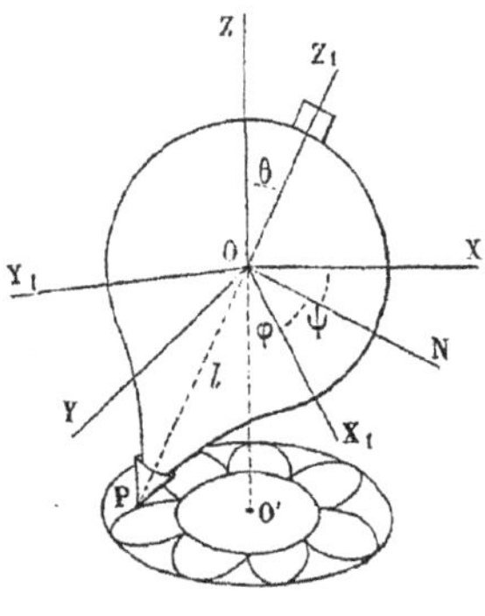

Nous conserverons la même notation que dans le problème précédent, si ce n'est que l'origine des axes, O, sera le centre de gravité, et que la distance l sera celle qui sépare le centre de gravité et la pointe P.

Les deux forces qui agissent sur le corps, considéré comme libre, savoir, son poids et la réaction du plan horizontal, sont deux forces verticales; donc, suivant le principe du mouvement du centre de gravité, ce centre se meut en projection horizontale, d'un mouvement rectiligne et uniforme dépendant uniquement de l'impulsion initiale. Le même principe, appliqué au mouvement vertical du centre de gravité, fait connaître l'intensité de la réaction du plan fixe sur la pointe de la toupie; car cette réaction n'est autre que la force perdue dans le mouvement vertical. Si donc on observe que la hauteur du centre de gravité au-dessus du plan horizontal est $l\cos\theta$, on trouvera pour la mesure de cette réaction

$$mg + m\frac{d^2.l\cos\theta}{dt^2}.$$

Il reste à déterminer le mouvement du corps autour de son centre de gravité. Le calcul est tout semblable à celui de la question précédente; c'est pourquoi il suffira de le tracer rapidement.

Le moment des forces appliquées autour de l'axe de figure étant nul, on a

$$r = \text{const.} = n.$$

Le principe des forces vives donne l'intégrale première

$$A(p^2+q^2)+Cn^2 = 2mgl(\cos\theta_0 - \cos\theta) - ml^2\sin^2\theta\frac{d\theta^2}{dt^2} + \text{const.}$$

Le principe des aires, quand on prend le plan de projection horizontal, donne

$$A(pa''+qb'')+Cn\cos\theta = \text{const.}$$

Ces deux dernières intégrales peuvent s'écrire

$$(1)\quad \left\{\begin{aligned} &A\sin^2\theta\frac{d\psi^2}{dt^2}+(A+ml^2\sin^2\theta)\frac{d\theta^2}{dt^2}\\ &\quad = 2mgl(\cos\theta_0-\cos\theta)-Cn^2+\text{const.},\end{aligned}\right.$$

$$(2)\quad A\sin^2\theta\frac{d\psi}{dt} = -Cn\cos\theta + \text{const.}$$

Elles suffisent pour ramener le problème aux quadratures.

Supposons, en particulier, que les valeurs initiales de p et de q, et, par suite, celles de $\frac{d\theta}{dt}$ et de $\frac{d\psi}{dt}$ soient nulles, ce qui revient à supposer que le mouvement initial soit une rotation autour de l'axe de figure, accompagnée, si l'on veut, d'une translation horizontale. Ceci détermine les constantes, et il vient

$$\mathrm{A}\sin^2\theta\frac{d\psi^2}{dt^2}+(\mathrm{A}+ml^2\sin^2\theta)\frac{d\theta^2}{dt^2}=2mgl(\cos\theta_0-\cos\theta),$$

$$\mathrm{A}\sin^2\theta\frac{d\psi}{dt}=\mathrm{C}n(\cos\theta_0-\cos\theta).$$

Éliminant $\frac{d\psi}{dt}$, on arrive à l'équation

$$dt=\pm\frac{\sqrt{\mathrm{A}+ml^2\sin^2\theta}\,d\theta}{\sqrt{(\cos\theta_0-\cos\theta)\left[2mgl-\frac{\mathrm{C}^2n^2(\cos\theta_0-\cos\theta)}{\mathrm{A}\sin^2\theta}\right]}}.$$

Raisonnant sur ces formules comme on l'a fait dans le problème précédent sur les formules analogues, on arrivera à des conclusions toutes semblables.

L'axe de la toupie commence par s'incliner sur la verticale, puis il se relève jusqu'à reprendre son inclinaison première, s'incline de nouveau, et ainsi de suite. Toutes ces demi-oscillations ont la même durée.

La vitesse totale de rotation est un minimum au commencement de chaque oscillation descendante, et un maximum à la fin.

L'intersection ON du plan de l'équateur et du plan horizontal XOY tourne constamment dans le sens de la rotation autour de l'axe de figure. Ce mouvement n'est point uniforme; mais il se reproduit périodiquement le même à chaque demi-oscillation de l'axe, descendante ou ascendante.

Regardant comme fixe la projection du centre de gravité sur le plan horizontal qui porte la toupie, on verra la pointe de la toupie tracer sur ce plan une courbe formée d'une suite indéfinie d'arcs égaux, tangents à une même circonférence dont le centre est la projection du centre de gravité, et normaux à une circonférence concentrique, de rayon moindre.

Poisson, *Traité de Mécanique*, t. II, p. 207; 2e édit.
Finck, *Nouv. Annales de Mathématiques*, t. IX, p. 310; 1850.

3. *Imaginons qu'un solide de révolution, pesant et homogène, soit posé sur un plan horizontal parfaitement uni, et qu'on lui imprime un mouvement quelconque. Si la vitesse de rotation imprimée autour de l'axe de figure est suffisamment grande, l'inclinaison de l'axe sur la verticale restera toujours aussi peu différente qu'on voudra de sa valeur initiale, quelles que soient d'ailleurs les autres circonstances du mouvement communiqué.*

Conservons la notation du problème précédent.

La réaction du plan étant constamment normale à la surface du corps, le moment de cette force autour de l'axe de figure est nul; par suite, la vitesse de rotation autour de cet axe reste constante. Il y a plus : tous les raisonnements qui nous ont conduit aux équations (1) et (2) de la question précédente subsistent ici, sauf que la hauteur du centre de gravité au-dessus du plan horizontal n'est plus proportionnelle à $\cos\theta$.

Représentons cette hauteur par ζ. La réaction du plan sur le corps sera

$$mg + m\frac{d^2\zeta}{dt^2},$$

et le travail de cette force aura pour expression

$$-mg\zeta - \frac{m}{2}\frac{d\zeta^2}{dt^2} + \text{const.}$$

Représentant par h et k deux constantes, les équations (1) et (2) pourront s'écrire

$$(1) \qquad \mathrm{A}\left(\sin^2\theta\frac{d\psi^2}{dt^2} + \frac{d\theta^2}{dt^2}\right) + 2mg\zeta + m\frac{d\zeta^2}{dt^2} = h,$$

$$(2) \qquad \mathrm{A}\sin^2\theta\frac{d\psi}{dt} + \mathrm{C}n(\cos\theta - \cos\theta_0) = k.$$

Ces équations, jointes à l'équation de la surface du corps, suffisent pour déterminer le mouvement autour du centre de gravité.

Pour conclure de là le théorème que nous avons en vue, il faut faire quelques remarques préliminaires sur les constantes qui déterminent l'état initial.

Soient p_0, q_0, φ_0, etc., les valeurs initiales de p, q, φ, etc. Nous pouvons prendre à volonté les constantes θ_0, φ_0, ψ_0; alors ζ_0 sera déterminé, en conséquence de la valeur prise pour θ_0, par la condition que la surface soit tangente au plan; la position initiale sera fixée. De plus, nous pouvons prendre à volonté les constantes p_0, q_0, n, qui représentent les vitesses angulaires initiales; alors la position qu'aura le corps, à la fin du premier instant dt, sera déterminée par les rotations $p_0\,dt$, $q_0\,dt$, $n\,dt$, et par la condition que le corps touche le plan. La valeur de $\left(\frac{d\zeta}{dt}\right)_0$ sera donc déterminée; et il importe d'observer que la rotation $n\,dt$ autour de l'axe de révolution n'aura aucune influence sur cette valeur, puisque ζ reste le même lorsque le point de contact se déplace sur un même parallèle.

En résumé, nos constantes arbitraires seront θ_0, φ_0, ψ_0, p_0, q_0 et n; les valeurs de ζ_0 et de $\left(\frac{d\zeta}{dt}\right)_0$ s'ensuivront, et seront indépendantes de n.

Venons maintenant à la question.

Si nous éliminons $\frac{d\psi}{dt}$ entre les équations (1) et (2), il vient

$$A\frac{d\theta^2}{dt^2}+m\frac{d\zeta^2}{dt^2}=h-2mg\zeta-\frac{[k-Cn(\cos\theta-\cos\theta_0)]^2}{A\sin^2\theta}.$$

Le premier membre de cette équation étant positif de sa nature, le second membre devra rester positif pendant toute la durée du mouvement. Nous aurons donc constamment

$$k-Cn(\cos\theta-\cos\theta_0)<\sqrt{A(h-2mg\zeta)\sin^2\theta},$$

$$k-Cn(\cos\theta-\cos\theta_0)>-\sqrt{A(h-2mg\zeta)\sin^2\theta},$$

ou encore, supposant n positif,

$$\cos\theta-\cos\theta_0>\frac{k-\sqrt{A(h-2mg\zeta)\sin^2\theta}}{Cn},$$

$$\cos\theta-\cos\theta_0<\frac{k+\sqrt{A(h-2mg\zeta)\sin^2\theta}}{Cn}.$$

Or, en appliquant les équations (1) et (2) à l'état initial, après y avoir remplacé (formules II) $\sin^2\theta\frac{d\psi^2}{dt^2}+\frac{d\theta^2}{dt^2}$ par p^2+q^2, et $\sin\theta\frac{d\psi}{dt}$ par $p\sin\varphi+q\cos\varphi$, nous voyons que les constantes h et k ne dépendent que de p_0, q_0, θ_0, φ_0, ζ_0, $\left(\frac{d\zeta}{dt}\right)_0$, et, par conséquent, ne dépendent pas de n. Il en résulte que les numérateurs des seconds membres de nos inégalités conserveront des valeurs finies, quelle que soit la vitesse angulaire n.

Nommons k' la valeur numérique de k, ρ le plus petit rayon que l'on puisse mener du centre de gravité à la surface du corps, et ε un nombre donné aussi petit qu'on voudra.

Nous serons sûrs que la valeur numérique de l'écart $\cos\theta - \cos\theta_0$ restera constamment inférieure à ε, si nous prenons

$$n > \frac{k' + \sqrt{A(h - 2mg\rho)}}{C\varepsilon},$$

sans rien changer aux autres circonstances de l'état initial.

PUISEUX, *Journal de M. Liouville*, t. XIII, p. 249; 1848.

4. *Déterminer le mouvement d'une sphère homogène sur un plan horizontal, en ayant égard au frottement.*

Fig. 70.

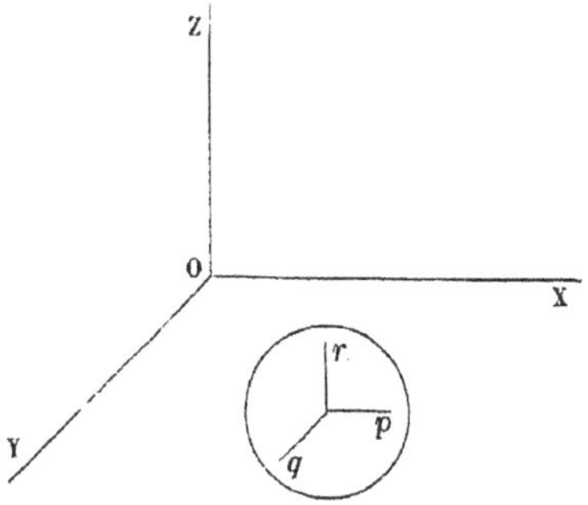

Nous allons traiter directement ce problème, au lieu d'en ramener la solution à l'intégration des équations générales d'Euler.

Soient :

ρ le rayon de la sphère;

μ le coefficient du frottement de glissement;

OX, OY deux axes fixes tracés dans le plan, et OZ une verticale dirigée en sens contraire de la pesanteur;

p, q, r les vitesses angulaires autour de parallèles aux axes, menées par le centre;

x, y les coordonnées du point d'appui;

u, v les vitesses du centre estimées suivant les axes, ou $\frac{dx}{dt}$, $\frac{dy}{dt}$:

X, Y les composantes suivant les axes de la force accélératrice due au frottement.

Le mouvement de translation du centre de figure, qui est aussi le centre de gravité, est régi par les équations

$$(1) \qquad \frac{du}{dt} = X, \quad \frac{dv}{dt} = Y.$$

Les équations du mouvement de rotation autour du centre s'obtiennent en exprimant que les forces appliquées font équilibre aux forces effectives, autour du centre considéré comme un point fixe. Si l'on observe que le rayon de giration de la sphère autour d'un diamètre est $\sqrt{\frac{2}{5}}\rho$, on voit que les équations dont il s'agit sont les suivantes :

$$\frac{2}{5}\rho\frac{dp}{dt} = Y, \quad \frac{2}{5}\rho\frac{dq}{dt} = -X, \quad \frac{dr}{dt} = 0.$$

Substituons ici $\frac{du}{dt}$, $\frac{dv}{dt}$ aux forces égales X, Y ; puis intégrons, en marquant les valeurs initiales de l'indice o. Il vient

$$(2) \quad \frac{2}{5}\rho(p - p_0) = v - v_0, \quad \frac{2}{5}\rho(q - q_0) = u_0 - u, \quad r - r_0 = 0.$$

Ces équations sont susceptibles d'une interprétation assez remarquable. En effet, considérons le centre d'oscillation ou de percussion de la sphère par rapport à un axe de suspension qui passe au point d'appui. Ce centre est situé au-dessus du centre de figure à la distance $\frac{2}{5}\rho$. Ses vitesses relatives au centre de figure, dirigées suivant les axes OX, OY, sont

$$(3) \qquad U = \frac{2}{5}\rho q, \quad V = -\frac{2}{5}\rho p,$$

et sa vitesse verticale est nulle. D'après ces valeurs, les équations (2) peuvent s'écrire

$$(4) \qquad v + V = v_0 + V_0, \quad u + U = u_0 + U_0, \quad r = r_0.$$

Sous cette forme, elles nous montrent que *la vitesse du centre et la vitesse relative du centre de percussion supérieur par rapport au centre de figure ont une résultante invariable en grandeur et en direction.*

Poursuivons l'intégration.

La force motrice est dirigée en sens contraire du glissement; par suite, les composantes de cette force, suivant les axes, sont proportionnelles aux composantes de la vitesse de glissement, $u - \rho q$, $v + \rho p$. De là les équations

$$\frac{X}{Y} \quad \text{ou} \quad \frac{du}{dv} = \frac{u - \rho q}{v + \rho p} = \frac{u + \frac{5}{2}(u - u_0) - \rho q_0}{v + \frac{5}{2}(v - v_0) + \rho p_0}.$$

Si l'on pose

$$(5) \qquad a = \frac{2}{7}\left(\frac{5}{2}u_0 + \rho q_0\right), \quad b = \frac{2}{7}\left(\frac{5}{2}v_0 - \rho p_0\right),$$

il vient

$$\frac{du}{dv} = \frac{u - a}{v - b},$$

d'où

$$\frac{u - a}{v - b} = \text{const.},$$

et par conséquent

$$\frac{X}{Y} = \text{const.} = \frac{u_0 - a}{v_0 - b}.$$

Ceci nous apprend que la force de frottement n'est pas seulement constante en intensité, mais encore constante en direction. Il en résulte que *la sphère décrit une parabole, comme un projectile pesant, tant qu'elle ne cesse pas de glisser* (*).

Actuellement il nous est facile d'obtenir les valeurs des forces X et Y, lesquelles, il ne faut pas l'oublier, sont de sens contraire au glissement. Nous trouvons

$$\frac{X}{a-u_0}=\frac{Y}{b-v_0}=\frac{\mu g}{\left[(a-u_0)^2+(b-v_0)^2\right]^{\frac{1}{2}}}=\frac{\mu g}{\Delta},$$

en posant, pour abréger,

$$\Delta=\left[(a-u_0)^2+(b-v_0)^2\right]^{\frac{1}{2}}.$$

Portant ces valeurs dans les équations (1), et intégrant, il vient

$$(6)\qquad u-u_0=\mu g\,\frac{a-u_0}{\Delta}\,t,\quad v-v_0=\mu g\,\frac{b-v_0}{\Delta}\,t.$$

Ces expressions des vitesses, substituées dans les équations (2), nous feraient connaître les vitesses angulaires p, q, r en fonction du temps.

Remplaçons u, v par $\frac{dx}{dt}$, $\frac{dy}{dt}$ dans les intégrales que nous venons d'obtenir, et intégrons de nouveau, en supposant que la sphère parte de l'origine. Il vient

$$(7)\quad x=u_0t+\frac{1}{2}\mu g\,\frac{a-u_0}{\Delta}\,t^2,\quad y=v_0t+\frac{1}{2}\mu g\,\frac{b-v_0}{\Delta}\,t^2.$$

Ces formules achèvent de déterminer le mouvement de

(*) Ce théorème est de J.-A. Euler, fils du célèbre L. Euler, *Mémoires de l'Académie de Berlin*, 1758, p. 284.

translation; par l'élimination de t, elles nous donnent l'équation de la trajectoire,

$$[(b - v_0)x - (a - u_0)y]^2 - \frac{2\Delta}{\mu g}(v_0 x - u_0 y)(v_0 a - u_0 b) = 0.$$

Cette parabole se réduit à une ligne droite, quand u_0, v_0 sont proportionnels à a, b, et différents de ces quantités. Ces conditions reviennent à celles-ci :

$$u_0 p_0 + v_0 q_0 = 0, \quad \text{et} \quad \rho p_0 \lessgtr - v_0 \quad \text{ou} \quad \rho q_0 \lessgtr u_0.$$

La première exprime qu'à l'origine du mouvement l'axe instantané de rotation est dans un plan vertical perpendiculaire à la translation; les dernières expriment qu'il y a glissement. Dans ces conditions, la sphère se meut en ligne droite, d'un mouvement uniformément retardé.

Ceci ne s'applique qu'à l'état de glissement; or cet état cessera dès que l'on aura

$$u = q\rho, \quad v = p\rho.$$

Les valeurs de u et de v qui satisfont à ces relations sont précisément les quantités constantes représentées jusqu'ici par a et b.

En effet, si l'on se reporte aux équations (3), on voit que, à l'instant où la sphère cesse de glisser,

$$U = \frac{2}{5}u, \quad V = \frac{2}{5}v.$$

D'après les équations (4), ces dernières relations peuvent s'écrire

$$u = \frac{5}{7}(u_0 + U_0), \quad v = \frac{5}{7}(v_0 + V_0),$$

et puisque (3)

$$U_0 = \frac{2}{5}\rho q_0, \quad V_0 = -\frac{2}{5}\rho p_0,$$

on a

$$u = \frac{2}{7}\left(\frac{2}{5}u_0 + \rho q_0\right), \quad v = \frac{2}{7}\left(\frac{5}{2}v_0 - \rho p_0\right),$$

ou bien (5)

$$u = a, \quad v = b.$$

Ces dernières valeurs, substituées dans l'une ou l'autre des équations (6), nous font connaître l'époque à laquelle cessera le glissement,

$$t = \frac{\Delta}{\mu g}.$$

Cette valeur, substituée à son tour dans les équations (7), nous fait connaître le point où ce changement aura lieu,

$$x = \frac{a + u_0}{2\mu g}\Delta, \quad y = \frac{b + v_0}{2\mu g}\Delta.$$

A partir de ce point le mouvement est rectiligne et uniforme; car X et Y étant devenus nuls, u et v ou $\frac{dx}{dt}$, $\frac{dy}{dt}$ restent constants d'après les équations (1).

La droite décrite par le point d'appui est représentée par l'équation

$$y = \frac{b}{a}x + \frac{av_0 - bu_0}{2a\mu g}\Delta.$$

Il est aisé de vérifier que cette droite est tangente à la parabole au point où cesse le glissement.

Si l'on avait, à l'origine du mouvement,

$$\rho p_0 = -v_0, \quad \rho q_0 = u_0,$$

le mouvement serait dès le principe rectiligne et uniforme.

Coriolis, *Théorie mathématique des effets du jeu de billard*, chap. I.

5. *Déterminer le mouvement de la terre autour de son centre de gravité, en ayant égard aux actions du soleil et de la lune, et négligeant les excentricités des orbites.*

Fig. 71.

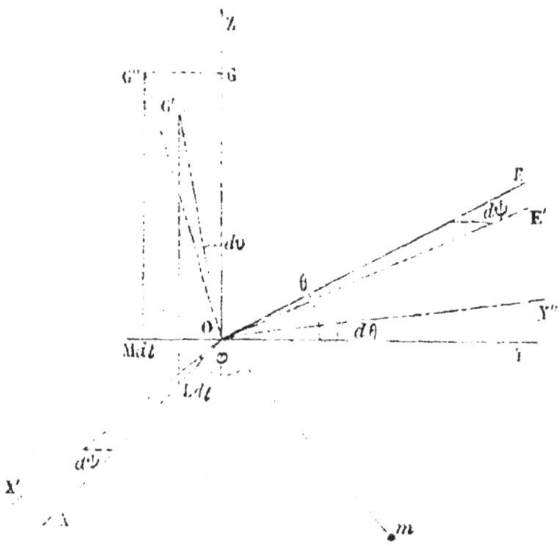

Dans le calcul du mouvement de la terre autour de son centre de gravité, on peut, sans aucune erreur appréciable, considérer les masses du soleil et de la lune comme réunies à leur centre de gravité respectif; car les dimensions de ces corps sont faibles en comparaison de leurs distances à la terre; en outre, leur figure diffère peu de la figure sphérique, et l'on sait qu'une sphère homogène attire un point extérieur, comme si elle était tout entière condensée à son centre. Nous sommes donc conduits à *calculer les moments de l'attraction d'un point matériel fort éloigné autour des axes principaux d'inertie du corps attiré relatifs au centre de gravité.*

Dans ce calcul, le corps attiré pourra être un corps quelconque; mais, pour nous fixer, nous supposerons de suite qu'il s'agisse de la terre.

Afin de nous conformer à l'usage des astronomes, nous regarderons comme positives les rotations qui s'effectuent de droite à gauche.

Soient :

OX, OY, OZ trois axes coordonnés, dirigés suivant les axes principaux d'inertie de la terre autour de son centre de gravité;

x', y', z' les coordonnées d'une molécule de la terre;

dm' la masse de cette molécule;

x, y, z les coordonnées d'un point matériel très-éloigné : ce sera, par exemple, le soleil;

r la distance de ce point au centre de gravité de la terre;

r' la distance du même point à la molécule dm';

m le produit de la masse de ce point par la constante qui mesure l'attraction de l'unité de masse sur l'unité de masse à l'unité de distance;

X, Y, Z les composantes de l'attraction de ce point sur la terre, dirigées suivant les axes;

L, M, N les moments de cette attraction autour des axes OX, OY, OZ.

Nous avons d'abord, quelles que soient la forme et la constitution de la terre,

$$X = m\int\frac{x-x'}{r'^3}dm', \quad Y = m\int\frac{y-y'}{r'^3}dm',$$
$$Z = m\int\frac{z-z'}{r'^3}dm',$$

les intégrales s'étendant à toutes les molécules de la terre.

Il s'ensuit

$$L = Zy - Yz = mz\int\frac{y'}{r'^3}dm' - my\int\frac{z'}{r'^3}dm',$$
$$M = Xz - Zx = mx\int\frac{z'}{r'^3}dm' - mz\int\frac{x'}{r'^3}dm',$$
$$N = Yx - Xy = my\int\frac{x'}{r'^3}dm' - mx\int\frac{y'}{r'^3}dm'.$$

Or

$$\frac{1}{r'^3} = \frac{1}{r^3}\left[1 - \left(2\frac{x}{r}\frac{x'}{r} + 2\frac{y}{r}\frac{y'}{r} + 2\frac{z}{r}\frac{z'}{r} - \frac{x'^2}{r^2} - \frac{y'^2}{r^2} - \frac{z'^2}{r^2}\right)\right]^{-\frac{3}{2}};$$

si nous développons le radical par la formule du binôme, et que nous négligions dans ce développement les termes qui contiennent les secondes puissances des rapports très-petits $\frac{x'}{r}$, $\frac{y'}{r}$, $\frac{z'}{r}$, vis-à-vis des rapports $\frac{x}{r}$, $\frac{y}{r}$, $\frac{z}{r}$, qui sont comparables à l'unité, il reste

$$\frac{1}{r'^3} = \frac{1}{r^3} + 3\,\frac{xx' + yy' + zz'}{r^5}.$$

Substituant cette valeur dans les expressions des moments L, M, N, et nommant A, B, C les moments d'inertie principaux de la terre autour des axes OX, OY, OZ, il vient

$$L = \frac{3m(C - B)}{r^5}\,yz,$$

$$M = \frac{3m(A - C)}{r^5}\,zx,$$

$$N = \frac{3m(B - A)}{r^5}\,xy.$$

Actuellement, ayons égard à ce que l'observation et la théorie nous apprennent sur la constitution de la terre. Le centre de gravité de la terre étant supposé fixe, le mouvement de la sphère céleste nous apprend que la terre tourne autour d'un axe qui paraît absolument fixe dans ce corps. De plus, nous savons que la forme de la terre diffère peu de celle d'une sphère, et rien ne nous porte à croire que la densité soit fort inégalement répartie autour du centre. Nous pouvons donc admettre que les différences des moments d'inertie, et, par suite, les moments L, M, N, sont peu considérables vis-à-vis de la masse de la terre. Or, si l'axe de rotation de la terre était réellement fixe dans ce corps, et les moments L, M, N tout à fait nuls, l'axe de rotation serait un axe principal d'inertie, selon la propriété caractéristique dont jouissent ces axes, d'être axes permanents de rotation. D'après cela, l'erreur commise, en admettant que la rotation de la terre s'effectue autour d'un axe principal d'inertie, sera fort petite. Un calcul approfondi montre que cette erreur est tout à fait négligeable.

Les mesures géodésiques nous apprennent que la figure de la terre est celle d'un solide de révolution autour de son axe de rotation. Ceci et plusieurs autres considérations portent à croire que les deux axes principaux d'inertie relatifs au centre de gravité, qui sont situés dans le plan de l'équateur, ont des moments égaux. Nous prendrons le plan XOY pour celui de l'équateur, et nous poserons

$$B = A.$$

L'aplatissement de la terre vers les pôles nous porte à admettre que l'axe OZ est l'axe du plus grand moment.

Nous supposerons donc

$$C > A.$$

Ainsi, nous aurons

$$L = \frac{3m(C - A)}{r^5} yz, \quad M = -\frac{3m(C - A)}{r^5} zx, \quad N = 0.$$

Mettons de suite ces valeurs sous une forme qui se prête mieux au calcul numérique.

Soit n la vitesse angulaire moyenne du mouvement de la terre autour du soleil. D'après les formules du mouvement elliptique, la force accélératrice qui retient la terre dans son orbite, rapportée à l'unité de distance, est mesurée par le produit $n^2 r^3$. D'un autre côté, cette même force a pour mesure le produit de la somme des masses du soleil et de la terre, par l'attraction de l'unité de masse sur l'unité de masse à l'unité de distance. Si donc nous nommons h le rapport de la masse de la terre à celle du soleil, nous aurons

$$m = \frac{n^2 r^3}{1+h},$$

et, par suite,

$$(1)\quad L = \frac{3n^2(C-A)}{(1+h)r^2}yz, \quad M = -\frac{3n^2(C-A)}{(1+h)r^2}zx, \quad N = 0.$$

Le rapport h étant fort petit, $\frac{1}{350000}$ au plus, nous le négligerons dans le présent calcul. Mais, quand il s'agira de la lune, il faudra rétablir dans les formules le rapport analogue, savoir, le rapport de la masse de la terre à celle de la lune, qui est égal à 80.

Dorénavant nous prendrons l'axe OX constamment dirigé vers l'équinoxe de printemps, et l'axe OY dirigé du côté du solstice d'été. Ces deux axes ne cesseront pas d'être axes principaux d'inertie de la terre.

Nous déterminerons le mouvement par la méthode de la composition des couples. Les couples L et M, en agissant pendant l'instant dt, communiquent à la terre deux vitesses de rotation infiniment petites, autour des axes OX et OY; les quantités de mouvement qui naissent de ces vitesses de rotation ont pour moments, autour des mêmes axes, les produits $L\,dt$ et $M\,dt$, car les moments des forces effectives sont égaux aux moments des forces appliquées. Ainsi, les quantités de mouvement que possède la terre à la fin de l'instant dt, considérées comme des forces et transportées à l'origine, donnent naissance à trois couples autour des trois axes OX, OY, OZ. Les deux premiers ont leurs moments égaux à $L\,dt$, $M\,dt$; le troisième est le couple des quantités de mouvement qui animaient la terre au commencement de l'instant considéré. Si l'on représente son moment par G, et que l'on nomme ρ la vitesse de rotation de la terre autour de son axe, on a

$$G = \rho C.$$

Ces trois couples se composent en un seul, dont l'axe se confond, pour nous, avec l'axe de révolution de la terre, dans la nouvelle position qu'il occupe à la fin de l'instant dt. On sait, en effet, que trois rotations infiniment petites, autour de trois axes rectangulaires, se réduisent à une rotation autour d'un seul axe convenablement déterminé. Si l'on convient de représenter un couple par une droite dirigée suivant l'axe et proportionnelle au moment, le couple résultant dont il s'agit sera représenté, en grandeur et en direction, par la diagonale du parallélipipède rectangle construit sur les axes OX, OY, OZ avec des longueurs proportionnelles à $L\,dt$, $M\,dt$, G. Les deux premières arêtes du parallélipipède étant infiniment petites en comparaison de la troisième, la diagonale fera un angle infiniment petit avec la troisième arête et, par suite, aura même longueur. L'attraction du soleil dévie donc l'axe de la terre, à chaque instant, sans changer la vitesse de rotation autour de cet axe (*).

(*) La théorie des forces instantanées rend aussi parfaitement compte de la méthode de la composition des couples. En effet, quand des forces instantanées viennent à agir sur un système de points matériels assujettis à des liaisons quelconques, si l'on considère les quantités de mouvement comme des forces, il y a équilibre, en vertu des liaisons, entre les quantités de mouvement que possédait le système avant les percussions, les quantités de mouvement qui seraient communiquées par les percussions si tous les points étaient libres, et les quantités de mouvement que possède le système après les percussions, ces dernières quantités étant prises en signe contraire.

Or on peut toujours remplacer les forces continues qui agissent pen-

Étudions isolément les mouvements produits par chacun des quatre couples moteurs, en commençant par les couples qui proviennent de l'action du soleil.

Action du soleil.

Il nous faut substituer aux coordonnées rectangulaires du soleil la distance r, la longitude φ, et l'obliquité θ de l'équateur XOY sur l'écliptique XOE.

Les formules de transformation sont les suivantes :

$$x = r\cos\varphi, \quad y = r\cos\theta\sin\varphi, \quad z = r\sin\theta\sin\varphi.$$

Elles donnent

$$L = 3n^2(C - A)\sin\theta\cos\theta\sin^2\varphi,$$
$$M = -3n^2(C - A)\sin\theta\sin\varphi\cos\varphi.$$

1° *Couple* L. — Composant d'après la loi du parallélogramme le couple Ldt avec le couple G, on obtient un nouveau couple, dont l'axe OG′ représente la position que prendrait l'axe terrestre à la fin de l'instant dt, si le couple Ldt agissait seul. Ainsi, par l'effet du couple Ldt, l'axe terrestre ou la perpendiculaire à l'équateur tourne d'un angle infiniment petit $d\upsilon$ autour du rayon OY de l'équateur. Ce rayon étant perpendiculaire à l'intersection de l'équateur et de l'écliptique, il s'ensuit que la ro-

dant l'instant dt par des percussions appliquées à la fin de cet instant et capables de produire sur chaque point du système, supposé libre, la quantité de mouvement qui lui serait communiquée par les forces continues pendant l'instant dt. Par là on n'a plus à considérer que des percussions; en sorte que le mouvement communiqué se détermine, d'après le théorème général qu'on vient de rappeler, en exprimant que les quantités de mouvement se font équilibre.

Dans notre cas, les liaisons réduisent les conditions d'équilibre à celle-ci, que la somme des moments autour de chacun des trois axes soit nulle. Il s'ensuit que les moments, représentés par des droites, se composent suivant la loi du parallélogramme.

tation dv a pour unique effet de déplacer l'intersection de l'équateur sur l'écliptique, sans changer l'angle des deux plans.

Soit $d\psi$ l'angle XOX' dont la ligne des équinoxes a rétrogradé dans le plan de l'écliptique. Cet angle est le même que l'angle décrit par la projection de l'axe terrestre sur l'écliptique, car cette projection est constamment perpendiculaire à la ligne des équinoxes. Nous avons donc

$$d\psi = \frac{dv}{\sin\theta};$$

et d'ailleurs

$$\sin dv \quad \text{ou} \quad dv = \frac{\mathrm{L}\,dt}{\mathrm{G}} = \frac{3n^2(\mathrm{C}-\mathrm{A})}{\rho\mathrm{C}}\sin\theta\cos\theta\sin^2\varphi\,dt.$$

Prenons l'origine du temps à l'équinoxe de printemps pour une année déterminée, et nommons ψ l'angle dont la ligne des équinoxes a rétrogradé sur le plan de l'écliptique depuis l'origine du temps. Alors, négligeant l'excentricité de l'orbite terrestre, nous avons

$$\varphi = nt + \psi.$$

Mais, dans la valeur de $d\psi$, nous pouvons négliger l'angle ψ au même titre que nous négligeons les déplacements produits par les autres couples moteurs. Par conséquent,

$$d\psi = \frac{3n^2(\mathrm{C}-\mathrm{A})}{\rho\mathrm{C}}\cos\theta\sin^2 nt\,dt.$$

En outre, l'observation fait voir que l'obliquité de l'équateur sur l'écliptique reste à peu près constante, car elle ne s'écarte pas de sa valeur moyenne de plus de 10''. Nous pouvons donc, dans l'équation précédente, supposer à θ une valeur constante θ', comprise entre la plus grande et la plus petite des valeurs de cet angle. D'après cela, il vient, en intégrant et remplaçant ensuite nt par φ,

$$\psi = \frac{3}{2}\frac{n^2(\text{C}-\text{A})\cos\theta'}{\rho\text{C}}\left(t - \frac{\sin 2\varphi}{2n}\right).$$

Cet angle ψ mesure la précession des équinoxes due à l'action du soleil. La valeur moyenne de cet angle croît proportionnellement au temps. Or l'observation apprend que la ligne des nœuds emploie environ 26 000 ans pour accomplir une révolution entière; donc le coefficient $\frac{\text{C}-\text{A}}{\text{C}}$ est fort petit. Il en résulte que le terme qui contient le facteur périodique $\frac{\sin 2\varphi}{2n}$ ne peut jamais acquérir une valeur bien sensible. Aussi nous bornerons notre formule à la précession moyenne

$$(2) \qquad \psi = \frac{3}{2}\frac{n^2(\text{C}-\text{A})\cos\theta'}{\rho\text{C}}t.$$

2° *Couple* M. — Composant le couple Mdt avec le couple G, on obtient un nouveau couple, dont l'axe OG″ représente la position que prendrait l'axe terrestre à la fin de l'instant dt, si le couple Mdt agissait seul. On voit que l'effet de ce couple se réduit à faire varier l'obliquité de l'équateur sur l'écliptique d'un angle

$$\text{GOG}'' = d\theta = \frac{\text{M}\,dt}{\text{G}} = -\frac{3n^2(\text{C}-\text{A})\sin\theta\sin 2nt}{2\rho\text{C}}dt.$$

Il vient, en intégrant avec la même approximation que dans le calcul précédent,

$$\theta = \frac{3}{4}\frac{n(\text{C}-\text{A})}{\rho\text{C}}\sin\theta'\cos 2\varphi + \text{const.}$$

La variation de l'angle θ, donnée par cette formule, mesure la nutation de l'axe terrestre due à l'action du soleil. Cette nutation *périodique* est peu sensible, à cause du très-petit facteur $\frac{C - A}{C}$. Ainsi, *l'axe de la rotation de la terre resterait à peu près fixe dans l'espace, si le soleil agissait seul.*

Action de la lune.

Occupons-nous maintenant de la lune. Conservons aux lettres la même signification, mais marquons de l'indice 1 celles qui se rapportent à la lune; de plus, nommons i l'inclinaison de l'orbite lunaire sur l'écliptique, et λ la longitude du nœud ascendant de la lune.

Nous avons, d'après les formules (1),

$$L_1 = \frac{3n_1^2(C - A)}{(1 + h_1) r_1^2} y_1 z_1, \quad M_1 = - \frac{3n_1^2(C - A)}{(1 + h_1) r_1^2} z_1 x_1, \quad N_1 = 0,$$

x_1, y_1, z_1 étant les coordonnées de la lune par rapport aux axes OX, OY, OZ.

Il nous faut exprimer ces coordonnées en fonction de la longitude de la lune. Pour cela, figurons une sphère décrite du centre de gravité de la terre comme centre, avec un rayon égal à l'unité; et marquons sur cette sphère la trace m_1 du rayon vecteur de la lune, l'équateur XY, l'écliptique XN et l'orbite lunaire Nm_1. L'arc XN sera la longitude du nœud, et la somme des deux arcs XN, Nm_1, non situés dans un même plan, sera la longitude de la lune, ou φ_1.

Fig. 72.

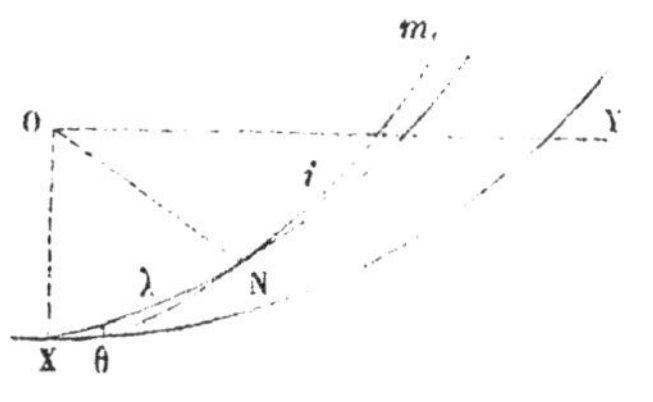

Nous cherchons les valeurs des coordonnées, en vue de les substituer dans les expressions de $\frac{L_1}{G}$ et de $\frac{M_1}{G}$, lesquelles contiennent le facteur très-petit $\frac{C - A}{C}$. Il est donc inutile de calculer ces valeurs fort exactement. Aussi nous négligerons dans ce calcul le carré de l'angle i, angle dont la valeur est à peu près $5^\circ 9'$ ou $\frac{1}{11}$ du rayon.

Soient x'_1, y'_1, z'_1 les coordonnées de la lune, prises par rapport à trois axes dont l'origine est au centre de gravité de la terre, et qui sont dirigés, le premier suivant la direction OX de l'équinoxe de printemps, le second suivant une perpendiculaire située dans le plan de l'écliptique, et le troisième suivant une perpendiculaire à l'écliptique.

Nous avons d'abord

$$x'_1 = r_1 \cos \varphi_1, \quad y'_1 = r_1 \sin \varphi_1, \quad z'_1 = r_1 i \sin(\varphi_1 - \lambda);$$

puis, par les formules de transformation des coordonnées en géométrie plane,

$$\begin{aligned} x_1 &= x'_1 = r_1 \cos \varphi_1, \\ y_1 &= y'_1 \cos\theta - z'_1 \sin\theta = r_1 [\sin\varphi_1 \cos\theta - i \sin(\varphi_1 - \lambda) \sin\theta], \\ z_1 &= y'_1 \sin\theta + z'_1 \cos\theta = r_1 [\sin\varphi_1 \sin\theta + i \sin(\varphi_1 - \lambda) \cos\theta]. \end{aligned}$$

Substituant ces valeurs dans les expressions de L_1 et de M_1, et négligeant toujours i^2, il vient

$$\begin{aligned} L_1 = \frac{3n_1^2(C - A)}{(1 + h_1)} [&\sin\theta \cos\theta \sin^2\varphi_1 \\ &+ i(\cos^2\theta - \sin^2\theta) \sin\varphi_1 \sin(\varphi_1 - \lambda)], \end{aligned}$$

$$\begin{aligned} M_1 = -\frac{3n_1^2(C - A)}{(1 + h_1)} [&\sin\theta \sin\varphi_1 \cos\varphi_1 \\ &+ i \cos\theta \cos\varphi_1 \sin(\varphi_1 - \lambda)]. \end{aligned}$$

1° *Couple* L_1. — Si l'on nomme ψ l'angle dont rétrograde la ligne des équinoxes pendant le temps t, en vertu de l'action du couple L_1, on a l'équation

$$d\psi = \frac{L_1\,dt}{G\sin\theta},$$

où l'on doit remplacer L_1 par la valeur précédente, et G par sa valeur ρC.

Dans l'intégration qui doit nous fournir l'angle ψ, nous pourrons regarder comme constants, non-seulement l'angle θ, mais aussi l'angle i; car l'inclinaison de l'orbite lunaire sur l'écliptique reste à peu près constante. Nous pourrons encore remplacer la longitude φ_1 par $n_1 t +$const. Quant à la longitude du nœud, λ, nous savons qu'elle diminue d'une circonférence en 18 ans $\frac{2}{3}$ environ, d'un mouvement à peu près uniforme; en sorte que, en nommant $-\alpha$ la vitesse angulaire moyenne du nœud, nous pourrons remplacer λ par $-\alpha t +$ const.; et il importe d'observer que α sera beaucoup plus petit que n_1.

Ceci posé, il suffit de remplacer les produits de sinus par les cosinus de la somme et de la différence des arcs, et l'intégration se fera immédiatement. Mais, parmi les termes périodiques de la différentielle, nous conserverons seulement le terme indépendant de φ_1; car l'intégrale des autres termes aura en diviseur le nombre n_1, tandis que l'intégrale de celui-ci aura en diviseur le nombre α, lequel est beaucoup plus petit que n_1.

La différentielle $d\psi$ se réduit donc à la valeur suivante

$$d\psi = \frac{3}{2}\frac{n_1^2(C-A)}{(1+h_1)\rho C}\left[\cos\theta' + \frac{i\cos 2\theta'}{\sin\theta'}\cos(-\alpha t + \text{const.})\right]dt.$$

On en tire

$$(3) \qquad \psi = \frac{3}{2}\frac{n_1^2(C-A)}{(1+h_1)\rho C}\left(\cos\theta'.t - \frac{i\cos 2\theta'}{\alpha\sin\theta'}\sin\lambda\right).$$

2° *Couple* M_1. — Si l'on nomme $d\theta$ la variation de l'obliquité de l'équateur, due à l'action du couple M_1 pendant l'instant dt, on a

$$d\theta = \frac{M_1\,dt}{G}.$$

En opérant comme pour le calcul de ψ, la différentielle $d\theta$ se réduit à la valeur suivante :

$$d\theta = \frac{3}{2}\,\frac{n_1^2(C-A)\,i\cos\theta'}{(1+h_1)\rho C}\sin(-\alpha t + \text{const.})\,dt.$$

Quand on détermine convenablement la constante θ', l'intégrale est

$$(4) \qquad \theta = \theta' + \frac{3}{2}\,\frac{n_1^2(C-A)\,i\cos\theta'}{(1+h_1)\rho C\alpha}\cos\lambda.$$

Réunissant toutes les parties obtenues (2), (3), (4), on a la représentation complète du mouvement de l'axe terrestre, par les formules

$$(5) \qquad \psi = (c + c_1)\,t - \frac{b}{\sin\theta'}\sin\lambda,$$

$$(6) \qquad \theta = \theta' + a\cos\lambda,$$

où l'on a posé

$$c = \frac{3}{2}\,\frac{C-A}{C}\,\frac{n^2\cos\theta'}{\rho}, \qquad c_1 = \frac{3}{2}\,\frac{C-A}{C}\,\frac{n_1^2\cos\theta'}{(1+h_1)\rho},$$

$$b = \frac{3}{2}\,\frac{C-A}{C}\,\frac{n_1^2\,i\cos 2\theta'}{(1+h_1)\rho\alpha}, \qquad a = \frac{3}{2}\,\frac{C-A}{C}\,\frac{n_1^2\,i\cos\theta'}{(1+h_1)\rho\alpha}.$$

Représentation géométrique. — Ces formules (5) et (6) sont semblables à celles que nous avons discutées au problème 1, page 184, si ce n'est que les coefficients des termes périodiques de ψ et de θ ne sont pas égaux dans le problème actuel. Elles sont susceptibles d'une représentation géométrique toute semblable, qui se reconnaît de la même manière.

Imaginons un axe mené par le centre de gravité de la terre, et dont le mouvement soit défini par les valeurs

$$\psi = (c + c_1)t, \quad \theta = \theta'.$$

Cet axe coïncidera périodiquement avec l'axe de rotation de la terre; c'est pourquoi nous le nommerons *axe moyen*.

Décrivons une sphère autour du centre de gravité de la terre comme centre, avec un rayon égal à l'unité; et considérons les intersections de cette surface par l'axe vrai et par l'axe moyen, intersections que nous nommerons *pôle vrai* et *pôle moyen*.

Le pôle moyen décrit sur la sphère, d'un mouvement uniforme, un petit cercle dont le rayon sphérique est θ', et dont le centre est le point qui marque sur la sphère le pôle de l'écliptique. Ce mouvement de rotation est de sens contraire à celui de la rotation de la terre autour de son axe.

Pendant ce mouvement, le pôle vrai tourne autour du pôle moyen dans le même sens que le pôle moyen autour du pôle de l'écliptique. Si l'on considère le pôle moyen comme fixe, on voit le pôle vrai décrire autour de ce point, comme centre, une très-petite ellipse dont les demi-axes sont a et b, le premier de ces axes étant dirigé vers le pôle de l'écliptique. En effet, une ellipse dont les demi-axes sont a et b peut se représenter, soit par l'équation

$$\frac{\xi^2}{a^2} + \frac{\eta^2}{b^2} = 1,$$

soit par les deux équations simultanées

$$\xi = a\cos\lambda, \quad \eta = b\sin\lambda,$$

où λ désigne l'angle connu sous le nom d'*anomalie excentrique* du point (ξ, η). Cet angle croît ici d'un mouvement uniforme.

Le rapport des axes de cette petite ellipse est

$$\frac{b}{a} = \frac{\cos 2\theta'}{\cos\theta'}.$$

Comme θ' est un angle aigu, il s'ensuit que a est plus grand que b, en sorte que l'axe dirigé vers le pôle de l'écliptique est le plus grand des deux.

Le pôle moyen accomplit sa révolution dans le temps $\frac{2\pi}{c + c_1}$, et le pôle vrai parcourt sa petite ellipse dans le même temps que le nœud de l'orbite lunaire fait le tour de l'écliptique, c'est-à-dire en 18 ans $\frac{2}{3}$ environ.

Calcul numérique. — Dans ce calcul, l'unité de longueur sera la seconde d'arc, et l'unité de temps sera l'année julienne composée de 365,25 jours solaires moyens. Nous pourrons confondre cette année avec l'année sidérale, dont elle diffère très-peu; par suite, nous aurons

$$n = \text{nombre de secondes en } 360^\circ = 1296000''.$$

Les autres données, fournies par l'observation, sont, pour l'époque actuelle,

$$\frac{n_1}{n} = \frac{365,25}{27,321}, \quad \frac{n}{\alpha} = \frac{6793,4}{365,25}, \quad \frac{n}{\rho} = \frac{86164}{86400 \times 365,25},$$

$$\theta' = 23^\circ 27' 30'', \quad i = 18528'', \quad \frac{1}{1 + h_1} = \frac{1}{81}.$$

Il faut encore connaître le rapport des moments d'inertie, $\frac{C - A}{A}$; mais notre ignorance sur la répartition de la densité dans l'intérieur de la terre ne nous permet que des conjectures. D'après une hypothèse (*), imaginée par Legendre et discutée par Laplace dans la *Mécanique céleste* (livre XI, §§ 1 et 6), qui s'accorde assez bien avec la plupart des phénomènes observés, on trouve

$$\frac{C-A}{C}=0,003255.$$

Nous admettrons cette valeur.

Substituant ces nombres dans les formules obtenues, il vient d'abord

$$\frac{b}{a}=\frac{\cos 2\theta'}{\cos\theta'}=0,7446,$$

quel que soit le rapport du moment d'inertie; tandis que l'observation donne $\frac{b}{a}=0,7462$. L'erreur relative est $\frac{1}{500}$.

Nous trouvons ensuite

$$c=15'',8,\quad \text{pour la précession solaire annuelle,}$$
$$c_1=34'',9,\quad \text{pour la précession lunaire annuelle,}$$
$$c+c_1=50'',7,\quad \text{pour la précession annuelle totale;}$$

tandis que la précession annuelle observée est $50'',2$.

Il vient enfin

$$a=9'',30;$$

tandis que la valeur observée est $9'',65$.

On sait que la théorie des couples a été imaginée par M. Poinsot. Elle constitue une partie importante de l'admirable *Traité de Statique* publié par cet auteur. L'ap-

(*) Cette hypothèse consiste à regarder la terre comme une masse fluide et tellement compressible, que l'accroissement de pression nécessaire pour produire un accroissement donné de la densité soit proportionnel à la densité elle-même.

plication de la méthode à la détermination du mouvement de la terre autour de son centre est également due à l'illustre géomètre (*).

Corollaire. — Nous pouvons, en suivant une marche inverse, nous servir des mêmes formules pour calculer le rapport des moments d'inertie de la terre, $\frac{C-A}{C}$, et aussi le rapport de la masse de la terre à celle de la lune, qui est encore assez incertain. Il nous suffit d'égaler les expressions de $c + c_1$ et de a aux valeurs observées $50'',2$ et $9'',65$, puis de résoudre les deux équations obtenues par rapport aux quantités $\frac{C-A}{C}$ et h_1. Nous trouvons ainsi

$$\frac{C-A}{C} = \frac{2}{3}\frac{\rho}{n}\frac{1}{\cos\theta'}\left(\frac{50'',2}{n} - \frac{\alpha}{i}\frac{9'',65}{n}\right) = 0,002857,$$

$$h_1 = \frac{n_1^2}{n^2}\left(\frac{i}{\alpha}\frac{50'',2}{9'',65} - 1\right) - 1 = 67,5.$$

Cette valeur du rapport des masses est sans doute trop faible, bien qu'elle se déduise de formules assez exactes. Il faut en conclure que la précession et la nutation ne fournissent pas aux astronomes un bon moyen pour déterminer la masse de la lune, en ce sens qu'une petite erreur dans la précession ou la nutation produit une erreur considérable dans le rapport des masses.

6. *Considérons l'orbite de la lune comme un anneau circulaire très-mince, et partout d'égale épaisseur, animé d'une vitesse de rotation autour de son axe de figure, égale au moyen mouvement de la lune; et cherchons quel déplacement du plan de l'orbite produirait l'attraction du soleil, dans cette hypothèse.*

(*) *Voir* la Théorie des cônes circulaires roulants (*Journal de M. Liouville*, t. XVIII, p. 41; 1853).

La distance moyenne de la lune à la terre étant à peu près la 400e partie de celle du soleil, nous pouvons appliquer à l'anneau fictif les formules établies pour le mouvement de la terre dans le problème précédent; car ces formules supposent seulement que le corps est de révolution, et de dimensions petites relativement à la distance du soleil. Le plan de l'anneau nous représentera le plan de l'équateur, son axe de rotation nous représentera la ligne des pôles, etc.

D'après cela, transportant à cet anneau la notation employée pour la terre au problème cité, nous avons

$$d\psi = \frac{3n^2(C-A)}{2\rho C}\cos\theta\,(1-\cos 2\varphi)\,dt,$$

$$d\theta = -\frac{3n^2(C-A)}{2\rho C}\sin\theta\sin 2\varphi\,dt.$$

Ici le rapport $\frac{C-A}{C}$ est égal à $\frac{1}{2}$, et l'angle θ reste toujours assez petit, $5^\circ 9'$ environ. Il vient donc, en négligeant le carré de l'angle θ,

$$d\psi = \frac{3n^2}{4\rho}(1-\cos 2\varphi)\,dt,$$

$$d\theta = -\frac{3n^2}{4\rho}\,\theta\sin 2\varphi\,dt.$$

Dans ces formules, n est le mouvement moyen du soleil, ρ le mouvement moyen de la lune dans son orbite, θ l'inclinaison du plan de l'orbite lunaire, $-\psi$ la longitude du nœud de la lune, φ la différence entre la longitude moyenne du soleil et la longitude du nœud de la lune. Elles coïncident exactement avec les équations auxquelles on parvient, quand on cherche à déterminer le mouvement du plan de l'orbite de la lune par la méthode commune de la variation des constantes arbitraires (*).

Si l'on néglige les termes périodiques, pour ne considérer que le mouvement moyen, on voit que l'inclinaison reste constante, et que le nœud rétrograde d'un mouvement uniforme, avec la vitesse $\frac{3n^2}{4\rho}$.

Newton a traité cette question dans le *Livre des Principes* (lib. I, prop. 66). L'anneau qu'il considère est la portion du globe terrestre qui forme le renflement équatorial. Il avait en vue de calculer la précession des équinoxes; mais il se trompa dans le passage du cas d'un anneau libre au cas réel d'un anneau qui est lié avec le noyau sphérique de la terre, et l'entraîne dans son mouvement. Laplace a corrigé le calcul de Newton, dans la *Mécanique céleste* (liv. XIV, § 1).

7. *Supposons un corps retenu par un point fixe, qui ne soit sollicité par aucun couple accélérateur. Ce sera, si l'on veut, un corps pesant retenu par son centre de gravité.*

Nommons G le moment du couple résultant de toutes les quantités de mouvement;

h la distance du centre fixe au plan qui touche l'ellipsoïde central, relatif à ce centre, sur l'axe instantané de rotation;

x_1, y_1, z_1 les coordonnées du point de contact par rapport aux axes principaux d'inertie du corps;

k le rapport constant de x_1, y_1, z_1 à p, q, r;

λ, μ, ν les angles que forment les axes principaux d'inertie sur l'axe fixe du couple G.

(*) Cette remarque se trouve dans une thèse présentée en 1855, à la Faculté de Paris, par M. Charles Simon.

Le couple G est constant en grandeur et en direction, d'après le principe des aires ; la distance h reste invariable pendant toute la durée du mouvement, car elle est égale au quotient de la racine carrée de la somme des forces vives par le moment G; le plan tangent à l'ellipsoïde central sur l'axe instantané coïncide avec le plan du couple G. Ce sont là des propositions démontrées dans tous les Traités de Mécanique postérieurs aux travaux de M. Poinsot.

De plus, on a les équations

$$\mathrm{A}x_1^2 + \mathrm{B}y_1^2 + \mathrm{C}z_1^2 = 1,$$

$$(\mathrm{A}^2x_1^2 + \mathrm{B}^2y_1^2 + \mathrm{C}^2z_1^2)^{-\frac{1}{2}} = h,$$

$$\mathrm{A}^2p^2 + \mathrm{B}^2q^2 + \mathrm{C}^2r^2 = \mathrm{G}^2,$$

$$\frac{\cos\lambda}{\mathrm{A}p} = \frac{\cos\mu}{\mathrm{B}q} = \frac{\cos\nu}{\mathrm{C}r} = \frac{1}{\mathrm{G}},$$

d'où l'on tire

$$\frac{\cos\lambda}{\mathrm{A}x_1} = \frac{\cos\mu}{\mathrm{B}y_1} = \frac{\cos\nu}{\mathrm{C}z_1} = h.$$

De ces relations on déduira sans peine plusieurs propriétés du mouvement des axes principaux d'inertie relatifs au centre fixe :

1° *La somme des carrés des distances des trois sommets de l'ellipsoïde central à l'axe fixe du couple résultant des quantités de mouvement est constante pendant toute la durée du mouvement.*

2° *La somme des moments d'inertie principaux, respectivement multipliés par les carrés des distances variables des sommets de l'ellipsoïde central à l'axe fixe du couple résultant des quantités de mouvement, est constante pendant toute la durée du mouvement.*

3° *Si l'on nomme ρ_a, ρ_b, ρ_c les longueurs interceptées sur les axes principaux de l'ellipsoïde central par le* *centre fixe et par le plan tangent à l'ellipsoïde sur l'axe instantané de rotation, on a les relations*

$$\frac{1}{\rho_a^2} + \frac{1}{\rho_b^2} + \frac{1}{\rho_c^2} = \frac{1}{h^2} = \text{const.}, \qquad \frac{1}{A\rho_a^2} + \frac{1}{B\rho_b^2} + \frac{1}{C\rho_c^2} = 1.$$

4° *Si, à partir du centre fixe, on porte sur les axes principaux d'inertie du corps trois lignes égales entre elles et d'une longueur quelconque* R, *la somme des aires décrites par leurs trois projections sur le plan fixe du couple résultant des quantités de mouvement sera proportionnelle au temps, et elle aura pour valeur le produit de* $2R^2 t$ *par la vitesse de rotation* $\frac{h}{k}$ *autour de l'axe fixe du couple.*

5° *Si l'on porte sur les mêmes axes principaux trois lignes proportionnelles aux racines carrées des trois moments d'inertie relatifs à ces axes, la somme des trois aires décrites par leurs projections sur le plan du couple sera aussi proportionnelle au temps.*

En s'appuyant sur cette propriété de l'ellipsoïde, que le volume du parallélipipède construit sur trois demi-diamètres conjugués est constant, on démontrera que *l'ellipsoïde central est perpétuellement coupé par le plan diamétral conjugué à l'axe instantané de rotation, suivant une ellipse dont l'aire est constante, bien que la forme varie.*

Poinsot, *Théorie nouvelle de la rotation des corps*, part. III, chap. III, nos 47-55 et 67.

8. *Considérant toujours le même corps, imaginons, autour du point fixe comme centre, un ellipsoïde dont les axes soient dirigés suivant les axes principaux d'inertie du corps, et aient pour longueurs les doubles des racines carrées des moments d'inertie relatifs à ces axes.*

Pendant toute la durée du mouvement, la surface de cet ellipsoïde intercepte la même longueur $\frac{1}{h}$ *sur l'axe fixe du couple résultant des quantités de mouvement mené du centre; en sorte que cet axe fixe trace sur la surface de l'ellipsoïde la courbe qui résulterait de l'intersection de cette surface par une sphère concentrique de rayon égal à* $\frac{1}{h}$. *Démontrer directement ce théorème.*

Dans le langage de la Géométrie nouvelle, l'ellipsoïde que nous considérons ici est la figure *polaire réciproque* de l'ellipsoïde central par rapport à une sphère concentrique dont le rayon est égal à l'unité. D'après le principe de *dualité* en Géométrie, établi par M. Chasles dans son *Aperçu historique*, à une propriété de l'ellipsoïde central concernant des points, des droites et des plans, répond une propriété semblable du second ellipsoïde concernant des plans, des droites et des points. La propriété qui fait l'objet du théorème actuel répond à cette propriété de l'ellipsoïde central, découverte par M. Poinsot : le plan tangent à l'ellipsoïde central, et perpendiculaire à l'axe du couple résultant des quantités de mouvement, coupe cet axe à une même distance du centre, pendant toute la durée du mouvement. Ce nouvel ellipsoïde a été considéré pour la première fois par Mac-Cullagh.

CHAPITRE X.

MOUVEMENTS RELATIFS. CHANGEMENT DE VARIABLES.

La détermination du mouvement d'un système de points matériels, relativement à des axes mobiles suivant une loi donnée, exige un changement de variables, soit après l'intégration des équations différentielles qui régissent le mouvement absolu, soit avant cette intégration. Cette seconde marche est généralement préférable; nous l'étudierons seule.

Pour substituer de nouvelles variables aux coordonnées rectangulaires x, y, z, dans l'équation générale de la dynamique,

$$\sum\left[\left(m\frac{d^2x}{dt^2}-\mathrm{X}\right)\delta x+\left(m\frac{d^2y}{dt^2}-\mathrm{Y}\right)\delta y+\left(m\frac{d^2z}{dt^2}-\mathrm{Z}\right)\delta z\right]=0,$$

il semble au premier abord qu'il faut calculer séparément les expressions des quantités $\frac{d^2x}{dt^2}, \frac{d^2y}{dt^2}, \ldots, \delta x, \delta y \ldots$, en fonction des nouvelles variables, puis substituer les valeurs obtenues; mais le calcul ainsi fait serait parfois fort pénible. On l'abrégera beaucoup en se servant d'un théorème de Lagrange (*), d'après lequel toute la partie pénible de la transformation se réduit à trouver l'expression de la demi-somme des forces vives de tout le système, en fonction des variables nouvelles. Quoique ce théorème ne soit nullement nécessaire pour la théorie des mouve-

(*) *Mécanique analytique*, seconde Partie, sect. 4.

ments relatifs, ni même pour la résolution d'aucun problème de mécanique, nous le rapporterons ici, à raison de sa commodité pratique dans un grand nombre de questions, et, comme application, nous en déduirons les équations générales du mouvement relatif en coordonnées rectangulaires.

Formule de Lagrange. — Soient α, β, etc., les nouvelles variables, que nous supposons liées aux coordonnées rectangulaires x, y, z, etc., par des équations finies quelconques, pouvant contenir le temps explicitement; ces nouvelles variables peuvent d'ailleurs être en nombre différent de celui des coordonnées x, y, z, etc.

Posons, d'après Lagrange,

$$\frac{dx}{dt} = x', \quad \frac{dy}{dt} = y', \quad \frac{dz}{dt} = z', \ldots,$$

$$\frac{d\alpha}{dt} = \alpha', \quad \frac{d\beta}{dt} = \beta', \ldots;$$

et

$$(1) \qquad T = \frac{1}{2}\sum m\,(x'^2 + y'^2 + z'^2),$$

en sorte que T soit la demi-somme des forces vives de tout le système.

L'équation générale de la dynamique pourra s'écrire

$$(2) \qquad \left\{ \begin{aligned} &\sum m\left(\frac{dx'}{dt}\,\delta x + \frac{dy'}{dt}\,\delta y + \frac{dz'}{dt}\,\delta z\right) \\ &\qquad - \sum (X\delta x + Y\delta y + Z\delta z) = 0. \end{aligned} \right.$$

Le théorème de Lagrange consiste en ce que la quantité

$$\sum m\left(\frac{dx'}{dt}\,\delta x + \frac{dy'}{dt}\,\delta y + \frac{dz'}{dt}\,\delta z\right)$$

s'exprime d'une manière simple à l'aide des dérivées de la fonction T.

Pour le démontrer, observons d'abord que, les signes d et δ pouvant être intervertis, on a

$$\frac{d.\delta x}{dt} = \delta x', \quad \frac{d.\delta y}{dt} = \delta y', \ldots;$$

d'où il résulte

$$(3) \quad \left\{ \begin{aligned} &\sum m \left(\frac{dx'}{dt} \delta x + \frac{dy'}{dt} \delta y + \frac{dz'}{dt} \delta z \right) \\ &\quad = \frac{d.}{dt} \sum m (x' \delta x + y' \delta y + z' \delta z) \\ &\quad\quad - \sum m (x' \delta x' + y' \delta y' + z' \delta z'). \end{aligned} \right.$$

Il reste à transformer les deux sommes qui figurent au second membre.

Pour cela, on imagine que, à l'aide des équations qui lient les nouvelles variables aux anciennes et au temps, on ait exprimé $x, y, z, \ldots$ en $t, \alpha, \beta, \ldots$; et $x', y', z', \ldots$, T en $t, \alpha, \beta, \ldots, \alpha', \beta', \ldots$. Alors, en commençant par la première somme, on a identiquement

$$(4) \quad \left\{ \begin{aligned} &\sum m (x' \delta x + y' \delta y + z' \delta z) \\ &\quad = \sum m x' \left(\frac{dx}{d\alpha} \delta\alpha + \frac{dx}{d\beta} \delta\beta + \ldots \right) \\ &\quad + \sum m y' \left(\frac{dy}{d\alpha} \delta\alpha + \frac{dy}{d\beta} \delta\beta + \ldots \right) \\ &\quad + \sum m z' \left(\frac{dz}{d\alpha} \delta\alpha + \frac{dz}{d\beta} \delta\beta + \ldots \right). \end{aligned} \right.$$

D'ailleurs, si l'on représente par $\left(\frac{dx}{dt}\right)$ la dérivée partielle de x par rapport à t en tant que t figure explicitement dans l'expression de x en t, α, β,..., on a

$$(5) \qquad x' = \left(\frac{dx}{dt}\right) + \frac{dx}{d\alpha}\alpha' + \frac{dx}{d\beta}\beta' + \ldots;$$

d'où

$$\frac{dx'}{d\alpha'} = \frac{dx}{d\alpha}, \quad \frac{dx'}{d\beta'} = \frac{dx}{d\beta}, \ldots;$$

et de même

$$\frac{dy'}{d\alpha'} = \frac{dy}{d\alpha}, \ldots; \quad \frac{dz'}{d\alpha'} = \frac{dz}{d\alpha}, \ldots.$$

En ayant égard à ces dernières relations, l'équation (4) peut se mettre sous la forme

$$\begin{aligned} &\sum m(x'\delta x + y'\delta y + z'\delta z) \\ &= \sum m\left(x'\frac{dx'}{d\alpha'} + y'\frac{dy'}{d\alpha'} + z'\frac{dz'}{d\alpha'}\right)\delta\alpha \\ &+ \sum m\left(x'\frac{dx'}{d\beta'} + y'\frac{dy'}{d\beta'} + z'\frac{dz'}{d\beta'}\right)\delta\beta \\ &\ldots\ldots\ldots\ldots\ldots\ldots\ldots\ldots, \end{aligned}$$

ou bien

$$\sum m(x'\delta x + y'\delta y + z'\delta z) = \frac{dT}{d\alpha'}\delta\alpha + \frac{dT}{d\beta'}\delta\beta + \ldots.$$

Par suite,

$$\begin{aligned} &\frac{d.}{dt}\sum m(x'\delta x + y'\delta y + z'\delta z) \\ &= \frac{d.\frac{dT}{d\alpha'}}{dt}\delta\alpha + \frac{d.\frac{dT}{d\beta'}}{dt}\delta\beta + \ldots + \frac{dT}{d\alpha'}\delta\alpha' + \frac{dT}{d\beta'}\delta\beta' + \ldots. \end{aligned}$$

Quant à la somme qui forme la dernière partie de l'équation (3), elle est évidemment égale à δT, c'est-à-dire à

$$\frac{dT}{d\alpha}\delta\alpha + \frac{dT}{d\beta}\delta\beta + \ldots + \frac{dT}{d\alpha'}\delta\alpha' + \frac{dT}{d\beta'}\delta\beta' + \ldots.$$

Ainsi, en réunissant les deux valeurs obtenues, il vient

$$\sum m\left(\frac{dx'}{dt}\,\delta x + \frac{dy'}{dt}\,\delta y + \frac{dz'}{dt}\,\delta z\right)$$

$$= \frac{d.\dfrac{dT}{d\alpha'}}{dt}\,\delta\alpha + \frac{d.\dfrac{dT}{d\beta'}}{dt}\,\delta\beta + \ldots - \frac{dT}{d\alpha}\,\delta\alpha - \frac{dT}{d\beta}\,\delta\beta - \ldots.$$

Telle est l'expression donnée par Lagrange.

Pour achever la transformation de l'équation générale (2), il faut encore calculer la quantité

$$\sum(X\delta x + Y\delta y + Z\delta z),$$

en fonction des nouvelles variables.

Ce calcul s'effectuera généralement sans artifice particulier.

Toutefois, dans le cas où cette expression serait la variation exacte d'une fonction F des coordonnées x, y, z,..., considérées comme variables indépendantes, pour la transformer, il suffirait de substituer les nouvelles variables aux anciennes dans la fonction F, et de prendre la variation par rapport à α, β,..., sans faire varier t.

En tout cas, si l'on représente la valeur de la somme en question par

$$A\delta\alpha + B\delta\beta + \ldots,$$

l'équation générale de la dynamique sera

$$(6)\qquad \left(\frac{d.\dfrac{dT}{d\alpha'}}{dt} - \frac{dT}{d\alpha} - A\right)\delta\alpha + \left(\frac{d.\dfrac{dT}{d\beta'}}{dt} - \frac{dT}{d\beta} - B\right)\delta\beta + \ldots = 0.$$

Si les variables α, β,... étaient réduites au moindre nombre possible, on égalerait séparément à zéro les coefficients des variations $\delta\alpha$, $\delta\beta$,....

Il ne faut pas oublier que, dans cette équation, les

dérivées par rapport à $\alpha, \beta, \ldots, \alpha', \beta', \ldots$ sont des dérivées partielles, et les dérivées par rapport à t des dérivées totales prises en considérant $\alpha, \beta, \ldots, \alpha', \beta', \ldots$ comme des fonctions inconnues du temps.

Formules d'Hamilton. — La formule de Lagrange prend une forme souvent plus commode, quand on y remplace les variables $\alpha', \beta', \ldots$ par de nouvelles variables $p, q, \ldots$ en même nombre que les premières, et liées à celles-ci par les équations

$$(7) \qquad p = \frac{dT}{d\alpha'}, \quad q = \frac{dT}{d\beta'}, \ldots.$$

Avant d'effectuer cette substitution, remarquons que T est une fonction homogène de second degré des variables $x', y', z', \ldots$ (1), et que $x', y', z', \ldots$ sont des fonctions homogènes et du premier degré de $\alpha', \beta', \ldots$ (5).

Il s'ensuit que T est une fonction homogène et de second degré des variables $\alpha', \beta', \ldots$. D'après une propriété bien connue des fonctions de cette forme, on a

$$T = \frac{dT}{d\alpha'}\alpha' + \frac{dT}{d\beta'}\beta' + \ldots - T,$$

et, par suite,

$$(8) \quad \delta T = \alpha'\delta.\frac{dT}{d\alpha'} + \beta'\delta.\frac{dT}{d\beta'} + \ldots - \frac{dT}{d\alpha}\delta\alpha - \frac{dT}{d\beta}\delta\beta - \ldots.$$

Remplaçons maintenant dans la fonction T les variables $\alpha', \beta', \ldots$ par les variables $p, q, \ldots$ (7), et prenons la variation de la fonction. Nous aurons

$$\delta T = \frac{dT}{dp}\delta p + \frac{dT}{dq}\delta q + \ldots + \frac{dT}{d\alpha}\delta\alpha + \frac{dT}{d\beta}\delta\beta + \ldots.$$

Cette expression est identique à celle que nous obtiendrions en substituant les variables $p, q, \ldots$ aux variables $\alpha', \beta', \ldots$ dans le second membre de la formule (8). Par ces substitutions, $\delta.\frac{dT}{d\alpha'}, \delta.\frac{dT}{d\beta'}, \ldots$ deviendraient δp,

$\delta q, \ldots$ (7). Les équations qui expriment l'identité des deux expressions sont donc, outre les équations (7),

$$(9) \qquad \frac{dT}{dp} = \alpha', \quad \frac{dT}{dq} = \beta', \ldots,$$

$$(10) \qquad \frac{dT}{d\alpha} = -\frac{dT}{d\alpha}, \quad \frac{dT}{d\beta} = -\frac{dT}{d\beta}, \ldots.$$

Il faut se souvenir que dans ces équations, comme dans les équations (7), le premier membre est exprimé en fonction des variables α, $\beta, \ldots, p, q, \ldots$ et le second membre en fonction des variables $\alpha, \beta, \ldots, \alpha', \beta', \ldots$.

Les formules (7) et (10) nous donnent immédiatement le résultat de la substitution des nouvelles variables dans la formule de Lagrange (6),

$$(11) \left(\frac{dp}{dt} + \frac{dT}{d\alpha} - A\right)\delta\alpha + \left(\frac{dq}{dt} + \frac{dT}{d\beta} - B\right)\delta\beta + \ldots = 0.$$

Cette équation, jointe aux équations (9),

$$\frac{d\alpha}{dt} = \frac{dT}{dp}, \quad \frac{d\beta}{dt} = \frac{dT}{dq}, \ldots,$$

est une nouvelle forme de l'équation générale de la dynamique.

Quand les variables α, $\beta, \ldots$ sont réduites au moindre nombre possible, on a séparément

$$\frac{dp}{dt} + \frac{dT}{d\alpha} - A = 0, \quad \frac{dq}{dt} + \frac{dT}{d\beta} - B = 0, \ldots.$$

Si, de plus, $A\,d\alpha + B\,d\beta + \ldots$ est une différentielle exacte dU, en posant $U - T = H$, les équations du problème deviennent

$$\frac{dp}{dt} = \frac{dH}{d\alpha}, \quad \frac{dq}{dt} = \frac{dH}{d\beta}, \ldots,$$

$$\frac{d\alpha}{dt} = -\frac{dH}{dp}, \quad \frac{d\beta}{dt} = -\frac{dH}{dq}, \ldots.$$

Ce sont là les formules d'Hamilton.

Application aux mouvements relatifs. — Supposons que les nouvelles variables $\alpha, \beta, \gamma, \ldots$ soient des coordonnées relatives à des axes rectangulaires, mobiles suivant une loi donnée.

Soient

$$\begin{aligned} x &= x_0 + a\alpha + b\beta + c\gamma, \\ y &= y_0 + a'\alpha + b'\beta + c'\gamma, \\ z &= z_0 + a''\alpha + b''\beta + c''\gamma, \end{aligned}$$

les formules de transformation, dans lesquelles x_0, y_0, z_0 et les cosinus a, b, c, a',... sont des fonctions connues du temps.

Pour abréger l'écriture, supprimons le signe $\sum$, comme s'il ne s'agissait que d'un seul point, et supposons la masse m égale à l'unité.

En ayant égard aux relations finies qui lient les neuf cosinus, ainsi qu'aux relations différentielles qui en dérivent, nous obtenons successivement

$$\begin{aligned} 2\mathrm{T} = x'^2 + y'^2 + z'^2 &= \alpha'^2 + \beta'^2 + \gamma'^2 \\ &+ \left(\alpha\frac{da}{dt} + \beta\frac{db}{dt} + \gamma\frac{dc}{dt} + \frac{dx_0}{dt}\right)^2 \\ &+ \left(\alpha\frac{da'}{dt} + \beta\frac{db'}{dt} + \gamma\frac{dc'}{dt} + \frac{dy_0}{dt}\right)^2 \\ &+ \left(\alpha\frac{da''}{dt} + \beta\frac{db''}{dt} + \gamma\frac{dc''}{dt} + \frac{dz_0}{dt}\right)^2 \\ &+ 2(a\alpha' + b\beta' + c\gamma')\left(\alpha\frac{da}{dt} + \beta\frac{db}{dt} + \gamma\frac{dc}{dt} + \frac{dx_0}{dt}\right) \\ &+ 2(a'\alpha' + b'\beta' + c'\gamma')\left(\alpha\frac{da'}{dt} + \beta\frac{db'}{dt} + \gamma\frac{dc'}{dt} + \frac{dy_0}{dt}\right) \\ &+ 2(a''\alpha' + b''\beta' + c''\gamma')\left(\alpha\frac{da''}{dt} + \beta\frac{db''}{dt} + \gamma\frac{dc''}{dt} + \frac{dz_0}{dt}\right), \end{aligned}$$

$$\frac{dT}{d\alpha'} = \alpha' + \beta\left(a\frac{db}{dt} + a'\frac{db'}{dt} + a''\frac{db''}{dt}\right)$$
$$+ \gamma\left(a\frac{dc}{dt} + a'\frac{dc'}{dt} + a''\frac{dc''}{dt}\right) + a\frac{dx_0}{dt} + a'\frac{dy_0}{dt} + a''\frac{dz_0}{dt},$$

$$\frac{dT}{d\alpha} = \frac{da}{dt}\left(\alpha\frac{da}{dt} + \beta\frac{db}{dt} + \gamma\frac{dc}{dt} + \frac{dx_0}{dt}\right)$$
$$+ \frac{da'}{dt}\left(\alpha\frac{da'}{dt} + \beta\frac{db'}{dt} + \gamma\frac{dc'}{dt} + \frac{dy_0}{dt}\right)$$
$$+ \frac{da''}{dt}\left(\alpha\frac{da''}{dt} + \beta\frac{db''}{dt} + \gamma\frac{dc''}{dt} + \frac{dz_0}{dt}\right)$$
$$+ \frac{da}{dt}(b\beta' + c\gamma')$$
$$+ \frac{da'}{dt}(b'\beta' + c'\gamma')$$
$$+ \frac{da''}{dt}(b''\beta' + c''\gamma'),$$

$$(12)\quad \left\{\begin{aligned} &\frac{d.\frac{dT}{d\alpha'}}{dt} - \frac{dT}{d\alpha} \\ &= \frac{d^2\alpha}{dt^2} + a\left(\frac{d^2x_0}{dt^2} + \frac{d^2a}{dt^2}\alpha + \frac{d^2b}{dt^2}\beta + \frac{d^2c}{dt^2}\gamma\right) \\ &\quad + a'\left(\frac{d^2y_0}{dt^2} + \frac{d^2a'}{dt^2}\alpha + \frac{d^2b'}{dt^2}\beta + \frac{d^2c'}{dt^2}\gamma\right) \\ &\quad + a''\left(\frac{d^2z_0}{dt^2} + \frac{d^2a''}{dt^2}\alpha + \frac{d^2b''}{dt^2}\beta + \frac{d^2c''}{dt^2}\gamma\right) \\ &\quad + 2\left[\left(a\frac{dc}{dt} + a'\frac{dc'}{dt} + a''\frac{dc''}{dt}\right)\frac{d\gamma}{dt}\right. \\ &\qquad \left. - \left(b\frac{da}{dt} + b'\frac{da'}{dt} + b''\frac{da''}{dt}\right)\frac{d\beta}{dt}\right]. \end{aligned}\right.$$

Cette dernière quantité, augmentée de la force qui sollicite le point dans la direction de l'axe des α, est le coefficient de $\partial\alpha$ dans l'équation générale du mouvement relatif.

Les coefficients de $\partial\beta$, $\partial\gamma$ sont de même forme; on les déduit du coefficient de $\partial\alpha$ par la permutation circulaire des lettres α, β, γ et a, b, c.

On peut considérer les termes ajoutés à $\frac{d^2\alpha}{dt^2}$ dans l'expression (12), et les termes analogues relatifs aux autres coordonnées, comme représentant des forces fictives telles que, sous l'action de ces forces et des forces réellement appliquées, le système prendrait un mouvement absolu identique au mouvement relatif qu'il s'agit de déterminer. La formation des équations du mouvement relatif consiste tout entière dans la recherche de ces forces fictives. C'est ainsi que Clairaut (*) et, après lui, Coriolis (**) ont envisagé la théorie des mouvements relatifs.

Reprenons la question sous ce nouveau point de vue, en usant de considérations géométriques : les démonstrations en seront plus simples et surtout plus lumineuses.

Exposé géométrique de la théorie des mouvements relatifs. — Observons d'abord que, si les axes ont un simple mouvement de translation rectiligne et uniforme, ce mouvement des axes ne modifie en rien les dérivées des vitesses relatives, lesquelles dérivées mesurent les forces accélératrices capables de produire un mouvement absolu égal au mouvement relatif considéré. Il en résulte que, dans ce cas, les équations différentielles du mouvement relatif aux axes mobiles sont tout à fait identiques aux équations différentielles du mouvement absolu par

(*) *Mémoires de l'Académie des Sciences de Paris*, 1742, p. 1. Clairaut commet une erreur dans l'exposé de la méthode; mais il l'applique correctement à plusieurs questions. Quelques-unes de ces questions ont été résolues directement dans cet ouvrage.

(**) *Journal de l'École Polytechnique*, XXIe et XXIVe Cahiers.

rapport à des axes fixes, parallèles aux premiers. Seulement, quand on intégrera les équations, les constantes introduites devront être déterminées différemment pour le mouvement relatif et pour le mouvement absolu.

Actuellement supposons les axes animés d'un mouvement de l'espèce la plus générale, et considérons pendant un instant infiniment petit dt le mouvement relatif d'un point matériel M, entièrement libre, et sollicité par des forces quelconques. Ce mouvement relatif ne sera pas

Fig. 73.

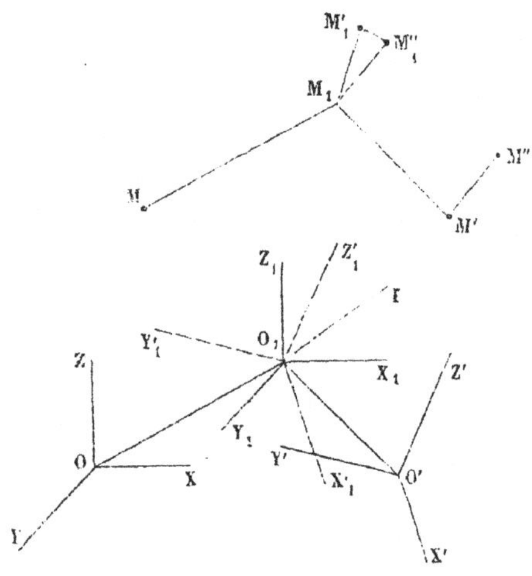

changé si, à la fin de l'instant dt, nous imprimons à tout l'ensemble des axes et du point matériel un mouvement commun qui ramène les axes à la position qu'ils occuperaient, dans la supposition que leur mouvement pendant l'instant dt ait été une translation uniforme, due à une vitesse acquise, égale et parallèle à celle que possède le point M au commencement de l'instant dt. Mais alors le mouvement du système est ramené au cas simple que nous avons considéré d'abord, où les équations différentielles du mouvement relatif sont identiques à celles du mouvement absolu. Donc nous pouvons traiter le mouvement relatif comme un mouvement absolu, si nous ajoutons aux forces qui sollicitent réellement le point M pendant l'instant *dt* des forces capables de lui faire parcourir, pendant le même instant, le chemin que nous lui avons fait parcourir par le mouvement imprimé fictivement au système.

Il nous reste à calculer ces forces. Soient :

OX, OY, OZ les positions des axes au commencement de l'instant *dt*;

O′X′, O′Y′, O′Z′ les positions des mêmes axes à la fin de l'instant *dt*;

O_1X_1, O_1Y_1, O_1Z_1 les positions qu'occuperaient ces axes à la fin de l'instant *dt*, si, pendant cet instant, leur mouvement avait été une translation uniforme, due tout entière à la vitesse acquise qui anime le point M au commencement de l'instant considéré;

O_1I une parallèle à l'axe instantané autour duquel les axes ont tourné pendant l'instant *dt*;

ω leur vitesse de rotation autour de cet axe;

M la position du point mobile au commencement de l'instant *dt*;

M′ la position qu'aurait prise le point mobile à la fin de l'instant *dt*, si pendant cet instant il eût été lié aux axes mobiles;

M″ la position du même point à la fin de l'instant *dt*; en sorte que M′M″ sera le déplacement relatif du point pendant l'instant *dt*;

M_1 la position qu'occuperait ce même point à la fin de cet instant, si son mouvement avait été une translation uniforme, due tout entière à sa vitesse acquise au comment de l'instant considéré.

Imaginons de nouveaux axes mobiles dont l'origine est

en M au commencement de l'instant dt, qui sont invariablement liés aux premiers axes mobiles et leur sont parallèles.

Soient $M'\xi'$, $M'\eta'$, $M'\zeta'$ les positions de ces nouveaux axes à la fin de l'instant dt, et $M_1\xi_1, \ldots$ les positions que prennent ces nouveaux axes quand les premiers ont la position $O_1X_1, \ldots$.

Pour amener les axes $O'X', \ldots$ à la position $O_1X_1, \ldots$, il suffit d'amener les axes $M'\xi', \ldots$, qui leur sont invariablement liés, à la position $M_1\xi_1, \ldots$. Cela se peut faire par deux mouvements successifs : une translation parallèle qui amène l'origine M' en M_1, et une rotation $-\omega\,dt$ autour d'une parallèle à O_1I menée par le point M_1.

Dans le premier mouvement, le point M'', que nous supposons entraîné dans le mouvement donné aux axes, décrit une droite $M''M''_1$ égale et parallèle à $M'M_1$. Ce déplacement serait produit par une force égale et contraire à celle qui forcerait le point matériel à rester invariablement lié aux axes mobiles, en supposant qu'il ait au commencement de l'instant considéré la même vitesse qu'un point fictif coïncidant avec lui et invariablement lié aux axes.

Dans le second mouvement, le point M''_1 décrit, en sens contraire de la rotation des axes, un petit arc $M''_1M'_1$ perpendiculaire à O_1I et à la direction $M_1M''_1$ de la vitesse relative. La longueur de ce petit arc est le produit de $\omega\,dt$ par la projection du déplacement relatif $M_1M''_1$ sur un plan perpendiculaire à l'axe O_1I. Si nous nommons υ la projection de la vitesse relative sur ce plan perpendiculaire, la longueur de cet arc infiniment petit sera $\omega\upsilon\,dt^2$, et la force accélératrice constante capable de le faire parcourir pendant l'instant dt, en agissant dans la direction de ce petit chemin, sera $2\omega\upsilon$.

Nous avons donc ce théorème : *Pour avoir les équa-*

tions du mouvement relatif d'un point libre, il faut ajouter aux termes existants pour le mouvement absolu, d'abord ceux qui représentent une force égale et contraire à celle qui forcerait le point considéré à rester invariablement lié aux axes mobiles, et, en outre, ceux qui proviendraient d'une force perpendiculaire à la vitesse relative et à l'axe instantané de rotation des axes mobiles, dirigée dans le sens contraire au mouvement de rotation, égale à deux fois le produit de la vitesse angulaire de rotation des axes mobiles par la vitesse relative projetée sur un plan perpendiculaire à cet axe.

On aurait pu abréger cette démonstration en observant que, pour le calcul des forces additionnelles, il est permis de remplacer les axes mobiles OX, OY, OZ par les axes $M\xi$, $M\eta$, $M\zeta$; car les dérivées des vitesses, qui mesurent ces forces, sont les mêmes par rapport aux derniers axes et par rapport aux premiers. Alors les points M et O, M_1 et O_1, M' et O' se confondent. C'est ainsi que fait M. J. Bertrand (*), auquel nous empruntons ces considérations géométriques; mais on pénètre mieux la raison du théorème en n'usant pas d'abord de cette simplification.

La première force additionnelle, prise en sens contraire, est nommée par Coriolis *force d'entraînement*, et la seconde est nommée *force centrifuge composée*, parce que, de même que la force centrifuge, elle est perpendiculaire à la vitesse et à l'axe de rotation.

Les équations du mouvement relatif d'un système assujetti à des liaisons quelconques se déduisent des équations du mouvement relatif d'un point libre, comme s'il s'agissait du mouvement absolu.

(*) *Journal de l'École Polytechnique*, XXXIIe Cahier, p. 149.

Soient x, y, z les coordonnées absolues d'un point du système, x', y', z' les coordonnées relatives, α, β, γ les coordonnées de l'origine des axes mobiles, et

$$x = \alpha + ax' + by' + cz',$$

$$y = \beta + a'x' + b'y' + c'z',$$

$$z = \gamma + a''x' + b''y' + c''z',$$

les formules de transformations.

Nommons X_e, Y_e, Z_e les composantes de la force accélératrice d'entraînement suivant les axes fixes, et X'_e, Y'_e, Z'_e les composantes de la même force suivant les axes mobiles. X_e, Y_e, Z_e seront les dérivées secondes de x, y, z, calculées en supposant invariables les coordonnées x', y', z'. Par conséquent,

$$X_e = \frac{d^2\alpha}{dt^2} + x'\frac{d^2a}{dt^2} + y'\frac{d^2b}{dt^2} + z'\frac{d^2c}{dt^2},$$

$$Y_e = \frac{d^2\beta}{dt^2} + \ldots,$$

$$Z_e = \frac{d^2\gamma}{dt^2} + \ldots;$$

et

$$X'_e = aX_e + a'Y_e + a''Z_e,$$

$$Y'_e = bX_e + b'Y_e + b''Z_e,$$

$$Z'_e = cX_e + c'Y_e + c''Z_e.$$

Soient p, q, r les composantes de la vitesse angulaire ω autour des axes mobiles, v' la vitesse relative, i l'angle qu'elle fait avec l'axe instantané de rotation des axes mobiles, et λ, μ, ν les angles que la force centrifuge composée fait avec les axes mobiles.

La force centrifuge composée étant perpendiculaire à

l'axe instantané et à la vitesse relative, on a les relations

$$p\cos\lambda + q\cos\mu + r\cos\nu = 0,$$

$$\frac{dx'}{dt}\cos\lambda + \frac{dy'}{dt}\cos\mu + \frac{dz'}{dt}\cos\nu = 0,$$

$$\cos^2\lambda + \cos^2\mu + \cos^2\nu = 1;$$

d'où l'on tire

$$\frac{\cos\lambda}{q\frac{dz'}{dt} - r\frac{dy'}{dt}} = \frac{\cos\mu}{r\frac{dx'}{dt} - p\frac{dz'}{dt}} = \frac{\cos\nu}{p\frac{dy'}{dt} - q\frac{dx'}{dt}}$$

$$= \frac{1}{-\sqrt{\omega^2 v'^2 - \left(p\frac{dx'}{dt} + q\frac{dy'}{dt} + r\frac{dz'}{dt}\right)^2}}$$

$$= -\frac{1}{\omega v' \sin i} = -\frac{1}{\omega\nu}.$$

On a pris le radical négativement, parce que le mouvement de la demi-droite qui représente la rotation ω, vers la demi-droite qui représente la vitesse relative, est nécessairement rétrograde pour un observateur couché sur la droite qui représente la force centrifuge composée.

D'après ces valeurs, si l'on nomme X', Y', Z' les composantes suivant les axes mobiles des forces accélératrices réellement appliquées au point considéré, et m la masse de ce point, l'équation générale du mouvement relatif du système sera la suivante :

$$(\mathrm{A})\quad\left\{\begin{aligned} &\sum m\left\{\left[\frac{d^2x'}{dt^2} - X' + X'_e + 2\left(q\frac{dz'}{dt} - r\frac{dy'}{dt}\right)\right]\delta x'\right.\\ &\quad + \left[\frac{d^2y'}{dt^2} - Y' + Y'_e + 2\left(r\frac{dx'}{dt} - p\frac{dz'}{dt}\right)\right]\delta y'\\ &\quad \left. + \left[\frac{d^2z'}{dt^2} - Z' + Z'_e + 2\left(p\frac{dy'}{dt} - q\frac{dx'}{dt}\right)\right]\delta z'\right\} = 0.\end{aligned}\right.$$

On reconnaît aisément, sous une notation différente, l'équation à laquelle nous sommes arrivés par le théorème de Lagrange (12).

Admettons que les liaisons ne dépendent que des coordonnées relatives aux axes mobiles; alors nous pourrons appliquer le *principe des forces vives* au mouvement relatif. Les forces centrifuges composées disparaîtront, puisqu'elles sont perpendiculaires à la vitesse relative, et nous aurons la formule

$$\text{(B)} \quad \left\{ \begin{aligned} \sum mv'^2 &= 2\int \sum m(\mathrm{X}'\,dx' + \mathrm{Y}'\,dy' + \mathrm{Z}'\,dz') \\ &\quad - 2\int \sum m(\mathrm{X}'_e\,dx' + \mathrm{Y}'_e\,dy' + \mathrm{Z}'_e\,dz'). \end{aligned} \right.$$

1. *Un point pesant est assujetti à se mouvoir sur une courbe qui tourne autour d'un axe vertical avec une vitesse constante et connue. Déterminer la courbe par la condition que le point se meuve suivant une loi donnée.*

Prenons l'axe des z dirigé suivant l'axe de rotation, en sens contraire de la pesanteur; nommons z, x, y les coordonnées du mobile par rapport à cet axe et à deux axes horizontaux rectangulaires, entraînés dans le mouvement de rotation; et soient ω la vitesse angulaire, $f(z, \sqrt{x^2+y^2})$ l'expression donnée de la vitesse du mobile sur la courbe au point (x, y, z).

La force d'entraînement, changée de sens, est égale à la force centrifuge qui naît du mouvement circulaire de la courbe; par suite, la formule (B) nous donne

$$[f(z, \sqrt{x^2+y^2})]^2 = -2gz + \omega^2(x^2+y^2) + \text{const.}$$

Cette équation représente une surface de révolution; et la courbe cherchée est assujettie à cette seule condition d'être située sur cette surface.

La surface est du second degré, quand la fonction f est de l'une des formes $Az + C$, $B\sqrt{x^2+y^2}$, A, B, C représentant des constantes. Elle est engendrée par une courbe du second degré, quand la fonction f est de la forme $Az + B\sqrt{x^2+y^2} + C$.

Supposons que le mobile soit soustrait à l'action de la pesanteur, et que la vitesse soit exprimée en fonction de l'arc parcouru s, par l'équation

$$v^2 = \omega^2 s^2 + \text{const.}$$

Dans ce cas, si nous représentons par r la distance du mobile à l'axe de rotation, et par a la valeur de r à l'origine des arcs, la formule (B) nous donne la relation

$$r^2 - s^2 = a^2.$$

Toutes les courbes qui vérifient cette relation satisfont à la question proposée. En particulier, si la courbe est plane, elle n'est autre que la chaînette

$$r = \frac{a}{2}\left(e^{\frac{z}{a}} + e^{-\frac{z}{a}}\right),$$

l'origine des distances z étant à la même hauteur que l'origine des arcs.

2. *Étant données les forces, dirigées vers un centre fixe et fonction de la distance à ce centre, par l'action desquelles un point matériel se meut dans une orbite, quelles sont les forces à ajouter, pour que le point matériel continue à décrire la même orbite, dans le cas où celle-ci viendrait à tourner autour d'un axe perpendiculaire à son plan et mené par le centre des forces, avec une vitesse angulaire qui soit dans un rapport donné, n, avec la vitesse angulaire du point matériel circulant dans l'orbite?*

Nous allons déterminer les forces qu'il faut ajouter aux forces qui sollicitent le mobile lorsqu'il décrit l'orbite révolvante, pour que le mouvement relatif à des axes entraînés dans la rotation de l'orbite puisse être déterminé à la manière d'un mouvement absolu, en regardant les axes comme fixes. Ces forces additionnelles, changées de sens, seront les forces cherchées.

Soient r la distance du mobile au centre des forces, et θ l'angle décrit par le rayon vecteur dans le mouvement relatif aux axes mobiles. Supposons, pour nous fixer, que la rotation de l'orbite soit de même sens que le mouvement du point sur la courbe. Les formules obtenues dans cette hypothèse conviendront au cas contraire, quand on y supposera n négatif.

La force d'entraînement, changée de sens, se compose d'une force dirigée suivant le prolongement du rayon vecteur, égale à la force centrifuge dans le mouvement circulaire des axes supposé uniforme; et d'une force perpendiculaire au rayon vecteur, dirigée en sens contraire du mouvement, égale et contraire à celle qui produirait l'accélération du mouvement circulaire. Les valeurs de ces deux composantes sont respectivement

$$rn^2\frac{d\theta^2}{dt^2}, \quad rn\frac{d^2\theta}{dt^2},$$

La force centrifuge composée est dirigée suivant la normale extérieure à l'orbite. Son intensité est

$$2n\frac{d\theta}{dt}\sqrt{\frac{dr^2 + r^2 d\theta^2}{dt^2}}.$$

Elle fait avec le prolongement du rayon vecteur un angle dont la tangente est $\frac{dr}{rd\theta}$. Par suite, sa composante suivant le prolongement du rayon vecteur est

$$2rn\frac{d\theta^2}{dt^2},$$

et sa composante suivant la perpendiculaire au rayon vecteur dirigée en sens contraire du mouvement est

$$2n\frac{d\theta}{dt}\frac{dr}{dt}.$$

Or les deux composantes perpendiculaires au rayon vecteur se détruisent; car, d'après le principe des aires, on a

$$r^2\frac{d\theta}{dt} = \text{const.} = C,$$

et, en différentiant,

$$2\frac{dr}{dt}\frac{d\theta}{dt} + r\frac{d^2\theta}{dt^2} = 0.$$

De plus, la même équation des aires donne

$$\frac{d\theta^2}{dt^2} = \frac{C^2}{r^4}.$$

Substituant cette valeur dans l'expression de la somme des composantes dirigées suivant le rayon vecteur, et changeant les signes, on obtient finalement pour la force cherchée une force dirigée vers le centre d'action, égale à

$$\frac{C^2(n^2 + 2n)}{r^3}.$$

Ainsi, *pour que le point matériel continue à décrire l'orbite révolvante, il faut ajouter aux forces déjà existantes une attraction inversement proportionnelle au cube de la distance.* Cette attraction se changerait en répulsion, si n était compris entre o et -2. Elle serait nulle, si n était égale à -2; c'est qu'alors la courbe décrite dans l'espace ne serait pas altérée par la rotation de l'orbite, le sens du mouvement sur la courbe serait seul changé.

Pour avoir l'équation de la courbe décrite dans l'espace quand l'orbite tourne, il suffit de remplacer, dans l'équation de l'orbite, θ par $\frac{1}{1+n}\theta$.

Si l'on suppose que l'orbite soit une ellipse, on retrouve les formules données au tome I, page 343. Il faut pourtant observer que la constante C n'a pas la même valeur dans les deux problèmes. Ici elle se rapporte au mouvement relatif; dans le passage cité, elle se rapporte au mouvement absolu : elle est alors plus grande dans le rapport de $1+n$ à l'unité.

NEWTON, *Principia*, lib. I, prop. 44.

3. *Déterminer le mouvement apparent d'un projectile lancé dans le vide à la surface de la terre, en tenant compte du mouvement de la terre.*

Nous pouvons considérer le centre de gravité de la terre comme fixe, pourvu que nous appliquions au projectile une force accélératrice égale à la différence entre la force accélératrice qui maintient la terre dans son orbite et la force accélératrice avec laquelle le soleil sollicite le mobile considéré. Cette différence étant extrêmement petite, nous n'aurons à nous occuper que de la rotation de la terre autour de la ligne des pôles, supposée tout à fait immobile.

Les forces réellement appliquées se réduisent alors à l'attraction terrestre. La force d'entraînement, changée de signe, que nous devons ajouter dans les équations, est ici la force centrifuge due à la rotation de la terre. Or, cette force centrifuge et l'attraction terrestre ont pour résultante le poids du corps, mg, dirigé suivant la verticale du lieu. On voit donc que, pour tenir compte de la force d'entraînement, il nous suffit de substituer le poids du corps, mg, à l'attraction terrestre, comme nous l'avons fait jusqu'ici, lorsque nous supposions la terre immobile.

Admettons, pour nous fixer, que le point de départ soit situé dans l'hémisphère boréal.

Nommons :

λ la latitude du point de départ;

h la distance de ce point à l'axe de rotation de la terre;

k la distance du même point à l'équateur;

ω la vitesse de rotation de la terre.

L'origine des axes mobiles des x', des y' et des z' sera situé au point de départ; le premier axe sera l'horizontale dirigée vers le nord; le second sera l'horizontale dirigée vers l'est; le troisième sera dirigé dans le sens de la pesanteur, et, par suite, fera sur le plan de l'équateur un angle égal à la latitude λ.

Les vitesses de rotation autour des axes mobiles, considérées comme positives quand la rotation s'effectue de droite à gauche, sont

$$p = \omega \cos\lambda, \quad q = 0, \quad r = -\omega \sin\lambda.$$

Substituant ces valeurs dans l'équation générale (A), égalant à zéro les coefficients des variations, et supprimant les accents, il vient

$$(1) \quad \left\{ \begin{aligned} &\frac{d^2x}{dt^2} + 2\omega \sin\lambda \frac{dy}{dt} - X = 0, \\ &\frac{d^2y}{dt^2} - 2\omega \sin\lambda \frac{dx}{dt} - 2\omega \cos\lambda \frac{dz}{dt} - Y = 0, \\ &\frac{d^2z}{dt^2} + 2\omega \cos\lambda \frac{dy}{dt} - Z = 0. \end{aligned} \right.$$

Les forces X, Y, Z, nous l'avons dit, se réduisent à la pesanteur. Dans la question présente, nous pouvons, sans erreur sensible, supposer cette force constante en grandeur et en direction pendant toute la durée du mouvement. En effet, on démontre en Mécanique céleste que la partie variable de l'attraction terrestre se compose de termes contenant en facteurs les produits $\omega^2 x$, $\omega^2 y$, $\omega^2 z$, ou des puissances de ω^2 supérieures à la première; il en est évidemment de même pour la partie variable de la force centrifuge et, par suite, pour les variations de la pesanteur elle-même. D'autre part, les coordonnées x, y, z sont de très-petites fractions du rayon terrestre, et la vitesse de rotation de la terre est une très-petite quantité, savoir $\frac{2\pi}{86164}$ ou $\frac{1}{13713}$, quand on prend la seconde de temps solaire moyen pour unité de temps. Nous pouvons donc négliger les variations de la pesanteur, pourvu que dans les calculs ultérieurs nous négligions pareillement les termes en $\omega^2 x$, $\omega^2 y$, $\omega^2 z$.

D'après cela, les équations (1) deviennent les suivantes (*) :

$$(2)\quad \left\{\begin{aligned} &\frac{d^2x}{dt^2} + 2\omega\sin\lambda\frac{dy}{dt} = 0,\\ &\frac{d^2y}{dt^2} - 2\omega\sin\lambda\frac{dx}{dt} - 2\omega\cos\lambda\frac{dz}{dt} = 0,\\ &\frac{d^2z}{dt^2} + 2\omega\cos\lambda\frac{dy}{dt} - g = 0.\end{aligned}\right.$$

Il serait facile de les intégrer rigoureusement, puisqu'elles sont linéaires à coefficients constants; mais il faut négli-

(*) Ces équations ont été données par Poisson (*Journal de l'École Polytechnique*, XXVIe Cahier, p. 21). Il y ajoute un terme qui représente la résistance de l'air.

ger les produits $\omega^2 x$, $\omega^2 y$, $\omega^2 z$, comme nous l'avons fait en négligeant les variations de la pesanteur.

Appelant a, b, c les composantes de la vitesse initiale, on obtient, par une première intégration,

$$(3) \qquad \frac{dx}{dt} - a + 2\omega \sin\lambda . y = 0,$$

$$(4) \qquad \frac{dy}{dt} - b - 2\omega \sin\lambda . x - 2\omega \cos\lambda . z = 0,$$

$$(5) \qquad \frac{dz}{dt} - c + 2\omega \cos\lambda . y - gt = 0.$$

Si l'on porte dans la seconde équation (2) les valeurs de $\frac{dx}{dt}$ et de $\frac{dz}{dt}$ données par les équations (3) et (5), il vient, au degré d'approximation voulu,

$$\frac{d^2y}{dt^2} - 2\omega(a\sin\lambda + c\cos\lambda) - 2\omega\cos\lambda . gt = 0;$$

d'où

$$y = bt + \omega(a\sin\lambda + c\cos\lambda)\,t^2 + \frac{1}{3}\omega\cos\lambda . gt^3.$$

Quant aux équations (3) et (5), on doit y poser $y = bt$, puisque y n'y figure que multiplié par ω; alors elles ont pour intégrales

$$x = at - \omega\sin\lambda . bt^2,$$

$$z = ct + \left(\frac{1}{2}g - \omega\cos\lambda . b\right)t^2.$$

Examinons quelques cas particuliers.

1° *Si le corps tombe sans vitesse initiale,* on a

$$x = 0, \quad y = \frac{1}{3}\omega\cos\lambda . gt^3, \quad z = \frac{1}{2}gt^2.$$

Les deux premières valeurs montrent que *la déviation a lieu vers l'est,* et la dernière, que *la durée de la chute verticale n'est pas altérée par la rotation de la terre.* M. Reich a constaté l'exactitude de la formule de déviation par plusieurs expériences faites dans un puits de mines, à Freyberg.

La trajectoire est une parabole cubique, représentée par l'équation

$$y = \frac{2}{3}\sqrt{\frac{2}{g}}\,\omega\cos\lambda . z^{\frac{3}{2}}.$$

2° *Si le corps est lancé verticalement de bas en haut avec la vitesse* v_0, on a

$$x = 0,\quad y = -\omega v_0\cos\lambda . t^2 + \frac{1}{3}\omega\cos\lambda . g t^3,$$

$$z = -v_0 t + \frac{1}{2} g t^2.$$

La dernière valeur montre que *le mouvement vertical est encore celui qui aurait lieu si la terre ne tournait pas.* Le mobile s'élève à la hauteur $z_1 = \frac{v_0^2}{2g}$, pendant le temps $\frac{\sqrt{2gz_1}}{g}$, puis redescend dans le même temps à la hauteur du point de départ; en sorte que la durée du mouvement est $\frac{2\sqrt{2gz_1}}{g}$. Il en résulte, d'après l'expression de y, que *la déviation finale au bout de la chute est*

$$y_1 = -\frac{8}{3}\sqrt{\frac{2}{g}}\,\omega\cos\lambda . z_1^{\frac{3}{2}}.$$

Cette déviation a lieu vers l'ouest; elle est égale numériquement à quatre fois la déviation qui est due à la hauteur z_1 quand le corps tombe sans vitesse initiale.

3° *Enfin, si l'on suppose que le corps soit lancé perpendiculairement au méridien avec la vitesse v_0, dans* *une direction inclinée de l'angle α sur l'horizontale qui s'avance vers l'est*, on a

$$a = 0, \quad b = v_0 \cos\alpha, \quad c = - v_0 \sin\alpha.$$

Dans ce cas, z redevient nul, et le corps retombe sur le sol après un temps dont l'expression est, au degré d'approximation voulu,

$$\frac{2 v_0 \sin\alpha}{g}\left(1 + \frac{2\omega}{g}\cos\lambda . v_0 \cos\alpha\right).$$

Les coordonnées du point de chute sont, toujours au même degré d'approximation,

$$x_1 = -4\omega \sin\lambda . \frac{v_0^3}{g^2}\cos\alpha \sin^2\alpha,$$

$$y_1 = \frac{v_0^2}{g}\sin 2\alpha + \frac{4}{3}\omega\cos\lambda . \frac{v_0^3}{g^2}\sin\alpha\,(3\cos^2\alpha - \sin^2\alpha).$$

Les termes qui dépendent de ω, dans ces valeurs, mesurent la déviation due à la rotation de la terre. La valeur de x_1 montre que *le corps dévie vers le sud ou vers le nord, suivant que l'angle α est aigu ou obtus*. La valeur de y montre que *la portée est augmentée ou diminuée*, suivant que la différence $3\cos^2\alpha - \sin^2\alpha$ est positive ou négative, c'est-à-dire *suivant que l'inclinaison de la vitesse initiale sur l'horizon est inférieure ou supérieure à 60 degrés.*

Si le point de départ était situé dans l'hémisphère austral, les formules resteraient les mêmes, mais λ serait négatif.

4. *Déterminer les petits mouvements apparents du pendule simple à la surface de la terre, en tenant compte du mouvement de la terre* (pendule de M. Foucault).

Comme au problème précédent, nous n'avons à nous

occuper que de la rotation de la terre autour de la ligne des pôles supposée fixe.

Soient l la longueur du pendule, R la tension du fil. Plaçons l'origine des axes mobiles au point de suspension, et conservons d'ailleurs la notation du problème précédent.

Les équations du mouvement seront encore les équations (1) (p. 241), dans lesquelles X, Y, Z représenteront les composantes de l'attraction terrestre et de la tension du fil. A ces équations il faudra joindre la relation

$$x^2 + y^2 + z^2 = l^2.$$

De même que dans le problème précédent, nous négligerons les termes en $\omega^2 x$, $\omega^2 y$, $\omega^2 z$; alors les forces X, Y, Z se réduiront aux valeurs suivantes :

$$X = -R\frac{x}{l}, \quad Y = -R\frac{y}{l}, \quad Z = g - R\frac{z}{l};$$

et les équations du mouvement seront

$$(1) \quad \begin{cases} \dfrac{d^2x}{dt^2} + 2\omega\sin\lambda\dfrac{dy}{dt} + R\dfrac{x}{l} = 0, \\ \dfrac{d^2y}{dt^2} - 2\omega\sin\lambda\dfrac{dx}{dt} - 2\omega\cos\lambda\dfrac{dz}{dt} + R\dfrac{y}{l} = 0, \\ \dfrac{d^2z}{dt^2} + 2\omega\cos\lambda\dfrac{dy}{dt} + R\dfrac{z}{l} - g = 0. \end{cases}$$

Nous allons intégrer ces équations, en supposant l'amplitude des oscillations très-petite. Nous pourrons négliger les secondes puissances des coordonnées x, y et de leurs dérivées vis-à-vis de l; alors z se réduira à la longueur même du pendule, l, et nous n'aurons plus à étudier que le mouvement de la projection du point pesant sur le plan horizontal XOY.

Dans cette hypothèse, la troisième équation devient

$$2\omega\cos\lambda\frac{dy}{dt}+R-g=0.$$

Tirons d'ici la valeur de la tension pour la reporter dans les deux premières équations (1), où le terme en $\frac{dz}{dt}$ a disparu, et posons, pour abréger,

$$-\omega\sin\lambda=r,$$

en sorte que r soit la composante de la rotation de la terre suivant la direction de la pesanteur au point de suspension. Il vient

$$(2)\qquad\left\{\begin{aligned}&\frac{d^2x}{dt^2}-2r\frac{dy}{dt}+g\frac{x}{l}=0,\\&\frac{d^2y}{dt^2}+2r\frac{dx}{dt}+g\frac{y}{l}=0.\end{aligned}\right.$$

Telles sont les équations qui déterminent le mouvement du pendule en projection horizontale.

Nous rapporterons le mouvement du point à des axes $O\xi$, $O\eta$, dont l'origine est au point de départ, et qui tournent autour de la verticale Oz en sens contraire de la terre avec la même vitesse, c'est-à-dire avec la vitesse $-r$. L'axe $O\eta$ sera dirigé vers l'est quand l'axe $O\xi$ sera dirigé vers le nord, et l'inclinaison initiale de l'axe $O\xi$ sur l'axe OX, comptée positive de l'est à l'ouest à partir de OX, sera représentée par ε.

Les formules de transformation seront

$$x=\xi\cos(rt+\varepsilon)+\eta\sin(rt+\varepsilon),$$
$$y=-\xi\sin(rt+\varepsilon)+\eta\cos(rt+\varepsilon).$$

Substituant ces valeurs dans les équations (2), et négligeant $r^2\xi$, $r^2\eta$, il vient

$$\left(\frac{d^2\xi}{dt^2}+g\frac{\xi}{l}\right)\cos(rt+\varepsilon)+\left(\frac{d^2\eta}{dt^2}+g\frac{\eta}{l}\right)\sin(rt+\varepsilon)=0.$$

$$-\left(\frac{d^2\xi}{dt^2}+g\frac{\xi}{l}\right)\sin(rt+\varepsilon)+\left(\frac{d^2\eta}{dt^2}+g\frac{\eta}{l}\right)\cos(rt+\varepsilon)=0.$$

Ces équations se réduisent à celles-ci :

$$\frac{d^2\xi}{dt^2}+g\frac{\xi}{l}=0,\quad \frac{d^2\eta}{dt^2}+g\frac{\eta}{l}=0.$$

On s'en assure en ajoutant les carrés.

Elles ont pour intégrales générales

$$\xi=\text{A}\cos\left(\sqrt{\frac{g}{l}}\,t\right)+\text{B}\sin\left(\sqrt{\frac{g}{l}}\,t\right),$$

$$\eta=\text{A}'\cos\left(\sqrt{\frac{g}{l}}\,t\right)+\text{B}'\sin\left(\sqrt{\frac{g}{l}}\,t\right),$$

A, B, A′, B′ désignant des constantes arbitraires.

Si l'on suppose le pendule abandonné sans vitesse initiale, après qu'on l'a écarté de la verticale dans la direction de l'axe Oξ, et que l'on nomme a la valeur initiale de ξ, on a, pour l'époque $t=0$,

$$\xi=a,\qquad \eta=0,$$

$$\frac{d\xi}{dt}=0,\qquad \frac{d\eta}{dt}=ar;$$

par suite, les intégrales deviennent

$$\xi=a\cos\left(\sqrt{\frac{g}{l}}\,t\right),\qquad \eta=ar\sqrt{\frac{l}{g}}\sin\left(\sqrt{\frac{g}{l}}\,t\right).$$

La courbe décrite sur le plan horizontal entraîné avec les axes mobiles est une ellipse, représentée par l'équation

$$\frac{\xi^2}{a^2}+\frac{\eta^2}{a^2r^2\frac{l}{g}}=1.$$

Cette ellipse est extrêmement allongée, puisque le rapport des axes, $-r\sqrt{\frac{l}{g}}$ ou bien $\omega \sin\lambda\sqrt{\frac{l}{g}}$, est de même ordre de grandeur que la vitesse de rotation de la terre. *Le point pesant emploie le temps* $2\pi\sqrt{\frac{l}{g}}$ *pour décrire l'ellipse entière; il la parcourt dans le sens de la rotation de la terre estimée autour de la verticale, et son anomalie excentrique* $\sqrt{\frac{g}{l}}t$ *croît proportionnellement au temps. Pendant ce temps l'ellipse se déplace elle-même, en tournant en sens contraire, avec une vitesse égale et opposée à la vitesse angulaire de la terre estimée autour de la verticale.*

J. Binet, *Comptes rendus de l'Acad. des Sc. de Paris,* t. XXXII, 1851, 1er sem., p. 197.

5. *Un solide homogène de révolution tourne autour de son axe de figure; son centre de gravité est fixé à la surface de la terre; son axe de figure est astreint à ne pas sortir d'un plan déterminé, qui est aussi fixe sur la terre, mais il a la liberté de tourner dans ce plan directeur. Déterminer les mouvements que l'axe du corps exécute, lorsque le centre de gravité et le plan directeur sont emportés dans le mouvement de la terre.*

Ce système est réalisé par le *gyroscope* de M. Foucault dans l'une des dispositions de l'appareil.

Nous avons uniquement en vue de déterminer le mouvement apparent du corps autour de son centre de gravité, lequel est fixé à la surface de la terre. Or on sait que ce mouvement n'est point altéré par une translation quelconque du centre de gravité. Nous pourrons donc faire complétement abstraction de la translation du centre de gravité, considérer ce point comme situé au centre de la terre, et regarder le centre de la terre comme fixe.

Dès lors, le mouvement apparent du corps autour d'axes menés par son centre de gravité, et entraînés dans la rotation de la terre, sera donné par les équations générales du mouvement absolu d'un corps solide retenu par un point fixe (p. 173), dans lesquelles on remplacera les forces motrices par les forces d'entraînement changées de sens, et par les forces centrifuges composées. Il faudra de plus avoir égard à la liaison qui assujettit l'axe de figure à rester dans le plan directeur.

Or les forces d'entraînement se réduisent au couple qui serait capable de maintenir le corps, supposé libre, dans une rotation égale à celle de la terre. Nous sommes donc conduits à cette question incidente :

Déterminer le couple accélérateur nécessaire pour maintenir un solide de révolution dans une rotation uniforme, autour d'un axe fixe qui passe au centre de gravité, et fait un angle constant θ avec l'axe de révolution.

Reprenons les équations générales de la rotation des corps (p. 173), dans lesquelles nous ferons $B = A$, et nous supposerons constantes les quantités θ, ω, r et, par suite, $p^2 + q^2$. Ces équations deviennent

$$(1)\quad \left\{\begin{aligned} &A\frac{dp}{dt} + (C - A)qr = L,\\ &A\frac{dq}{dt} + (A - C)rp = M,\\ &\qquad\qquad\qquad\quad o = N;\end{aligned}\right.$$

$$(2)\quad \left\{\begin{aligned} &\sin\theta\sin\varphi\frac{d\psi}{dt} = p,\\ &\sin\theta\cos\varphi\frac{d\psi}{dt} = q,\\ &\cos\theta\frac{d\psi}{dt} + \frac{d\varphi}{dt} = r.\end{aligned}\right.$$

Ajoutant les carrés des deux premières équations (2), il vient

$$\sin^2\theta \frac{d\psi^2}{dt^2} = p^2 + q^2 = \text{const.};$$

et cette relation, combinée avec la troisième équation (2), donne

$$\frac{d\varphi}{dt} = r - \cot\theta . \sqrt{p^2 + q^2} = \text{const.}$$

Par conséquent, $\frac{d\psi}{dt}$ et $\frac{d\varphi}{dt}$ sont des constantes.

Différentions maintenant les deux premières équations (2). Nous obtenons

$$\frac{dp}{dt} = q \frac{d\varphi}{dt} = qr - \cot\theta . q \sqrt{p^2 + q^2},$$

$$\frac{dq}{dt} = - p \frac{d\varphi}{dt} = - pr + \cot\theta . p \sqrt{p^2 + q^2}.$$

Reportant ces valeurs dans les équations (1), il vient

$$\frac{L}{q} = - \frac{M}{p} = Cr - A \cot\theta . \sqrt{p^2 + q^2} = \frac{\sqrt{L^2 + M^2}}{\sqrt{p^2 + q^2}} = \frac{K}{\sqrt{p^2 + q^2}}.$$

K représente ici le moment du couple accélérateur capable d'entretenir un mouvement semblable à celui d'un cône droit, décrit autour de l'axe de révolution du solide considéré, qui roulerait sans glisser sur la surface d'un autre cône droit, de même sommet, et dont l'axe ferait, avec celui du premier cône, un angle égal à θ (*).

Supposons que le cône fixe se réduise à une droite, ce

(*) M. Poinsot est arrivé au même résultat d'une manière différente, dans la *Théorie des cônes circulaires roulants* (*Journal de M. Liouville*, t. XVIII, p. 41; 1853).

qui est le cas de notre problème. Alors il vient, par la composition des rotations,

$$r = \omega \cos\theta, \qquad \sqrt{p^2 + q^2} = \omega \sin\theta,$$

et, par conséquent, le couple des forces d'entraînement a pour moment la quantité

$$K = (C - A)\omega^2 \sin\theta \cos\theta.$$

Cette valeur est du même ordre de grandeur que ω^2. Or ω, qui représente ici la vitesse de rotation de la terre, est une très-petite fraction. Nous négligerons son carré. A ce degré d'approximation, les forces d'entraînement disparaissent; par suite, la somme des forces vives est constante dans le mouvement apparent.

Ceci posé, nommons toujours ω la vitesse de rotation de la terre autour de l'axe qui se dirige vers le pôle boréal, et considérons comme positives les rotations qui s'effectuent de droite à gauche.

Soient OX, OY, OZ les axes entraînés dans la rotation de la terre. L'axe des x sera la projection sur le plan directeur d'une parallèle à la partie de l'axe terrestre qui se dirige vers le pôle boréal; l'axe des y sera situé dans le plan directeur et dirigé vers l'est; l'axe des z sera la perpendiculaire au plan directeur, pour laquelle la rotation de OX vers OY est positive : cette perpendiculaire est celle qui, lorsque le système est à la surface de la terre, se trouve par rapport au plan directeur du côté du centre de la terre. Soient encore OX_1, OY_1, OZ_1 des axes coordonnés liés invariablement au corps, dirigés suivant les axes principaux d'inertie relatifs au centre de gravité; OZ_1 sera dirigé suivant l'axe de révolution; OY_1, OX_1 seront disposés de manière que la rotation de OX_1 vers OY_1 soit directe pour un observateur couché sur l'axe OZ_1, les pieds au point O.

Nommons :

(a, b, c), (a', b', c') et (a'', b'', c'') les cosinus des angles que forment respectivement les axes OX, OY et OZ avec OX_1, OY_1, OZ_1 ;

p, q, r les composantes de la vitesse de rotation apparente autour des axes OX_1, OY_1, OZ_1 ;

p_1, q_1, r_1 les composantes de la vitesse de rotation de la terre autour des mêmes axes ;

ON celle des deux directions opposées de la trace du plan X_1OY_1 sur le plan XOY, pour laquelle la rotation qui amène OZ sur OZ_1, en lui faisant décrire un angle de 90 degrés, est positive ;

φ et ψ les angles que la trace ON fait avec les axes OX_1 et OX, ces angles étant comptés positifs de droite à gauche, le premier à partir de la trace, le second à partir de OX ;

C le moment d'inertie du corps autour de son axe de figure ;

A le moment d'inertie du corps autour des deux axes OX_1, OY_1 ;

λ l'angle que la direction du pôle boréal fait avec l'axe OZ.

L'équation des forces vives sera

$$A(p^2 + q^2) + Cr^2 = \text{const.}$$

Si nous nommons N la somme des moments des forces centrifuges composées autour de l'axe de révolution, nous aurons, d'après les formules d'Euler (p. 173),

$$C\frac{dr}{dt} = N.$$

Ces deux équations suffiront pour déterminer le mouvement, quand p, q et N seront exprimés en fonction de r

et de ψ; car, d'après les relations (2), où l'on doit faire $\theta = \frac{\pi}{2}$, on a $\varphi = \int r dt$; et d'ailleurs il est évident que les deux variables φ et ψ suffisent pour fixer la position du corps.

Les relations (2) donnent, en faisant $\theta = \frac{\pi}{2}$,

$$p = \sin\varphi \frac{d\psi}{dt}, \qquad q = \cos\varphi \frac{d\psi}{dt};$$

en sorte que l'équation des forces vives devient

$$(3) \qquad A \frac{d\psi^2}{dt^2} + Cr^2 = \text{const.}$$

Il reste à calculer la somme de moments désignée par N. Ne considérant d'abord qu'une seule molécule (x_1, y_1, z_1), on trouve, pour expression du moment de la force centrifuge composée qui la sollicite,

$$2x_1\left(p_1 \frac{dz_1}{dt} - r_1 \frac{dx_1}{dt}\right) - 2y_1\left(r_1 \frac{dy_1}{dt} - q_1 \frac{dz_1}{dt}\right);$$

ou, si l'on remplace $\frac{dx_1}{dt}, \frac{dy_1}{dt}, \frac{dz_1}{dt}$ par leurs valeurs,

$$2x_1[p_1(py_1 - qx_1) - r_1(qz_1 - ry_1)]$$
$$- 2y_1[r_1(rx_1 - pz_1) - q_1(py_1 - qx_1)].$$

Pour obtenir la somme N, il faut multiplier l'expression précédente par l'élément de masse, et intégrer entre les limites du corps. Cette intégrale se réduit au binôme

$$C(pq_1 - qp_1) = C \frac{d\psi}{dt}(q_1 \sin\varphi - p_1 \cos\varphi).$$

Or, si l'on nomme p', q', r' les composantes de la vitesse de rotation de la terre suivant les axes OX, OY, OZ, on a

$$p' = \omega \sin\lambda, \quad q' = 0, \quad r' = \omega \cos\lambda,$$

$$p_1 = ap' + a'q' + a''r' = \omega(\sin\lambda \cos\varphi \cos\psi + \cos\lambda \sin\varphi),$$

$$q_1 = bp' + b'q' + b''r' = \omega(-\sin\lambda \sin\varphi \cos\psi + \cos\lambda \cos\varphi);$$

par conséquent,

$$\text{N} \quad \text{ou} \quad C\frac{dr}{dt} = -C\omega \sin\lambda \cos\psi \frac{d\psi}{dt},$$

et en intégrant,

$$(4) \qquad r + \omega \sin\lambda \sin\psi = \text{const.}$$

Telle est l'équation qui déterminera le mouvement, conjointement avec celle des forces vives.

Remplaçons l'angle ψ par l'angle $u = \psi - \frac{\pi}{2}$, que l'axe de révolution OZ_1 fait avec la projection de l'axe terrestre sur le plan directeur, et nommons ρ, υ, β les valeurs initiales de r, u, $\frac{du}{dt}$. Les équations (3) et (4) pourront s'écrire

$$A\left(\frac{du^2}{dt^2} - \beta^2\right) + C(r^2 - \rho^2) = 0,$$

$$r - \rho + \omega \sin\lambda (\cos u - \cos\upsilon) = 0.$$

La dernière montre que la vitesse de rotation apparente du corps autour de son axe de figure, et la composante suivant le même axe de la vitesse de rotation de la terre, font une somme qui reste constante pendant toute la durée du mouvement.

On tire de ces équations, en éliminant r et négligeant le terme en ω^2, lequel est indépendant de ρ,

$$\frac{du^2}{dt^2} - \beta^2 = 2\frac{C}{A}\rho\omega \sin\lambda (\cos u - \cos\upsilon).$$

Cette équation est celle d'un pendule simple, de longueur égale à l'unité, dont l'extrémité serait fixée au centre de gravité du corps, et qui serait sollicité par une force égale à $\frac{C}{A}\rho\omega\sin\lambda$, dirigée dans le plan directeur suivant la projection de la droite qui va au pôle boréal. L'angle u représente l'angle que la direction du pendule fait avec celle de la force; et la force elle-même est positive ou négative suivant que ρ est positif ou négatif. *Le demi-axe de révolution du corps,* OZ_1, *oscillera donc de la même manière que ce pendule.*

Plaçons le plan directeur dans une position horizontale. La position moyenne autour de laquelle oscillera l'axe de révolution sera la méridienne du lieu. Cette position et la direction connue de la verticale nous détermineront le plan méridien. Plaçons alors le plan directeur dans le méridien. La position moyenne de l'axe de révolution, dans ses oscillations successives, coïncidera avec la ligne des pôles; le demi-axe sur lequel un observateur doit être placé pour voir la rotation s'effectuer de droite à gauche dans le plan équatorial X_1OY_1 *sera dirigé vers le pôle boréal.* En effet, la position moyenne du pendule répond à un état d'équilibre stable; par conséquent la somme des forces vives est un maximum dans cette position. Or on voit que le maximum des forces vives répond à $u=0$ ou $u=\pi$, suivant que ρ est positif ou négatif.

Conservons le plan directeur en coïncidence avec le plan méridien, et faisons en sorte que les oscillations de l'axe soient très-petites. La durée de ces oscillations sera

$$T=\pi\sqrt{\frac{A}{C\rho\omega}}.$$

Cette durée nous fera connaître la vitesse de rotation de

la terre, car on tire de la formule précédente

$$\omega = \frac{A}{C} \frac{\pi^2}{\rho T^2}.$$

Tous ces résultats intéressants se vérifient à l'aide du *gyroscope* de M. Foucault.

On peut encore faire plusieurs autres remarques qui ne sont point sans intérêt. Ainsi, *l'axe du corps se dirige suivant la ligne des pôles, toutes les fois que le plan directeur est parallèle à cette ligne.*

Si l'on compare les carrés des nombres de petites oscillations accomplies pendant un même temps, dans le plan horizontal et dans le plan méridien, pour une même vitesse initiale de rotation, leur rapport donne le cosinus de la latitude du lieu de l'observation.

Lorsque le plan directeur est parallèle à l'équateur terrestre, l'axe du corps tourne d'un mouvement uniforme dans le plan directeur, comme si la terre ne tournait pas.

Cette question et plusieurs autres du même genre sont discutées en détail dans un Mémoire de M. Quet, inséré au *Journal de M. Liouville*, t. XVIII, p. 213; 1853.

6. *Déterminer le mouvement d'un point pesant, assujetti à rester sur une droite qui tourne avec une vitesse uniforme autour d'un axe vertical, non situé dans le même plan.*

L'équation des forces vives (B) suffit pour résoudre cette question, ainsi que toutes celles où il s'agit du mouvement d'un système dont la position est définie par une seule variable.

Soient ω la vitesse de rotation de la droite, et α l'angle de cette droite avec la verticale.

Prenons l'axe de rotation dirigé de bas en haut pour axe des Z', et la perpendiculaire commune à cet axe et à la ligne mobile pour axe des Y'. Nommons z'_0 et x'_0 les valeurs initiales de z' et de x' qui répondent à une vitesse nulle.

L'équation des forces vives est

$$v^2 \quad \text{ou} \quad \frac{dx'^2 + dz'^2}{dt^2} = -2\int_{z'_0}^{z'} g\,dz' + 2\int_{x'_0}^{x'} \omega^2 x'\,dx'.$$

Remplaçons les intégrales par leur valeur, éliminons x' par la relation $z' = x' \tang\alpha$, et intégrons l'équation résultante : il vient, en posant $\omega \cos\alpha = \omega'$,

$$\omega'\left[\omega'^2(z'^2 - z_0'^2) - 2g\sin^2\alpha(z' - z'_0)\right]^{\frac{1}{2}}$$
$$= g\sin^2\alpha\left(1 - e^{\omega' t}\right) - \omega'^2\left(z' - z'_0 e^{\omega' t}\right).$$

Les termes en z'^2 disparaissent lorsqu'on élève cette équation au carré.

Quand on suppose nulle la hauteur initiale z'_0, on a

$$z' = -\frac{g\sin^2\alpha\left(1 - e^{\omega' t}\right)^2}{2\omega'^2 e^{\omega' t}}.$$

7. *Déterminer le mouvement du régulateur à force centrifuge de Watt, en admettant que la masse des tiges soit négligeable vis-à-vis de celle des boules.*

Fig. 74.

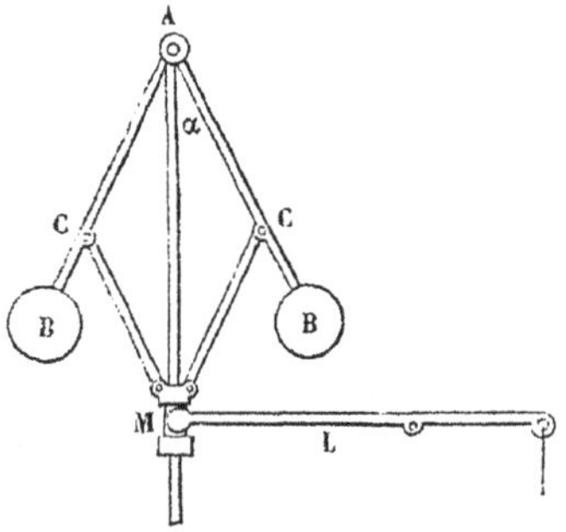

Si l'on nomme l la longueur de chaque tige AB, ω la vitesse angulaire du plan vertical des tiges, α l'inclinaison des tiges sur la verticale, et α_0 la valeur initiale de α, on trouve l'équation

$$dt = \frac{\sqrt{l}\,d\alpha}{\sqrt{(\cos\alpha - \cos\alpha_0)\left[2g - l\omega^2(\cos\alpha + \cos\alpha_0)\right]}}.$$

Il est aisé de voir que le régulateur est en équilibre quand la distance des boules B au-dessous du plan horizontal qui passe par le sommet A, c'est-à-dire $l \cos \alpha$, est égale à $\frac{g}{\omega^2}$.

M. Mahistre (*) a donné le calcul complet du régulateur à force centrifuge, en tenant compte du poids des tiges.

8. *Dans l'intérieur d'un cylindre creux, perpendiculaire au méridien, et qui n'exerce aucun frottement, on fait osciller un point pesant, en l'abandonnant sur la paroi inclinée. La rotation de la terre fait que le point pesant ne reste pas constamment sur la même section droite; il s'avance lentement vers l'est. On propose de déterminer le mouvement du point, en négligeant le produit du carré de la vitesse angulaire de la terre par le rayon du cylindre.*

Soient :

ω la vitesse de rotation de la terre;
λ la latitude du lieu que nous supposons boréale;
l la longueur du pendule;
R la réaction normale de la surface sur le point;
x, y, z les coordonnées du point mobile par rapport à des axes dont l'origine est au centre de la section droite du cylindre sur laquelle commence le mouvement. Le premier est horizontal et dirigé vers le nord, le second est horizontal et dirigé vers l'est, le troisième est dirigé dans le sens de la pesanteur.

(*) *Comptes rendus des séances de l'Académie des Sciences de Paris*, t. XLII, 1846, 1er semestre, p. 387. — *Cours de Mécanique appliquée*, XIIe leçon.

On arrive facilement aux équations

$$\frac{d^2x}{dt^2} + 2\omega \sin\lambda \frac{dy}{dt} + R\frac{x}{l} = 0;$$

$$\frac{d^2y}{dt^2} - 2\omega\left(\sin\lambda \frac{dx}{dt} + \cos\lambda \frac{dz}{dt}\right) = 0,$$

$$\frac{d^2z}{dt^2} + 2\omega \cos\lambda \frac{dy}{dt} + R\frac{z}{l} - g = 0,$$

qui sont analogues aux équations (2) du problème 3. Elles sont équivalentes, au degré d'approximation voulu, avec les équations

$$\frac{d^2x}{dt^2} + R\frac{x}{l} = 0,$$

$$\frac{d^2z}{dt^2} + R\frac{z}{l} - g = 0,$$

$$(1) \qquad \frac{dy}{dt} = 2\omega(x \sin\lambda + z\cos\lambda) + \text{const.}$$

Les deux premières nous montrent que la projection du point mobile sur le méridien oscille comme un pendule simple, dont la longueur serait le rayon du cylindre, et dont le point de suspension serait immobile.

Si l'on nomme θ l'angle que forme le rayon du cylindre mené au point mobile avec le plan vertical mené par l'axe, et θ_0 la valeur de θ au commencement de l'oscillation, la durée de l'oscillation est, comme pour le pendule simple,

$$T = \sqrt{\frac{2l}{g}} \int_0^{\theta_0} \frac{d\theta}{\sqrt{\cos\theta - \cos\theta_0}}.$$

L'équation (1) peut s'écrire

$$\frac{dy}{dt} = 2\omega l[\cos(\lambda - \theta) - \cos(\lambda - \theta_0)].$$

Il s'ensuit qu'à la fin de la première oscillation on aura

$$y = \omega l \sqrt{\frac{2l}{g}} \int_{\theta_0}^{-\theta_0} \frac{\cos(\lambda - \theta) - \cos(\lambda - \theta_0)}{\sqrt{\cos\theta - \cos\theta_0}} d\theta.$$

Après un nombre n d'oscillations, y sera n fois plus grand. Cette conclusion, toutefois, n'est suffisamment exacte qu'autant que y reste de même ordre de grandeur que le rayon du cylindre; car dans les calculs nous avons négligé le produit $\omega^2 y$. Il ne faudrait donc pas l'étendre à un nombre d'oscillations très-considérable.

9. *Trouver le mouvement d'un point pesant sur un plan incliné, qui n'exerce aucun frottement, en tenant compte du mouvement de la terre.*

Soient ω la vitesse de rotation de la terre; θ l'inclinaison du plan à l'horizon; φ l'angle que la perpendiculaire élevée au-dessus du plan fait avec une parallèle à l'axe du monde.

On prendra l'origine des coordonnées au point de départ; l'axe des x sera la projection de la verticale inférieure sur le plan donné; l'axe des y sera l'horizontale du plan, située à l'est du méridien.

Si l'on se souvient des remarques faites au commencement du problème 3, et si l'on observe qu'il faut faire dans les formules (A), p. 235.

$$z = 0 \quad \text{et} \quad r = \omega \cos\varphi,$$

on trouve de suite les équations du problème,

$$\frac{d^2x}{dt^2} = 2\omega \cos\varphi \frac{dy}{dt} + g \sin\theta,$$

$$\frac{d^2y}{dt^2} = -2\omega \cos\varphi \frac{dx}{dt}.$$

Elles ont pour intégrales, en nommant a et b les composantes de la vitesse initiale suivant les axes des x et des y,

$$x = \frac{g \sin\theta}{4r^2}(1 - \cos.2rt) + \frac{1}{2r}[a \sin.2rt + b(1 - \cos.2rt)],$$

$$y = -\frac{g \sin\theta}{4r^2}(2rt - \sin.2rt) + \frac{1}{2r}[b \sin.2rt - a(1 - \cos.2rt)].$$

1° *Lorsque le plan est horizontal,*

$$x^2 + y^2 = \frac{a^2 + b^2}{4r^2},$$

c'est-à-dire que *le mobile décrit un cercle* dont le rayon est

$$\frac{v_0}{2\omega \cos\varphi} = \frac{v_0}{2\omega \sin\lambda},$$

v_0 étant la vitesse initiale et λ la latitude.

2° *Lorsque le mobile part du repos*,

$$x = \frac{g \sin\theta}{4r^2}(1 - \cos.2rt),$$

$$y = -\frac{g \sin\theta}{4r^2}(2rt - \sin.2rt);$$

il décrit une cycloïde dont le cercle générateur a pour rayon

$$\frac{g \sin\theta}{4\omega^2 \cos^2\varphi}.$$

Ce cercle roule sur l'horizontale du plan qui passe à l'origine, et se dirige vers l'est ou vers l'ouest, suivant que l'angle φ de la perpendiculaire élevée sur le plan avec l'axe du monde est obtus ou aigu. Si l'on suppose que ce cercle roule avec une vitesse angulaire égale à $2\omega \cos\varphi$, le point décrivant se meut exactement comme notre mobile.

3° *Si le plan est parallèle à l'axe du monde, et que*

le mobile parte du repos, on trouve

$$x = \frac{1}{2} g \sin\theta . t^2,$$

$$y = 0,$$

c'est-à-dire que *le mobile descend sur la ligne de plus grande pente, comme si la terre ne tournait pas.*

J. BOURGET, *Influence de la rotation de la Terre sur le mouvement des corps.*

10. *Un système pesant, suspendu à l'extrémité d'un fil, qui lui permet de tourner librement autour de la verticale, se trouve à la surface de la terre dans un état de repos apparent; des ressorts intérieurs viennent à agir sur ce système, et changent le moment d'inertie autour de la verticale du point de suspension, sans altérer la masse. Montrer que par l'effet de ce changement le système prendra une rotation apparente autour de la verticale, et déterminer la vitesse de cette rotation.*

Si l'on nomme λ la latitude du lieu, A le moment d'inertie autour de la verticale dans l'état primitif, A′ la nouvelle valeur de ce moment d'inertie, ω la vitesse de rotation de la terre et ω' la vitesse de rotation apparente du système dans le sens de la rotation de la terre autour de la verticale, on trouve

$$\omega' = \frac{A - A'}{A'} \omega \sin\lambda.$$

L'observation de la vitesse ω' fera connaitre la latitude du lieu.

POINSOT, *Comptes rendus de l'Académie des Sciences de Paris*, t. XXXII, 1851, 1er sem., p. 206.

CHAPITRE XI.

FORCES INSTANTANÉES.

On nomme *forces instantanées* ou *percussions* des forces qui peuvent produire un effet considérable en agissant pendant un temps inappréciable.

Lorsqu'on cherche à déterminer le mouvement d'un système de points soumis à des forces instantanées, on peut, pendant l'instant de leur action, négliger l'action des forces continues qui sollicitent le système, parce que l'effet de ces dernières forces est incomparablement moindre que celui des premières pendant ce court instant. On peut encore supposer que le système reste immobile pendant l'action des forces instantanées; car, en réalité, il ne se déplace que de quantités inappréciables. En un mot, on peut traiter la durée de l'action comme un infiniment petit dans tous les calculs relatifs aux forces instantanées, et les calculs seront d'autant plus exacts que la durée de l'action sera plus petite.

D'après cela, soient :

m la masse d'un point du système;

X, Y, Z les composantes parallèles aux axes des forces instantanées qui lui sont appliquées, considérées comme des forces continues;

$\left(\frac{dx}{dt}\right)_0$ sa vitesse avant l'action de ces forces;

$\frac{dx}{dt}$ sa vitesse après l'action de ces forces;

t_0 l'époque à laquelle l'action commence;

θ la durée très-courte de l'action;

δx, δy, δz les projections d'un déplacement virtuel compatible avec les liaisons.

Si l'on applique le principe de d'Alembert et celui des vitesses virtuelles au mouvement communiqué par les forces instantanées, on arrive, par une simple intégration, à l'équation générale

$$\sum \left\{ \begin{array}{l} \left[m\dfrac{dx}{dt} - m\left(\dfrac{dx}{dt}\right)_0 - \displaystyle\int_{t_0}^{t_0+\theta} \mathrm{X}\,dx \right] \delta x \\ + \left[m\dfrac{dy}{dt} - m\left(\dfrac{dy}{dt}\right)_0 - \displaystyle\int_{t_0}^{t_0+\theta} \mathrm{Y}\,dy \right] \delta y \\ + \left[m\dfrac{dz}{dt} - m\left(\dfrac{dz}{dt}\right)_0 - \displaystyle\int_{t_0}^{t_0+\theta} \mathrm{Z}\,dz \right] \delta z \end{array} \right\} = 0,$$

dans laquelle le signe $\sum$ indique une somme relative à tous les points du système.

Cette équation est semblable à celle qui représente le mouvement d'un système de points matériels sollicités par des forces continues, si ce n'est que les forces effectives sont remplacées par les quantités de mouvement communiquées. Les vitesses communiquées se comportent donc, dans l'effet des forces instantanées, comme les accélérations dans l'effet des forces continues. En particulier, lorsqu'une force instantanée agit sur un corps solide, la quantité de mouvement produite est celle qui serait communiquée, si toute la masse du corps était réunie au centre de gravité, et que la force fût appliquée sur ce point.

C'est à cause de cette analogie que l'on prend pour mesure d'une force instantanée la quantité de mouvement qu'elle produirait en agissant sur un corps libre.

Quand on étudie le mouvement de deux corps solides qui viennent à se choquer, on peut déterminer, pour chaque corps, le mouvement communiqué au centre de gravité, et les vitesses de rotation produites autour des axes principaux d'inertie relatifs à ce point. L'équation générale qui résulte du principe de d'Alembert combiné avec celui des vitesses virtuelles suffit pour cette détermination, quand la force du choc est connue; car, jointe aux équations de liaisons, elle donne six équations distinctes pour chaque corps, et le mouvement d'un corps solide dépend en effet de six variables : trois vitesses de translation et trois vitesses de rotation. Si l'on veut déterminer la force du choc en fonction des vitesses qui animent les corps immédiatement avant leur rencontre, il faut se procurer une nouvelle équation, en exprimant qu'à la fin de la première période du choc, c'est-à-dire à l'instant où les corps cessent de se comprimer et commencent à reprendre leur forme première, la vitesse du point de contact, estimée suivant la normale commune aux deux surfaces, est la même, soit qu'on regarde ce point comme appartenant à l'un des corps, soit qu'on le considère comme appartenant à l'autre.

1. *Déterminer la vitesse d'un projectile à l'aide du pendule balistique.*

Le pendule balistique se compose d'une forte pièce de bois, suspendue par des tiges de fer à un axe horizontal autour duquel elle peut osciller librement. Le pendule étant en équilibre, on dirige horizontalement une balle sur la pièce de bois; la balle entre dans la pièce, s'y fixe et communique au pendule des oscillations dont l'amplitude est propre à faire connaître la vitesse de la balle à l'instant du choc.

Considérons le pendule joint à la balle qui s'y est fixée. Soient :

M la masse du système formé par les deux corps;

k le rayon de giration autour de l'axe de suspension :

ω la vitesse angulaire à la fin du choc;

b la hauteur dont le centre de gravité s'élève pendant la première demi-oscillation ;

m la masse de la balle;

v la vitesse qui l'animait immédiatement avant le choc;

a la distance de l'axe à la direction de cette vitesse.

La quantité de mouvement que possède la balle immédiatement avant le choc a, par rapport à l'axe de suspension, un moment égal à mav. La quantité de mouvement qui anime le système immédiatement après le choc a, par rapport au même axe, un moment égal à $Mk^2\omega$. Ces deux moments doivent être égaux; donc

$$mav = Mk^2\omega.$$

Il en résulte que la force vive du système à la fin du choc est exprimée en fonction de v par la relation

$$Mk^2\omega^2 = \frac{m^2a^2v^2}{Mk^2}.$$

Cette force vive s'épuise tout entière pendant la première demi-oscillation; par suite, elle est égale en valeur numérique au double du travail de la pesanteur pendant le même temps, c'est-à-dire que l'on a

$$\frac{m^2a^2v^2}{Mk^2} = 2Mgb;$$

d'où

$$\text{(A)} \qquad v = \frac{Mk}{ma}\sqrt{2gb}.$$

Cette dernière formule résout la question proposée; mais il sera préférable d'exprimer la vitesse de la balle en fonction de quantités faciles à observer.

Soient T la durée commune des petites oscillations que le pendule exécute quand la balle s'y est fixée;

θ l'amplitude d'une demi-oscillation supposée très-petite;

c la corde de l'arc parcouru par le centre de gravité dans une demi-oscillation;

P le poids de la balle et du pendule réunis;

h la distance du centre de gravité de ces deux corps à l'axe de suspension;

p le poids de la balle.

On aura

$$T = \frac{\pi k}{\sqrt{hg}}, \quad c = 2h \sin \frac{1}{2}\theta = \sqrt{2hb},$$

$$P = Mg, \quad p = mg;$$

et, par conséquent (A),

$$v = \frac{gcP}{\pi ap} T.$$

Pour que l'axe n'éprouve aucune percussion, on dirigera la balle sur le centre d'oscillation. Si, de plus, la balle vient se fixer dans le plan passant par l'axe et par le centre de gravité, la durée des oscillations ne sera pas altérée par l'addition du nouveau corps, seulement le centre de gravité sera légèrement abaissé.

On peut encore déterminer la vitesse initiale d'un projectile, en suspendant l'arme à feu en forme de pendule dans une position horizontale, et observant les oscillations produites par la réaction de la décharge. Cette méthode est souvent préférée, ou combinée avec la première. Les formules restent les mêmes, si ce n'est que les quantités M, k, h, P se rapportent alors au pendule diminué de la charge.

Le pendule balistique a été inventé en 1742, par Robins (*New Principles of gunnery*). Les expériences les plus célèbres, entreprises pour déterminer avec cet appareil la vitesse des projectiles de guerre, furent exécutées de 1783 à 1791, à Woolwich, sous la direction de Hutton. D'après ces expériences, la vitesse initiale d'un boulet de 24 livres est ordinairement comprise entre 500 et 700 mètres par seconde; celle d'une balle lancée par un fusil d'infanterie est de 400 à 500 mètres, et celle d'une bombe est d'environ 300 mètres.

2. *Un corps de masse M tourne autour d'un axe fixe avec la vitesse angulaire ω; un autre corps, de masse m, d'élasticité e, et animé de la vitesse v, vient à le heurter perpendiculairement sur une face plane qui passe par l'axe de rotation. Il s'agit de déterminer la force du choc, le changement produit dans les vitesses, et de trouver le point où doit frapper le corps m pour qu'il lui soit communiqué la plus grande vitesse possible.*

Soient :

k, le rayon de giration du corps M autour de l'axe de rotation ;

a la distance du point de choc à cet axe ;

B la force du choc ;

ω' la vitesse angulaire du corps M immédiatement après le choc ;

v' la vitesse du centre de gravité du corps m au même instant.

Les vitesses seront toutes comptées positives dans le sens du mouvement qui anime au commencement du choc le point du corps M qui reçoit la percussion.

La quantité de mouvement communiquée et la force du choc doivent se faire équilibre sur chacun des deux corps, en tenant compte de la liaison qui oblige le corps M à rester uni avec l'axe fixe. De là résultent les deux équations

$$m(v' - v) = \text{B},$$

$$\text{M}k^2(\omega - \omega') = \text{B}a.$$

Nous obtenons une troisième équation, en exprimant que les points en contact ont la même vitesse à l'instant où les corps cessent de se comprimer. Si les corps avaient une élasticité nulle, cette équation serait

$$\omega' a = v';$$

par suite, nous aurions

$$\text{B} = m\text{M}k^2 \frac{\omega a - v}{ma^2 + \text{M}k^2}.$$

Mais, puisque les corps ont une élasticité e, le choc comprend une seconde période, pendant laquelle la quantité de mouvement communiquée à chaque corps est égale au produit du nombre e par la quantité de mouvement communiquée suivant la même direction dans la première période. Donc la percussion totale est plus grande qu'au cas d'une élasticité nulle dans le rapport de $1 + e$ à 1, et nous avons

$$m(v' - v) = \frac{\text{M}k^2(\omega - \omega')}{a}$$

$$= (1 + e)\, m\text{M}k^2 \frac{\omega a - v}{ma^2 + \text{M}k^2} = \text{B}.$$

Ces équations font connaître immédiatement la force du choc et les vitesses communiquées, exprimées en fonctions de quantités connues qui ne dépendent que des circonstances initiales.

La dérivée de $v' - v$ relative à a s'annule pour

$$a = \frac{v}{\omega} \pm \sqrt{\frac{v^2}{\omega^2} + \frac{\text{M}}{m} k^2}.$$

La valeur de a qui répond au signe supérieur du radical rend négative la dérivée seconde. Elle est donc la distance à l'axe du point où doit frapper le corps m pour que, toutes choses égales, la vitesse communiquée, soit au corps m, soit au corps M, acquière indépendamment du signe la plus grande valeur possible. Cette distance croît avec le rapport des vitesses $\frac{v}{\omega}$, et avec le rapport des masses $\frac{M}{m}$. Si le corps m est en repos avant le choc, la distance dont il s'agit est inversement proportionnelle à la racine carrée de la masse m, le corps M restant le même.

Ce problème trouve son application au jeu de paume. L'ensemble de la raquette et du bras du joueur est alors le corps désigné par M, tandis que la paume est le corps m.

3. Nous avons déjà montré (page 192, problème 4) qu'une sphère homogène, en mouvement sur un plan horizontal, décrit d'abord une parabole, et finit toujours par prendre un mouvement rectiligne quand tout glissement a cessé. Nous avons observé que la vitesse et la direction de ce mouvement rectiligne final ne dépendent en aucune façon du frottement qui s'est exercé dans la première partie du mouvement. Il y a plus : *si le mouvement de la sphère est produit par une percussion, la vitesse et la direction du mouvement rectiligne final ne dépendent nullement de la force instantanée de frottement qui se produit pendant le choc entre la sphère et le plan, quel que soit le point de la sphère qui ait reçu la percussion, et quelle que soit la direction de cette force.* Cette dernière proposition et les conséquences remarquables qui s'ensuivent feront l'objet de cet article.

Pour nous fixer, nous supposerons qu'il s'agisse d'une

bille de billard, mise en mouvement par un coup de queue incliné, tendant à appuyer la bille sur le tapis, et donné sur un point quelconque du mobile.

Nous conserverons la notation du problème cité, en prenant le plan vertical des xz parallèle à la direction du coup de queue. De plus, nous nommerons :

B la force du coup de queue;

α l'inclinaison de cette force sur l'horizon;

h la distance horizontale du centre de la bille au plan vertical du choc, cette distance étant positive quand le plan est à droite du centre par rapport au joueur;

k la plus courte distance entre la direction de la force et l'horizontale menée par le centre perpendiculairement au plan vertical du choc, cette distance étant positive quand la direction de la force passe au-dessus de l'horizontale du centre.

Enfin, nous représenterons par F_x et F_y les composantes de la force instantanée de frottement qui se développe entre la bille et le tapis, dirigées suivant les axes horizontaux des x et des y.

Écrivant que les quantités de mouvement communiquées font équilibre aux forces instantanées, on obtient les équations

$$(A)\quad \left\{\begin{aligned} \mathrm{M}u_0 &= \mathrm{B}\cos\alpha + \mathrm{F}_x,\\ \mathrm{M}v_0 &= \mathrm{F}_y,\\ \frac{2}{5}\mathrm{M}\rho^2 p_0 &= -\mathrm{B}h\sin\alpha + \rho\mathrm{F}_y,\\ \frac{2}{5}\mathrm{M}\rho^2 q_0 &= \mathrm{B}k - \rho\mathrm{F}_x. \end{aligned}\right.$$

Il s'agit de calculer, à l'aide de ces relations, les valeurs des composantes a et b de la vitesse rectiligne finale suivant les axes des x et des y, exprimées en fonction des forces B, F_x et F_y.

Or on a trouvé (p. 194, 197) les expressions

$$a = \frac{2}{7}\left(\frac{5}{2}u_0 + \rho q_0\right), \quad b = \frac{2}{7}\left(\frac{5}{2}v_0 - \rho p_0\right),$$

et il est aisé de calculer les valeurs des seconds membres en fonction des forces, puisque les équations (A) donnent immédiatement les valeurs de u_0, v_0, p_0 et q_0. On obtient

$$a = \frac{5}{7}\frac{B}{M}\frac{\rho\cos\alpha + k}{\rho}, \quad b = \frac{5}{7}\frac{B}{M}\frac{h\sin\alpha}{\rho}.$$

Ces valeurs étant indépendantes de F_x et de F_y, le théorème est démontré.

Pour que la bille ne dévie pas de la direction du coup, il faut que b soit nul, ce qui exige que l'on ait $\alpha = 0$, ou bien $h = 0$.

Ainsi, *la bille n'ira en ligne droite dans la direction de la queue qu'autant que cette direction sera horizontale; ou bien, si elle ne l'est pas, qu'autant que le plan vertical du choc passera par le centre de la bille.*

Dans les autres cas, le signe de b indique de quel côté marchera la bille dans son état final. On voit que *la bille se dévie de la direction du choc en se portant du côté où elle a été frappée.*

On peut dire quelque chose de plus précis encore sur la direction du mouvement rectiligne. Car, si l'on nomme l la distance du tapis au point où la direction du choc va percer le plan vertical mené par le centre perpendiculairement au plan vertical du choc, on a

$$k = (l - \rho)\cos\alpha;$$

d'où

$$a = \frac{5}{7}\frac{B}{M}\frac{l\cos\alpha}{\rho},$$

et, par suite,

$$\frac{b}{a} = \frac{h}{l \cot \alpha}.$$

Cette dernière relation montre que *la direction finale de la bille est parallèle à la ligne qui va de son point d'appui au point où la direction du choc perce le tapis.* Il en résulte que *la bille finit par reculer, si la ligne du choc perce le tapis en deçà du point d'appui.*

CORIOLIS, *Théorie math. des effets du jeu de billard*, c. VIII.

4. *Si l'on conçoit que les liaisons d'un système de points matériels en mouvement soient changées à un instant donné, ou, pour mieux dire, dans un intervalle de temps très-court, la somme des forces vives acquises avant cet instant surpassera celle qui aura lieu immédiatement après, d'une quantité égale à la somme des forces vives correspondantes aux vitesses perdues dans le passage du premier état du système au second. Démontrer ce théorème.*

On entend par *vitesse* perdue pour chaque point la vitesse qui, composée avec celle que possède le point après le changement des liaisons, donne pour résultante la vitesse du point avant le changement des liaisons.

On suppose les liaisons exprimées par des équations entre les coordonnées des différents points, qui ne contiennent pas le temps explicitement.

Observons d'abord qu'il est généralement impossible qu'une nouvelle liaison s'établisse instantanément; mais qu'il faut un certain temps θ pour que le système parvienne à l'état où il vérifie la liaison nouvellement introduite, ce temps pouvant d'ailleurs être imaginé aussi petit qu'on le voudra.

En effet, soit

$$L = 0$$

l'équation qui exprime une nouvelle liaison introduite à l'époque t_0.

Lorsque cette équation est satisfaite, on a

$$\sum\left(\frac{d\,\mathrm{L}}{dx}\frac{dx}{dt}+\frac{d\,\mathrm{L}}{dy}\frac{dy}{dt}+\frac{d\,\mathrm{L}}{dz}\frac{dz}{dt}\right)=0,$$

x, y, z étant les coordonnées d'un point quelconque du système, et le signe $\sum$ indiquant une somme relative à tous les points. Or, si l'on nomme a, b, c les composantes de la vitesse du point (x, y, z) suivant les axes, à l'époque t_0, il est clair qu'on n'aura pas, en général,

$$\sum\left(\frac{d\,\mathrm{L}}{dx}a+\frac{d\,\mathrm{L}}{dy}b+\frac{d\,\mathrm{L}}{dz}c\right)=0,$$

puisqu'il n'existe aucune relation entre la fonction L et les vitesses a, b, c. Donc il faut admettre que la liaison $\mathrm{L}=0$ n'est point satisfaite à l'époque t_0, mais seulement à une époque postérieure $t_0+\theta$.

On voit encore cela d'une autre manière, en observant que les réactions occasionnées par l'introduction de la liaison nouvelle ne peuvent changer la vitesse et la direction du mouvement de quantités finies pendant un temps nul.

Pour représenter analytiquement les phénomènes qui s'accomplissent pendant l'intervalle de temps θ, il faut concevoir que, à partir de l'époque t_0, jusqu'à l'époque $t_0+\theta$, la fonction donnée L, au lieu d'être égale à zéro, soit égale à une fonction de t assujettie à ces conditions : de s'annuler aux époques t_0, $t_0+\theta$, d'avoir sa dérivée nulle pour l'époque $t_0+\theta$ et numériquement égale à la somme $\sum\left(\frac{d\,\mathrm{L}}{dx}a+\frac{d\,\mathrm{L}}{dy}b+\frac{d\,\mathrm{L}}{dz}c\right)$ pour l'époque t_0 (*).

(*) Par exemple, s'il s'agit d'un point libre qui tout à coup se trouve

Cela posé, venons à la démonstration du théorème. Pendant le temps très-court θ, nous pouvons négliger les forces continues qui sollicitent les points du système, vis-à-vis des forces intantanées qui naissent des liaisons nouvelles; nous pouvons aussi négliger les quantités très-petites dont varient les coordonnées des différents points pendant le même temps, vis-à-vis des variations des vitesses.

Ainsi, pendant le temps θ, l'équation du mouvement est

$$\text{(A)} \qquad \sum m\left(\frac{d^2x}{dt^2}\delta x + \frac{d^2y}{dt^2}\delta y + \frac{d^2z}{dt^2}\delta z\right) = 0,$$

et les déplacements virtuels δx, δy, δz peuvent être considérés comme constants.

Intégrons cette équation entre les limites t_0, $t_0+\theta$, et nommons a_1, b_1, c_1 les composantes de la vitesse du point m à l'époque $t_0+\theta$. Il vient d'abord

$$\sum m[(a_1-a)\delta x + (b_1-b)\delta y + (c_1-c)\delta z] = 0.$$

Actuellement, si nous prenons pour déplacements vir-

---

lié à l'origine des coordonnées par une tige rigide et sans masse, mobile autour de l'origine. Alors, en désignant par x_0, y_0, z_0 les coordonnées du point mobile à l'époque t_0, l'équation de liaison sera

$$x^2+y^2+z^2-(x_0^2+y_0^2+z_0^2) = 0.$$

Mais, pendant le temps très-court qui sépare les deux époques t_0 et $t_0+\theta$, on aura une équation telle que celle-ci,

$$x^2+y^2+z^2-(x_0^2+y_0^2+z_0^2) = 2(x_0a+y_0b+z_0c)\frac{(t-t_0)(t-t_0-\theta)^2}{\theta^2}.$$

La fonction de t qui figure au second membre représente la petite quantité dont varie le carré de la longueur de la tige, en vertu de l'élasticité du corps. Dans la question qui nous occupe, il n'est pas permis de supposer les corps tout à fait incompressibles, sinon on serait forcé d'admettre des percussions infinies, et le calcul n'aurait plus de sens.

tuels les déplacements effectifs $a_1 dt$, $b_1 dt$, $c_1 dt$, nous obtenons, en divisant par dt,

$$\sum m[(a_1 - a)a_1 + (b_1 - b)b_1 + (c_1 - c)c_1] = 0,$$

ou, ce qui est identiquement la même équation,

$$\sum m(a^2 + b^2 + c^2) - \sum m(a_1^2 + b_1^2 + c_1^2)$$
$$= \sum m[(a - a_1)^2 + (b - b_1)^2 + (c - c_1)^2].$$

Or cette dernière formule exprime précisément le théorème qu'il s'agissait de démontrer (*).

Corollaire I. — Supposons qu'à l'époque $t_0 + \theta$, on ajoute encore de nouvelles liaisons

$$L' = 0, \ldots,$$

qui laissent subsister les premières. Désignons par θ' le temps très-court qui s'écoule avant que ces nouvelles liaisons soient satisfaites, et par a_2, b_2, c_2 les composantes de la vitesse du point m à l'époque $t_0 + \theta + \theta'$. Nous aurons de même

$$\sum m(a_1^2 + b_1^2 + c_1^2) - \sum m(a_2^2 + b_2^2 + c_2^2)$$
$$= \sum m[(a_1 - a_2)^2 + (b_1 - b_2)^2 + (c_1 - c_2)^2],$$

et, par suite,

$$\sum m(a^2 + b^2 + c^2) - \sum m(a_2^2 + b_2^2 + c_2^2)$$
$$= \sum m[(a - a_1)^2 + (b - b_1)^2 + (c - c_1)^2]$$
$$+ \sum m[(a_1 - a_2)^2 + (b_1 - b_2)^2 + (c_1 - c_2)^2].$$

(*) Cette démonstration nous a été indiquée par M. Sturm.

Mais nous aurions pu intégrer l'équation du mouvement (A) par une seule opération entre les limites t_0, $t_0 + \theta + \theta'$, et prendre ensuite pour déplacements virtuels les déplacements effectifs dans l'état final, savoir $a_2 dt$, $b_2 dt$, $c_2 dt$; par ce calcul nous aurions obtenu l'équation

$$\sum m(a^2 + b^2 + c^2) - \sum m(a_2^2 + b_2^2 + c_2^2)$$
$$= \sum m[(a - a_2)^2 + (b - b_2)^2 + (c - c_2)^2].$$

D'après cela, nous pouvons énoncer la proposition suivante :

Des points matériels en mouvement, soumis à des liaisons indépendantes du temps, ayant certaines vitesses acquises à un instant donné, si l'on conçoit qu'à cet instant on ajoute successivement aux liaisons données un, deux, trois,... systèmes de nouvelles liaisons indépendantes du temps, et que l'on considère la série des vitesses que prendra chaque point dans les états successifs du système, l'excès de la somme des forces vives de ce système dans son état primitif sur la somme des forces vives qu'il possédera dans son dernier état, pour lequel le nombre des liaisons est le plus grand, sera égale, soit à la somme des forces vives correspondantes aux vitesses perdues dans le passage immédiat du premier état au dernier, soit encore à la somme des forces vives correspondantes aux vitesses perdues, en supposant que le système passe successivement de son premier état au second, puis du second au troisième, et ainsi de suite jusqu'au dernier.

Corollaire II. — Le théorème qui nous occupe comprend, comme cas particulier, le *théorème de Carnot* sur la perte de force vive produite par le choc des corps dépourvus d'élasticité ; car ce choc peut être considéré comme résultant de l'introduction de nouvelles liaisons, par lesquelles les corps sont assujettis à se toucher deux à deux en des points déterminés.

Il comprend encore ce théorème de Coriolis (*) : *La somme des forces vives d'un système de points matériels, à une époque quelconque de leur mouvement, est égale à la somme de forces vives que prendraient ces points, si, étant animés de leurs vitesses actuelles, ils venaient à former à cet instant un système de figure invariable assujetti aux mêmes liaisons qu'auparavant, plus la somme des forces vives qu'auraient ces points en vertu des seules vitesses relatives par lesquelles ils s'écartent des positions qu'ils occuperaient dans le système solidifié.*

Citons aussi, comme conséquence immédiate de la théorie qui nous occupe, ce théorème de Lagrange (**) : *La force vive initiale communiquée par des percussions à un corps solide, mobile autour d'un point fixe, est plus grande ou plus petite que la force vive qui serait communiquée au corps par les mêmes percussions, s'il était assujetti à tourner autour d'un axe différent de l'axe spontané.* La théorie actuelle va plus loin ; elle nous montre que, dans la rotation autour de l'axe spontané, la force vive est toujours un maximum et jamais un minimum (***).

STURM, *Comptes rendus de l'Acad. des Sciences de Paris*, t. XIII, 1841, 2e sem., p. 1046.

M. J. Bertrand a donné une démonstration géomé-

(*) *Journal de l'École Polytechnique*, XXIVe Cahier, p. 93.

(**) *Mécanique analytique*, IIe partie, sect. III, § 37.

(***) M. Delaunay a fait le premier cette distinction entre le maximum et le minimum (*Journal de M. Liouville*, t. V, p. 255 ; 1840).

trique et très-simple du même théorème, dans les *Comptes rendus de l'Académie des Sciences de Paris*, décembre 1856.

5. *Un cylindre homogène, dont l'axe est fixé dans une position horizontale, tourne avec une vitesse donnée* ω, *en enroulant un fil inextensible et sans masse qui porte un point matériel de poids* P. *Ce point est d'abord soutenu au-dessous du cylindre à une distance de l'axe égale à* b, *en sorte que le cylindre n'éprouve aucune résistance tant que la longueur du fil qui n'est point enroulé est supérieure à cette distance. On demande de déterminer cette distance* b, *de manière que la vitesse du système soit épuisée à l'instant précis où le point matériel vient toucher la surface du cylindre, et d'assigner, dans ce cas, la durée de l'ascension du point.*

Soient a le rayon du cylindre, m sa masse et k son rayon de giration autour de l'axe.

On trouve

$$b = \frac{m^2 k^4 \omega^2}{2\,\mathrm{P}\left(\dfrac{\mathrm{P}}{g}a^2 + mk^2\right)},$$

et la durée de l'ascension est $\dfrac{mk^2\omega}{a\mathrm{P}}$.

6. *Un cylindre homogène, dépourvu d'élasticité, roule sans glisser sur un plan incliné, lorsqu'il rencontre un second plan parallèle à son axe et sur lequel tout glissement est impossible. Déterminer la limite inférieure de l'angle dièdre des deux plans au delà de laquelle l'ascension du cylindre sur le second plan ne peut avoir lieu; et, dans le cas où cette limite n'est pas atteinte, trouver la vitesse avec laquelle le cylindre commence à monter.*

La limite cherchée est $\dfrac{\pi}{3}$.

Si l'on nomme α l'angle des deux plans, u la vitesse de l'axe du cylindre immédiatement avant la rencontre du second plan, et v la vitesse de cet axe immédiatement après la rencontre, on trouve

$$v = \frac{1 - 2\cos\alpha}{3} u.$$

7. *Un corps glisse sur un plan incliné avec une vitesse connue, lorsqu'il rencontre sur le plan une petite saillie qui met obstacle au glissement. Déterminer la force du choc et le mouvement communiqué, en supposant que la direction du choc soit située dans un plan perpendiculaire au plan incliné et qui divise le corps en deux parties symétriques.*

Il suffit de considérer le système en projection sur le plan de symétrie, car les vitesses communiquées seront parallèles à ce plan.

Soient m la masse du corps, a la longueur de la perpendiculaire abaissée de son centre de gravité sur le plan, b la distance du pied de cette perpendiculaire à la saillie lors de la rencontre, k le rayon de giration du corps autour de son centre de gravité, e l'élasticité, u la vitesse immédiatement avant le choc, R et S les composantes de la force du choc suivant une perpendiculaire et une parallèle au plan incliné, u' et v' les composantes de la vitesse du centre de gravité à la fin du choc suivant les mêmes directions, ω' la vitesse de rotation du corps à la fin du choc autour de son centre de gravité.

On trouve

$$\frac{R}{ab} = \frac{S}{b^2 + k^2} = \frac{mu(1+e)}{a^2 + b^2 + k^2},$$

$$\frac{u'}{(1+e)ab} = \frac{v'}{a^2 - e(b^2 + k^2)} = \frac{\omega'}{(1+e)a} = \frac{u}{a^2 + b^2 + k^2}.$$

8. *Une tige dépourvue d'élasticité, qui se meut parallèlement à elle-même sur un plan horizontal parfaitement uni, vient heurter contre un axe fixe perpendiculaire au plan. Déterminer la force du choc et la position de la tige à un instant quelconque après la percussion, en négligeant les frottements.*

Soient m la masse de la tige, k son rayon de giration autour du centre de gravité, u la vitesse avant le choc, c la distance du centre de gravité au point de la tige qui reçoit le choc et B la force du choc. Rapportons le centre de gravité à deux axes coordonnés rectangulaires OX, OY dont l'origine soit au pied de l'axe fixe, le premier étant dirigé vers le centre de gravité à l'instant du choc, et le second du côté où la tige tend à s'avancer. Désignons par α l'angle que la direction du mouvement avant le choc fait à l'axe OY, cet angle étant positif du côté de OX, et nommons θ l'angle dont la tige a tourné dans le sens de rotation qui amène OX vers OY.

L'origine du temps étant à l'instant du choc, il vient

$$B = \frac{mk^2 u \cos\alpha}{c^2 + k^2},$$

$$x = u \sin\alpha . t + c, \quad y = \frac{c^2 u \cos\alpha}{c^2 + k^2} t, \quad \theta = \frac{cu \cos\alpha}{c^2 + k^2} t.$$

9. *Deux billes* B *et* C *reposent sur un plan horizontal et sont en contact. Trouver la direction dans laquelle une troisième bille* A, *qui se meut sur le même plan, doit venir frapper la bille* B, *pour que celle-ci parte dans une direction donnée* BD. *Les trois billes sont égales, peuvent avoir une élasticité quelconque, et se choquent sans frottement.*

Soient A, B, C les centres des trois billes à l'instant

du choc, α l'angle donné CBD, et θ l'angle cherché des deux directions BA, CB.

On trouve

$$\tang\theta = \frac{1}{2}\tang\alpha.$$

10. *Trois billes égales* A, A', A'', *de masse* m, *d'élasticité* e, *et qui sont exemptes de frottement, sont assujetties à se mouvoir sur un même plan horizontal. Les deux dernières sont immobiles et se touchent; la première vient les frapper toutes deux au même instant, avec une vitesse donnée égale à* u. *Déterminer la force du choc et les vitesses communiquées.*

Soient v la vitesse de la bille A immédiatement après le choc, v' la vitesse commune des deux billes A', A'' au même instant, et B la force du choc qui a lieu entre la bille A et l'une quelconque des deux autres.

On trouve

$$B = \frac{\sqrt{3}}{5} m(1+e)u,$$

$$v = \frac{1}{5}(2-3e)u, \quad v' = \frac{\sqrt{3}}{5}(1+e)u.$$

Maclaurin, *Traité des fluxions*, l. I, ch. xii, § 515.

11. *Démontrer que la force vive perdue dans les chocs simultanés de plusieurs corps, doués d'une même élasticité* e, *est égale au produit de* $\frac{1-e}{1+e}$ *par la force vive due aux vitesses perdues* (*).

On démontrera ce théorème de la même manière que le théorème de Carnot, dont il est la généralisation, en exprimant, par l'équation des virtuelles, qu'il y a équi-

(*) *Voir* t. I, p. 257, probl. 5.

libre entre les percussions et les quantités de mouvement communiquées, à l'instant où les corps cessent de se comprimer et commencent à reprendre leur forme première. Pour effectuer ce calcul, il suffira d'observer que les composantes des vitesses perdues par une même molécule, pendant les deux périodes du choc, sont entre elles dans le rapport de 1 à e.

DUHAMEL, *Journal de l'École Polytechnique*, XXIVe Cahier, p. 1; 1832.

12. *Lorsque, dans un système de points matériels, les vitesses varient brusquement, en vertu d'actions moléculaires développées par les chocs de quelques parties du système, la somme des moments virtuels des quantités de mouvement acquises ou perdues pendant le choc est nulle, toutes les fois que l'on considère des moments virtuels dans lesquels deux molécules qui réagissent l'une sur l'autre ont des vitesses égales. S'il arrive qu'après le choc tout point matériel qui a exercé une action moléculaire sur un autre point se réunisse à ce dernier, le principe que nous venons d'énoncer fournira toutes les équations nécessaires pour déterminer, après le choc, le mouvement de toutes les molécules ou de tous les corps dont se compose le système. L'une de ces équations exprimera que la perte de forces vives est égale à la force vive des vitesses perdues.*

Ces théorèmes se déduisent aisément de l'équation générale donnée au commencement de ce chapitre (p. 265).

CAUCHY, *Bulletin des Sciences mathématiques de Férussac*, t. XI, 1829, p. 119.

CHAPITRE XII.

LOIS DES PETITES OSCILLATIONS.

Proposons-nous de déterminer les petites oscillations qu'exécute un système de points matériels, assujettis à des liaisons, qui a été légèrement écarté d'une position d'équilibre stable. Nous supposerons, comme d'habitude, les forces indépendantes du temps.

Les équations de liaisons nous permettent de développer (*) les coordonnées des points suivant les puissances ascendantes de nouvelles variables u, v, w, etc., qui s'annulent pour la position d'équilibre, et dont le nombre est précisément celui qui est nécessaire pour fixer la position des points en ayant égard aux liaisons. Substituant ces valeurs dans l'équation générale, si souvent rappelée, qui est fournie par le principe des vitesses virtuelles et le principe de d'Alembert, puis égalant à zéro le coefficient de chacune des variations δu, δv, δw, etc., nous obtenons des équations différentielles qui représentent rigoureusement le mouvement du système à l'aide des

(*) Ces développements pourront s'effectuer par la formule de Maclaurin, lors même que l'on ne saurait pas résoudre les équations qui lient les coordonnées aux nouvelles variables. En effet, ces équations, étant différentiées plusieurs fois de suite, donneront les expressions générales des dérivées partielles des coordonnées par rapport aux nouvelles variables, à l'aide de résolutions successives d'équations du premier degré. Remplaçant dans ces expressions les nouvelles variables par zéro et les coordonnées par les valeurs correspondantes à l'état d'équilibre stable, on aura les coefficients successifs des développements cherchés.

nouvelles variables, dans les limites où les développements effectués restent convergents.

Ces équations sont du second ordre, et ne contiennent pas de terme indépendant des variables u, v, w, etc., car elles doivent être vérifiées pour la position d'équilibre où toutes les variables sont égales à zéro. Les termes du premier degré par rapport à u, v, w, etc., et par rapport aux dérivées de ces variables, donnent la loi des petits mouvements. Si l'on néglige tous les autres termes, les équations deviennent linéaires à coefficients constants; elles sont d'ailleurs sans second membre. Leurs intégrales s'obtiennent par la méthode connue; elles sont de la forme

$$(1)\quad \begin{cases} u = L_1 \sin\left(\sqrt{r_1}\, t + \alpha_1\right) + L_2 \sin\left(\sqrt{r_2}\, t + \alpha_1\right) + \ldots, \\ v = \lambda'_1 L_1 \sin\left(\sqrt{r_1}\, t + \alpha_1\right) + \lambda'_2 L_2 \sin\left(\sqrt{r_2}\, t + \alpha_2\right) + \ldots, \\ w = \lambda''_1 L_1 \sin\left(\sqrt{r_1}\, t + \alpha_1\right) + \lambda''_2 L_2 \sin\left(\sqrt{r_2}\, t + \alpha_2\right) + \ldots, \\ \ldots\ldots\ldots\ldots\ldots\ldots\ldots\ldots\ldots\ldots\ldots\ldots \end{cases}$$

L_1, L_2,..., α_1, α_2,..., sont des constantes arbitraires qui, dans chaque cas particulier, se déterminent par les données initiales; r_1, r_2, etc., sont des constantes, racines d'une même équation algébrique, dont le degré est égal au nombre des variables u, v, etc.; λ'_1, λ''_1,... sont des coefficients constants qui se déduisent de r_1; λ'_2, λ''_2,... sont les mêmes coefficients dans lesquels r_1 a été remplacé par r_2.

Soit n le nombre des variables u, v, etc. L'expression de chacune de ces variables en fonction du temps est généralement une somme de n termes tels, que chacun d'eux, pris isolément, représente une petite oscillation de même nature que celle d'un pendule simple. Toutes ces petites oscillations simples se partagent en n groupes, pour chacun desquels la durée de l'oscillation est la même; il entre généralement une oscillation de chacun des groupes dans la valeur de chaque variable. Le mouvement du système autour de sa position d'équilibre est donc composé d'oscillations simples et simultanées, dont le nombre est en général celui des variables nécessaires pour fixer la position du système. C'est en cela que consiste la loi de la coexistence des petites oscillations, découverte par Daniel Bernoulli (*).

Il y a plus : supposons que pour de certaines données initiales,

$$u = u_1, \qquad v = v_1, \ldots,$$
$$\frac{du}{dt} = u'_1, \quad \frac{dv}{dt} = v'_1, \ldots,$$

le mouvement soit représenté par les intégrales

$$u = U_1, \quad v = V_1, \ldots;$$

que pour d'autres données initiales,

$$u = u_2, \qquad v = v_2, \ldots,$$
$$\frac{du}{dt} = u'_2, \quad \frac{dv}{dt} = v'_2, \ldots,$$

le mouvement soit représenté par les intégrales

$$u = U_2, \quad v = V_2, \ldots;$$

et ainsi de suite.

Pour les données initiales qui sont la somme des premières,

$$u = u_1 + u_2 + \ldots, \quad v = v_1 + v_2 + \ldots, \quad \ldots,$$
$$\frac{du}{dt} = u'_1 + u'_2 + \ldots, \quad v = v'_1 + v'_2 + \ldots, \quad \ldots,$$

(*) *Mémoires de l'Académie de Berlin*, 1753, p. 173. — *Novi Comment. Petrop.*, t. XIX, 1775, p. 239.

le mouvement sera représenté par la somme des premières intégrales,

$$u = U_1 + U_2 + \ldots, \quad v = V_1 + V_2 + \ldots, \quad \ldots;$$

car ces dernières expressions vérifient les équations différentielles linéaires du mouvement, et se réduisent aux valeurs initiales données, lorsqu'on y fait $t = 0$.

Cette loi générale, d'après laquelle *les petits mouvements se superposent sans se nuire*, donne l'explication d'un grand nombre de phénomènes relatifs aux ondulations des liquides, à l'acoustique, à la lumière, etc.

Tous ces résultats supposent que l'on se borne à la première approximation. Si l'on veut une détermination plus exacte du mouvement, on reviendra aux équations rigoureuses, on substituera, dans les termes du second degré par rapport à u, v, etc., et par rapport à leurs dérivées, les expressions de ces quantités en fonction du temps obtenues à la première approximation; puis, négligeant tous les termes d'un degré supérieur au second, on aura de nouvelles équations qui ne différeront des premières que par l'addition d'un second membre, fonction connue du temps. On en déduira d'autres valeurs de u, v, etc., plus approchées que les premières; et l'on pourra continuer ainsi, par la méthode des approximations successives, aussi loin qu'on le jugera convenable.

Revenons à l'étude des équations des petits mouvements et de leurs intégrales, en nous bornant à la première approximation.

Soient

$$\begin{aligned}
x &= x_0 + a_1 u + a_2 v + a_3 w + \ldots, \\
y &= y_0 + b_1 u + b_2 v + b_3 w + \ldots, \\
z &= z_0 + c_1 u + c_2 v + c_3 w + \ldots, \\
x' &= x'_0 + a'_1 u + a'_2 v + a'_3 w + \ldots, \\
&\ldots\ldots\ldots\ldots\ldots\ldots\ldots\ldots,
\end{aligned}$$

les expressions des coordonnées des points en fonction des n variables indépendantes, limitées au terme du premier degré.

Il nous faut substituer ces valeurs dans l'équation générale du mouvement

$$\sum\left[\left(m\frac{d^2x}{dt^2}-X\right)\partial x+\left(m\frac{d^2y}{dt^2}-Y\right)\partial y\right.$$
$$\left.+\left(m\frac{d^2z}{dt^2}-Z\right)\partial z\right]=0,$$

et égaler séparément à zéro les coefficients de ∂u, ∂v, ∂w, ...

Nous admettrons que

$$\sum(X\partial x+Y\partial y+Z\partial z)$$

est la différentielle exacte d'une fonction $\varphi\,(u, v, w, \ldots)$ indépendante du temps.

Nous représenterons par $\frac{d^2\varphi_0}{du^2}$, $\frac{d^2\varphi_0}{du\,dv}$, ..., ce que deviennent les dérivées secondes de la fonction φ, quand on y remplace les variables par zéro.

Nous poserons encore, pour abréger,

$$\sum m(a_1^2+b_1^2+c_1^2)=A_1,\qquad \sum m(a_1a_2+b_1b_2+c_1c_2)=B_{1,2},$$

$$\sum m(a_2^2+b_2^2+c_2^2)=A_2,\qquad \sum m(a_1a_3+b_1b_3+c_1c_3)=B_{1,3},$$

$$\sum m(a_3^2+b_3^2+c_3^2)=A_3,\qquad \sum m(a_2a_3+b_2b_3+c_2c_3)=B_{2,3},$$

..................., ...

Nous abrégerons encore les calculs en observant que les dérivées premières de la fonction φ s'annulent avec les variables u, v, ... ; car la position du système qui répond à des valeurs nulles de ces variables doit être une position d'équilibre stable, pour qu'il y ait lieu de rechercher les petits mouvements des points autour de cette position.

Finalement, nous obtenons les équations suivantes :

$$(2)\quad \begin{cases} A_1 \dfrac{d^2 u}{dt^2} + B_{1,2} \dfrac{d^2 v}{dt^2} + B_{1,3} \dfrac{d^2 w}{dt^2} + \ldots \\ \quad = \dfrac{d^2 \varphi_0}{du^2} u + \dfrac{d^2 \varphi_0}{du\,dv} v + \dfrac{d^2 \varphi_0}{du\,dw} w + \ldots, \\ A_2 \dfrac{d^2 v}{dt^2} + B_{1,2} \dfrac{d^2 u}{dt^2} + B_{2,3} \dfrac{d^2 w}{dt^2} + \ldots \\ \quad = \dfrac{d^2 \varphi_0}{dv^2} v + \dfrac{d^2 \varphi_0}{du\,dv} u + \dfrac{d^2 \varphi_0}{dv\,dw} w + \ldots, \\ A_3 \dfrac{d^2 w}{dt^2} + B_{1,3} \dfrac{d^2 u}{dt^2} + B_{2,3} \dfrac{d^2 v}{dt^2} + \ldots \\ \quad = \dfrac{d^2 \varphi_0}{dw^2} w + \dfrac{d^2 \varphi_0}{du\,dw} u + \dfrac{d^2 \varphi_0}{dv\,dw} v + \ldots, \\ \ldots\ldots\ldots\ldots\ldots\ldots\ldots\ldots\ldots\ldots \end{cases}$$

Ce sont là les équations différentielles du mouvement. On peut remarquer que les coefficients de v et de $\dfrac{d^2 v}{dt^2}$, dans la première équation, sont égaux à ceux de u et de $\dfrac{d^2 u}{dt^2}$ dans la seconde équation. Il en est de même pour les autres variables et pour les autres équations ; en sorte que chaque coefficient est répété deux fois, sauf ceux des premiers termes.

Pour intégrer ces équations, multiplions la première par l'unité, la deuxième par un coefficient indéterminé λ', la troisième par un autre coefficient indéterminé λ'', et ainsi de suite ; faisons la somme des produits, et écrivons que cette somme est de la forme

$$(3)\quad \begin{cases} \dfrac{d^2 u}{dt^2} + M \dfrac{d^2 v}{dt^2} + N \dfrac{d^2 w}{dt^2} + \ldots \\ \qquad + r(u + Mv + Nw + \ldots) = 0, \end{cases}$$

r étant un nouveau coefficient indéterminé. Ceci nous fournira n équations

$$(4)\quad\left\{\begin{aligned}&\frac{d^2\varphi_0}{du^2}+\frac{d^2\varphi_0}{du\,dv}\lambda'+\frac{d^2\varphi_0}{du\,dw}\lambda''+\ldots\\&\qquad=-r(A_1+B_{1,2}\lambda'+B_{1,3}\lambda''+\ldots),\\&\frac{d^2\varphi_0}{dv^2}\lambda'+\frac{d^2\varphi_0}{du\,dv}+\frac{d^2\varphi_0}{dv\,dw}\lambda''+\ldots\\&\qquad=-r(A_2\lambda'+B_{1,2}+B_{2,3}\lambda''+\ldots),\\&\frac{d^2\varphi_0}{dw^2}\lambda''+\frac{d^2\varphi_0}{du\,dw}+\frac{d^2\varphi_0}{dv\,dw}\lambda'+\ldots\\&\qquad=-r(A_3\lambda''+B_{1,3}+B_{2,3}\lambda'+\ldots),\\&\ldots\ldots\ldots\ldots\ldots\ldots\ldots\ldots\ldots\ldots,\end{aligned}\right.$$

pour déterminer nos n coefficients $\lambda', \lambda'', \ldots \lambda^{(n-1)}$ et r. Nous éliminerons d'abord les coefficients λ; il en résultera une équation en r du degré n. Admettons que ses racines soient toutes réelles, positives et inégales; désignons-les par r_1, $r_2, \ldots, r_n$. En substituant successivement chacune de ces valeurs dans les équations (4), nous aurons, par une simple résolution d'équations du premier degré, autant de séries de valeurs correspondantes des coefficients λ', $\lambda'', \ldots$.

Nous représenterons généralement par λ'_i, $\lambda''_i, \ldots$, le groupe de coefficients qui répond à la racine r_i.

Chacun de ces groupes de valeurs, λ'_i, $\lambda''_i, \ldots$ nous donnera une série de valeurs correspondantes de M, N,...; en sorte que nous aurons n équations de la forme (3). Chacune d'elles aura une intégrale de la forme

$$(5)\qquad u+Mv+Nw+\ldots=H\sin(\sqrt{r}\,t+\alpha).$$

H et α sont des constantes qu'on détermine par les

conditions initiales

$$(6)\quad \left\{ \begin{aligned} u_0 + \mathrm{M} v_0 + \mathrm{N} w_0 + \ldots &= \mathrm{H} \sin \alpha, \\ \left(\frac{du}{dt}\right)_0 + \mathrm{N}\left(\frac{dv}{dt}\right)_0 + \mathrm{N}\left(\frac{dw}{dt}\right)_0 + \ldots &= \mathrm{H} \cos \alpha. \end{aligned} \right.$$

Les n équations (5), résolues par rapport aux variables u, v, ..., nous donnent des valeurs de la forme

$$\begin{aligned} u &= \mathrm{L}_1 \sin(\sqrt{r_1}\,t + \alpha_1) + \mathrm{L}_2 \sin(\sqrt{r_2}\,t + \alpha_2) + \mathrm{L}_3 \sin(\sqrt{r_3}\,t + \alpha_3) + \ldots, \\ v &= \mathrm{L}'_1 \sin(\sqrt{r_1}\,t + \alpha_1) + \mathrm{L}'_2 \sin(\sqrt{r_2}\,t + \alpha_2) + \mathrm{L}'_3 \sin(\sqrt{r_3}\,t + \alpha_3) + \ldots, \\ w &= \mathrm{L}''_1 \sin(\sqrt{r_1}\,t + \alpha_1) + \ldots\ldots\ldots\ldots\ldots\ldots\ldots\ldots, \\ &\ldots\ldots\ldots\ldots\ldots\ldots\ldots\ldots\ldots\ldots\ldots\ldots \end{aligned}$$

Ces valeurs doivent vérifier identiquement les équations (2). Or, quand on les substitue aux variables dans ces équations, et qu'on écrit que les coefficients de chaque sinus sont égaux dans les deux membres, on trouve n^2 relations qui ne diffèrent des équations (4) que par le changement de λ', λ'', ..., en $\dfrac{\mathrm{L}'_i}{\mathrm{L}_i}$, $\dfrac{\mathrm{L}''_i}{\mathrm{L}_i}$, ..., l'indice i pouvant prendre toutes les valeurs de 1 à n. Donc

$$\mathrm{L}'_i = \lambda'_i \mathrm{L}_i, \quad \mathrm{L}''_i = \lambda''_i \mathrm{L}_i, \ldots,$$

et par conséquent les expressions des variables ont bien la forme annoncée (1).

Ces mêmes valeurs (1) reportées dans les équations (5) doivent les réduire à des identités. Il s'ensuit qu'en désignant par M_i, N_i, ..., H_i les valeurs de M, N, ..., H qui correspondent à la racine r_i de l'équation en r, on a, quel que soit l'indice i,

$$(7)\qquad \mathrm{L}_i = \frac{\mathrm{H}_i}{1 + \mathrm{M}_i \lambda'_i + \mathrm{N}_i \lambda''_i + \ldots},$$

et aussi, pour tout indice k différent de i,

$$(8)\qquad 1 + \mathrm{M}_k \lambda'_i + \mathrm{N}_k \lambda''_i + \ldots = 0.$$

1. *Petites oscillations d'un point matériel libre, attiré vers des centres fixes en nombre quelconque.*

Soient u, v, w les coordonnées rectangulaires du point mobile, la position d'équilibre stable étant prise pour origine.

Les équations des petits mouvements sont de la forme

$$(A)\qquad \begin{cases} \dfrac{d^2 u}{dt^2} = Au + A'v + A''w, \\[2mm] \dfrac{d^2 v}{dt^2} = A'u + B'v + B''w, \\[2mm] \dfrac{d^2 w}{dt^2} = A''u + B''v + C''w. \end{cases}$$

On les intègre comme les équations générales (2). Si l'on pose

$$u + M_1 v + N_1 w = x\sqrt{1 + M_1^2 + N_1^2},$$
$$u + M_2 v + N_2 w = y\sqrt{1 + M_2^2 + N_2^2},$$
$$u + M_3 v + N_3 w = z\sqrt{1 + M_3^2 + N_3^2},$$

les équations (A) peuvent être remplacées par trois équations équivalentes, de la forme

$$(B)\qquad \begin{cases} \dfrac{d^2 x}{dt^2} + r_1 x = 0, \\[2mm] \dfrac{d^2 y}{dt^2} + r_2 y = 0, \\[2mm] \dfrac{d^2 z}{dt^2} + r_3 z = 0, \end{cases}$$

r_1, r_2, r_3 étant des constantes.

Il est remarquable que ces nouvelles variables sont les coordonnées du point mobile par rapport à trois axes rectangulaires, de même origine que les premiers, et dont les directions ne dépendent nullement des circonstances initiales.

En effet, pour déterminer les coefficients M, N, il faut ajouter la première équation (A) au produit de la deuxième par λ' et au produit de la troisième par λ'', et identifier la somme avec la formule (3).

Ceci nous donne immédiatement

$$\lambda' = \mathrm{M}, \quad \lambda'' = \mathrm{N}.$$

Il s'ensuit que les relations (8) peuvent ici s'écrire

$$1 + \mathrm{M}_1\mathrm{M}_2 + \mathrm{N}_1\mathrm{N}_2 = 0,$$
$$1 + \mathrm{M}_2\mathrm{M}_3 + \mathrm{N}_2\mathrm{N}_3 = 0,$$
$$1 + \mathrm{M}_3\mathrm{M}_1 + \mathrm{N}_3\mathrm{N}_1 = 0;$$

elles expriment, on le voit, que x, y, z sont des coordonnées rectangulaires.

Les intégrales des équations (B) sont de la forme

$$x = \mathrm{D}_1 \sin\left(\sqrt{r_1}\, t + \alpha_1\right),$$
$$y = \mathrm{D}_2 \sin\left(\sqrt{r_2}\, t + \alpha_2\right),$$
$$z = \mathrm{D}_3 \sin\left(\sqrt{r_3}\, t + \alpha_3\right),$$

D et α désignant des constantes déterminées par les circonstances initiales. Nous avons donc ce théorème : *Quand un point matériel libre, soumis à l'action de plusieurs centres fixes, est abandonné à lui-même après avoir été légèrement écarté de sa position d'équilibre stable, il exécute des oscillations simples, suivant trois directions perpendiculaires deux à deux, qui ne dépendent point de l'écartement primitif.* Les oscillations sont isochrones suivant chacune de ces directions ; toutefois, la durée et l'amplitude varient d'une direction à l'autre.

Soit R la force accélératrice résultante que fait naître le déplacement du mobile transporté de l'origine au point (x, y, z).

$$\mathrm{R} = \sqrt{r_1^2\, x^2 + r_2^2\, y^2 + r_3^2\, z^2}.$$

Cette force fait avec les axes des angles dont les cosinus sont

$$-\frac{r_1}{R}x, \quad -\frac{r_2}{R}y, \quad -\frac{r_3}{R}z.$$

On voit qu'elle est dirigée suivant la normale au point (x, y, z) à l'ellipsoïde représenté par l'équation

$$r_1 x^2 + r_2 y^2 + r_3 z^2 = C^2,$$

dans laquelle la constante C a été déterminée de manière que la surface passe au point considéré.

D'après cela, *si l'on imagine une série d'ellipsoïdes semblables, qui aient leurs axes principaux sur les trois directions des oscillations simples, et proportionnels à* r_1, r_2, r_3, *tout déplacement du point mobile fera naître une force dirigée suivant la normale à l'ellipsoïde qui passe à ce point.* Il s'ensuit que la direction de cette force coïncide avec celle du déplacement, lorsque celui-ci a lieu suivant l'une des directions des oscillations simples, et seulement dans ce cas. Parmi tous les déplacements possibles dans un même plan P qui passe à la position d'équilibre, il est deux directions perpendiculaires suivant lesquelles doit avoir lieu le déplacement pour que la force soit située avec le déplacement dans un même plan perpendiculaire au plan P. Ces directions sont celles des axes des ellipses semblables suivant lesquelles le plan P coupe les ellipsoïdes.

2. *Une balance ordinaire, dont le fléau* AA′ *reste dans un même plan vertical, supporte deux poids égaux* P, P′, *suspendus à des fils de même longueur* AP, A′P′, *dont on néglige la masse. On imprime à cet appareil un petit mouvement absolument quelconque, qui dérange légèrement l'équilibre, et l'on propose de déterminer les oscillations du fléau et des deux poids.*

Soient :

a la longueur de chacun des bras du fléau, considéré comme une droite;

Fig. 75.

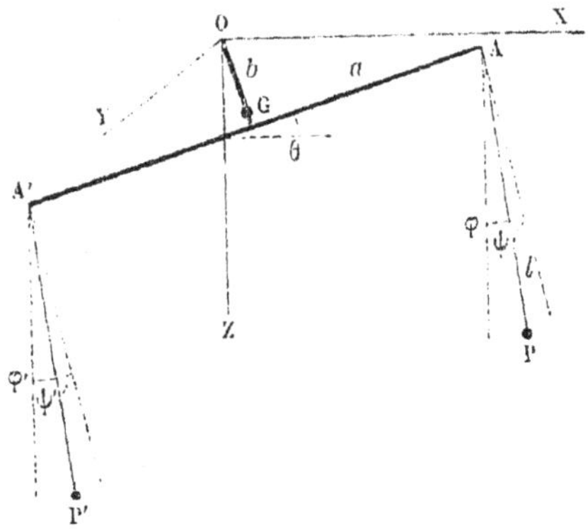

b la hauteur de l'axe de suspension O au-dessus du fléau;

l la longueur de chacun des fils;

m la masse de chacun des poids;

c la distance de l'axe de suspension au centre de gravité de la partie mobile, les poids exceptés;

M la masse de cette partie mobile;

k son rayon de giration autour de l'axe de suspension;

θ l'inclinaison du fléau sur l'horizontale;

ψ l'angle que le fil AP fait avec le plan vertical du fléau;

φ l'angle que le même fil fait avec un second plan vertical perpendiculaire au premier;

ψ' et φ' les angles analogues pour le fil A'P';

T et T' les tensions des fils AP et A'P'.

L'origine des coordonnées sera le point de suspension O; l'axe OZ sera dirigé dans le sens de la pesanteur, et l'axe OX dans le plan vertical du fléau du côté du point P; x, y, z seront les coordonnées du point P; x', y', z' celles du point P'. Nous compterons positives les déviations ψ, φ, ψ', φ' quand elles tendront à augmenter les coordonnées x, y, x', y'; nous prendrons l'angle θ positif quand l'extrémité A sera soulevée.

Les équations du mouvement des points P et P', considérés comme des points libres, seront les suivantes :

$$\frac{d^2x}{dt^2} = -\frac{T}{m}\sin\varphi, \quad \frac{d^2x'}{dt^2} = -\frac{T'}{m}\sin\varphi',$$

$$\frac{d^2y}{dt^2} = -\frac{T}{m}\sin\psi, \quad \frac{d^2y'}{dt^2} = -\frac{T'}{m}\sin\psi',$$

$$\frac{d^2z}{dt^2} = g - \frac{T}{m}\cos\varphi\cos\psi, \quad \frac{d^2z'}{dt^2} = g - \frac{T'}{m}\cos\varphi'\cos\psi',$$

$$\begin{aligned}\mathrm{M}k^2\frac{d^2\theta}{dt^2} = &-\mathrm{M}gc\sin\theta - \mathrm{T}\cos\psi[a\cos(\varphi-\theta) - b\sin(\varphi-\theta)] \\ &+ \mathrm{T}'\cos\psi'[a\cos(\varphi'-\theta) + b\sin(\varphi'-\theta)].\end{aligned}$$

Tirant les valeurs de T et de T′ des équations en z et z', les reportant dans les autres équations, il vient

$$\frac{d^2x}{dt^2} + \frac{\tang\varphi}{\cos\psi}\left(g - \frac{d^2z}{dt^2}\right) = 0,$$

$$\frac{d^2x'}{dt^2} + \frac{\tang\varphi'}{\cos\psi'}\left(g - \frac{d^2z'}{dt^2}\right) = 0,$$

$$\frac{d^2y}{dt^2} + \frac{\tang\psi}{\cos\varphi}\left(g - \frac{d^2z}{dt^2}\right) = 0,$$

$$\frac{d^2y'}{dt^2} + \frac{\tang\psi'}{\cos\varphi'}\left(g - \frac{d^2z'}{dt^2}\right) = 0,$$

$$\begin{aligned}\mathrm{M}k^2\frac{d^2\theta}{dt^2} &+ \mathrm{M}gc\sin\theta \\ &+ \frac{a\cos(\varphi-\theta) - b\sin(\varphi-\theta)}{\cos\varphi}\left(mg - m\frac{d^2z}{dt^2}\right) \\ &- \frac{a\cos(\varphi'-\theta) + b\sin(\varphi'-\theta)}{\cos\varphi'}\left(mg - m\frac{d^2z'}{dt^2}\right) = 0.\end{aligned}$$

Ce sont là les équations qui représentent le mouvement, eu égard aux liaisons.

Il faut actuellement exprimer les coordonnées en fonction des variables θ, φ, φ', ψ, ψ', qui s'annulent dans la position d'équilibre, et dont le nombre est précisément celui qui est nécessaire pour déterminer la position du système; puis substituer ces expressions dans les équations précédentes, en négligeant les termes du second degré.

Si l'on effectue de suite les développements des coordonnées, et que l'on néglige les termes d'un degré supérieur au premier, il vient

$$x = b\sin\theta + a\cos\theta + l\sin\varphi\cos\psi = b\theta + a + l\varphi,$$
$$y = l\sin\psi = l\psi,$$
$$z = b\cos\theta - a\sin\theta + l\cos\varphi\cos\psi = b - a\theta + l.$$

Les valeurs de x', y', z' se déduisent de celles-ci en remplaçant φ, ψ par φ', ψ' et changeant le signe de a.

Telles sont les expressions qu'il faut substituer dans les équations précédemment obtenues, en même temps qu'on développera suivant les puissances des variables θ, φ, ψ, φ', ψ', en négligeant toujours les secondes puissances, ainsi que les produits des variables par leurs dérivées.

Effectuant ces calculs, et posant

$$\frac{Mk^2 + 2ma^2}{mg} = p, \quad \frac{Mc}{m} + 2b = q,$$

on trouve pour les équations des petits mouvements

$$(1) \qquad b\frac{d^2\theta}{dt^2} + l\frac{d^2\varphi}{dt^2} + g\varphi = 0,$$

$$(2) \qquad b\frac{d^2\theta}{dt^2} + l\frac{d^2\varphi'}{dt^2} + g\varphi' = 0,$$

$$(3) \qquad l\frac{d^2\psi}{dt^2} + g\psi = 0,$$

$$(4) \qquad l\frac{d^2\psi'}{dt^2} + g\psi' = 0,$$

$$(5) \qquad p\frac{d^2\theta}{dt^2} + q\theta - b(\varphi + \varphi') = 0.$$

Les équations (3) et (4) s'intègrent séparément. Leurs intégrales sont

$$(6)\qquad \psi = C\sin\left(\sqrt{\frac{g}{l}}\,t+\gamma\right),\qquad \psi' = C'\sin\left(\sqrt{\frac{g}{l}}\,t+\gamma'\right).$$

Le système des trois autres équations n'est point altéré quand on échange entre elles les variables φ et φ'. Il s'ensuit que ces équations admettent la solution $\varphi = \varphi'$. Toutefois, il est une solution plus générale. Pour qu'elle n'échappe pas au calcul, on remplacera les équations (1) et (2) par leur somme et leur différence; en sorte qu'on aura à intégrer les trois équations

$$2b\frac{d^2\theta}{dt^2} + l\frac{d^2(\varphi+\varphi')}{dt^2} + g(\varphi+\varphi') = 0,$$

$$l\frac{d^2(\varphi-\varphi')}{dt^2} + g(\varphi-\varphi') = 0,$$

$$p\frac{d^2\theta}{dt^2} + q\theta - b(\varphi+\varphi') = 0.$$

L'équation en $\varphi - \varphi'$ s'intègre séparément. Elle donne

$$\varphi - \varphi' = 2B\sin\left(\sqrt{\frac{g}{l}}\,t+\beta\right).$$

Quant aux deux autres équations, si l'on y substitue les valeurs

$$\theta = A\sin(\sqrt{r}\,t+\alpha),$$

$$\varphi+\varphi' = 2\lambda A\sin(\sqrt{r}\,t+\alpha),$$

on reconnaît qu'elles sont satisfaites, quand r est l'une quelconque des racines de l'équation du second degré

$$(pr-q)(lr-g) - 2b^2 r = 0,$$

et que, pour chacune de ces racines, la valeur correspondante de λ satisfait à la relation

$$\lambda = \frac{q - pr}{2b}.$$

L'équation qui donne r a ses deux racines positives, car les valeurs $r = 0, = \frac{g}{l}, = \infty$, substituées dans le premier membre, donnent des résultats alternativement positifs et négatifs.

Soient r_1, r_2 ces racines, et λ_1, λ_2 les valeurs correspondantes de λ.

Les intégrales générales seront

$$(7)\quad \begin{cases} \theta = A_1 \sin\left(\sqrt{r_1}\,t + \alpha_1\right) + A_2 \sin\left(\sqrt{r_2}\,t + \alpha_2\right), \\ \varphi = \dfrac{\varphi + \varphi'}{2} + \dfrac{\varphi - \varphi'}{2} = \lambda_1 A_1 \sin\left(\sqrt{r_1}\,t + \alpha_1\right) \\ \qquad + \lambda_2 A_2 \sin\left(\sqrt{r_2}\,t + \alpha_2\right) + B \sin\left(\sqrt{\dfrac{g}{l}}\,t + \beta\right), \\ \varphi' = \dfrac{\varphi + \varphi'}{2} - \dfrac{\varphi - \varphi'}{2} = \lambda_1 A_1 \sin\left(\sqrt{r_1}\,t + \alpha_1\right) \\ \qquad + \lambda_2 A_2 \sin\left(\sqrt{r_2}\,t + \alpha_2\right) - B \sin\left(\sqrt{\dfrac{g}{l}}\,t + \beta\right). \end{cases}$$

Il ne reste plus qu'à déterminer les dix constantes arbitraires A_1, A_2, B, C, C', α_1, α_2, β, γ, γ' par la condition que, pour $t = 0$, les cinq variables et leurs cinq dérivées se réduisent aux valeurs initiales données. Ce calcul se fera sans difficulté; alors les valeurs (6) et (7) seront la solution complète du problème. On pourra vérifier aisément la loi de la superposition des petits mouvements. Il n'existe ici que trois espèces d'oscillations dont les périodes soient différentes, bien qu'il y ait cinq variables. Cette exception à la règle générale provient de la symétrie de l'appareil. De plus, la valeur de chacune des variables ne renferme pas toutes les espèces d'oscillations. Ceci aura lieu toutes les fois que les équations du mouvement se partageront en plusieurs groupes séparément intégrables.

Afin de donner un exemple des approximations successives, déterminons la partie principale des perturbations que les oscillations du fléau produisent sur les oscillations du poids P dans le plan perpendiculaire au fléau.

Il nous faut revenir à l'équation rigoureuse

$$\frac{d^2y}{dt^2}+\frac{\operatorname{tang}\psi}{\cos\varphi}\left(g-\frac{d^2z}{dt^2}\right)=0,$$

chercher parmi les termes d'un degré supérieur au premier, et qui dépendent de θ, celui qui est du degré moindre, y remplacer les variables par les valeurs déja trouvées, puis ajouter ce terme à l'équation (3).

Le terme en question est $+a\psi\frac{d^2\theta}{dt^2}$; par conséquent, l'équation qu'il s'agit d'intégrer est la suivante :

$$(8)\quad\left\{\begin{aligned} l\frac{d^2\psi}{dt^2}+g\psi &= \frac{1}{2}CA_1r_1\left\{\begin{aligned} &\cos\left[\left(\sqrt{r_1}-\sqrt{\frac{g}{l}}\right)t+\alpha_1-\gamma\right]\\ -&\cos\left[\left(\sqrt{r_1}+\sqrt{\frac{g}{l}}\right)t+\alpha_1+\gamma\right]\end{aligned}\right\}\\ &+\frac{1}{2}CA_2r_2\left\{\begin{aligned} &\cos\left[\left(\sqrt{r_2}-\sqrt{\frac{g}{l}}\right)t+\alpha_2-\gamma\right]\\ -&\cos\left[\left(\sqrt{r_2}+\sqrt{\frac{g}{l}}\right)t+\alpha_2+\gamma\right]\end{aligned}\right\}.\end{aligned}\right.$$

Elle a pour intégrale particulière

$$\begin{aligned}\psi = & M_1 \cos\left[\left(\sqrt{r_1} - \sqrt{\frac{g}{l}}\right)t + \alpha_1 - \gamma\right]\\ & + N_1 \cos\left[\left(\sqrt{r_1} + \sqrt{\frac{g}{l}}\right)t + \alpha_1 + \gamma\right]\\ & + M_2 \cos\left[\left(\sqrt{r_2} - \sqrt{\frac{g}{l}}\right)t + \alpha_2 - \gamma\right]\\ & + N_2 \cos\left[\left(\sqrt{r_2} + \sqrt{\frac{g}{l}}\right)t + \alpha_2 + \gamma\right],\end{aligned}$$

en posant

$$M_1 = \frac{\frac{1}{4l}CA_1\sqrt{r_1}}{\sqrt{\frac{g}{l}} - \frac{1}{2}\sqrt{r_1}}, \quad N_1 = \frac{\frac{1}{4l}CA_1\sqrt{r_1}}{\sqrt{\frac{g}{l}} + \frac{1}{2}\sqrt{r_1}},$$

$$M_2 = \frac{\frac{1}{4l}CA_2\sqrt{r_2}}{\sqrt{\frac{g}{l}} - \frac{1}{2}\sqrt{r_2}}, \quad N_2 = \frac{\frac{1}{4l}CA_2\sqrt{r_2}}{\sqrt{\frac{g}{l}} + \frac{1}{2}\sqrt{r_2}}.$$

Cette intégrale particulière, ajoutée à l'intégrale générale (6) de l'équation sans second membre, forme l'intégrale générale de l'équation (8), et représente le mouvement troublé, quand on détermine les constantes d'après les valeurs initiales.

EULER, *Novi Comment. Acad. Petrop.*, t. XIX, 1775, p. 285.

3. *Deux points pesants* P, P′, *de masses* m, m', *sont fixés à des hauteurs différentes sur un même fil flexible, inextensible et sans masse, qui s'attache à un point fixe* O. *Les deux poids sont d'abord légèrement écartés de la verticale, sans que les deux parties du fil cessent d'être tendues et situées dans un même plan vertical; puis on abandonne le système sans vitesse. Trouver*

quels doivent être les écarts primitifs, pour que chacun des deux poids P, P′ oscille comme un pendule simple. Démontrer qu'un point du fil PP′, indépendant des circonstances initiales, oscille comme un pendule simple, et déterminer ce point.

Soient $OP = l$, $PP' = n$, θ et φ les petits angles que ces parties du fil font d'un même côté sur la verticale, θ_0 et φ_0 les valeurs initiales de ces angles.

On trouve que les petits mouvements des deux poids sont représentés par les formules

$$\theta = L_1 \cos\sqrt{r_1}\,t + L_2 \cos\sqrt{r_2}\,t,$$

$$\varphi = \lambda_1 L_1 \cos\sqrt{r_1}\,t + \lambda_2 L_2 \cos\sqrt{r_2}\,t,$$

dans lesquelles r_1, r_2 désignent les racines de l'équation

$$(1) \qquad [mlr - (m + m')g](nr - g) - gm'lr = 0,$$

λ_1 et λ_2 les valeurs correspondantes de la fraction

$$(2) \qquad \frac{lr}{g - nr} = \lambda,$$

et L_1, L_2 des constantes déterminées par les relations

$$L_1 + L_2 = \theta_0, \quad \lambda_1 L_1 + \lambda_2 L_2 = \varphi_0.$$

La distance du point P à la verticale du point de suspension est $l\theta$, celle du point P′ est $l\theta + n\varphi$. Il s'ensuit que chacun des poids oscillera comme un pendule simple, à la condition que l'une des quantités L_1, L_2 soit nulle. Dans ce cas,

$$\lambda = \frac{\varphi_0}{\theta_0}, \quad r = \frac{\frac{g}{l}}{\frac{\theta_0}{\varphi_0} + \frac{n}{l}},$$

et, par suite (1),

$$(m+m')\,l\,\frac{\theta_0^2}{\varphi_0^2} - (m+m')(l-n)\,\frac{\theta_0}{\varphi_0} - m'n = 0.$$

Telle est l'équation qui détermine le rapport des écarts primitifs θ_0, φ_0. Elle a toujours une racine positive inférieure à l'unité, et une racine négative dont la valeur numérique est inférieure au rapport $\frac{n}{l}$. La racine positive répond au cas où les deux poids sont en même temps d'un même côté de la verticale, la racine négative répond au cas contraire. Dans ces deux cas, les oscillations des deux poids ont la même durée, mais n'ont pas la même amplitude.

Daniel Bernoulli, *Novi Comment. Petrop.*, t. XIX, 1775, p. 260. — Euler, *ibid.*, p. 285.

Soit y la distance d'un point du fil PP' à la verticale du point de suspension, et p la distance du même point au poids P. On a

$$y = l\theta + p\varphi = (l + p\lambda_1)\,L_1 \cos\sqrt{r_1}\,t + (l + p\lambda_2)\,L_2 \cos\sqrt{r_2}\,t.$$

Pour que le point considéré oscille comme un pendule simple, il faut que l'on ait

$$p = -\frac{l}{\lambda_1}, \quad \text{ou bien} \quad p = -\frac{l}{\lambda_2}.$$

L'une de ces valeurs est positive, et résout la seconde partie du problème proposé. L'autre valeur est négative; elle détermine un second point situé au-dessus du point P sur le prolongement de la direction P'P. Pour s'en assurer, il suffit de remonter aux équations (1) et (2); on verra facilement que l'une des valeurs de λ est négative, et l'autre positive.

4. *On suppose une tige homogène, suspendue par son extrémité à un fil inextensible et sans masse qui s'attache*

à un point fixe. L'équilibre a été légèrement troublé, sans que le système ait cessé d'être contenu dans un même plan vertical. Il s'agit de déterminer les petites oscillations que la tige exécute.

Soient $2a$ la longueur de la tige, l la longueur du fil, θ et φ les petits angles que le fil et la tige font avec la verticale, ces angles étant comptés positifs d'un même côté.

Si l'on représente par r_1 et r_2 les deux racines positives de l'équation

$$3r^2 - (4a + 3l)r + al = 0,$$

les petites oscillations seront données par les formules

$$\theta = A_1 \sin\left(\sqrt{\frac{g}{r_1}}\,t + \alpha_1\right) + A_2 \sin\left(\sqrt{\frac{g}{r_2}}\,t + \alpha_2\right),$$

$$\varphi = A_1 \frac{r_1 - l}{a} \sin\left(\sqrt{\frac{g}{r_1}}\,t + \alpha_1\right) + A_2 \frac{r_2 - l}{a} \sin\left(\sqrt{\frac{g}{r_2}}\,t + \alpha_2\right).$$

Le système reprendra périodiquement la même position, si r_1 et r_2 sont entre eux comme les carrés de deux nombres entiers.

Daniel Bernoulli, *Novi Comment. Petrop.*, t. XVIII, 1773, p. 247. — Euler, *ibid.*, p. 268.

5. *Deux points matériels, de même masse, sont fixés sur un fil élastique tendu entre deux points fixes, et divisent la longueur du fil en trois parties, qui sont égales dans l'état d'équilibre. Déterminer les petites oscillations que les points matériels exécutent, lorsque l'équilibre a été légèrement troublé sans que le fil ait cessé d'être rectiligne. On admet que la tension de chaque partie du fil croît avec la longueur, d'une quantité proportionnelle à l'allongement.*

Soient $3a$ la longueur totale du fil, $a + x$, $a + y$,

$a + z$ les longueurs des parties consécutives, et $T + \frac{x}{\mu a}$, $T + \frac{y}{\mu a}$, $T + \frac{z}{\mu a}$ leurs tensions.

Si l'on observe que la somme $x + y + z$ est nulle, on arrive facilement aux équations

$$\frac{d^2(x - z)}{dt^2} + \frac{x - z}{\mu a} = 0,$$

$$\frac{d^2 y}{dt^2} + \frac{3y}{\mu a} = 0.$$

Leurs intégrales font connaître les distances des deux points à la même extrémité du fil, savoir :

$$a + x = a + A \sin\left(\frac{1}{\sqrt{\mu a}} t + \alpha\right) - B \sin\left(\sqrt{\frac{3}{\mu a}} t + \beta\right),$$

$$2a + x + y = 2a + A \sin\left(\frac{1}{\sqrt{\mu a}} t + \alpha\right) + B \sin\left(\sqrt{\frac{3}{\mu a}} t + \beta\right).$$

A, B, α, β sont des constantes qui, dans chaque cas particulier, se déterminent par les circonstances initiales.

Chacune des deux masses oscille comme un pendule simple si, après les avoir également écartées de leurs positions d'équilibre, on les abandonne au même instant sans vitesse initiale. Dans ce cas, la durée d'une oscillation est $\pi\sqrt{\mu a}$ ou $\pi\sqrt{\frac{\mu a}{3}}$, suivant que les écarts primitifs sont de même sens ou de sens contraire.

On étendra sans difficulté les formules précédentes à un plus grand nombre de points matériels, placés à des distances égales sur un fil élastique.

COMPLÉMENT

AUX

QUESTIONS DE STATIQUE.

ATTRACTION.

Dans ce chapitre, nous étudierons spécialement l'attraction qui s'exerce proportionnellement à la masse et en raison inverse du carré de la distance.

La somme des éléments de masse du corps attirant, divisés respectivement par leur distance au point attiré, est ce qu'on nomme, d'après George Green, le *potentiel* du corps attirant par rapport au point attiré.

Si l'on nomme x, y, z les coordonnées du point attiré, V la fonction de ces coordonnées qui représente le potentiel, on a l'équation aux différentielles partielles

$$\frac{d^2V}{dx^2} + \frac{d^2V}{dy^2} + \frac{d^2V}{dz^2} = 0,$$

quand le point attiré est extérieur au corps; et quand le point attiré est intérieur au corps, si l'on nomme ρ la densité du corps dans le voisinage du point attiré, on a

$$\frac{d^2V}{dx^2} + \frac{d^2V}{dy^2} + \frac{d^2V}{dz^2} = -4\pi\rho.$$

La première équation est de Laplace (*); la seconde est de Poisson (**).

Soit μ l'attraction de l'unité de masse à l'unité de distance. Les composantes de l'attraction suivant les axes des x, des y et des z sont respectivement représentées par les dérivées partielles

$$\mu\frac{dV}{dx},\quad \mu\frac{dV}{dy},\quad \mu\frac{dV}{dz}.$$

Il s'ensuit que l'attraction est dirigée suivant la normale à la surface dont l'équation est de la forme

$$V = \text{const.},$$

et qui passe au point attiré.

Les surfaces en nombre infini que l'on obtient en faisant varier la constante dans l'équation précédente sont dites *surfaces de niveau* relativement à l'attraction du corps.

Si l'on promène le point attiré sur une même surface de niveau, l'attraction exercée sur ce point sera constamment égale à

$$\mu\frac{dV}{dn},$$

dn représentant la portion de la normale à la surface au point attiré, qui est comprise entre cette surface et la surface de niveau infiniment voisine intérieure à la première.

Deux corps qui ont les mêmes surfaces de niveau exercent la même action sur un point de l'espace à un facteur constant près.

Deux surfaces de niveau relatives à un même corps ne

(*) *Mécanique céleste*, liv. II, § 11.

(**) *Bulletin de la Société Philomathique*, t. III, p. 368.

peuvent avoir un point commun, à moins qu'elles ne se confondent; c'est-à-dire que les deux équations simultanées

$$V = A, \quad V = B$$

ne peuvent admettre de solution commune, à moins que l'on n'ait $A = B$, et alors les deux équations représentent la même surface. Les surfaces de niveau sont des surfaces fermées; car, ces surfaces étant évidemment continues, il n'y aurait exception pour l'une d'elles, qu'autant que cette surface s'étendrait à l'infini; or, pour un point attiré situé à l'infini, le potentiel est nul; donc l'équation de la surface est $V = 0$, et, par suite, elle est tout entière rejetée à l'infini. Entre deux surfaces de niveau, celle qui répond à la plus grande valeur du potentiel est intérieure à l'autre.

Les premières recherches sur l'attraction des corps eurent pour objet l'action des sphères, des ellipsoïdes et des corps peu différents de la sphère connus sous le nom générique de *sphéroïdes*. Ces travaux étaient commandés par les besoins de la mécanique céleste.

SECTION I.

ATTRACTION DES ELLIPSOÏDES ET D'UN ANNEAU ELLIPTIQUE.

Attraction des ellipsoïdes. — Newton (*) réussit à déterminer l'attraction d'un ellipsoïde de révolution sur un point de l'axe de figure, et démontra les deux propositions suivantes : *Une couche comprise entre deux ellipsoïdes concentriques, semblables et semblablement placés, n'exerce aucune action sur un point intérieur. Deux ellipsoïdes de révolution concentriques, semblables*

(*) *Principia*, lib. I, prop. 91.

et semblablement placés, exercent sur deux points de leurs surfaces situés sur un même rayon, mené du centre, des attractions dirigées suivant la même droite et dans le rapport des distances au centre. Ceci ramenait déjà la recherche de l'attraction sur un point intérieur à celle de l'attraction sur un point de la surface. Maclaurin (*) acheva cette partie du problème, en déterminant l'attraction d'un ellipsoïde de révolution sur un point de sa surface. Il put encore trouver l'attraction sur un point extérieur, lorsque celui-ci est situé dans le plan de l'équateur. Le même géomètre démontra que *deux ellipsoïdes homofocaux, et d'ailleurs quelconques, exercent sur un même point, situé sur le prolongement de l'un des axes principaux, des attractions dirigées suivant la même droite et proportionnelles à leurs masses.* C'est la proposition connue sous le nom de *théorème de Maclaurin.* Lagrange (**) étendit ce théorème à tout point extérieur situé dans un plan principal.

Legendre (***) acheva la théorie de l'attraction pour un ellipsoïde de révolution, et soupçonna l'extension du théorème de Maclaurin à un point extérieur quelconque. Laplace (****) démontra cette extension, et résolut complétement le problème de l'attraction d'un ellipsoïde quelconque sur un point situé comme on voudra; mais sa solution est extrêmement compliquée.

Depuis ce temps, plusieurs solutions ont été publiées. Nous citerons les plus remarquables. La solution de

---

(*) *De causa physica fluxus et refluxus maris,* Prix de l'Académie des Sciences de Paris, t. IV. — *Traité des fluxions,* liv. I, chap. XIV.

(**) *Nouveaux Mémoires de l'Académie de Berlin,* 1773.

(***) *Savants étrangers* (Académie des Sciences), t. X, 1785.

(****) *Mémoires de l'Académie des Sciences de Paris,* 1782. — *Mécanique céleste,* liv. III, chap. I.

M. Ivory (*) ramène à la recherche de l'attraction sur un point intérieur celle de l'attraction sur un point extérieur, qui était réputée jusqu'alors beaucoup plus difficile. La solution de Gauss (**) est très-remarquable par sa simplicité. Parmi les diverses solutions publiées par M. Chasles (***), il en est une fort simple, fondée sur la Géométrie. Enfin M. Dirichlet (****) ramène à des intégrales simples les intégrales triples qui mesurent l'attraction, en se servant d'un artifice d'analyse fort ingénieux, qui consiste à multiplier la quantité comprise sous les signes $\int$ par un facteur qui est égal à l'unité entre les limites des intégrales, et qui se réduit à zéro en dehors de ces limites.

Nous rapporterons brièvement la méthode de Gauss, parce qu'elle est peu connue, et consiste presque tout entière dans des théorèmes généraux susceptibles d'un grand nombre d'applications.

1. *Théorèmes préliminaires.* — Ces théorèmes, fondements de la méthode, ont pour but de ramener les intégrales triples à des intégrales doubles. On y considère un corps terminé par une surface absolument quelconque, qui peut se composer de plusieurs parties isolées.

Soient :

OX, OY, OZ des axes rectangulaires ;

ds l'élément de surface au point P dont les coordonnées sont x, y, z ;

(*) *Philosophical Transactions*, 1809.

(**) *Commentationes Soc. reg. Sc. Gottingensis recentiores*, t. II, 1813.

(***) *Comptes rendus de l'Académie des Sciences de Paris*, t. VI, 1838, 1er semestre, p. 902. — *Journal de M. Liouville*, t. V, 1840, p. 465.

(****) *Académie de Berlin*, 1839. — *Comptes rendus des séances de l'Académie des Sciences de Paris*, t. VIII, 1839, 1er sem., p. 156.

$d\sigma$ la valeur numérique de la projection de l'élément ds sur le plan ZOY;

PN la normale extérieure au point P, c'est-à-dire la normale qui se dirige hors du corps;

$(\widehat{NX})$ l'angle que la direction PN fait avec l'axe des x positifs;

M un point matériel attiré par le corps;

r la distance du point M à un point du corps, prise en valeur numérique.

Théorème I. — *L'intégrale* $\int \cos(\widehat{NX})\, ds$ *étendue à toute la surface du corps est nulle.*

En effet, l'élément de cette intégrale, $\cos(\widehat{NX})\, ds$, est égal à $-d\sigma$ ou à $+d\sigma$, suivant qu'on entre dans le corps ou qu'on en sort par l'élément de surface ds, quand on suit dans le sens de l'axe des x une parallèle à cet axe menée par l'élément $d\sigma$. Mais, en suivant toute la longueur de cette droite, on entre dans le corps et l'on en sort un même nombre de fois; donc les éléments de l'intégrale qui ont la même projection $d\sigma$ se détruisent deux à deux. Par suite, l'intégrale est nulle.

Théorème II. — *Le volume du corps est représenté par l'intégrale* $\int x\cos(\widehat{NX})\, ds$, *étendue à toute la surface.*

En effet, d'après ce que l'on a dit au théorème précédent sur la double valeur du produit $\cos(NX)\, ds$, les éléments de l'intégrale actuellement considérée qui sont situés dans le petit cylindre élevé sur la base $d\sigma$ parallèlement à l'axe des x, font une somme précisément égale au volume de la portion du corps qui est renfermée dans ce petit cylindre.

Théorème III. — *Si l'on suppose le corps homogène, que l'on représente par $f(r)$ l'attraction de l'unité de masse à la distance r, et que l'on fasse $\int f(r)\,dr = \mathrm{F}(r)$, l'attraction du corps sur le point* M, *estimée suivant la direction des x positifs, sera représentée par l'intégrale $\int \mathrm{F}(r)\cos(\widehat{\mathrm{NX}})\,ds$, étendue à toute la surface.*

Considérons un élément de volume renfermé dans le petit cylindre de base $d\sigma$, entre deux plans perpendiculaires à l'axe des x et très-voisins l'un de l'autre. Représentons par $(\widehat{\mathrm{MX}})$ l'angle que fait la direction de l'axe des x positifs avec la droite qui joint l'élément de volume au point M. L'attraction de l'élément de volume estimée suivant l'axe des x sera

$$-\,d\sigma f(r)\cos(\widehat{\mathrm{MX}})\,dx.$$

Or $\cos(\widehat{\mathrm{MX}})\,dx$ est la projection de l'accroissement dx sur la droite qui joint l'élément de volume au point M; c'est donc l'accroissement correspondant dr changé de signe. Il s'ensuit que l'attraction élémentaire est $d\sigma f(r)\,dr$. Pour obtenir l'attraction de toute la partie du corps qui est renfermée dans le petit cylindre de base $d\sigma$, il faut former l'intégrale indéfinie $d\sigma\,\mathrm{F}(r)$, donner successivement à r les valeurs correspondantes aux éléments de surface ds découpés par le petit cylindre, affecter les résultats du signe — ou du signe + suivant qu'on entre dans le corps ou qu'on en sort en traversant l'élément ds dans la direction des x positifs, puis faire la somme des termes obtenus. Mais, d'après ce qu'on a dit plus haut, ceci revient à faire la somme des éléments $\mathrm{F}(r)\cos(\widehat{\mathrm{NX}})\,ds$ qui appartiennent au cylindre considéré; si donc on étend cette somme à toute la surface, on aura l'attraction totale.

Les trois théorèmes suivants se rapportent plus spécialement aux coordonnées polaires. Nous conserverons la même notation, si ce n'est que $d\sigma$ représentera l'élément de surface découpé sur une sphère décrite de M comme centre avec un rayon égal à l'unité, par un petit cône dont le sommet est en M et dont les arêtes s'appuient sur le contour de l'élément de surface ds. De plus, nous représenterons par $(\widehat{NM})$ l'angle que la normale extérieure PN à l'élément ds fait avec la direction PM.

Théorème IV. — *L'intégrale* $\int \frac{\cos(\widehat{NM})\,ds}{r^2}$ *étendue à toute la surface du corps est nulle, égale à* -4π *ou égale à* -2π, *suivant que le point* M *est extérieur au corps, intérieur au corps ou situé sur la surface.*

En effet, décrivons une sphère de M comme centre avec un rayon égal à la distance r du point M à l'élément ds. La surface découpée sur cette sphère par le petit cône dont on a parlé sera

$$r^2 d\sigma, \quad \text{ou bien} \quad \pm\cos(\widehat{NM})\,ds,$$

le signe $+$ se rapportant au cas où le rayon mené du point M à l'élément ds entre dans le corps en traversant cet élément, et le signe $-$ se rapportant au cas où le rayon sort du corps. On a donc

$$\pm\, d\sigma = \frac{\cos(\widehat{NM})\,ds}{r^2},$$

les signes étant réglés par la même loi.

Or, si le point M est extérieur au corps, chaque rayon entrera dans le corps et en sortira un même nombre de fois; donc, dans ce cas, l'intégrale $\int \frac{\cos(\widehat{NM})\,ds}{r^2}$ étendue à toute la surface sera nulle.

Si le point M est intérieur au corps, chaque rayon sortira une fois de plus qu'il n'entrera; donc, dans ce cas, l'intégrale étendue à toute la surface du corps se réduira à l'intégrale $-\int d\sigma$ étendue à toute la surface de la sphère sur laquelle sont situés les éléments $d\sigma$, c'est-à-dire que sa valeur sera -4π.

Si le point M est situé sur la surface, ce point peut être considéré comme extérieur relativement à la partie du corps qui est située du côté de la normale extérieure par rapport au plan tangent au point M; il peut être considéré comme intérieur relativement à l'autre partie du corps. Par suite, l'intégrale aura pour valeur la surface de la demi-sphère sur laquelle sont situés les éléments $d\sigma$, prise négativement, ou -2π.

Corollaire. — Si l'on représente par G une fonction rationnelle de $\cos(\widehat{MX})$, $\cos(\widehat{MY})$, $\cos(\widehat{MZ})$, l'intégrale $\int \frac{G\cos(\widehat{NM})\,ds}{r^2}$, étendue à toute la surface, est nulle toutes les fois que le point M est extérieur au corps; car la fonction G conserve la même valeur tout le long d'un même rayon.

Théorème V. — *Le volume du corps est représenté par l'intégrale* $-\frac{1}{3}\int r\cos(\widehat{NM})\,ds$, *étendue à toute la surface.*

Ce théorème se démontre de la même manière que le théorème II, en observant que le volume du petit cône terminé à l'élément ds est

$$\frac{1}{3} r . r^2 d\sigma \quad \text{ou} \quad \pm \frac{1}{3} r \cos(\widehat{NM}) ds,$$

le signe étant choisi comme dans le théorème précédent.

Théorème VI. — *Si l'on suppose le corps homogène, que l'on représente par $f(r)$ l'attraction de l'unité de masse à la distance r, et que l'on fasse $\int r^2 f(r) dr = \varphi(r)$, l'attraction du corps sur le point* M, *estimée suivant la direction des x positifs, sera représentée par l'intégrale $\int \frac{\varphi(r) \cos(\widehat{NM}) \cos(\widehat{MX}) ds}{r^2}$ étendue à toute la surface, pourvu que le point* M *soit extérieur ou intérieur au corps. Si le point* M *était situé sur la surface, il faudrait ajouter à l'intégrale précédente le terme $\pi\varphi(o) \cos M_x$, M_x désignant l'angle que la normale extérieure au point* M *fait avec l'axe des x positifs.*

En effet, l'attraction exercée suivant l'axe des x par l'élément de volume qui est renfermé dans le petit cône dont la base est ds, entre deux sphères de rayons r et $r + dr$, est égale à

$$- r^2 d\sigma . f(r) \cos(\widehat{MX}) dr.$$

Il s'ensuit que l'attraction de tout le cône terminé à la surface ds, s'il était rempli d'une matière homogène, serait égale à $d\sigma[\varphi(o) - \varphi(r)] \cos(\widehat{MX})$, ou bien à $\pm \frac{[\varphi(o) - \varphi(r)] \cos(\widehat{NM}) \cos(\widehat{MX}) ds}{r^2}$, le signe $+$ répondant au cas où le rayon mené du point M à travers la surface ds entre dans le corps en traversant cette surface, et le signe $-$ répondant au cas où ce rayon sort du corps. D'après cela, l'attraction de tout le corps sera représentée par la somme

$$\int \frac{\varphi(r)\cos(\widehat{NM})\cos(\widehat{MX})\,ds}{r^2} - \varphi(o)\int \frac{\cos(\widehat{NM})\cos(\widehat{MX})\,ds}{r^2}.$$

Or, si le point M est extérieur au corps, les éléments de la seconde intégrale qui sont situés sur un même rayon sont deux à deux égaux et de signe contraire; par suite, cette intégrale est nulle.

Si le point M est intérieur, les éléments de la seconde intégrale qui sont situés sur un même rayon se détruisent encore, sauf l'un d'eux qui est $-\cos(\widehat{MX})\,d\sigma$; en sorte que cette intégrale se réduit à la somme

$$\int \cos(\widehat{MX})\,d\sigma,$$

étendue à toute la surface de la sphère et changée de signe. Mais, le rayon étant normal à la surface de la sphère, cette dernière intégrale est encore nulle, en vertu du théorème I.

Enfin, si le point M est situé sur la surface, la seconde intégrale est nulle, lorsqu'on l'étend à la partie du corps qui est située du côté de la normale extérieure par rapport au plan tangent au point M. Cette même intégrale étendue à l'autre partie du corps a pour valeur

$$-\int \cos(\widehat{MX})\,d\sigma,$$

la somme s'étendant à la surface de la demi-sphère qui est située par rapport au plan tangent d'un même côté que la partie du corps considérée. Or, d'après le théorème I, si l'on nomme $d\varpi$ l'élément de surface du grand cercle suivant lequel le plan tangent coupe la sphère, on a la relation

$$-\int \cos(\widehat{MX})\,d\sigma + \int \cos M_x\,d\varpi = 0,$$

où la première intégrale est celle qu'il s'agit de calculer, et où la seconde intégrale s'étend à la surface du grand cercle et, par suite, a pour valeur $\pi \cos M_x$. Ainsi, le théorème est complétement démontré.

Le terme additionnel $\pi\varphi(0)\cos(M_x)$ est nul dans la loi de la nature; car, dans cette loi, $\varphi(r)$ est égal au produit de r par une constante. Ce terme est infini lorsque l'attraction est inversement proportionnelle au cube ou à une puissance plus élevée de la distance; il s'ensuit que, *pour une loi d'attraction inversement proportionnelle au cube ou à une puissance plus élevée de la distance, tout corps exerce sur un point de sa surface une attraction infinie.*

Distinction entre les deux directions de la normale à une surface. — Pour appliquer les théorèmes précédents, il faut savoir distinguer la normale extérieure de la normale intérieure, lorsque l'équation de la surface est donnée en coordonnées rectangulaires.

Soit $V = 0$ l'équation de la surface, et posons

$$U = \frac{1}{\pm\sqrt{\left(\frac{dV}{dx}\right)^2 + \left(\frac{dV}{dy}\right)^2 + \left(\frac{dV}{dz}\right)^2}}.$$

Les cosinus des angles que la normale au point P fait avec les axes des x, des y et des z sont respectivement

$$U\frac{dV}{dx}, \quad U\frac{dV}{dy}, \quad U\frac{dV}{dz}.$$

Le radical de la fonction U doit être pris avec le même signe dans les trois cosinus qui répondent à une même direction; mais on ne voit pas *à priori* quel est le signe qui convient à la normale extérieure, quel est celui qui convient à la normale intérieure.

Pour lever cette ambiguïté, portons sur la normale

extérieure à partir du point P, pris sur la surface, une très-petite longueur $PP' = dv$. Quand nous passerons du point P au point P', les accroissements des coordonnées seront

$$dx = dv\cos(\widehat{NX}),\quad dy = dv\cos(\widehat{NY}),\quad dz = dv\cos(\widehat{NZ}).$$

Par suite, la fonction V, qui est nulle au point P, aura au point P' la valeur

$$dv\left[\frac{dV}{dx}\cos(\widehat{NX}) + \frac{dV}{dy}\cos(\widehat{NY}) + \frac{dV}{dz}\cos(\widehat{NZ})\right],$$

ou bien

$$\pm dv\sqrt{\left(\frac{dV}{dx}\right)^2 + \left(\frac{dV}{dy}\right)^2 + \left(\frac{dV}{dz}\right)^2}.$$

D'après cette expression, où dv est essentiellement positif, on a la règle suivante : *Le radical qui entre dans les valeurs des cosinus relatifs à la normale extérieure doit être pris positif ou négatif, suivant que la fonction V devient positive ou négative pour les points extérieurs au corps et situés dans le voisinage du pied de la normale.*

Expression de l'élément de surface en coordonnées curvilignes. — Les intégrales qui font l'objet des théorèmes précédents étant relatives à des surfaces, il convient, pour les évaluer, de prendre comme lignes coordonnées deux lignes tracées sur la surface même et variables suivant une loi conventionnelle avec deux paramètres p et q. Les valeurs de ces paramètres auxquelles correspondent les lignes qui se coupent en un point déterminé de la surface sont les coordonnées de ce point, puisqu'elles en fixent la position.

L'élément de surface ds sera le petit quadrilatère compris entre les lignes correspondantes aux paramètres p, $p + dp$, q, $q + dq$. Il s'agit d'exprimer la surface de ce petit quadrilatère en fonction de p, q, dp et dq.

Concevons que x, y et z soient exprimés en p et q, à l'aide de l'équation de la surface, et des deux relations établies entre ces cinq variables par la définition même des nouvelles lignes coordonnées. Soient λ et λ' les dérivées partielles de x par rapport à p et à q, μ et μ' celles de y, ν et ν' celles de z.

Les sommets du petit quadrilatère ds, pris dans l'ordre où ils se présentent quand on suit le contour dans un même sens, ayant pour coordonnées, dans le nouveau système, (p, q), $(p + dp, q)$, $(p + dp, q + dq)$ $(p, q + dq)$, les coordonnées des mêmes sommets seront, dans le système rectangulaire,

$$x,\ y,\ z,$$

$$x + \lambda\,dp,\ y + \mu\,dp,\ z + \nu\,dp,$$

$$x + \lambda\,dp + \lambda'\,dq,\ y + \mu\,dp + \mu'\,dq,\ z + \nu\,dp + \nu'\,dq,$$

$$x + \lambda'\,dq,\ y + \mu'\,dq,\ z + \nu'\,dq.$$

Or, si l'on nomme (x_1, y_1), (x_2, y_2), (x_3, y_3), (x_4, y_4) les coordonnées des sommets d'un quadrilatère plan, rangés dans l'ordre où ils se présentent quand on suit le contour dans un même sens, la surface du quadrilatère est représentée par la somme

$$(x_2 - x_1)\frac{y_1 + y_2}{2} + (x_3 - x_2)\frac{y_2 + y_3}{2}$$
$$+ (x_4 - x_3)\frac{y_3 + y_4}{2} + (x_1 - x_4)\frac{y_4 + y_1}{2},$$

prise en valeur numérique.

Appliquant cette formule générale aux quadrilatères qui sont les projections du quadrilatère ds sur les plans coordonnés, on trouve que les projections sur les plans XOY, YOZ, ZOX sont respectivement

$$\pm(\lambda\mu' - \mu\lambda')\,dp\,dq,\ \pm(\mu\nu' - \nu\mu')\,dp\,dq,\ \pm(\nu\lambda' - \lambda\nu')\,dp\,dq;$$

par suite, la surface du quadrilatère est

$$(E)\quad ds = dp\,dq\left[(\lambda\mu' - \mu\lambda')^2 + (\mu\nu' - \nu\mu')^2 + (\nu\lambda' - \lambda\nu')^2\right]^{\frac{1}{2}}.$$

2. Jusqu'ici rien n'est particulier à l'ellipsoïde, ni même à la loi de l'attraction.

Actuellement, *calculons l'attraction qu'un ellipsoïde homogène, terminé par la surface*

$$\frac{x^2}{A^2} + \frac{y^2}{B^2} + \frac{z^2}{C^2} - 1 = 0,$$

exerce suivant la loi de la nature sur un point M, *de coordonnées a, b, c.*

Posant

$$\psi = \sqrt{\frac{x^2}{A^4} + \frac{y^2}{B^4} + \frac{z^2}{C^4}},$$

et

$$r = \left[(a - x)^2 + (b - y)^2 + (c - z)^2\right]^{\frac{1}{2}},$$

on a,

$$\cos(\widehat{NX}) = \frac{x}{A^2\psi},$$

$$\cos(\widehat{NM}) = \frac{1}{\psi r}\left[\frac{x(a - x)}{A^2} + \frac{y(b - y)}{B^2} + \frac{z(c - z)}{C^2}\right].$$

Si, entre les coordonnées rectangulaires d'un point de la surface et les coordonnées curvilignes p, q, on établit les deux relations

$$z = C\sin p\sin q,\quad y = B\sin p\cos q,$$

l'équation de la surface donne la troisième relation,

$$x = A\cos p.$$

D'après ces trois relations et la formule (E), l'expression de l'élément de surface en coordonnées curvilignes est

$$ds = ABC\psi\sin p\,dp\,dq.$$

On prend ici le signe +; car on embrasse toute la surface de l'ellipsoïde en faisant varier p de o à π et q de o à 2π, et entre ces limites $\sin p$ reste positif.

Soient μ l'attraction de l'unité de masse à l'unité de distance, ρ la densité supposée constante, X l'attraction exercée suivant l'axe des x, et ξ la quantité $\dfrac{X}{ABC\mu\rho}$.

On a, d'après le théorème III,

$$(1)\qquad \xi = -\int_0^{\pi}\int_0^{2\pi} \frac{\cos p \sin p}{A r}\, dp\, dq,$$

et, d'après le théorème VI,

$$(2)\quad \left\{ \begin{aligned} \xi = \int_0^{\pi}\int_0^{2\pi} &\left[\frac{x(a-x)}{A^2} + \frac{y(b-y)}{B^2} + \frac{z(c-z)}{C^2}\right] \\ &\times \frac{(a-x)\sin p}{r^3}\, dp\, dq. \end{aligned} \right.$$

De plus, le théorème IV dit que l'intégrale

$$(3)\quad \int_0^{\pi}\int_0^{2\pi}\left[\frac{x(a-x)}{A^2} + \frac{y(b-y)}{B^2} + \frac{z(c-z)}{C^2}\right]\frac{\sin p}{r^3}\, dp\, dq$$

est égale à o quand le point attiré est extérieur, et égale à $-\dfrac{4\pi}{ABC}$ quand le point attiré est intérieur.

A l'aide de ces formules on peut arriver à connaître la valeur de ξ, en comparant l'attraction de l'ellipsoïde donné avec celle des ellipsoïdes homofocaux. Pour cela, on considère A, B, C comme des valeurs particulières attribuées à des variables α, β, γ, qui sont assujetties aux relations

$$\alpha^2 - \beta^2 = \text{const.}, \quad \alpha^2 - \gamma^2 = \text{const.}$$

Alors la formule (1), appliquée à l'un quelconque des

ellipsoïdes homofocaux, peut s'écrire

$$\alpha\xi = -\int_0^{\pi}\int_0^{2\pi}\frac{\cos p \sin p}{r}\,dp\,dq.$$

Si l'on étend cette formule à un ellipsoïde homofocal infiniment voisin, ce qui se fait par une différentiation relative aux variables α, β, γ, et que l'on désigne par la caractéristique δ les accroissements correspondants aux accroissements simultanés de ces variables, il vient

$$\alpha\delta\xi + \xi\delta\alpha = \int_0^{\pi}\int_0^{2\pi}\frac{\cos p \sin p\,\delta r}{r^2}\,dp\,dq.$$

On a

$$r\delta r = -(a-x)\delta x - (b-y)\delta y - (c-z)\delta z.$$

Or, d'après les expressions de x, y, z en p et q,

$$\delta x = \frac{x}{\alpha}\delta\alpha,\quad \delta y = \frac{y}{\beta}\delta\beta,\quad \delta z = \frac{z}{\gamma}\delta\gamma,$$

et d'ailleurs,

$$\alpha\delta\alpha = \beta\delta\beta = \gamma\delta\gamma;$$

on peut donc écrire

$$r\delta r = -\alpha\delta\alpha\left[\frac{x(a-x)}{\alpha^2} + \frac{y(b-y)}{\beta^2} + \frac{z(c-z)}{\gamma^2}\right].$$

Cette formule, combinée avec celle qui précède, donne, en observant que $\alpha\cos p = x$,

$$\alpha\delta\xi + \xi\delta\alpha = -\delta\alpha\int_0^{\pi}\int_0^{2\pi}\left[\frac{x(a-x)}{\alpha^2} + \frac{y(b-y)}{\beta^2} + \frac{z(c-z)}{\gamma^2}\right] \times \frac{x\sin p}{r^3}\,dp\,dq.$$

Si de cette équation on retranche l'équation (2) multipliée par $\delta\alpha$ et appliquée à un ellipsoïde homofocal quelconque, il vient

$$\alpha\delta\xi = -a\,\delta\alpha \int_0^\pi \int_0^{2\pi} \left[\frac{x(a-x)}{\alpha^2} + \frac{y(b-y)}{\beta^2} + \frac{z(c-z)}{\gamma^2}\right] \times \frac{\sin p}{r^3}\,dp\,dq.$$

L'intégrale qui figure ici n'est autre que l'intégrale (3); par conséquent, on a

$$(4) \qquad \delta\xi = 0$$

quand le point attiré est extérieur, et

$$(5) \qquad \delta\xi = \frac{4\pi a\,\delta\alpha}{\alpha^2\beta\gamma}$$

quand le point attiré est intérieur. Il n'y a pas lieu à considérer ici le cas où le point attiré est situé sur la surface; car, dans ce cas, on ne peut faire varier α sans que le point devienne extérieur ou intérieur.

Point extérieur. — L'équation (4) montre que les attractions de deux ellipsoïdes homofocaux sur un même point extérieur sont dirigées suivant la même droite, et sont proportionnelles aux masses des ellipsoïdes. Cette proposition étant vraie quelle que soit la distance du point à la surface, il s'ensuit que la proposition est encore applicable lorsque le point attiré est situé sur la surface; pourvu, toutefois, que l'attraction varie d'une manière continue quand le point attiré s'approche de la surface jusqu'au contact. Cette condition est satisfaite dans la loi de la nature; car l'attraction $\frac{dm}{r^2}$ de l'élément de masse qui est infiniment rapproché du point attiré est un infiniment petit, qui disparaît à la limite dans l'attraction totale, puisque dm est un infiniment petit du troisième ordre et r^2 un infiniment petit du second ordre.

D'après cela, *pour avoir l'attraction d'un ellipsoïde sur un point extérieur, il faudra d'abord déterminer, parmi les ellipsoïdes homofocaux à l'ellipsoïde donné, celui dont la surface passe au point attiré; puis calculer l'attraction de ce nouvel ellipsoïde sur le point donné, lequel est situé à la surface; et enfin réduire l'attraction obtenue dans le rapport de la masse de l'ellipsoïde donné à la masse de l'ellipsoïde homofocal.* La première partie du calcul se réduit à la résolution d'une équation du troisième degré, qui donne toujours une solution unique. La seconde partie sera comprise comme cas particulier dans le calcul de l'attraction d'un ellipsoïde sur un point intérieur.

Point intérieur. — Il faut se servir de l'équation (5), y substituer à β, γ leurs valeurs en α, A, B, C, tirées des relations

$$\alpha^2 - \beta^2 = A^2 - B^2, \quad \alpha^2 - \gamma^2 = A^2 - C^2;$$

puis, posant $\frac{A}{\alpha} = u$, on devra intégrer à partir d'une valeur de u pour laquelle ξ soit nul, jusqu'à la valeur $u = 1$ qui répond à l'ellipsoïde considéré. Or l'équation (1), dans laquelle on remplace A par α, montre que ξ est nul lorsque α est infini; car alors tous les éléments de l'intégrale sont nuls. Les limites seront donc $u = 0$ et $u = 1$; et l'on aura finalement, pour un point intérieur,

$$(6)\quad X = -\frac{4\pi\mu\rho BCa}{A^2}\int_0^1 \frac{u^2\,du}{\sqrt{1+\left(\frac{B^2}{A^2}-1\right)u^2}\sqrt{1+\left(\frac{C^2}{A^2}-1\right)u^2}}.$$

Cette valeur étant exacte, quelque rapproché de la surface que soit le point attiré, elle conviendra lorsque ce point sera situé sur la surface. On en déduira facilement les théorèmes de Newton étendus à un ellipsoïde quelconque.

L'intégrale qui entre dans la formule (6) ne peut s'obtenir sous forme finie que dans le seul cas où l'ellipsoïde est de révolution.

Supposons que l'ellipsoïde soit de révolution autour de l'axe des x.

Il faut poser $B = C$; alors, désignant par υ une quantité égale à l'unité quand le point attiré est intérieur ou situé sur la surface, et égale à la racine positive de l'équation

$$\upsilon^2 a^2 + \frac{\upsilon^2 (b^2 + c^2)}{1 + \left(\frac{B^2}{A^2} - 1\right)\upsilon^2} = A^2$$

quand le point attiré est extérieur, on arrive aux formules suivantes :

1° $B^2 > A^2$; l'*ellipsoïde est aplati.*

Posant $\lambda^2 = \frac{B^2}{A^2} - 1$, en sorte que $\frac{A}{B}\lambda$ soit l'excentricité de l'ellipse méridienne, on a, d'après la formule (6) et les formules analogues relatives aux deux autres axes coordonnés,

$$(7)\quad \begin{cases} X = -4\pi\mu\rho a(1 + \lambda^2)\dfrac{\lambda\upsilon - \operatorname{arc\,tang}.\lambda\upsilon}{\lambda^3}, \\ \dfrac{Y}{b} = \dfrac{Z}{c} = -4\pi\mu\rho(1 + \lambda^2)\dfrac{\operatorname{arc\,tang}.\lambda\upsilon - \dfrac{\lambda\upsilon}{1 + \lambda^2\upsilon^2}}{2\lambda^3}. \end{cases}$$

2° $B^2 < A^2$; l'*ellipsoïde est allongé.*

Les formules (7) subsistent encore, pourvu que l'on y regarde λ comme une quantité imaginaire, égale au produit de l'excentricité $\sqrt{1 - \frac{B^2}{A^2}}$ par le symbole $\sqrt{-1}$. Pour mettre ces formules sous forme réelle, il suffit de poser $\frac{\lambda}{\sqrt{-1}} = \theta$; alors θ représente l'excentricité de l'ellipse méridienne, et l'on a

$$X = -4\pi\mu\rho a(1-\theta^2)\frac{-\theta\upsilon + \frac{1}{2}\log\frac{1+\theta\upsilon}{1-\theta\upsilon}}{\theta^3},$$

$$\frac{Y}{b} = \frac{Z}{c} = -4\pi\mu\rho(1-\theta^2)\frac{\frac{\theta\upsilon}{1-\theta^2\upsilon^2} - \frac{1}{2}\log\frac{1+\theta\upsilon}{1-\theta\upsilon}}{\theta^3}.$$

L'attraction perpendiculaire à l'axe de révolution se déduit de la valeur de Y, en remplaçant b par la distance de l'axe au point attiré, $\sqrt{b^2+c^2}$.

3. *Un ellipsoïde homogène, à trois axes inégaux, mais assez peu différents pour qu'on puisse négliger la quatrième puissance des excentricités des sections principales, est coupé par une sphère concentrique.*

1° *L'attraction de l'ellipsoïde sur un point de sa surface conserve la même intensité tout le long de son intersection avec la sphère.*

2° *Cette attraction est égale à celle de la sphère sur les mêmes points d'intersection, quand la sphère est homogène, de même volume et de même densité que l'ellipsoïde.*

3° *Si l'on imagine une série d'ellipsoïdes homofocaux, et une série correspondante de sphères concentriques de même matière, dont les volumes soient proportionnels à ceux des ellipsoïdes, les attractions des ellipsoïdes et des sphères sur leurs intersections seront proportionnelles.*

Démontrer ces théorèmes.

Conservons les notations précédentes. Soient

$$A < B < C,$$

$$\frac{B^2}{A^2} = 1 + \lambda^2, \quad \frac{C^2}{A} = 1 + \lambda'^2.$$

Nous avons trouvé (p. 325) les composantes de l'attraction d'un ellipsoïde sur un point de sa surface :

$$X = -4\pi\mu\rho\frac{BC}{A^2}a\int_0^1 \frac{u^2du}{(1+\lambda^2u^2)^{\frac{1}{2}}(1+\lambda'^2u^2)^{\frac{1}{2}}}.$$

Puisque nous négligeons les termes du quatrième degré en λ et λ', $\frac{BC}{A^2}$ se réduit à $1+\frac{1}{2}(\lambda^2+\lambda'^2)$; la quantité comprise sous le signe $\int$ se réduit à

$$\left[u^2+\frac{1}{2}u^4(\lambda^2+\lambda'^2)\right]du;$$

et nous avons, par conséquent,

$$X = -\frac{4}{3}\pi\mu\rho a\left[1+\frac{1}{5}(\lambda^2+\lambda'^2)\right].$$

On verrait de même que les valeurs exactes

$$Y = -4\pi\mu\rho\frac{BC}{A^2}b\int_0^1 \frac{u^2du}{(1+\lambda^2u^2)^{\frac{3}{2}}(1+\lambda'^2u^2)^{\frac{1}{2}}},$$

$$Z = -4\pi\mu\rho\frac{BC}{A^2}c\int_0^1 \frac{u^2du}{(1+\lambda^2u^2)^{\frac{1}{2}}(1+\lambda'^2u^2)^{\frac{3}{2}}},$$

se réduisent aux suivantes :

$$Y = -\frac{4}{3}\pi\mu\rho b\left[1+\frac{1}{5}(\lambda'^2-2\lambda^2)\right],$$

$$Z = -\frac{4}{3}\pi\mu\rho c\left[1+\frac{1}{5}(\lambda^2-2\lambda'^2)\right].$$

Il s'ensuit que l'attraction totale de l'ellipsoïde sur un point de sa surface, ou $\sqrt{X^2+Y^2+Z^2}$, que nous nommerons G, a pour expression

$$(1)\quad \begin{cases} G = \frac{4}{3}\pi\mu\rho r\left\{1 + \frac{1}{5r^2}\left[a^2(\lambda^2+\lambda'^2) + b^2(\lambda'^2 - 2\lambda^2)\right.\right. \\ \qquad\qquad\qquad\qquad\qquad\qquad \left.\left. + c^2(\lambda^2 - 2\lambda'^2)\right]\right\}. \end{cases}$$

Nous avons posé

$$(2)\qquad a^2 + b^2 + c^2 = r^2.$$

Le point attiré (a, b, c) étant un point de la surface,

$$a^2 + \frac{b^2}{1+\lambda^2} + \frac{c^2}{1+\lambda'^2} = A^2,$$

ou bien, au degré d'approximation convenu,

$$a^2(\lambda^2+\lambda'^2) + b^2\lambda'^2 + c^2\lambda^2 = A^2(1+\lambda^2+\lambda'^2) - r^2.$$

Multiplions cette équation par 3, et retranchons du produit l'équation (2) multipliée par $2(\lambda^2+\lambda'^2)$. Il en résulte une nouvelle équation dont le premier membre est le facteur entre crochets [ ] dans la valeur de G, et dont le second membre ne contient pas les coordonnées a, b, c. Il en résulte

$$(3)\quad G = \frac{4}{15}\pi\mu\rho r\left[2(1-\lambda^2-\lambda'^2) + 3\frac{A^2}{r^2}(1+\lambda^2+\lambda'^2)\right].$$

1° Cette valeur de l'attraction ne dépend que de la distance r du point attiré au centre de l'ellipsoïde. Dès lors le premier théorème est démontré.

2° Si nous posons

$$ABC = r^3,$$

cette relation, dans notre degré d'approximation, nous donne

$$\frac{A^2}{r^2} = 1 - \frac{1}{3}(\lambda^2+\lambda'^2).$$

Alors (3),

$$G = \frac{4}{3}\pi\mu\rho r.$$

Le deuxième théorème est démontré.

3° Le troisième théorème est également facile à démontrer. Le rapport du volume de chaque ellipsoïde homofocal à celui de la sphère correspondante est le produit de $\frac{A^3}{r^3}$ par une quantité constante. Ce rapport est constant; par suite $\frac{A}{r}$ est une constante. Il en résulte (3) que G est proportionnel à r, de même que l'attraction de la sphère.

Le P. J. Delsaux; 1856.

4. *Démontrer qu'un ellipsoïde homogène, de révolution, et faiblement aplati, exerce sur un point de sa surface une attraction qui varie avec la position de ce point proportionnellement au sinus carré de la latitude. On néglige la quatrième puissance de l'excentricité.*

Conservons la notation de la question précédente.

Il nous faut poser dans les formules (7) (p. 326) $\upsilon = 1$, et développer suivant les puissances ascendantes de λ en nous arrêtant à la troisième puissance.

Nous avons

$$\text{arc tang}\,\lambda = \lambda - \frac{\lambda^3}{3} + \frac{\lambda^5}{5} - \ldots,$$

$$(1+\lambda^2)\frac{\lambda - \text{arc tang}\,\lambda}{\lambda^3} = (1+\lambda^2)\cdot\frac{1}{3}\left(1 - \frac{3}{5}\lambda^2 + \ldots\right) = \frac{1}{3}\left(1 + \frac{2}{5}\lambda^2\right),$$

et de même

$$(1+\lambda^2)\frac{\text{arc tang}\,\lambda - \dfrac{\lambda}{1+\lambda^2}}{2\lambda^3} = (1+\lambda^2)\cdot\frac{1}{3}\left(1 - \frac{6}{5}\lambda^2 + \ldots\right)$$
$$= \frac{1}{3}\left(1 - \frac{1}{5}\lambda^2\right);$$

d'où résulte la valeur approchée de l'attraction totale,

$$G = \sqrt{X^2 + Y^2 + Z^2}$$

$$= \frac{4\pi\mu\rho}{3}\sqrt{\left(1 + \frac{2}{5}\lambda^2\right)^2 a^2 + \left(1 - \frac{1}{5}\lambda^2\right)^2 (b^2 + c^2)},$$

ou bien, posant $a^2 + b^2 + c^2 = r^2$,

$$G = \frac{4\pi\mu\rho r}{3}\left[1 + \frac{\lambda^2}{5}\left(2\frac{a^2}{r^2} - \frac{b^2 + c^2}{r^2}\right)\right].$$

Ceci posé, désignons par l la latitude du point attiré, c'est-à-dire l'angle aigu que la normale à la surface en ce point fait avec le plan de l'équateur. Nous avons, toujours au même degré d'approximation,

$$\cos l = \frac{\sqrt{b^2 + c^2}}{B^2\sqrt{\dfrac{b^2 + c^2}{B^4} + \dfrac{a^2}{A^4}}} = \sqrt{b^2 + c^2}\left[r^2 + \lambda^2 a^2 (2 + \lambda^2)\right]^{-\frac{1}{2}}$$

$$= \frac{\sqrt{b^2 + c^2}}{r} + K\lambda^2,$$

$$\sin l = \frac{a}{r} + H\lambda^2,$$

K et H désignant des quantités indépendantes de λ.

Ayant égard à ces valeurs, l'expression de G peut s'écrire

$$G = \frac{4\pi\mu\rho r}{3}\left[1 + \frac{\lambda^2}{5}(2\sin^2 l - \cos^2 l)\right]$$

$$= \frac{4\pi\mu\rho r}{3}\left(1 - \frac{\lambda^2}{5} + \frac{3\lambda^2}{5}\sin^2 l\right),$$

ce qui démontre le théorème.

Corollaire. — Quand on pose

$$\sin^2 l = \frac{1}{3},$$

il vient

$$G = \frac{4}{3}\pi r^3 \rho \frac{\mu}{r^2}.$$

On déduit de là cette conséquence remarquable : *Un ellipsoïde homogène, de révolution, et faiblement aplati, exerce sur un point matériel situé à sa surface sur le parallèle où le sinus de la latitude est* $\frac{1}{\sqrt{3}}$, *une attraction égale à celle que produirait une sphère de même matière, de même centre, et qui passerait au point attiré.* Mais il ne faut pas oublier que l'on néglige ici la quatrième puissance de l'excentricité.

De plus, on s'assurera facilement que *la sphère dont il s'agit a même volume que l'ellipsoïde,* toujours au même degré d'approximation (*voir* le problème 3, 2°).

On applique fréquemment ces résultats à la terre.

5. *On suppose la masse d'une planète répartie sur chaque point de son orbite, en raison inverse de sa vitesse à ce point. Calculer l'attraction que l'anneau elliptique ainsi formé exerce sur un point extérieur quelconque, mais assez éloigné pour qu'on puisse regarder l'anneau comme une ligne matérielle sans épaisseur, quoique de densité variable.*

Soient

$$\frac{x^2}{a^2} + \frac{y^2}{b^2} = 1$$

l'équation de l'orbite, e l'excentricité, u l'anomalie excentrique de la planète, T la durée de la révolution et t le temps compté à partir du passage au périhélie.

On aura

$$\frac{2\pi}{T} t = u - e \sin u,$$

et, en différentiant,

$$dt = \frac{T}{2\pi}(1 - e\cos u)\,du.$$

D'après cette dernière formule, la masse de l'élément de l'anneau qui répond à l'accroissement du de l'anomalie excentrique aura une expression de la forme

$$du(1 - e\cos u) \times \text{const.}$$

Comme, par hypothèse, la masse entière de l'anneau doit être égale à la masse de la planète, la constante sera le quotient de la masse de la planète par le nombre 2π.

Soient m la masse de la planète;

$x = A$, $y = B$, $z = C$ les coordonnées du point attiré;

μ l'attraction que l'unité de masse, située à l'unité de distance, exercerait sur ce point;

X, Y, Z les composantes de l'attraction suivant les axes;

ρ la distance du point attiré au point (x, y) de l'anneau.

Si l'on observe que les coordonnées $x = a\cos u$, $y = b\sin u$ représentent un point quelconque de l'ellipse, on trouve

$$(1) \qquad \rho^2 = (A - a\cos u)^2 + (B - b\sin u)^2 + C^2,$$

et

$$X = -\frac{\mu m}{2\pi}\int_0^{2\pi}\frac{(1 - e\cos u)(A - a\cos u)}{\rho^3}\,du,$$

$$Y = -\frac{\mu m}{2\pi}\int_0^{2\pi}\frac{(1 - e\cos u)(B - b\sin u)}{\rho^3}\,du,$$

$$Z = -\frac{\mu m}{2\pi}\int_0^{2\pi}\frac{(1 - e\cos u)C}{\rho^3}\,du.$$

Ces intégrales se ramènent aux fonctions elliptiques.

Pour effectuer cette réduction, on pose

$$\operatorname{tang}\frac{u}{2} = \frac{p + qs \operatorname{tang}\frac{\varphi}{2}}{1 + s\operatorname{tang}\frac{\varphi}{2}} = q + \frac{p-q}{1 + s\operatorname{tang}\frac{\varphi}{2}};$$

d'où il suit

$$(2)\left\{\begin{aligned} &\frac{\cos u}{\frac{1-p^2-(1-q^2)s^2}{2}\cos\varphi + (1-pq)s\sin\varphi + \frac{1-p^2+(1-q^2)s^2}{2}} \\ &= \frac{\sin u}{(p-qs^2)\cos\varphi + (p+q)s\sin\varphi + p + qs^2} \\ &= \frac{1}{\frac{1+p^2-(1+q^2)s^2}{2}\cos\varphi + (1+pq)s\sin\varphi + \frac{1+p^2+(1+q^2)s^2}{2}} \\ &= \frac{1}{(q-p)s}\frac{du}{d\varphi}. \end{aligned}\right.$$

On substitue ces valeurs dans les intégrales qui précèdent, puis on détermine p, q, s par la condition que, dans le numérateur de ρ^2, les coefficients de $\cos\varphi$, de $\sin\varphi$ et du produit $\cos\varphi\sin\varphi$ soient nuls.

Alors les trois intégrales qu'il s'agit de calculer prennent la forme

$$\int_0^{2\pi} \frac{K\cos^2\varphi + L\sin^2\varphi + M\sin\varphi\cos\varphi + N\cos\varphi + P\sin\varphi}{(G\cos^2\varphi + G'\sin^2\varphi + G'')^{\frac{3}{2}}}\,d\varphi,$$

K, L, M, N, P, G, G′, G″ étant des constantes. Elles se décomposent en autant d'intégrales particulières qu'il y a de termes au numérateur. Or, parmi ces dernières intégrales, celles qui ont au numérateur sous le signe $\int$, soit $\cos\varphi$, soit $\sin\varphi$, soit $\cos\varphi\sin\varphi$, sont nulles, puisque leurs éléments sont deux à deux égaux et de signe contraire. Quant aux intégrales qui ont au numérateur $\cos^2\varphi$ ou $\sin^2\varphi$, on pourra les prendre entre les limites o et $\frac{\pi}{2}$, pourvu que l'on multiplie le résultat par 4. De plus, la quantité comprise sous le radical du dénominateur peut se mettre sous la forme $1 - c^2\sin^2\varphi$, en remplaçant, s'il est nécessaire, φ par $\frac{\pi}{2} - \varphi$, ce qui ne modifie point les limites de l'intégrale. Le problème est donc ramené à calculer les deux intégrales

$$U = \int_0^{\frac{\pi}{2}} \frac{\cos^2\varphi}{(1 - c^2\sin^2\varphi)^{\frac{3}{2}}} d\varphi, \qquad V = \int_0^{\frac{\pi}{2}} \frac{\sin^2\varphi}{(1 - c^2\sin^2\varphi)^{\frac{3}{2}}} d\varphi.$$

En intégrant par parties, il vient

$$U = \int_0^{\frac{\pi}{2}} \cos\varphi\, d \cdot \frac{\sin\varphi}{\sqrt{1 - c^2\sin^2\varphi}} = \int_0^{\frac{\pi}{2}} \frac{\sin^2\varphi}{\sqrt{1 - c^2\sin^2\varphi}} d\varphi,$$

$$(1 - c^2)V = -\int_0^{\frac{\pi}{2}} \sin\varphi\, d \cdot \frac{\cos\varphi}{\sqrt{1 - c^2\sin^2\varphi}} = \int_0^{\frac{\pi}{2}} \frac{\cos^2\varphi}{\sqrt{1 - c^2\sin^2\varphi}} d\varphi;$$

d'où

$$U + (1 - c^2)V = \int_0^{\frac{\pi}{2}} \frac{d\varphi}{\sqrt{1 - c^2\sin^2\varphi}} = F(c),$$

et aussi

$$c^2 U = \int_0^{\frac{\pi}{2}} \frac{1 - (1 - c^2\sin^2\varphi)}{\sqrt{1 - c^2\sin^2\varphi}} d\varphi = F(c) - E(c),$$

$F(c)$ et $E(c)$ représentant les intégrales elliptiques complètes de première et de seconde espèce, lesquelles ont des valeurs tout aussi bien connues que celles des sinus et des cosinus. Les intégrales U et V sont donc déterminées :

$$U = \frac{1}{c^2} F(c) - \frac{1}{c^2} E(c),$$

$$V = -\frac{1}{c^2} F(c) + \frac{1}{c^2(1-c^2)} E(c).$$

La détermination des coefficients p, q, s conduit à des calculs un peu longs. C'est pourquoi il ne sera pas sans utilité de montrer comment *ces calculs, qui se présentent souvent dans les réductions aux intégrales elliptiques, peuvent se ramener à d'autres calculs bien connus, dont les résultats se trouvent dans tous les Traités élémentaires de Géométrie analytique.*

Les valeurs de $\sin u$ et de $\cos u$ qui résultent des équations (2) sont de la forme

$$(3)\quad \begin{cases} \cos u = \dfrac{\alpha \cos\varphi + \alpha' \sin\varphi + \alpha''}{\gamma \cos\varphi + \gamma' \sin\varphi + \gamma''}, \\[2ex] \sin u = \dfrac{\beta \cos\varphi + \beta' \sin\varphi + \beta''}{\gamma \cos\varphi + \gamma' \sin\varphi + \gamma''}. \end{cases}$$

Les conditions

$$\cos^2 u + \sin^2 u = \cos^2\varphi + \sin^2\varphi = 1$$

exigent qu'on ait les relations

$$(4)\quad \begin{cases} \alpha^2 + \beta^2 - \gamma^2 = H, & \alpha\alpha' + \beta\beta' - \gamma\gamma' = 0, \\ \alpha'^2 + \beta'^2 - \gamma'^2 = H, & \alpha'\alpha'' + \beta'\beta'' - \gamma'\gamma'' = 0, \\ -\alpha''^2 - \beta''^2 + \gamma''^2 = H, & \alpha''\alpha + \beta''\beta - \gamma''\gamma = 0, \end{cases}$$

où H désigne une quantité qui, dans le cas actuel, est égale à $s^2(q-p)^2$. On pourra dorénavant supposer H égal à l'unité, pourvu que l'on entende par α, β, γ, ..., les quotients de ces quantités par $s(q-p)$. Alors les quantités

$$\begin{array}{lll} \alpha, & \alpha', & \alpha''\sqrt{-1}, \\ \beta, & \beta', & \beta''\sqrt{-1}, \\ -\gamma\sqrt{-1}, & -\gamma'\sqrt{-1}, & \gamma'', \end{array}$$

satisferont à toutes les relations des neuf cosinus qui lient deux systèmes d'axes rectangulaires.

Or, si l'on substitue, dans l'expression

$$(5)\quad (Az\sqrt{-1} - ax)^2 + (Bz\sqrt{-1} - by)^2 + C^2(z\sqrt{-1})^2,$$

les valeurs

$$\begin{aligned} x &= \alpha x' + \alpha' y' + \alpha''\sqrt{-1}\,z', \\ y &= \beta x' + \beta' y' + \beta''\sqrt{-1}\,z', \\ z &= -\gamma\sqrt{-1}\,x' - \gamma'\sqrt{-1}\,y' + \gamma'' z', \end{aligned}$$

puis que l'on fasse

$$x' = \cos\varphi, \quad y' = \sin\varphi, \quad z'\sqrt{-1} = 1,$$

on obtient le numérateur de la fraction sous laquelle se présente ρ^2 quand on substitue les valeurs (3) dans l'expression (1).

D'après cela, on aura les valeurs des coefficients p, q, s, G, G', G'', en déterminant les cosinus $\alpha, \beta, -\gamma\sqrt{-1}, \ldots$, par la condition que les axes des x', y', z' coïncident avec les axes principaux de la surface du second degré que l'on obtient en égalant l'expression (5) à une constante Q, savoir :

$$\begin{aligned} a^2x^2 + b^2y^2 - (A^2 + B^2 + C^2)z^2 \\ - 2Bb\sqrt{-1}\,yz - 2Aa\sqrt{-1}\,zx = Q. \end{aligned}$$

Ainsi on est ramené à un calcul connu, à l'aide de symboles imaginaires qui disparaîtront d'eux-mêmes dans les résultats.

Écrivant que l'équation transformée, qu'il s'agit d'obtenir,

$$(6)\qquad G x'^2 + G' y'^2 + G''(z'\sqrt{-1})^2 = Q,$$

devient identique à l'équation primitive, lorsqu'on y remplace x', y', z' par leurs valeurs en x, y, z, on obtient les relations

$$(7)\qquad \left\{\begin{aligned} G\alpha^2 + G'\alpha'^2 + G''\alpha''^2 &= a^2,\\ G\beta^2 + G'\beta'^2 + G''\beta''^2 &= b^2,\\ G\gamma^2 + G'\gamma'^2 + G''\gamma''^2 &= A^2 + B^2 + C^2,\\ -G\beta\gamma - G'\beta'\gamma' - G''\beta''\gamma'' &= -Bb,\\ -G\gamma\alpha - G'\gamma'\alpha' - G''\gamma''\alpha'' &= -Aa,\\ G\alpha\beta + G'\alpha'\beta' + G''\alpha''\beta'' &= 0. \end{aligned}\right.$$

Si l'on élimine entre ces équations les inconnues G' et G'', en se servant des relations (4) où l'on a fait $H = 1$, il vient

$$\begin{aligned} (G - a^2)\alpha + Aa\gamma &= 0,\\ (G - b^2)\beta + Bb\gamma &= 0,\\ -Aa\alpha - Bb\beta + (G + A^2 + B^2 + C^2)\gamma &= 0. \end{aligned}$$

Pour que ces équations soient compatibles, α, β et γ n'étant point nuls, il faut que le dénominateur commun des valeurs de α, β, γ, que l'on en déduirait par les formules ordinaires de résolution, si les seconds membres étaient différents de zéro, soit identiquement nul, c'est-à-dire que l'on doit avoir

$$\begin{aligned} (G - a^2)(G - b^2)(G + A^2 + B^2 + C^2)&\\ + B^2 b^2 (G - a^2) + A^2 a^2 (G - b^2) &= 0, \end{aligned}$$

ou, ce qui est la même équation,

$$(8)\qquad \frac{A^2}{G - a^2} + \frac{B^2}{G - b^2} + \frac{C^2}{G} + 1 = 0.$$

Si l'on avait éliminé de la même manière G″ et G, on serait arrivé à une équation pareille; et si l'on avait éliminé G et G′, on serait arrivé à une équation qui ne diffère de l'équation précédente que par le changement de G en — G″; donc les trois racines de l'équation (8) sont G, G′ et — G″. L'une de ces racines est négative; les deux autres sont positives, et, si l'on suppose $a > b$, elles sont comprises entre zéro et b^2, b^2 et a^2. La racine négative est la valeur de — G″; car, si elle était la valeur de G ou de G′, la distance ρ serait imaginaire pour $\varphi = 0$ ou pour $\varphi = \frac{\pi}{2}$. Ces racines étant déterminées, on aura les valeurs de p, q, s par trois des équations (7).

L'hyperboloïde réel que représente l'équation (6) pourrait être de révolution; alors un des cosinus serait indéterminé, il en serait de même pour l'une des quantités p, q, s. C'est que, dans ce cas, il n'y aurait pas lieu de ramener nos intégrales aux transcendantes elliptiques; elles ne contiendraient sous le signe $\int$ que des fonctions rationnelles de $\sin u$ et de $\cos u$, en sorte qu'on pourrait effectuer les intégrations.

En effet, ce cas est celui où l'équation (8) aurait deux racines égales; or on voit, par un calcul semblable à celui de la page 57 (prob. 5), que, si l'équation (8) a deux racines égales, leur valeur commune est b^2, et l'on a

$$\mathrm{B} = 0, \qquad \frac{\mathrm{A}^2}{a^2 - b^2} - \frac{\mathrm{C}^2}{b^2} = 1,$$

c'est-à-dire que le point attiré se trouve sur une hyperbole, située dans un plan perpendiculaire à celui de l'ellipse formée par l'anneau, et dont les sommets et les foyers sont respectivement les foyers et les sommets de l'ellipse. On sait qu'une telle hyperbole est le lieu des points de l'espace dont la distance à l'un quelconque des points de l'ellipse s'exprime rationnellement en fonction des coordonnées de ce dernier point.

Le problème que nous venons de résoudre est susceptible de fournir une nouvelle méthode pour le calcul des inégalités séculaires des planètes. Car ces inégalités, dont les périodes embrassent plusieurs centaines de siècles, sont indépendantes de la longitude des planètes perturbatrices, et, par conséquent, elles seraient les mêmes si la masse de chaque planète perturbatrice était répartie sur son orbite, en raison inverse de la vitesse. C'est en vue de cette application que Gauss a résolu pour la première fois la question qui nous occupe ici (*Comment. Gottingens.*, t. IV). M. Clausen en a donné depuis une solution plus simple (*Journal de M. Crelle*, t. VI, p. 290; 1830).

SECTION II.

THÉORÈMES GÉNÉRAUX SUR L'ATTRACTION.

A l'époque de Laplace, tout ce que l'on savait sur l'attraction d'un corps de figure quelconque se bornait presque à quelques méthodes générales pour aborder le problème à l'aide des séries. Cependant Coulomb avait déjà découvert que les fluides électriques s'attirent ou se repoussent en raison inverse du carré de la distance. Ce résultat inattendu ouvrait une vaste carrière aux applications de la théorie générale, et semblait inviter les géomètres longtemps arrêtés par la difficulté prétendue du sujet.

Un géomètre anglais, George Green (*), parvint en

(*) *An Essay on the application of mathematical analysis to the theories of Electricity and Magnetism*; Nottingham, 1828. — On a reproduit ce Mémoire dans le *Journal de M. Crelle*, t. XXXIX, p. 73; t. XLIV, p. 356.

1828 à quelques théorèmes généraux d'un haut intérêt; mais son Mémoire resta presque inconnu sur le continent. Dix ans plus tard, Gauss (*) et M. Chasles (**) retrouvèrent séparément les théorèmes de Green par des méthodes différentes, et ajoutèrent plusieurs autres propositions remarquables. Nous démontrerons ces théorèmes, d'abord par la méthode de M. Chasles, puis par la méthode de Green.

Dans tous les théorèmes qui suivent, nous prendrons pour unité de force l'attraction de l'unité de masse s'exerçant à l'unité de distance, sur l'unité de masse quand il s'agira d'un corps, sur l'unité de surface quand il s'agira d'une surface, sur le point considéré quand il s'agira d'un point.

1. *Si l'on considère l'attraction d'un corps sur les éléments superficiels d'une surface fermée et d'ailleurs quelconque, la somme des attractions exercées suivant la normale intérieure à la surface est égale au produit de 4π par la masse de la partie du corps qui est située dans l'intérieur de la surface.*

Soient ds l'élément de la surface, r sa distance à l'élément de masse dm du corps attirant, et $(\widehat{\mathrm{NM}})$ l'angle que la normale extérieure fait avec le rayon qui joint l'élément ds à la molécule attirante dm. L'action de cette molécule, estimée suivant la normale intérieure, sera représentée par l'intégrale $-dm\int\frac{\cos(\widehat{\mathrm{NM}})}{r^2}ds$, étendue à toute la surface. Or (p. 314, théorème IV), l'in-

(*) *Resultate aus den Beobachtungen des magnetischen Vereins im Jahre* 1839; Leipzig, 1840. — *Journal de M. Liouville*, t. VII, p. 273.

(**) *Comptes rendus des séances de l'Académie des Sciences de Paris*, 1839, 1er sem., p. 209. — *Additions à la Connaissance des Temps* pour 1845.

tégrale $\int \frac{\cos(\widehat{NM})}{r^2} ds$ est nulle ou égale à -4π, suivant que la molécule *dm* est extérieure ou intérieure à la surface. De là suit évidemment le théorème annoncé.

2. Imaginons un canal infiniment étroit, dont les parois latérales soient normales à toutes les surfaces de niveau du corps attirant; et nommons *éléments correspondants* les éléments des surfaces de niveau découpés par ce canal. Nous aurons ce théorème :

La différence des attractions du corps sur deux éléments correspondants est égale au produit de 4π *par la masse de la portion du corps qui est renfermée dans le canal entre les deux éléments correspondants. En particulier, les attractions sont égales sur les éléments correspondants extérieurs au corps.*

Pour le démontrer, il suffit d'appliquer le théorème précédent à la surface fermée qui se compose des parois du canal et des deux éléments correspondants. Car les attractions sur ces éléments leur sont normales, et la composante normale de l'attraction sur un élément de la paroi du tube est nulle (p. 308).

3. Nous appellerons *couche de niveau* relative à l'attraction du corps, une couche matérielle infiniment mince, d'épaisseur constante, appliquée intérieurement sur une surface de niveau, et dont la densité en chaque point est proportionnelle à l'attraction du corps sur ce point. Nous nommerons *éléments de masse correspondants* les éléments découpés sur les couches de niveau par un même canal infiniment étroit, normal à toutes les surfaces de niveau.

Deux éléments de masse correspondants, situés sur

deux couches extérieures au corps, sont entre eux comme les masses des couches auxquelles ils appartiennent.

En effet, soient :

m_1, m'_1 les masses des deux couches;

dm_1, dm'_1 les deux éléments de masse correspondants;

ds, ds' les éléments superficiels correspondants qui leur servent de bases;

V, V' les potentiels du corps relatifs aux deux surfaces de niveau;

dn, dn' les éléments des normales intérieures à ces deux surfaces qui sont compris entre ces surfaces et les surfaces de niveau intérieures infiniment voisines;

ε le rapport constant du produit de l'épaisseur par la densité à l'attraction, sur chaque élément de la couche m_1;

ε' le rapport analogue pour la couche m'_1.

Les attractions du corps sur les éléments ds, ds' sont respectivement

$$\frac{dV}{dn}\,ds, \quad \frac{dV'}{dn'}\,ds'.$$

Par suite, on a

$$dm_1 = \varepsilon\,\frac{dV}{dn}\,ds, \quad dm'_1 = \varepsilon'\,\frac{dV'}{dn'}\,ds',$$

$$m_1 = \varepsilon \int \frac{dV}{dn}\,ds, \quad m'_1 = \varepsilon' \int \frac{dV'}{dn'}\,ds'.$$

Or, si les surfaces de niveau sont extérieures au corps, on a, d'après le théorème précédent,

$$\frac{dV}{dn}\,ds = \frac{dV'}{dn'}\,ds',$$

et aussi

$$\int \frac{dV}{dn}\,ds = \int \frac{dV'}{dn'}\,ds',$$

car les deux surfaces de niveau se composent d'un même nombre d'éléments deux à deux correspondants. Il s'ensuit

$$\frac{dm_1}{dm'_1} = \frac{m_1}{m'_1} = \frac{\varepsilon}{\varepsilon'}.$$

Si une partie du corps attirant était renfermée dans le canal entre les deux surfaces de niveau, nommant dm_2 la masse de cette partie du corps, et m_2 la masse de toute la portion du corps comprise entre les deux surfaces de niveau, on aurait (n° 2), en supposant que la couche m_1 soit extérieure à la couche m'_1,

$$\frac{dV}{dn}\,ds = \frac{dV'}{dn'}\,ds' + 4\pi\,dm_2,$$

$$\int \frac{dV}{dn}\,ds = \int \frac{dV'}{dn'}\,ds' + 4\pi m_2,$$

et, par suite,

$$\frac{dm_1}{dm'_1 + 4\pi\varepsilon'\,dm_2} = \frac{m_1}{m'_1 + 4\pi\varepsilon'\,m_2} = \frac{\varepsilon}{\varepsilon'}.$$

4. On voit par ce qui précède que les surfaces de niveau jouissent de propriétés différentes suivant qu'elles sont extérieures ou intérieures au corps. Occupons-nous d'abord des surfaces de niveau et des couches entièrement extérieures au corps.

Si, pour abréger, nous nommons point extérieur ou intérieur à la couche un point extérieur ou intérieur à la surface de niveau sur laquelle cette couche est construite, nous avons d'abord ce théorème :

Les attractions exercées par deux couches extérieures au corps sur un même point extérieur à chacune d'elles ont la même direction, et ont des intensités proportionnelles aux masses des deux couches.

Une couche extérieure au corps n'exerce aucune action sur un point situé dans l'intérieur de cette couche.

Conservons la notation précédente; de plus, nommons m la masse du corps, V_1 le potentiel de la couche m_1 par rapport à un point M extérieur ou intérieur, r la distance du point M à l'un quelconque des éléments de la couche; et marquons par la caractéristique δ les variations qu'éprouvent les quantités considérées, quand on passe d'une couche à une autre couche infiniment voisine, intérieure à la première.

On a, par définition,

$$\frac{V_1}{m_1} = \int \frac{dm_1}{m_1 r}.$$

Puisque $\frac{dm_1}{m_1}$ reste constant dans l'intérieur d'un même canal (n° 3), il s'ensuit

$$\delta\left(\frac{V_1}{m_1}\right) = -\int \frac{dm_1}{m_1}\frac{\delta r}{r^2}.$$

Or, si l'on représente par $(\widehat{NM})$ l'angle que la normale extérieure à la surface de niveau fait avec le rayon qui joint l'élément de cette surface au point M, on a la relation

$$\delta r = \delta n \cos(\widehat{NM});$$

d'ailleurs

$$dm_1 = \varepsilon \frac{\delta V}{\delta n} ds.$$

Substituant ces valeurs dans l'équation précédente, il vient

$$\text{(A)} \qquad \delta\left(\frac{V_1}{m_1}\right) = -\varepsilon \frac{\delta V}{m_1} \int \frac{\cos(\widehat{NM})\, ds}{r^2}.$$

L'intégrale qui figure ici est nulle si le point M est extérieur à la surface; elle est égale à -4π si le point M est intérieur (p. 314, théorème IV). Donc, dans le cas d'un point extérieur, le rapport $\frac{V_1}{m_1}$ ne varie pas d'une couche à une autre, ce qu'on peut énoncer ainsi : *Le potentiel d'une couche extérieure relatif à un point extérieur est à la masse de la couche dans un rapport constant, quelle que soit la couche.*

Pour en conclure la première partie du théorème annoncé, il suffit d'observer que les composantes de l'attraction de chacune des deux couches suivant trois axes rectangulaires sont les dérivées partielles du potentiel par rapport aux coordonnées du point attiré.

Dans le cas d'un point intérieur, la formule (A) devient

$$\delta\left(\frac{V_1}{m_1}\right) = 4\pi\varepsilon\,\frac{\delta V}{m_1}.$$

Or (n°s 3 et 1)

$$\text{(B)} \qquad m_1 = \varepsilon \int \frac{\delta V}{\delta n}\,ds \quad \text{et} \quad \int \frac{\delta V}{\delta n}\,ds = 4\pi m.$$

Par suite,

$$\delta\left(\frac{V_1}{m_1}\right) = \frac{\delta V}{m}, \quad \frac{V_1}{m_1} = \frac{V}{m}.$$

Cette dernière égalité exprime que *le potentiel d'une couche extérieure, relatif à un point situé dans son intérieur, est à la masse de cette couche comme le potentiel du corps relatif à un point quelconque de la couche est à la masse du corps.*

Ainsi, *le potentiel d'une couche extérieure relatif à un point intérieur à cette couche est constant, quel que soit ce point.* Il en résulte que l'attraction de la couche sur le point est nulle, ce qui est la seconde partie du théorème.

Corollaire I. — *Les couches extérieures au corps ont toutes les mêmes surfaces de niveau extérieures.* Car, d'après la proportionnalité qui existe entre les masses des couches et leurs potentiels sur un même point extérieur, si le potentiel d'une couche est constant sur toute l'étendue d'une surface extérieure à cette couche, le potentiel d'une autre couche intérieure à cette surface est aussi constant sur toute l'étendue de la surface.

Corollaire II. — La propriété d'une couche extérieure, d'après laquelle son potentiel relatif à un point intérieur reste constant quand ce point se déplace, subsiste, quelque rapproché que soit ce point de la surface de niveau sur laquelle cette couche est construite. Elle subsiste encore à la limite quand le point se déplace sur la surface de niveau elle-même; car le potentiel varie d'une manière continue quand le point attiré arrive sur la surface du corps attirant. En effet, le potentiel est de même ordre de grandeur que la masse de la couche, tant que le point attiré est à une distance finie; il sera, si l'on veut, un infiniment petit de premier ordre, puisque la couche est infiniment mince. Quand le point attiré s'approche d'une manière continue jusqu'à pénétrer dans la couche, l'élément $\frac{dm}{r}$ du potentiel, qui répond à l'élément de la couche infiniment voisin du point attiré, est un infiniment petit du second ordre, puisque dm est du troisième ordre et r du premier; donc cet élément n'a aucune influence sur la valeur du potentiel, et, par conséquent, il n'y a aucune raison pour que le potentiel varie brusquement (*). Il s'ensuit que *toute surface de niveau exté-*

(*) Il n'en est point de même pour l'attraction d'une couche infiniment mince. Le même raisonnement montre que cette attraction peut varier brusquement quand le point attiré pénètre dans la couche; car l'attraction de l'élément infiniment voisin du point attiré, $\frac{dm}{r^2}$, est un infiniment petit du premier ordre, en sorte que l'attraction de cet élément est de même ordre de grandeur que l'attraction de la couche entière.

rieure au corps est aussi surface de niveau relativement à la couche construite sur cette surface.

Comme d'ailleurs les couches extérieures ont toutes les mêmes surfaces de niveau extérieures, nous pouvons en conclure que *toute couche extérieure a pour surfaces de niveau extérieures les surfaces de niveau du corps; en sorte que l'attraction du corps et l'attraction d'une couche extérieure sur un même point extérieur à la couche ont même direction.*

Mais il y a plus : *les intensités de ces attractions sont entre elles comme la masse du corps est à la masse de la couche.* En effet, considérons la couche construite sur la surface de niveau qui passe au point attiré; et soient m'_1 la masse de cette couche, V'_1 son potentiel relatif au point. D'après la loi de continuité que nous avons établie relativement au potentiel, le point attiré peut être regardé, soit comme intérieur à la couche m'_1, soit comme extérieur. Il en résulte que nous avons les deux relations

$$\frac{V'_1}{m'_1} = \frac{V}{m}, \quad \frac{V'_1}{m'_1} = \frac{V_1}{m_1};$$

d'où

$$\frac{V}{V_1} = \frac{m}{m_1},$$

ce qui démontre la proposition.

Corollaire III. — Nous avons vu que les potentiels de deux couches extérieures au corps sur un même point extérieur à chacune d'elles sont entre eux comme les masses des deux couches. D'après la loi de continuité, ceci subsiste lors même que le point attiré est sur la surface de la couche qui enveloppe l'autre. Mais, dans ce cas, le potentiel de cette dernière couche sur le point considéré est le même que le potentiel sur un point intérieur, le même par conséquent que le potentiel sur un point de la seconde couche. On a donc ce théorème : *Le potentiel d'une couche extérieure au corps, relatif à un point situé sur la surface d'une autre couche extérieure, est au potentiel de cette seconde couche relatif à un point de la surface de la première, comme la masse de cette première couche est à la masse de la seconde.*

5. Considérons maintenant des surfaces de niveau quelconques, extérieures, intérieures au corps, ou bien en partie extérieures et en partie intérieures.

Pour simplifier les résultats, nous admettrons que le rapport ε, entre le produit de l'épaisseur par la densité et l'attraction, ait la même valeur sur toutes les couches. Il en résultera (n° 1) que la masse d'une couche quelconque sera le produit de la constante $4\pi\varepsilon$ par la masse de la partie du corps qui est intérieure à la surface de niveau sur laquelle cette couche est construite.

Ceci posé, démontrons la proposition suivante :

L'attraction exercée sur un point quelconque par la partie du corps qui est comprise entre deux surfaces de niveau, multipliée par le rapport constant de la masse d'une couche à la masse de la partie du corps qui est intérieure à cette couche, est égale à la résultante des attractions des couches construites sur les deux surfaces de niveau, l'attraction de la couche intérieure à l'autre étant prise en signe contraire.

Conservant la notation précédente, le potentiel d'une couche sur un point extérieur ou intérieur M est représenté par l'intégrale

$$V_1 = \int \frac{dm_1}{r} = \varepsilon \int \frac{\delta V}{\delta n} \frac{ds}{r}.$$

Lorsqu'on passe de la couche considérée à une couche infiniment voisine, intérieure à la première, ce potentiel varie de la quantité

$$\text{(C)} \qquad \delta V_1 = \varepsilon \int \frac{1}{r} \delta \left(\frac{\delta V}{\delta n} ds \right) - \varepsilon \int \frac{\delta V}{\delta n} \frac{\delta r}{r^2} ds.$$

Or, si l'on nomme dm_2 l'élément de masse de la partie du corps qui est comprise entre les deux surfaces de niveau infiniment voisines dans l'intérieur du canal dont la base est ds, on a, d'après le n° **2**,

$$\delta \left(\frac{\delta V}{\delta n} ds \right) = -4\pi dm_2.$$

Par suite,

$$\text{(D)} \qquad \int \frac{1}{r} \delta \left(\frac{\delta V}{\delta n} ds \right) = -4\pi \int \frac{dm_2}{r} = -4\pi \delta V_2,$$

δV_2 désignant le potentiel relatif à l'action que la partie du corps comprise entre les deux surfaces de niveau infiniment voisines exerce sur le point M.

D'autre part, la relation déjà citée,

$$\delta r = \delta n \cos(\widehat{NM}),$$

donne

$$\int \frac{\delta V}{\delta n} \frac{\delta r}{r^2} ds = \int \delta V \, \frac{\cos(\widehat{NM}) ds}{r^2}.$$

La variation δV étant la même sur tous les éléments ds de la surface de niveau, on peut faire sortir ce facteur hors du signe d'intégration, et il vient (p. 314, théorème IV)

$$\text{(E)} \qquad \int \frac{\delta V}{\delta n} \frac{\delta r}{r^2} ds = 0,$$

ou bien

$$\int \frac{\delta V}{\delta n} \frac{\delta r}{r^2} ds = -4\pi \delta V,$$

suivant que le point M est extérieur ou intérieur aux deux surfaces de niveau infiniment voisines.

Supposons d'abord que le point attiré soit extérieur à la première couche.

La substitution des valeurs (D) et (E) dans l'équation (C) donne

$$\delta V_1 = -4\pi\varepsilon\delta V_2.$$

Intégrant à partir de la couche considérée, jusqu'à une couche intérieure quelconque, dont le potentiel sera représenté par V'_1, il vient l'équation

$$V_1 - V'_1 = 4\pi\varepsilon V_2,$$

où V_2 représente le potentiel relatif à l'action exercée sur le point par la portion du corps qui est comprise entre les surfaces de niveau sur lesquelles sont construites les deux couches.

Maintenant, pour démontrer le théorème, dans le cas où le point attiré est extérieur aux deux couches, il suffit de différentier l'équation précédente par rapport aux coordonnées du point attiré.

Supposons en second lieu que le point attiré soit intérieur à la première couche.

Dans ce cas, l'équation (C) devient

$$\delta V_1 = -4\pi\varepsilon\delta V_2 + 4\pi\varepsilon\delta V.$$

Intégrant depuis la couche considérée jusqu'à une couche intérieure quelconque, mais dont la surface externe soit extérieure au point attiré, il vient l'équation

$$V_1 - V'_1 = 4\pi\varepsilon V_2 + 4\pi\varepsilon (V - V'),$$

dans laquelle V et V' représentent les valeurs du potentiel relatif à l'action du corps sur les deux surfaces de niveau qui portent les deux couches.

Cette équation exprime une propriété remarquable du potentiel de deux couches quelconques sur un point intérieur à chacune d'elles. Il est aisé de voir qu'elle s'étend au cas où le point attiré serait compris dans l'intervalle des deux couches, pourvu que l'on entende par V′ le potentiel du corps sur la surface de niveau qui passe au point attiré.

Si l'on différentie cette équation par rapport aux coordonnées du point attiré, il ne reste aucune trace du terme V — V′, et le résultat exprime le théorème que nous voulons démontrer, dans le cas où le point attiré est intérieur aux deux couches.

Enfin, le théorème subsiste encore quand le point attiré est compris dans l'intervalle des deux couches données. Pour s'en assurer, il suffit d'appliquer successivement le théorème à chacune des deux couches comparée à une troisième couche construite sur la surface qui passe au point attiré.

6. *Une couche quelconque et la partie du corps qui lui est intérieure exercent sur un même point extérieur à la couche des attractions qui ont la même direction, et dont les intensités sont dans le rapport de la masse de la couche à la masse de la partie du corps qui lui est intérieure. — Une couche quelconque et la partie du corps qui lui est extérieure exercent sur un même point intérieur à la couche des attractions dirigées en sens contraire, et dont les intensités sont dans le rapport de la masse de la couche à la masse de la partie du corps qui lui est intérieure.*

En effet, dans le théorème précédent, prenons pour la couche intérieure à l'autre, celle qui est construite sur la surface de niveau enveloppée par toutes les autres, cette surface pouvant se réduire à une ligne ou à un point. L'attraction de cette couche sera nulle; car la surface de niveau intérieure à toutes les autres répond à un maximum du potentiel, et, par suite, la dérivée $\frac{dV}{dn}$ est nulle sur cette surface. D'ailleurs la partie du corps comprise entre les deux couches sera toute la partie du corps intérieure à la première. Donc l'action de la première couche et l'action de la partie du corps intérieure à cette couche, sur un même point extérieur, ont la même direction, et leurs intensités sont dans le rapport des masses.

Dans le même théorème, prenons pour la couche extérieure à l'autre une couche entièrement extérieure au corps ; cette couche n'exercera aucune action sur un point intérieur (n° 4). Donc l'action de l'autre couche et celle de la partie du corps extérieure à cette couche, sur un même point intérieur, ont des directions opposées, et leurs intensités sont dans le rapport de la masse de la couche à celle de la portion du corps qui lui est intérieure.

Si l'on admet que la masse d'une couche soit égale à celle de la portion du corps qui lui est intérieure, ce qui revient à supposer dans les formules $4\pi\varepsilon = 1$, on a cet énoncé plus simple :

Une couche quelconque exerce sur les points extérieurs la même action que la partie du corps qui lui est intérieure, et sur les points intérieurs une action égale et contraire à celle de la partie du corps qui lui est extérieure.

Ce dernier théorème ne se trouve pas dans le travail de M. Chasles ; la démonstration qui précède est de M. J. Bertrand. Au reste, ce théorème est une conséquence immédiate de la théorie de George Green, qui fera le sujet du numéro suivant.

7. La théorie de Green est tout entière fondée sur un lemme du calcul intégral.

Lemme. — *On suppose un corps terminé par une sur-*

face fermée, qui peut d'ailleurs se composer de plusieurs parties isolées les unes des autres; on nomme ds l'élément de la surface externe, dn l'élément de la normale intérieure à la surface, x, y, z les coordonnées rectangulaires d'un point quelconque du corps, U *et* V *deux fonctions de x, y, z qui ne deviennent point infinies dans l'intérieur du corps, mais qui sont d'ailleurs quelconques.*

La proposition dont il s'agit consiste en ce que l'on a toujours la relation

$$(1)\quad \left\{\begin{aligned} &\iiint V\left(\frac{d^2U}{dx^2}+\frac{d^2U}{dy^2}+\frac{d^2U}{dz^2}\right)dx\,dy\,dz+\int V\frac{dU}{dn}\,ds\\ &=\iiint U\left(\frac{d^2V}{dx^2}+\frac{d^2V}{dy^2}+\frac{d^2V}{dz^2}\right)dx\,dy\,dz+\int U\frac{dV}{dn}\,ds,\end{aligned}\right.$$

dans laquelle les intégrales triples s'étendent à tout le corps considéré, et les autres intégrales à toute la surface du corps.

Soient λ, μ, ν les angles que la normale intérieure fait avec les axes des x, des y et des z.

On a

$$\frac{dU}{dn}ds=\frac{dU}{dx}\cos\lambda\,ds+\frac{dU}{dy}\cos\mu\,ds+\frac{dU}{dz}\cos\nu\,ds,$$

ou bien

$$\frac{dU}{dn}ds=\pm\frac{dU}{dx}dy\,dz\pm\frac{dU}{dy}dz\,dx\pm\frac{dU}{dz}dx\,dy.$$

Le premier terme du second membre a le signe $+$ ou le signe $-$, suivant qu'on entre dans le corps ou qu'on en sort, quand on traverse l'élément ds en s'avançant dans la direction de l'axe des x. Le signe du second terme se règle de même par l'axe des y, et celui du troisième terme par l'axe des z.

Marquons respectivement des indices o et 1 les valeurs correspondantes aux deux éléments de surface ds, par lesquels on entre dans le corps et l'on en sort, en traversant une partie isolée dans la direction d'un des axes coordonnés; et indiquons par le signe $\sum$ une somme relative aux différentes parties isolées que l'on traverse en s'avançant toujours dans la même direction. Le premier membre de l'équation (1) pourra se représenter par la somme de trois termes de même forme, dont le premier, relatif à la direction de l'axe des x, sera

$$\int\int\left\{\int V\frac{d^2U}{dx^2}dx+\sum\left[V_0\left(\frac{dU}{dx}\right)_0-V_1\left(\frac{dU}{dx}\right)_1\right]\right\}dy\,dz.$$

Ce terme peut s'écrire

$$-\int\int\int\frac{dV}{dx}\frac{dU}{dx}dx\,dy\,dz;$$

on s'en assure en effectuant par parties l'intégration relative à x. Il en résulte que le premier membre de l'équation (1) est égal à

$$(2)\qquad -\int\int\int\left(\frac{dV}{dx}\frac{dU}{dx}+\frac{dV}{dy}\frac{d}{dy}+\frac{dV}{dz}\frac{dU}{dz}\right)dx\,dy\,dz.$$

Écrivant cette égalité, et changeant dans les deux membres U en V et V en U, on obtient une nouvelle égalité, qui exprime que le second membre de l'équation (1) est égal à la même intégrale (2). Par conséquent, l'équation (1) est exacte.

Cette équation doit être modifiée, si l'une des fonctions U et V devient infinie dans l'intérieur du corps; les modifications à introduire dépendent de la forme de la fonction dans le voisinage du point où elle devient infinie. Examinons, en particulier, comment se modifie cette équation quand la fonction U est infinie pour un point intérieur O, dans le voisinage duquel elle se réduit à $\frac{1}{r}$, r désignant la distance à ce point.

Si l'on imagine une sphère décrite du point O comme centre, avec un rayon infiniment petit, que nous désignerons par ρ, l'équation (1) s'appliquera au corps entier diminué de la petite sphère, et l'équation cherchée sera la limite vers laquelle converge l'équation ainsi formée quand le rayon de la sphère diminue indéfiniment.

Considérons successivement les quatre intégrales.

Puisque dans l'intérieur de la petite sphère on a

$$U = \frac{1}{r},$$

il en résulte que la somme $\frac{d^2 U}{dx^2} + \frac{d^2 U}{dy^2} + \frac{d^2 U}{dz^2}$ est identiquement nulle dans toute l'étendue de la sphère; donc l'intégrale

$$\int\int\int V\left(\frac{d^2 U}{dx^2} + \frac{d^2 U}{dy^2} + \frac{d^2 U}{dz^2}\right) dx\, dy\, dz$$

conserve la même valeur, soit qu'on l'étende au corps entier, soit qu'on l'étende au corps diminué de la sphère.

Il en est de même pour l'intégrale

$$\int\int\int U\left(\frac{d^2 V}{dx^2} + \frac{d^2 V}{dy^2} + \frac{d^2 V}{dz^2}\right) dx\, dy\, dz.$$

Car cette intégrale, étendue à la petite sphère, est égale au produit du volume de la sphère, $\frac{4}{3}\pi\rho^3$, par une valeur moyenne du produit

$$\frac{1}{r}\left(\frac{d^2V}{dx^2}+\frac{d^2V}{dy^2}+\frac{d^2V}{dz^2}\right),$$

laquelle est de même ordre de grandeur que $\frac{1}{\rho}$, puisque la somme $\frac{d^2V}{dx^2}+\frac{d^2V}{dy^2}+\frac{d^2V}{dz^2}$ est supposée finie dans l'intérieur de la sphère. Ainsi, l'intégrale en question est un infiniment petit de second ordre qui disparaît à la limite.

On voit encore de la même manière que l'intégrale $\int U\frac{dV}{dn}ds$, étendue à la surface de la petite sphère, disparaît à la limite; car elle est égale au produit d'une valeur moyenne de la quantité finie $\frac{dV}{dn}$ par l'intégrale infiniment petite $\int U ds = \frac{1}{\rho}4\pi\rho^2 = 4\pi\rho$.

Quant à l'intégrale $\int V\frac{dU}{dn}ds$, étendue à la surface de la sphère en tant que cette surface limite le corps extérieur, sa limite est le produit de la valeur V_0 de la fonction V au point O par la limite de l'intégrale $\int\frac{dU}{dn}ds$. Or on a

$$\frac{dU}{dn}=\frac{dU}{dr}=-\frac{1}{r^2};$$

par conséquent,

$$\int\frac{dU}{dn}ds=-\frac{1}{\rho^2}\cdot 4\pi\rho^2=-4\pi,$$

$$\lim.\int V\frac{dU}{dn}ds=-4\pi V_0.$$

D'après cela, l'équation (1), appliquée au corps entier, se change en celle-ci :

$$(3)\quad \left\{\begin{aligned} &\iiint V\left(\frac{d^2U}{dx^2}+\frac{d^2U}{dy^2}+\frac{d^2U}{dz^2}\right)dx\,dy\,dz \\ &\quad+\int V\frac{dU}{dn}ds-4\pi V_0 \\ &=\iiint U\left(\frac{d^2V}{dx^2}+\frac{d^2V}{dy^2}+\frac{d^2V}{dz^2}\right)dx\,dy\,dz \\ &\quad+\int U\frac{dV}{dn}ds. \end{aligned}\right.$$

Attraction. — Maintenant il nous est facile de résoudre le problème suivant :

On donne une surface fermée et deux fonctions V, V′ *des coordonnées d'un point quelconque de l'espace. Ces fonctions satisfont aux trois conditions suivantes : 1° elles vérifient les équations*

$$\frac{d^2V}{dx^2}+\frac{d^2V}{dy^2}+\frac{d^2V}{dz^2}=0,\qquad \frac{d^2V'}{dx^2}+\frac{d^2V'}{dy^2}+\frac{d^2V'}{dz^2}=0;$$

2° elles ne deviennent jamais infinies ; 3° elles prennent une même valeur C *sur la surface donnée, cette valeur commune pouvant d'ailleurs varier d'un point à un autre ou rester constante. On demande de déterminer la densité que doit avoir en chaque point une couche infiniment mince et d'épaisseur constante l, placée sur la surface donnée, pour que le potentiel de cette couche soit égal à* V *par rapport aux points extérieurs, et soit égal à* V′ *par rapport aux points intérieurs.*

Soit *dn* l'élément de la normale intérieure à la surface donnée qui a pour équation

$$V=V'=C,$$

et U le quotient de l'unité par la distance r à un point quelconque O.

Supposons d'abord que le point O soit intérieur à la surface.

Appliquons la formule (3) au volume intérieur, en considérant les fonctions U et V'. Il vient

$$\int C \frac{dU}{dn} ds - 4\pi V' = \int \frac{1}{r} \frac{dV'}{dn} ds.$$

Appliquons la formule (1) à l'espace compris entre la surface donnée et une sphère décrite du point O comme centre, avec un rayon infiniment grand, en considérant les fonctions U et V. Les intégrales relatives à la surface de cette sphère disparaissent à la limite; car, sur cette surface, la fonction U et le potentiel V sont des infiniment petits de premier ordre, les dérivées $\frac{dU}{dn}$, $\frac{dV}{dn}$ sont des infiniment petits de second ordre, l'intégrale $\int ds$ est un infiniment grand de second ordre, et, par conséquent, les intégrales dont il s'agit sont des infiniment petits de premier ordre. Il reste donc, en nommant toujours dn l'élément de la normale intérieure à la surface donnée,

$$-\int C \frac{dU}{dn} ds = -\int \frac{1}{r} \frac{dV}{dn} ds.$$

Ajoutant ces deux dernières équations, il vient

$$V' = \int \frac{1}{r} \frac{\frac{dV}{dn} - \frac{dV'}{dn}}{4\pi} ds;$$

d'où l'on voit que la couche de densité $\dfrac{\frac{dV}{dn} - \frac{dV'}{dn}}{4\pi l}$ aura son potentiel égal à V' sur tout point intérieur O.

Mais, en outre, la même couche aura sur les points extérieurs un potentiel égal à V. Car, si l'on suppose le point O à l'extérieur, on obtiendra de la même manière les équations

$$-\int C\frac{dU}{dn}ds - 4\pi V = -\int \frac{1}{r}\frac{dV}{dn}ds,$$

$$\int C\frac{dU}{dn}ds = \int \frac{1}{r}\frac{dV'}{dn};$$

d'où l'on tire

$$V = \int \frac{1}{r}\,\frac{\frac{dV}{dn} - \frac{dV'}{dn'}}{4\pi}\,ds.$$

Le problème est donc résolu.

Corollaire. — *Considérons un corps et l'une quelconque de ses surfaces de niveau. Soient* V *le potentiel de la partie du corps qui est intérieure à la surface, et* V' *le potentiel de la partie du corps qui est extérieure à la surface. L'équation de la surface de niveau sera*

$$V + V' = \text{const.} = A, \quad \text{ou bien} \quad V = A - V'.$$

Si l'on construit sur cette surface une couche dont la densité soit

$$\frac{\frac{dV}{dn} + \frac{dV'}{dn'}}{4\pi l},$$

cette couche aura relativement aux points extérieurs un potentiel égal à V, *et relativement aux points intérieurs un potentiel égal à* A — V'. *Par suite, elle exercera sur les points extérieurs la même action que la partie du corps qui lui est intérieure, et sur les points intérieurs une action égale et contraire à celle de la partie du corps qui lui est extérieure.*

8. Ajoutons encore quelques propositions moins importantes, mais qui donneront une idée plus complète des relations de forme et de position qui existent entre un corps et ses couches de niveau.

Une couche de niveau a même centre de gravité que la partie du corps qui lui est intérieure.

Les axes principaux d'inertie de la couche de niveau et de la partie du corps qui lui est intérieure, relatifs à un même point, ont les mêmes directions.

Si l'on compare la différence de deux moments d'inertie principaux de la couche et la différence des deux moments d'inertie principaux relatifs aux mêmes axes pour la partie du corps qui est intérieure à cette couche, on trouve que ces différences sont entre elles comme la masse de la couche est à la masse de la partie du corps qui lui est intérieure; en sorte que les trois différences des moments d'inertie principaux autour des mêmes axes sont constantes pour toutes les couches entièrement extérieures au corps.

Considérons la partie du corps qui est intérieure à une surface de niveau choisie à volonté.

Soient :

m sa masse;

V son potentiel par rapport à un point très-éloigné;

r la distance de ce point à la molécule dm;

x, y, z les coordonnées de la molécule dm par rapport à des axes rectangulaires, placés comme on voudra à une distance finie du corps;

u la distance de la même molécule à l'origine;

Δ la distance très-grande de l'origine au point attiré;

a, b, c les cosinus des angles que le rayon Δ fait avec les axes.

On a

$$r^2 = \Delta^2 - 2\Delta(ax + by + cz) + u^2,$$

$$\frac{1}{r} = \frac{1}{\Delta} + \frac{1}{\Delta^2}(ax + by + cz)$$
$$+ \frac{1}{\Delta^3}\left(-\frac{u^2}{2} + \frac{3}{2}a^2x^2 + \frac{3}{2}b^2y^2 + \frac{3}{2}c^2z^2\right.$$
$$\left. + 3bcyz + 3cazx + 3abxy\right) + \ldots;$$

et, par suite,

$$V = \frac{1}{\Delta}m + \frac{1}{\Delta^2}\left(a\int x\,dm + b\int y\,dm + c\int z\,dm\right)$$
$$+ \frac{1}{\Delta^3}\left[-\frac{1}{2}\int u^2\,dm + \frac{3}{2}\int(a^2x^2 + b^2y^2 + c^2z^2)\,dm\right.$$
$$+ 3bc\int yz\,dm + 3ca\int zx\,dm$$
$$\left. + 3ab\int xy\,dm\right] + \ldots.$$

Nommant $V_1, m_1, x_1, y_1, z_1, u_1$ les quantités analogues à V, m, x, y, z, u et relatives à la couche construite sur la surface de niveau considérée, on aura une expression de V_1 pareille à celle de V. Or (n° 6) V_1 est égal à $\frac{m_1}{m}V$, quelle que soit la position du point attiré, pourvu qu'il soit extérieur à la couche; par conséquent on a cette seconde expression du potentiel V :

$$V = \frac{1}{\Delta}m + \frac{1}{\Delta^2}\frac{m}{m_1}\left(a\int x_1\,dm_1 + b\int y_1\,dm_1 + c\int z_1\,dm_1\right)$$
$$+ \frac{1}{\Delta_3}\frac{m}{m_1}\left[-\frac{1}{2}\int u_1^2\,dm_1 + \frac{3}{2}\int(a^2x_1^2 + b^2y_1^2 + c^2z_1^2)\,dm_1\right.$$
$$+ 3bc\int y_1z_1\,dm_1 + 3ca\int z_1x_1\,dm_1$$
$$\left. + 3ab\int x_1y_1\,dm_1\right] + \ldots.$$

Ces deux expressions doivent être égales, quelque petit que soit le facteur $\frac{1}{\Delta}$; donc les coefficients des mêmes puissances de $\frac{1}{\Delta}$ sont égaux, et cela pour tout système de valeurs attribuées aux cosinus a, b, c.

Si l'on fait deux des cosinus égaux à zéro et l'autre égal à l'unité, et que l'on égale les termes en $\frac{1}{\Delta^2}$ dans les deux expressions, il vient

$$\frac{1}{m}\int x\,dm = \frac{1}{m_1}\int x_1\,dm_1,\quad \frac{1}{m}\int y\,dm = \frac{1}{m_1}\int y_1\,dm_1,$$
$$\frac{1}{m}\int z\,dm = \frac{1}{m_1}\int z_1\,dm_1;$$

c'est-à-dire que la couche et le corps ont même centre de gravité.

Si l'on fait $a = 0$, $b = b$, $c = \sqrt{1 - b^2}$, et que l'on égale les termes en $\frac{1}{\Delta^3}$, il vient

$$-\int (u^2 - 3z^2)\,dm + 3b^2\int (y^2 - z^2)\,dm + 6b\sqrt{1-b^2}\int yz\,dm$$
$$= \frac{m}{m_1}\left[-\int (u_1^2 - 3z_1^2)\,dm_1 + 3b^2\int (y_1^2 - z_1^2)\,dm_1 + 6b\sqrt{1-b^2}\int y_1 z_1\,dm_1\right].$$

Cette égalité devant avoir lieu pour toute valeur de b inférieure à l'unité, il faut que l'on ait séparément

$$\frac{1}{m}\int yz\,dm = \frac{1}{m_1}\int y_1 z_1\,dm_1,$$
$$\frac{1}{m}\int (y^2 - z^2)\,dm = \frac{1}{m_1}\int (y_1^2 - z_1^2)\,dm_1.$$

La première égalité et les deux égalités semblables montrent que, si les axes coordonnés sont les axes principaux d'inertie de la couche relatifs à l'origine, ces mêmes axes sont aussi les axes principaux d'inertie de la partie du corps qui est intérieure à la couche.

Admettons qu'il en soit ainsi. Alors la seconde égalité exprime que les différences des deux moments d'inertie principaux autour des axes des z et des y, pour la couche et pour la partie du corps qui lui est intérieure, sont dans le rapport des masses correspondantes.

9. Jusqu'ici nous avons toujours parlé d'attraction. Mais les théorèmes subsistent évidemment, quand l'attraction est remplacée par une répulsion proportionnelle à la masse et en raison inverse du carré de la distance. Ils subsistent encore, si le corps agissant est composé de molécules, les unes douées d'un pouvoir attractif, les autres douées d'un pouvoir répulsif; pourvu que l'on regarde comme négatives les masses des molécules douées de répulsion. Seulement, il faudra joindre aux théorèmes cette condition, que les surfaces de niveau considérées soient fermées, ou, ce qui revient au même, que ces surfaces n'aient pas de nappes s'étendant à l'infini. Car le potentiel V ayant alors des éléments positifs et négatifs, cette condition ne se trouvera pas nécessairement satisfaite par toute surface de niveau.

Cette généralisation est nécessaire pour faire servir les propriétés des couches de niveau aux problèmes que nous présente la théorie de l'électricité.

Considérons un corps bon conducteur, qui a reçu une certaine quantité d'électricité positive ou négative, et qui est plongé dans une substance non conductrice, l'air sec par exemple. Cette électricité peut séparer une partie des fluides qui sont à l'état de combinaison dans le corps; mais cela ne change pas la quantité totale d'électricité libre, estimée en considérant l'un des fluides comme positif et l'autre comme négatif. Finalement, *l'électricité libre doit se distribuer de manière qu'elle n'exerce aucune action sur les points intérieurs au corps ;* sinon elle décomposerait encore du fluide combiné. Il s'ensuit que le potentiel V, relatif à l'action du fluide libre sur un point (x, y, z) intérieur au corps, reste constant quand on fait varier les coordonnées de ce point. Par suite, les dérivées $\frac{d^2V}{dx^2}$, $\frac{d^2V}{dy^2}$, $\frac{d^2V}{dz^2}$ sont séparément nulles pour les points intérieurs. Or on sait que, si l'on représente par ρ la densité du fluide au point (x, y, z), on a l'équation

$$\frac{d^2V}{dx^2} + \frac{d^2V}{dy^2} + \frac{d^2V}{dz^2} = -4\pi\rho;$$

donc ρ est nul, c'est-à-dire que le *fluide libre se porte tout entier à la surface du corps.*

On peut considérer ce fluide comme formant intérieurement à la surface du corps une couche infiniment mince, d'épaisseur constante et de densité variable. L'action du fluide est nulle sur la surface interne de cette couche; car cette surface peut être considérée comme intérieure au corps, en vertu de la loi de continuité. Mais l'action n'est point nulle sur la surface externe; elle y est détruite par l'action de l'air qui s'oppose à la sortie du fluide. L'air ne met aucun obstacle au déplacement du fluide sur la surface conductrice du corps ; c'est-à-dire que son action est normale à cette surface. Il en est de même de l'action du fluide qui lui fait équilibre. Par conséquent, *la surface du corps est une surface de niveau relativement à l'action du fluide.*

Considérons une petite surface fermée, qui se compose d'un canal infiniment étroit, normal à la surface du corps, et des éléments superficiels découpés par ce canal sur les deux surfaces de la couche. Si nous appliquons le théorème du n° 1 à cette petite surface fermée, en observant que l'action normale est nulle sur la surface interne de la couche et sur les parois du canal, nous trouvons que l'action exercée par le fluide sur l'élément de la surface du corps est égale au produit de 4π par la masse du fluide compris dans l'élément de volume considéré. Ainsi, *en tout point de la surface du corps, la densité de la couche est proportionnelle à l'action du fluide sur ce point.*

Nous pouvons en conclure que *le fluide électrique forme à la surface du corps une couche de niveau relativement à sa propre action.*

Rien n'empêche de supposer que le corps conducteur soit formé de l'ensemble de plusieurs masses conductrices, mises en présence dans un milieu non conducteur, chacune de ces masses ayant reçu une quantité donnée d'électricité et agissant par influence sur les autres. Dans ce cas, la couche formée par le fluide sur chacune des masses sera une couche de niveau relativement à l'action du fluide répandu sur toutes les masses ; le potentiel relatif à l'action de tout le fluide restera constant sur tous les points de la surface de chaque masse, mais sa valeur pourra changer d'une masse à une autre.

10. *Il n'y a qu'un seul état d'équilibre possible pour le fluide électrique réparti sur un système de corps conducteurs* A, B, ..., C, *mis en présence les uns des autres dans un milieu isolant, chacun de ces corps ayant reçu une quantité donnée d'électricité positive ou négative.*

En effet, supposons qu'il y ait deux états d'équilibre ; et soient $a, b, \ldots, c$, et $a', b', \ldots, c'$ les fonctions des coordonnées qui, dans ces deux états, représentent en chaque point le produit de l'épaisseur de la couche par la densité du fluide, la fonction a se rapportant à la surface A, la fonction b à la surface B, etc. Les fonctions $a-a'=\alpha$, $b-b'=\beta,\ldots$, $c-c'=\gamma$ répondront nécessairement à un troisième état d'équilibre; car les nouvelles couches, qui sont, pour ainsi dire, la différence de deux couches de niveau, seront évidemment elles-mêmes des couches de niveau. Mais, dans ce nouvel état, la quantité totale de fluide libre sera nulle pour chacun des corps. Or nous allons montrer qu'un tel état d'équilibre est impossible.

Soient x, y, z les coordonnées d'un point extérieur aux corps du système, et V le potentiel relatif à l'action de tout le fluide sur ce point. On a

$$\frac{d^2V}{dx^2}+\frac{d^2V}{dy^2}+\frac{d^2V}{dz^2}=0.$$

Multipliant par $V\,dx\,dy\,dz$, et intégrant en étendant l'intégration à tous les points de l'espace extérieurs aux corps, il vient

$$\int\!\!\int\!\!\int V\,dy\,dz\,\frac{d^2V}{dx^2}\,dx+\int\!\!\int\!\!\int V\,dz\,dx\,\frac{d^2V}{dy^2}\,dy$$
$$+\int\!\!\int\!\!\int V\,dx\,dy\,\frac{d^2V}{dz^2}\,dz=0,$$

ou bien, à l'aide d'une intégration par parties,

$$\left[\int\!\!\int V\frac{dV}{dx}\,dy\,dz+\int\!\!\int V\frac{dV}{dy}\,dz\,dx+\int\!\!\int V\frac{dV}{dz}\,dx\,dy\right]$$
$$-\int\!\!\int\!\!\int\left[\left(\frac{dV}{dx}\right)^2+\left(\frac{dV}{dy}\right)^2+\left(\frac{dV}{dz}\right)^2\right]dx\,dy\,dz=0.$$

Dans cette équation, les trois intégrales doubles s'étendent, d'une part, aux points situés à l'infini, d'autre part aux points situés à la surface des corps A, B, . . ., C. Mais les parties de ces intégrales qui embrassent les points situés à l'infini sont nulles, car pour ces points le potentiel V est nul. Montrons que les mêmes intégrales font encore une somme nulle quand on les étend à la surface de l'un quelconque des corps.

Considérons le corps A. Soit ds l'élément de sa surface, dont les projections sur les plans coordonnés sont $dy\,dz$, $dz\,dx$, $dx\,dy$; et soient λ, μ, ν les angles que la normale à cet élément fait avec les axes.

Observant que le potentiel V est constant sur tous les éléments de cette surface, nous pourrons écrire la somme dont il s'agit sous la forme suivante,

$$\mathrm{V}\int\left(\frac{d\mathrm{V}}{dx}\cos\lambda+\frac{d\mathrm{V}}{dy}\cos\mu+\frac{d\mathrm{V}}{dz}\cos\nu\right)ds.$$

La quantité comprise sous le signe $\int$ exprime l'action normale du fluide sur l'élément ds; par conséquent elle est égale à $4\pi\alpha\,ds$, et l'intégrale se réduit à

$$4\pi\mathrm{V}\int\alpha\,ds.$$

Sous cette forme on voit de suite que cette intégrale est nulle, puisque $\int\alpha\,ds$ exprime la quantité totale d'électricité répandue sur le corps A.

Nous avons donc finalement, pour l'ensemble de tous les points extérieurs au corps,

$$\iiint\left[\left(\frac{d\mathrm{V}}{dx}\right)^2+\left(\frac{d\mathrm{V}}{dy}\right)^2+\left(\frac{d\mathrm{V}}{dz}\right)^2\right]dx\,dy\,dz=0.$$

Cette intégrale, dont tous les éléments sont de même signe, ne peut s'annuler qu'autant que ses éléments sont tous nuls; et ces éléments eux-mêmes ne peuvent être nuls, qu'autant que le potentiel V, relatif à l'action du fluide sur un point extérieur, ne varie pas avec les coordonnées de ce point. Mais, dans ce cas, l'action du fluide sur le point est nulle. Ainsi nous sommes conduits à cette conséquence, que le fluide n'exerce aucune action sur un point extérieur aux corps A, B,..., C, quelque rapproché que soit ce point de la surface de ces corps. D'après la loi de continuité, il doit en être de même pour un point situé sur la surface. Nous savons d'ailleurs que l'action du fluide sur la surface des corps conducteurs est

$$4\pi\alpha, \quad 4\pi\beta, \ldots, \quad 4\pi\gamma;$$

donc

$$\alpha = 0, \quad \beta = 0, \ldots, \quad \gamma = 0; \qquad a = a', \quad b = b', \ldots, \quad c = c';$$

c'est-à-dire que les deux états d'équilibre supposés sont identiques.

Ce théorème et la démonstration que nous en donnons ici sont de M. Liouville (*Additions à la Connaissance des Temps* pour 1845).

De tout ce qui précède, il résulte que le problème de la distribution de l'électricité à la surface d'un système de corps conducteurs est entièrement résolu, quand on en connaît une solution particulière. Par exemple, sachant qu'une couche homogène, infiniment mince, comprise entre deux ellipsoïdes concentriques, semblables et semblablement placés, n'exerce aucune action sur les points intérieurs, et exerce une action normale sur les points de sa surface externe, on en conclut de suite que, si l'on donne de l'électricité à un ellipsoïde conducteur, isolé et libre de toute influence, la couche formée par le fluide à la surface du corps aura sa densité proportionnelle en chaque point à la distance de l'ellipsoïde semblable infiniment rapproché. Si l'ellipsoïde est très-allongé, la densité du fluide à l'extrémité du grand axe sera beaucoup plus grande que partout ailleurs; et comme la répulsion du fluide sur lui-même est proportionnelle en chaque point à la densité de la couche, il pourra se faire que cette répulsion à l'extrémité du grand axe surpasse la résistance que l'air ambiant oppose au passage du fluide. Alors l'électricité s'écoulera par le sommet, ce qui est d'accord avec le phénomène connu des physiciens sous le nom de *pouvoir des pointes*.

11. *Soient* V *le potentiel d'un système de masses* M_1, $M_2, \ldots$, *concentrées dans les points* $P_1, P_2, \ldots$;

v *le potentiel d'un système de masses* $m_1, m_2, \ldots$, *concentrées dans les points* $p_1, p_2, \ldots$;

$V_1, V_2, \ldots$ *les valeurs de* V *en ces derniers points;*

$v_1, v_2, \ldots$ *les valeurs de* v *dans les points* $P_1, P_2, \ldots$.

Démontrer qu'on a l'équation

$$M_1 v_1 + M_2 v_2 + \ldots = m_1 V_1 + m_2 V_2 + \ldots.$$

Gauss, Mémoire cité, § 19.

12. *Soient* V *le potentiel d'un corps sur l'élément ds d'une surface sphérique, qui ne renferme aucune partie du corps dans son intérieur,* V_0 *la valeur du potentiel au centre de la sphère, et r le rayon de la sphère.*

Démontrer qu'on a l'équation $V_0 = \dfrac{\int V\,ds}{4\pi r^2}$, *ou, en d'autres termes, que le potentiel sur le centre est la moyenne entre les valeurs du potentiel sur tous les éléments de la surface.*

Gauss, Mémoire cité, § 20.

HYDROSTATIQUE.

Le caractère de la fluidité parfaite est l'absence de cohésion et de frottement entre les molécules du corps, bien qu'il y ait continuité dans la masse. La nature ne nous offre aucun corps parfaitement fluide, en sorte qu'il y a toujours erreur à négliger le frottement des molécules les unes contre les autres. Cette erreur peut être considérable quand il s'agit de déterminer le mouvement d'un fluide; mais elle est insensible dans les questions relatives à l'équilibre des fluides en repos. Aussi on n'en tient pas compte dans l'hydrostatique.

Les fluides, considérés au point de vue de leur élasticité, se partagent naturellement en deux classes. Les uns éprouvent par l'effet de la pression une diminution de volume comparable à celle que subissent les corps de la nature désignés sous le nom de *solides*; ils sont dits *fluides incompressibles*, parce qu'on néglige leur compressibilité dans toutes les questions qui n'exigent pas une grande rigueur. Les autres éprouvent par l'effet de la pression une diminution de volume beaucoup plus considérable; ils sont nommés *fluides élastiques*. Les liquides appartiennent à la première classe, les gaz et les vapeurs appartiennent à la seconde.

Les premiers principes de l'équilibre des liquides et des corps flottants sont exposés dans les deux livres d'Archimède : *Des corps portés sur un fluide*. Le texte grec de cet ouvrage ne nous est point parvenu; mais nous en avons plusieurs versions, dont la plus ancienne a été composée sur un manuscrit grec aujourd'hui perdu. Elle est due à Tartalea, et fut publiée à Venise, en 1555, sous le titre : *De insidentibus aquæ.*

CHAPITRE PREMIER.

PRESSIONS EXERCÉES PAR LES FLUIDES A LA SURFACE DES CORPS.

La pression exercée par un fluide sur un élément de surface est normale à cet élément. Si l'on représente par pds la pression exercée sur l'élément de surface ds, p sera la *pression sur l'élément ds, rapportée à l'unité de surface.* La somme des pressions exercées sur une surface finie s'exprimera par l'intégrale $\int p\,ds$, étendue à tous les éléments de la surface considérée.

Quand la surface est plane, les pressions sur les divers éléments sont toutes parallèles; d'où il suit qu'elles ont une résultante unique. Le point d'application de cette résultante se nomme le *centre de pression* de la surface. Il se détermine par les formules générales qui donnent le *centre des forces parallèles.*

Soient x, y les coordonnées de l'élément ds et $\bar{x}$, $\bar{y}$ celles du centre de pression, par rapport à deux axes rectangulaires ou obliques, tracés à volonté sur la surface. On a

$$\text{A)} \qquad \bar{x} = \frac{\int xpds}{\int pds}, \quad \bar{y} = \frac{\int ypds}{\int pds}.$$

Quand la surface soumise à l'action du fluide n'est point plane, il peut arriver que les pressions élémentaires n'aient pas une résultante unique. Proposons-nous de chercher la condition nécessaire pour que les pressions admettent une résultante, et, dans ce cas, déterminons-en la direction.

Soient :

x, y, z les coordonnées de l'élément ds par rapport à trois axes rectangulaires;

$\bar{x}, \bar{y}, \bar{z}$ les coordonnées d'un point quelconque de la résultante des pressions;

X, Y, Z les composantes de cette résultante parallèles aux axes;

$(\widehat{NX}), (\widehat{NY}), (\widehat{NZ})$ les angles que fait avec les axes la normale à l'élément ds dirigée dans l'intérieur du fluide.

Considérant la résultante des pressions comme appliquée au point $(\bar{x}, \bar{y}, \bar{z})$, et écrivant qu'elle fait équilibre à l'ensemble des pressions élémentaires prises en sens opposés, on obtient les six équations

$$\text{(B)} \begin{cases} X = -\int p \cos(\widehat{NX})\, ds, \quad Y = -\int p \cos(\widehat{NY})\, ds, \\ Z = -\int p \cos(\widehat{NZ})\, ds; \end{cases}$$

$$\text{(C)} \begin{cases} \bar{y} \int p \cos(\widehat{NZ})\, ds - \bar{z} \int p \cos(\widehat{NY})\, ds \\ \quad = \int yp \cos(\widehat{NZ})\, ds - \int zp \cos(\widehat{NY})\, ds, \\ \bar{z} \int p \cos(\widehat{NX})\, ds - \bar{x} \int p \cos(\widehat{NZ})\, ds \\ \quad = \int zp \cos(\widehat{NX})\, ds - \int xp \cos(\widehat{NZ})\, ds, \\ \bar{x} \int p \cos(\widehat{NY})\, ds - \bar{y} \int p \cos(\widehat{NX})\, ds \\ \quad = \int xp \cos(\widehat{NY})\, ds - \int yp \cos(\widehat{NX})\, ds. \end{cases}$$

Pour que ces trois dernières équations soient compatibles, il faut que l'on ait identiquement

$$(D)\quad \left\{\begin{array}{l} \int p\cos(\widehat{NX})\,ds\left[\int yp\cos(\widehat{NZ})\,ds-\int zp\cos(\widehat{NY})\,ds\right] \\ +\int p\cos(\widehat{NY})\,ds\left[\int zp\cos(\widehat{NX})\,ds-\int xp\cos(\widehat{NZ})\,ds\right] \\ +\int p\cos(\widehat{NZ})\,ds\left[\int xp\cos(\widehat{NY})\,ds-\int yp\cos(\widehat{NX})\,ds\right] \end{array}\right\}=0.$$

Telle est donc la condition pour que les pressions admettent une résultante unique. Si elle est satisfaite, deux quelconques des équations (C) représenteront la droite suivant laquelle est dirigée cette résultante, $\bar{x}$, $\bar{y}$, $\bar{z}$ étant les coordonnées courantes.

SECTION I.

FLUIDES INCOMPRESSIBLES.

Soient ρ la densité du liquide supposé homogène, z la distance de l'élément de surface ds au-dessous du niveau supérieur du liquide, et p_0 la pression qui s'exerce au niveau supérieur sur l'unité de surface.

La pression sur l'élément ds, rapportée à l'unité de surface, sera

$$p=g\rho z+p_0.$$

On peut toujours supposer nulle la pression p_0, en imaginant qu'on ait élevé le niveau du liquide d'une hauteur convenable. La formule devient alors

$$p=g\rho z.$$

Elle donne lieu à plusieurs théorèmes d'une grande simplicité.

1° *La pression totale exercée sur une surface quelconque est égale à la pression qui serait exercée sur une aire égale, prise dans le plan horizontal qui passe au centre de gravité de la surface.* La pression exercée sur l'unité de surface de ce plan fictif est la *pression moyenne* sur la surface donnée.

2° Considérons une surface plane plongée dans un liquide; et soient x, y les coordonnées de l'élément ds par rapport à deux axes quelconques tracés sur cette surface. Les coordonnées du centre de pression seront (A)

$$\bar{x} = \frac{\int xz\,ds}{\int z\,ds}, \quad \bar{y} = \frac{\int yz\,ds}{\int z\,ds}.$$

Si l'axe des y coïncide avec la trace du plan considéré sur la surface libre du liquide, z sera proportionnel à x, et l'on aura

$$\bar{x} = \frac{\int x^2\,ds}{\int x\,ds}, \quad \bar{y} = \frac{\int yx\,ds}{\int x\,ds}.$$

Quand on suppose les axes rectangulaires, ces formules montrent que *le centre de pression coïncide avec le centre de percussion de la surface, considérée comme une lame homogène libre de tourner autour de son intersection avec la surface du liquide.*

3° La pression rapportée à l'unité de surface étant constante sur un même plan horizontal, il s'ensuit que *les pressions élémentaires exercées sur une surface comprise entre deux plans horizontaux ont toujours une résultante verticale, pourvu que la surface considérée et les deux plans qui la limitent forment une surface fermée.* Car, dans ce cas, prenant les axes des x et des y dans un plan horizontal, on a (p. 312, théorème I),

$$\int p \cos(\widehat{NX})\, ds = 0, \quad \int p \cos(\widehat{NY})\, ds = 0;$$

d'ailleurs, chacune des intégrales

$$\int xp \cos(\widehat{NY})\, ds, \quad \int yp \cos(\widehat{NX})\, ds$$

a ses éléments deux à deux égaux et de signes contraires; par suite, l'équation (D) est identiquement satisfaite.

Si la surface considérée n'est point fermée par les deux plans horizontaux, les pressions qu'elle éprouve ne seront pas toujours réductibles à une résultante unique.

Stevin (*) paraît être le premier géomètre qui ait entrepris de déterminer la pression totale d'un fluide sur la surface d'un corps immergé. Il démontra le paradoxe hydrostatique, d'après lequel un fluide peut exercer une pression beaucoup plus grande que son propre poids; il fut aussi le premier à considérer le centre de pression; mais l'imperfection de l'analyse ne lui permit pas de déterminer ce point pour d'autres surfaces que celles des polygones.

Herman (**) et Cotes (***), pourvus de méthodes plus puissantes, déterminèrent le centre de pression d'un grand nombre de surfaces. Le dernier compara la pression totale à la pression exercée dans le plan horizontal du centre de gravité, et signala l'identité du centre de pression avec le centre de percussion.

1. *Dans quelle position faut-il maintenir une demi-sphère creuse, fermée par un plan, et exactement rem-*

(*) *Œuvres mathématiques* de Simon Stevin, de Bruges, publiées par Albert Girard, t. IV; Leyde, 1634.

(**) *Phoronomia*, p. 141; 1716.

(***) *Hydrostatical and Pneumatical Lectures*, p. 37 et 40 de la troisième édition. La première édition parut en 1737.

plie d'un liquide, pour que la pression exercée sur la surface entière du vase soit un maximum.

Nommons r le rayon de la sphère, et θ l'angle que l'axe du vase fait avec la verticale.

Admettons d'abord que la paroi plane soit au-dessus de la paroi sphérique.

L'aire du couvercle est πr^2, la distance verticale du centre de gravité de cette aire au point le plus élevé du liquide est $r \sin\theta$; donc $g\rho\pi r^3 \sin\theta$ est la pression exercée sur le couvercle.

L'aire de la surface courbe est $2\pi r^2$, la distance verticale de son centre de gravité à la surface supérieure du liquide est

$$r \sin\theta + \frac{r}{2}\cos\theta;$$

donc la pression exercée sur la surface courbe est

$$2g\rho\pi r^3 \sin\theta + g\rho\pi r^3 \cos\theta,$$

et la pression totale

$$g\rho\pi r^3(3\sin\theta + \cos\theta).$$

Lorsque cette quantité est un maximum, on a

$$3\cos\theta - \sin\theta = 0,$$

$$\theta = \text{arc tang } 3.$$

Quand la paroi plane est située au-dessous de la demi-sphère, la pression exercée sur ce cercle ne varie pas avec l'inclinaison de l'axe, la pression exercée sur la paroi courbe augmente avec cette inclinaison. La pression totale atteint son maximum lorsque l'axe est horizontal, et que la paroi plane est verticale.

2. *Des masses égales de liquides différents sont superposées en couches horizontales dans un vase cylindrique dont l'axe est vertical. Comparer entre elles les*

pressions que ces différentes masses liquides exercent sur la surface latérale du vase.

Soient $\rho_1, \rho_2, \ldots, \rho_n, \ldots,$ les densités des différents liquides, en commençant par le liquide supérieur; a_1, $a_2, \ldots, a_n, \ldots,$ les épaisseurs des couches respectives; r le rayon intérieur du vase.

Considérons la $n^{ième}$ couche. La pression p_0 qui s'exerce au niveau supérieur de cette couche sur l'unité de surface est donnée par la formule

$$p_0 = g(\rho_1 a_1 + \rho_2 a_2 + \ldots + \rho_{n-1} a_{n-1}) = (n-1) g \rho_1 a_1.$$

La pression totale que cette couche exerce sur la paroi du vase est

$$2\pi r \int_0^{a_n} (p_0 + g\rho_n z)\, dz = 2\pi r p_0 a_n + \pi r g \rho_n a_n^2,$$

ou bien, d'après la valeur précédente de p_0,

$$\pi g r \rho_1^2 a_1^2 \frac{2n-1}{\rho_n}.$$

Il en résulte que les pressions exercées sur la surface du cylindre par les couches successives sont entre elles comme les nombres

$$\frac{1}{\rho_1}, \quad \frac{3}{\rho_2}, \quad \frac{5}{\rho_3}, \ldots.$$

3. *On suppose une porte d'écluse formée d'un rectangle* ABCD *et d'un quart de cercle* ABE, *séparés par un axe vertical* AB, *autour duquel la porte peut tourner librement d'une seule pièce. Trouver la largeur* AD *que doit avoir le rectangle pour que l'écluse s'ouvre sous le moindre effort quand l'eau affleure la ligne* DAE.

Fig. 76.

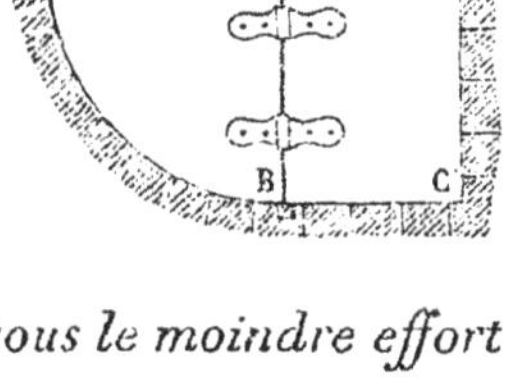

Soient a le rayon du cercle, b la largeur inconnue du rectangle, x la distance d'un point de la porte à l'axe AB, et y la distance du même point à l'horizontale DAE.

Les pressions exercées sur le quart de cercle et sur le rectangle doivent avoir des moments égaux par rapport à l'axe AB. De là résulte l'équation du problème :

$$\int_0^a \int_0^{\sqrt{a^2-x^2}} xy\,dx\,dy = \int_0^b \int_0^a xy\,dx\,dy.$$

Effectuant les intégrations, il vient

$$\frac{a^4}{8} = \frac{a^2 b^2}{4} \quad \text{ou} \quad b = \frac{a}{\sqrt{2}}.$$

4. *Un cône de révolution* SAA', *ouvert par sa base, est d'abord maintenu tout à fait rempli d'un liquide, puis on l'incline d'un angle donné. Quel est le volume du liquide qui s'écoule, et quelle est la pression que le liquide restant exerce sur la paroi?*

Fig. 77.

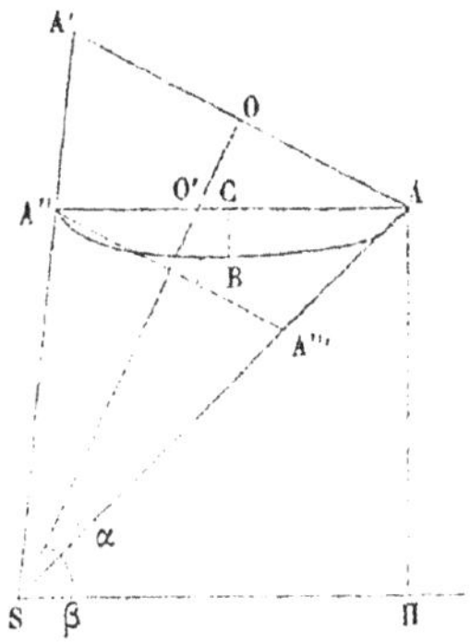

Prenons pour plan de la figure le plan vertical qui contient l'axe du cône quand celui-ci est incliné.

Soient α l'angle des génératrices du cône avec l'axe, r le rayon de la base et β l'inclinaison de l'axe sur l'horizon.

Le volume du liquide écoulé est égal au volume de la partie du cône qui est découpée par un plan horizontal ABA'', passant à l'extrémité inférieure de l'ouverture.

Le volume total du cône droit est

$$\frac{1}{3}\pi r^3 \cot\alpha.$$

Le volume du cône oblique SAA'' est le produit de l'aire de l'ellipse ABA'' par le tiers de la hauteur AH. Si nous appelons V ce volume, C le centre de l'ellipse et CA, CB les deux demi-axes de cette courbe, nous aurons

$$V = \frac{1}{3}\overline{AH}.\pi\overline{CA}.\overline{CB}.$$

Or

$$\overline{AH} = \overline{SA}\sin(\beta - \alpha) = r\frac{\sin(\beta - \alpha)}{\sin\alpha},$$

$$\overline{CA} = \frac{1}{2}\overline{AA''} = r\frac{\cos\alpha}{\sin(\beta + \alpha)}.$$

Pour calculer $\overline{CB}$, nommons $\overline{A''A'''}$ le diamètre de la section droite qui passe au point A'', et considérons la section droite faite par le point C. Le diamètre de cette section, qui est situé dans le plan de la figure, est une parallèle à la base AA' du triangle AA'A'', menée par le milieu C du côté AA''. Ce diamètre est aussi une parallèle à la base du triangle AA''A''', menée par le milieu de l'un des côtés. Il s'ensuit que ce diamètre est divisé au point C en deux segments respectivement égaux à $\frac{1}{2}\overline{AA'}$ et $\frac{1}{2}\overline{A''A'''}$. Le demi-axe d'ellipse CB est une ordonnée de la section circulaire, élevée au point C sur le diamètre considéré. Nous avons donc

$$\overline{CB}^2 = \frac{1}{4}\overline{AA'}.\overline{A''A'''} = \frac{1}{2}r\overline{A''A'''}$$
$$= \frac{1}{2}r\overline{AA''}\frac{\sin(\beta - \alpha)}{\cos\alpha} = r^2\frac{\sin(\beta - \alpha)}{\sin(\beta + \alpha)}.$$

D'après ces valeurs, il vient

$$V = \frac{1}{3}\pi r^3 \cot\alpha \frac{\sin^{\frac{3}{2}}(\beta - \alpha)}{\sin^{\frac{3}{2}}(\beta + \alpha)}. \tag{1}$$

Par suite, le volume du liquide écoulé est

$$\frac{1}{3}\pi r^3 \cot\alpha \left[1 - \frac{\sin^{\frac{3}{2}}(\beta-\alpha)}{\sin^{\frac{3}{2}}(\beta+\alpha)}\right].$$

Le volume V peut s'exprimer sous une autre forme, qui met en évidence une propriété du cône.

On a

$$\overline{SA} = \frac{r}{\sin\alpha}, \quad \frac{\overline{SA''}}{\overline{SA}} = \frac{\sin(\beta-\alpha)}{\sin(\beta+\alpha)},$$

et si l'on nomme T la surface du triangle ASA″,

$$T = \overline{SA}.\overline{SA''}\sin\alpha\cos\alpha.$$

En vertu de ces relations, la formule (1) peut s'écrire

$$V = \frac{1}{3}\pi \operatorname{tang}^{\frac{1}{2}}\alpha . T^{\frac{3}{2}}.$$

On voit que la surface du triangle ASA″ reste constante quand on fait varier l'inclinaison du vase, pourvu que le volume du liquide contenu reste le même. Or, c'est une propriété bien connue de l'hyperbole, qu'une tangente mobile et les asymptotes forment un triangle dont l'aire est constante. On en conclut que, si l'axe du vase tourne dans un même plan vertical, tant qu'il n'est point répandu de liquide, le niveau de celui-ci, AA″, dans son mouvement relatif au vase, enveloppe une hyperbole qui a pour asymptotes les génératrices du cône SA, SA″.

Passant aux volumes, nous avons ce théorème : *L'enveloppe d'un plan, qui découpe dans un cône un volume constant, est un hyperboloïde de révolution qui a le cône pour asymptote.*

Il nous reste à calculer la pression du liquide sur le cône oblique. Nous prendrons pour élément de surface le petit triangle compris entre deux génératrices infiniment voisines. Soit ds cet élément; la distance de son centre de gravité à la surface libre du liquide est $\frac{1}{3}\overline{AH}$, et la pression qu'il supporte est

$$\frac{1}{3} g\rho \overline{AH}\, ds.$$

Cet élément peut être considéré comme la base d'un tétraèdre qui aurait son sommet au point O′, où le niveau du liquide coupe l'axe du cône, et serait l'élément de volume du cône oblique. La hauteur de ce tétraèdre est $\overline{SO'}\sin\alpha$, par conséquent son volume a pour expression

$$dV = \frac{1}{3}\overline{SO'}\sin\alpha\, ds \quad (*).$$

Il en résulte que la valeur de la pression exercée sur l'élément ds peut s'écrire

$$g\rho\frac{\left(\dfrac{\overline{AH}}{\overline{SO'}}\right)}{\sin\alpha}\,dV = g\rho\frac{\sin\beta}{\sin\alpha}\,dV.$$

La pression totale est donc

$$g\rho\frac{\sin\beta}{\sin\alpha}V,$$

(*) On peut remarquer que cette équation, jointe à l'expression du volume V, permet de calculer aisément la surface s du cône oblique SAA″. En effet, elle donne d'abord

$$s = \frac{3V}{\overline{SO'}\sin\alpha};$$

et, comme

$$\overline{SO'}\sin\alpha = \overline{O'A}\sin(\beta-\alpha) = r\frac{\sin(\beta-\alpha)}{\sin\beta},$$

on a

$$s = \frac{3\sin\beta}{\sin(\beta-\alpha)}\frac{V}{r}.$$

ou bien

$$\frac{1}{3}\pi g\rho r^3 \frac{\cos\alpha\sin\beta}{\sin^2\alpha} \frac{\sin^{\frac{3}{2}}(\beta-\alpha)}{\sin^{\frac{3}{2}}(\beta+\alpha)}.$$

5. *On suppose un vase hémisphérique, dont la paroi est formée de trois triangles trirectangles juxtaposés, et retenus chacun par un fil attaché en un point de la surface. Quelles doivent être les tensions et les situations de ces fils pour que le vase ne se divise point lorsqu'il est exactement rempli d'un liquide, et que d'ailleurs les différentes pièces de la paroi ne sont nullement pressées l'une contre l'autre? On négligera le poids du vase.*

La question revient à déterminer en grandeur et en direction la résultante des pressions exercées sur l'un des triangles sphériques. Cette résultante existe; car, si l'on imagine un vase qui soit formé de l'un de ces triangles et de deux plans verticaux joignant les deux côtés du triangle, les pressions exercées sur les deux faces planes de ce vase admettront une résultante unique ainsi que les pressions exercées sur la surface entière.

Prenons l'origine des coordonnées au centre de la sphère, le plan des xy à la surface du liquide et les axes dirigés vers les sommets du triangle trirectangle. Soient r le rayon de la sphère, θ l'angle qu'un rayon fait avec le plan horizontal, et φ l'angle que la projection de ce rayon sur le plan horizontal fait avec l'axe des x.

L'élément de la surface sphérique sera $r d\theta . r\cos\theta\, d\varphi$, sa distance à la surface libre du liquide sera $r\sin\theta$, et le rayon mené à cet élément fera, avec les axes des x et des z, des angles qui auront respectivement pour cosinus $\cos\theta\cos\varphi$ et $\sin\theta$.

D'après cela, la tension du fil aura pour composantes,

suivant les axes,

$$X = Y = g\rho r^3 \int_0^{\frac{\pi}{2}} \int_0^{\frac{\pi}{2}} \cos^2\theta \sin\theta \cos\varphi \, d\theta \, d\varphi$$

$$= -\frac{1}{3} g\rho r^3 \int_0^{\frac{\pi}{2}} d.\cos^3\theta = \frac{1}{3} g\rho r^3,$$

$$Z = g\rho r^3 \int_0^{\frac{\pi}{2}} \int_0^{\frac{\pi}{2}} \cos\theta \sin^2\theta \, d\theta \, d\varphi,$$

$$= \frac{\pi}{6} g\rho r^3 \int_0^{\frac{\pi}{2}} d.\sin^3\theta = \frac{\pi}{6} g\rho r^3;$$

et la tension du fil sera,

$$T = \sqrt{X^2 + Y^2 + Z^2} = g\rho r^3 \frac{\sqrt{\pi^2 + 8}}{6}.$$

En vertu de la symétrie de la figure, la résultante des pressions doit être située dans le plan bissecteur de l'angle dièdre formé par les deux plans coordonnés verticaux. Ainsi, pour déterminer la direction de cette résultante, il nous suffira de former la première des équations (C). Nous abrégerons ce calcul en observant que la pression résultante passe nécessairement à l'origine des coordonnées, puisque toutes les pressions élémentaires sont dirigées vers ce point. Il s'ensuit que le second membre de l'équation dont il s'agit est identiquement nul. Dès lors nous trouvons de suite

$$\frac{\pi}{2}\bar{y} - \bar{z} = 0.$$

Le fil qui soutient le triangle est donc dirigé suivant la

droite représentée par les équations

$$\bar{x} = \bar{y} = \frac{2}{\pi}\bar{z}.$$

6. *Parmi tous les vases de révolution autour d'un axe vertical, de hauteur et de capacité données, quel est celui qui éprouve la plus grande pression horizontale de la part du liquide qui le remplit?*

Soient h la hauteur du vase, c^3 sa capacité, z la distance d'un élément de la surface au niveau supérieur du liquide, et r la distance de cet élément à l'axe de révolution.

La somme des pressions horizontales élémentaires est égale à

$$2\pi g\rho \int_0^h zrdz.$$

Il s'agit de trouver la valeur de r en fonction de z qui rend cette intégrale un maximum, tout en vérifiant la condition relative au volume

$$\pi \int_0^h r^2 dz = c^3.$$

Soient V la quantité comprise sous le signe $\int$ dans l'intégrale qu'il s'agit de rendre un maximum, et V′ la quantité comprise sous le signe $\int$ dans l'intégrale qui doit rester constante. Le calcul des variations nous apprend que le rapport des dérivées partielles $\frac{dV'}{dr}$, $\frac{dV}{dr}$ doit être constant; ce qui nous donne la relation

$$\frac{r}{z} = a,$$

a désignant une constante.

Ainsi, la surface du vase est celle d'un cône dont la pointe est en haut.

Il reste à déterminer la constante a par la condition relative au volume.

Nous avons

$$\pi a^2 \int_0^h z^2 dz = c^3, \quad \text{d'où} \quad a = \sqrt{\frac{3c^3}{\pi h^3}}.$$

Par suite, la hauteur du cône étant h et son volume c^3, le rayon de la base est $c\sqrt{\frac{3}{\pi}\frac{c}{h}}$.

7. *On suppose une membrane sans poids, flexible et inextensible, découpée en forme de rectangle. Deux bords opposés sont maintenus parallèles dans un même plan horizontal, sans être assez écartés pour que la membrane soit tendue; les deux autres bords sont exactement joints contre deux plans verticaux, sans qu'il y ait adhérence; et toute la cavité est remplie d'un liquide en équilibre. On demande quelle forme affecte la membrane.*

La surface qu'il s'agit de déterminer est évidemment une surface cylindrique. Il suffit de déterminer l'intersection de cette surface par un plan vertical perpendiculaire aux arêtes. Pour cela, nous pouvons nous borner à considérer la petite portion de surface qui est comprise entre ce plan et un plan parallèle infiniment voisin, car cette partie de la surface n'éprouve aucune action de la part des parties adjacentes.

Deux coordonnées nous suffisent. Prenons l'axe des x à la surface du liquide, et l'axe des y dirigé de haut en bas. Nommons p la pression rapportée à l'unité de surface qui s'exerce sur l'élément de la membrane dont les coordonnées sont x et y, t la tension en ce point, r le rayon de courbure de la courbe au même point, et s l'arc de la courbe.

Nous avons

$$p = g\rho y,$$

et (tome I, page 164),

$$p = \frac{t}{r};$$

d'où

$$y = \frac{t}{g\rho}\frac{1}{r}.$$

Remplaçant r par sa valeur $\frac{dy}{ds} : \frac{d^2x}{ds^2}$, dans laquelle s est la variable indépendante, et nommant a^2 la constante $\frac{2t}{g\rho}$, il vient

$$2y\frac{dy}{ds} = a^2\frac{d^2x}{ds^2}.$$

L'intégrale première de cette équation est

$$y^2 - b^2 = a^2\frac{dx}{ds},$$

ou bien

$$dx = \frac{y^2 - b^2}{\sqrt{a^4 - (y^2 - b^2)^2}}dy,$$

b^2 représentant une constante.

La courbe formée par la section droite de la membrane se nomme *lintéaire*; son équation différentielle est la même que celle de la *courbe élastique*. Elle a été trouvée par Jacques Bernoulli (*) en 1692.

8. *Étant donnés un plan situé dans l'intérieur d'un liquide, et une droite* H *tracée comme on voudra sur ce*

(*) *Opera*, t. I, p. 490, etc. — Voir aussi JEAN BERNOULLI, *Opera*, t. I, p. 432; t. II, p. 95; t. III, p. 512, etc.

plan, déterminer dans le plan une courbe telle, que l'aire comprise entre la droite, la courbe et deux horizontales qui interceptent sur la droite une longueur donnée h, *et qui sont d'ailleurs situées à une profondeur quelconque, éprouve la même pression qu'un parallélogramme construit dans le même plan sur la droite* H *et sur la ligne d'affleurement avec les longueurs respectives* h *et* b.

Si l'on prend pour axes de coordonnées obliques la droite H et l'intersection de la surface du liquide par le plan donné, on trouve que la courbe est l'hyperbole représentée par l'équation

$$xy = \frac{bh}{2}.$$

9. *Une sphère creuse étant exactement remplie d'un liquide, on demande de tracer sur la surface un cercle horizontal qui la divise en deux parties supportant des pressions égales.*

La distance entre le plan du cercle demandé et le sommet de la sphère est égale au côté du carré inscrit dans un grand cercle.

10. *Un cube exactement rempli d'un liquide a l'une de ses diagonales dirigée suivant la verticale. Montrer que la pression exercée sur les faces inférieures est double de la pression exercée sur les faces supérieures.*

11. *Une surface plane étant tout entière plongée dans un liquide, on mène par le centre de pression et par le centre de gravité deux droites* A *et* B, *parallèles à la droite* C *suivant laquelle le plan donné coupe la surface libre du liquide. Montrer que le produit des distances de la droite* B *aux deux droites* A *et* C *reste constant quand le niveau du liquide s'élève.*

On voit sans peine que le produit dont il s'agit est égal au carré du rayon de giration de la surface immergée par rapport à la droite B.

12. *On suppose un vase homogène, de poids connu, qui a la forme d'un ellipsoïde ouvert suivant un plan principal. Ce vase étant renversé sur un plan horizontal, on y introduit un liquide par une petite ouverture pratiquée au sommet. A quelle hauteur peut s'élever le liquide intérieur sans soulever le vase?*

Soient ρ la densité du liquide, Q le poids du vase, h la hauteur cherchée, et

$$\frac{x^2}{a^2}+\frac{y^2}{b^2}+\frac{z^2}{c^2}=1$$

l'équation de la surface interne, le plan des axes a, b étant celui de la grande ouverture.

On trouve

$$h=\left(\frac{3Qc^2}{\pi g\rho ab}\right)^{\frac{1}{3}}.$$

13. Démontrer les résultats suivants :

Pour un parallélogramme dont un des côtés est à la surface du liquide, le centre de pression se trouve sur la droite qui joint les milieux des côtés horizontaux, à une distance du côté supérieur double de sa distance au côté inférieur.

Pour un triangle complétement immergé, dont le plan est vertical, le sommet tourné vers le haut et la base horizontale, le centre de pression se trouve sur la droite qui joint le sommet au milieu de la base. Si l'on nomme c la distance du sommet à la surface du liquide, h la hauteur du triangle, m la distance du sommet au milieu de la base et x la distance du sommet au centre de pression, on a

$$x = m\,\frac{3h + 4c}{4h + 6c}.$$

Pour un rectangle dont deux côtés sont verticaux et qui est complétement immergé, si l'on nomme a et b les distances de la base supérieure et de la base inférieure à la surface du liquide, la distance du centre de pression au niveau du liquide est

$$\frac{2}{3}\,\frac{b^3 - a^3}{b^2 - a^2}.$$

Pour un cercle dont le contour touche la surface du liquide, la distance du centre de pression au centre de figure est égale au quart du rayon.

Pour un vase qui a la forme d'un cylindre circulaire droit, et dont l'axe fait l'angle α *avec la verticale, si l'on nomme r le rayon intérieur et* c^3 *le volume du liquide renfermé dans le vase, la distance du centre de pression sur la base au centre du cercle est égale à* $\frac{\pi r^4}{4c^3}\,\mathrm{tang}\,\alpha$.

Pour l'aire comprise entre une parabole, l'axe de la courbe et une ordonnée perpendiculaire située à la surface du liquide, si l'on nomme b cette ordonnée et a la portion de l'axe immergée, les distances du centre de pression à l'ordonnée et à l'axe sont respectivement $\frac{4}{7}a$ *et* $\frac{5}{16}b$.

Pour le secteur elliptique compris entre deux demi-diamètres conjugués a, b, dont le dernier est à la surface du liquide, la distance du centre de pression au diamétre a, comptée parallèlement au diamètre b, est $\frac{3}{8}b$, *et la distance du même centre au diamètre b, comptée parallèlement au diamètre a, est* $\frac{3\pi}{16}a$.

SECTION II.

FLUIDES ÉLASTIQUES.

Dans les fluides gazeux, dont la température est uniforme, la pression p rapportée à l'unité de surface est régie par les deux équations simultanées

$$dp = g\rho dz, \quad p = k\rho,$$

dans lesquelles ρ est la densité, z la distance au-dessous d'un plan horizontal fixe, et k une constante qui dépend de la nature du fluide et de sa température. Si l'on fait

$$\frac{g}{k} = \lambda,$$

ces équations donnent

$$p = p_0 e^{\lambda z}.$$

La constante p_0 est la pression rapportée à l'unité de surface, ou la *tension* du gaz, dans le plan horizontal qui sert d'origine aux distances z.

Pour les fluides de la nature, le coefficient λ est fort petit, en sorte que, si l'épaisseur z du fluide considéré n'est pas très-grande, on peut, sans erreur sensible, supposer le facteur $e^{\lambda z}$ égal à l'unité et, par suite, la pression p constante à toute hauteur.

Les formules précédentes résultent de la pesanteur des gaz et de la loi de Mariotte. On sait que la pesanteur de l'air fut entrevue par Galilée, et démontrée, un an après sa mort, par son disciple Torricelli, inventeur du baromètre (1643).

1. *Un cylindre vertical, fermé par deux plans perpendiculaires à l'axe, est rempli d'un fluide élastique. Déterminer la pression totale exercée sur la surface latérale.*

Soient h la hauteur du cylindre, c la circonférence de la base, p_0 la tension du fluide au point le plus élevé, et z la distance d'une couche fluide au sommet du vase.

La pression cherchée est

$$P = cp_0 \int_0^h e^{\lambda z} dz = \frac{cp_0}{\lambda}(e^{\lambda h} - 1) = \frac{cp_0}{\lambda}\left(\frac{\lambda h}{1} + \frac{\lambda^2 h^2}{1.2} + \dots\right).$$

Si λ est très-petit, et que h ne soit pas très-grand, on aura sensiblement

$$P = chp_0.$$

2. *On admet par approximation que la colonne atmosphérique comprise entre deux stations, situées à différentes hauteurs, a partout même tension et même température, moyennes arithmétiques entre les tensions et les températures aux deux stations. Trouver dans cette hypothèse la formule qui fait connaître la différence de hauteur entre les deux stations, quand on a observé à ces deux points la hauteur de la colonne barométrique et la température. On ne tiendra pas compte de la dilatation du mercure, ni de la capillarité.*

Soient E la différence de hauteur des deux stations; T et H la température et la hauteur de la colonne barométrique à la station inférieure, t et h les quantités analogues observées à la station supérieure.

E sera exprimé en mètres; H, h seront exprimés en millimètres; T, t seront des degrés centigrades.

La colonne de mercure, dont la hauteur est $H - h$, et la colonne d'air de même base, dont la hauteur est E, la température $\frac{T + t}{2}$ et la tension $\frac{H + h}{2}$, ont des poids égaux. Leurs densités sont donc entre elles dans le rapport inverse des hauteurs.

La densité du mercure par rapport à l'eau est 13,6.

Celle de l'air à la température o degré et à la tension 760 millimètres est, par rapport à l'eau, 0,0013. A la température $\frac{T+t}{2}$ et à la tension $\frac{H+h}{2}$, elle devient

$$0,0013\,\frac{H+h}{2\times 760}\,\frac{1}{1+0,00367\,\frac{T+t}{2}}.$$

De là l'équation

$$\frac{1000E}{H-h}=\frac{13,6}{0,0013}\times\frac{2\times 760}{H+h}\left(1+0,00367\,\frac{T+t}{2}\right).$$

On en tire, en nombres ronds,

$$E=1600\,\frac{H-h}{H+h}\left[1+\frac{2(T+t)}{1000}\right].$$

Cette formule donne des résultats très-approchés lorsqu'il s'agit de mesurer des hauteurs qui ne dépassent pas 1000 mètres. Elle est due à M. Babinet (*Comptes rendus de l'Académie des Sciences*; 1850).

3. *Un cylindre circulaire droit, fermé par deux plans perpendiculaires à l'axe, est rempli d'un fluide élastique dont la tension est la même à toute hauteur. Les parois du vase ont partout la même épaisseur. On conçoit d'abord le vase comme formé de deux parties symétriques par rapport à un plan mené suivant l'axe; puis on conçoit le même vase comme formé de deux parties qui se joignent sur un plan perpendiculaire à l'axe. Il s'agit de calculer, dans ces deux hypothèses, l'effort rapporté à l'unité de surface qui s'exerce sur les faces de joint des deux parties et tend à les séparer.*

Soient r le rayon du cylindre, l sa longueur, ε l'épaisseur de la paroi et p la tension du fluide.

Dans la première hypothèse, la pression qui s'exerce sur chacune des deux moitiés du vase, estimée perpendiculairement au plan de symétrie, a pour valeur $2rlp$; d'ailleurs la surface de joint des deux moitiés dans le plan de symétrie est $(2l+4r)\varepsilon$. Donc l'effort qui tend à séparer les deux parties, rapporté à l'unité de surface, est

$$\frac{r}{1+\frac{2r}{l}}\cdot\frac{p}{\varepsilon}.$$

Dans la seconde hypothèse, la pression qui s'exerce sur chacune des deux parties du vase, estimée parallèlement à l'axe, a pour valeur $\pi r^2 p$; la surface de joint est $2\pi r\varepsilon$. Par suite, l'effort qui tend à séparer les deux parties, rapporté à l'unité de surface, est

$$\frac{r}{2}\frac{p}{\varepsilon}.$$

Si la longueur du cylindre est beaucoup plus grande que son diamètre, le premier effort est sensiblement double du second.

On peut conclure de ce calcul que, *pour les chaudières à vapeur cylindriques, la chance de rupture est moindre dans le sens transversal que dans le sens longitudinal.*

CHAPITRE II.

ÉQUILIBRE DES CORPS SOLIDES EN CONTACT AVEC LES FLUIDES.

Les positions d'équilibre d'un corps solide pressé par un fluide se déterminent en exprimant que les pressions du fluide font équilibre aux autres forces qui sollicitent le corps, eu égard aux liaisons auxquelles ce corps peut être assujetti.

Si le corps est libre, et que les forces qui le sollicitent, outre les pressions, se réduisent au poids des molécules, on peut remplacer toutes ces forces par une force unique, égale au poids du corps, et appliquée à son centre de gravité. Il faudra donc, pour l'équilibre du corps, que les pressions du fluide admettent une résultante unique, dirigée suivant la verticale, et passant au centre de gravité du corps.

Si le corps est plongé en tout ou en partie dans un liquide, ou bien encore s'il est entièrement plongé dans un fluide élastique, les pressions auront une résultante unique, verticale, passant au centre de gravité du fluide déplacé, et égale au poids de ce fluide. Donc, dans ce cas, les conditions d'équilibre se réduisent à ces deux conditions :

Le poids du corps entier doit être égal au poids du fluide déplacé.

Le centre de gravité du corps entier et celui du fluide déplacé doivent être situés sur une même verticale.

La détermination des positions d'équilibre est alors une simple question de géométrie.

Si un corps flotte en équilibre sur un liquide de densité ρ, *en plongeant le volume* V *et maintenant le volume* V′ *hors du liquide, ce même corps flottera en équilibre sur un liquide de densité* $\rho' = \rho \frac{V}{V'}$, *en plongeant la partie* V′ *et maintenant la partie* V *au-dessus du liquide.*

SECTION I.

CORPS FLOTTANT SUR UN FLUIDE INCOMPRESSIBLE.

1. *Déterminer les positions d'équilibre d'un prisme droit, à base carrée, homogène, qui flotte horizontalement sur un liquide, une des arêtes étant située au-dessus de la surface.*

Fig. 78.

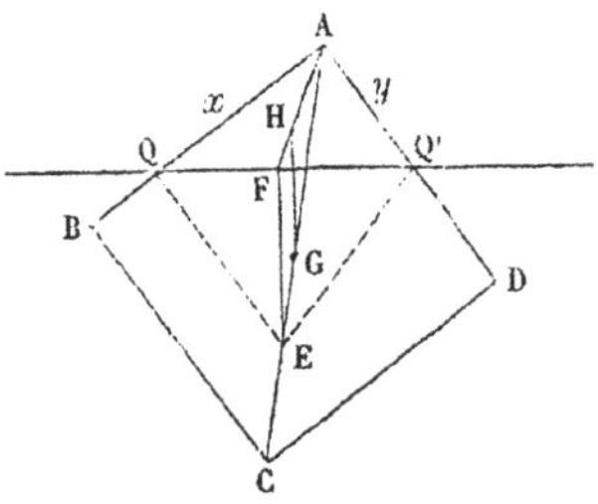

Il suffit de considérer la projection du prisme sur un plan perpendiculaire aux arêtes.

Soient ABCD cette projection, A le sommet situé hors du liquide, QQ′ la ligne de flottaison, F le milieu de QQ′, G le centre du carré, et H le centre de gravité du triangle qui s'élève au-dessus du liquide ; on sait que ce point est situé sur la droite AF aux deux tiers de la longueur.

Le centre de gravité de la partie immergée est situé sur la droite HG, car un corps quelconque et les deux parties qui le composent ont évidemment leurs centres de gravité sur une même ligne droite. Il en résulte que dans les positions d'équilibre la droite HG est verticale. Si donc nous menons par le point F une parallèle à HG jusqu'à la rencontre de la diagonale AC au point E, tous les points de cette parallèle seront à égale distance des points Q et Q'; en particulier, les distances EQ et EQ' seront égales dans les positions d'équilibre.

Nommons a le côté du carré, x la distance AQ, y la distance AQ', et observons que AE est égale à $\frac{3}{2}$ AG, en sorte que la projection de AE sur chacune des directions AB, AD est égale à $\frac{3}{4}a$. La relation $\text{EQ} = \text{EQ}'$ pourra s'écrire

$$x^2 + \overline{\text{AE}}^2 - 2x \cdot \frac{3}{4} a = y^2 + \overline{\text{AE}}^2 - 2y \cdot \frac{3}{4} a,$$

ou bien

(1) $$(x - y)\left(x + y - \frac{3}{2} a\right) = 0.$$

Telle est l'équation par laquelle nous exprimons que le centre de gravité du prisme et celui du liquide déplacé sont situés sur une même verticale.

Soient σ la densité du prisme et ρ celle du liquide. Nous exprimerons que le poids du liquide déplacé est égal à celui du corps entier, en posant

(2) $$\rho\left(a^2 - \frac{1}{2} xy\right) = \sigma a^2.$$

Cette équation, jointe à l'une ou à l'autre des deux équations

(3) $$x - y = 0,$$

(4) $$x + y - \frac{3}{2} a = 0,$$

dont l'ensemble constitue l'équation (1), doit nous donner toutes les positions d'équilibre.

Une première position d'équilibre nous est donnée par les équations (2) et (3). Les valeurs de x et de y sont les suivantes :

$$x = y = a\sqrt{2\left(1 - \frac{\sigma}{\rho}\right)}.$$

Comme, par hypothèse, x et y doivent être moindres que a, cette position n'est possible qu'autant que le rapport $\frac{\sigma}{\rho}$ est compris entre $\frac{1}{2}$ et 1.

Deux autres positions d'équilibre sont fournies par les équations (2) et (4). Ces équations donnent

$$x + y = \frac{3}{2}a,$$

$$x + y = \pm a\sqrt{8\frac{\sigma}{\rho} - \frac{23}{4}};$$

d'où

$$x = \frac{1}{4}a\left(3 \pm \sqrt{32\frac{\sigma}{\rho} - 23}\right),$$

$$y = \frac{1}{4}a\left(3 \mp \sqrt{32\frac{\sigma}{\rho} - 23}\right).$$

Dans ces valeurs, les signes supérieurs se correspondent, ainsi que les signes inférieurs. Les deux positions symétriques qu'elles définissent ne sont possibles qu'autant que le rapport $\frac{\sigma}{\rho}$ est compris entre $\frac{23}{32}$ et $\frac{24}{32}$.

Dans le cas où le rapport $\frac{\sigma}{\rho}$ est égal à $\frac{23}{32}$, ces positions se confondent en une seule qui rentre dans la solution déjà trouvée. Dans le cas où le rapport $\frac{\sigma}{\rho}$ est égal à $\frac{24}{32}$, le prisme peut flotter en élevant hors de l'eau une face latérale entière et la moitié de la face adjacente.

Bossut, *Traité d'Hydrodynamique*, t. I, p. 178.

2. *On suppose un cylindre droit, dont la base a pour contour un arc de parabole et une perpendiculaire à l'axe de cette courbe ; le corps n'est pas nécessairement homogène, mais la densité est constante tout le long d'une même parallèle aux génératrices. Il s'agit de déterminer les positions d'équilibre de ce cylindre, lorsqu'il flotte horizontalement sur un liquide, en élevant sa face plane tout entière au-dessus du niveau.*

Fig. 79.

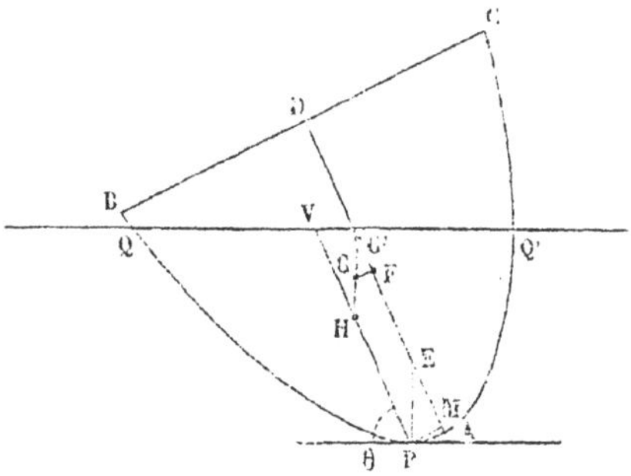

Il nous suffit de considérer la projection BAC du cylindre sur un plan perpendiculaire aux arêtes.

Soient :

A le sommet de la parabole;

AD $= a$ la portion de l'axe de la courbe qui est renfermée dans le solide;

θ l'inclinaison de cet axe sur l'horizon;

G le centre de gravité du cylindre;

GF $= k$ une perpendiculaire abaissée sur l'axe de la parabole;

AF $= h$ la distance du sommet au point F;

P le point de la courbe où la tangente est horizontale;

PM $= y$ une perpendiculaire abaissée sur l'axe de la parabole;

PHV $= x$ la longueur du diamètre mené par le point P jusqu'à la rencontre de la ligne de flottaison QQ';

H le centre de gravité du liquide déplacé;

p le paramètre de la parabole (l'ordonnée au foyer).

Les valeurs de x et de y déterminent la position du prisme.

Pour qu'il y ait équilibre, la ligne HG doit être verticale. Prolongeons cette ligne jusqu'à la rencontre de l'axe au point G′, et menons par le point P une parallèle qui rencontre l'axe au point E. L'identité

$$\text{AM} + \text{ME} + \text{EG}' = \text{AF} + \text{FG}'$$

nous fournira une première équation d'équilibre, si nous y remplaçons les diverses longueurs par les valeurs qu'elles ont toujours lorsque HG et PE sont verticales.

Or, dans ce cas, les propriétés géométriques de la parabole nous donnent

$$\text{AM} = \frac{y^2}{2p}, \quad \text{ME} = p, \quad \text{EG}' = \text{PH} = \frac{3}{5}x,$$

$$\text{FG}' = k \operatorname{tang} \theta = \frac{kp}{y};$$

donc

$$\frac{y^2}{2p} + p + \frac{3}{5}x = h + \frac{kp}{y}.$$

Il nous reste à exprimer que le poids du corps est égal au poids du liquide déplacé.

Soient σ la densité moyenne du corps et ρ la densité du liquide.

Le produit de σ par l'aire BAC doit être égal au produit de ρ par l'aire QAQ′, c'est-à-dire que l'on doit avoir

$$\frac{2}{3}\sigma a \overline{\text{BC}} = \frac{2}{3}\rho x \overline{\text{QQ}'} \sin\theta.$$

Remplaçant $\overline{\text{BC}}$ et $\overline{\text{QQ}'} \sin\theta$ par leurs valeurs

$$\overline{\text{BC}} = 2\sqrt{2pa}, \quad \overline{\text{QQ}'} \sin\theta = 2\sqrt{2px},$$

il vient

$$(1) \qquad x = a\left(\frac{\sigma}{\rho}\right)^{\frac{2}{3}};$$

et, par suite, l'équation en y peut s'écrire

$$(2) \qquad y^3 - \left[2ph - 2p^2 - \frac{6}{5}pa\left(\frac{\sigma}{\rho}\right)^{\frac{2}{3}}\right]y - 2kp^2 = 0.$$

Ces équations (1) et (2) résolvent le problème. Elles nous montrent qu'il y a trois positions d'équilibre, ou bien une seule.

Dans le cas où le cylindre est homogène, on a

$$k = 0 \quad \text{et} \quad h = \frac{3}{5}a;$$

alors l'équation (2) se partage en deux équations

$$y = 0 \quad \text{et} \quad y^2 - \frac{6}{5}pa\left[1 - \left(\frac{\sigma}{\rho}\right)^{\frac{2}{3}}\right] + 2p^2 = 0.$$

La première donne une position d'équilibre qui est possible toutes les fois que la densité du cylindre est inférieure à celle du liquide.

La seconde donne deux positions symétriques, qui seraient impossibles si l'on avait

$$\frac{\sigma}{\rho} > \left(1 - \frac{5}{3}\frac{p}{a}\right)^{\frac{3}{2}}.$$

BOSSUT, *Traité d'Hydrodynamique*, t. I, p. 189.

3. *Supposons un corps terminé par une surface continue quelconque, et, au travers de ce corps, un plan sécant* P *qui se meut de manière à couper dans le corps un volume constant* v.

1° *Considérons le plan mobile dans une position fixe* P *et dans une seconde position mobile* P', *voisine de la première. Quand le plan* P' *se rapproche indéfi-*

niment du plan P, *l'intersection des deux plans converge vers une position limite qui passe par le centre de gravité de la section faite dans le corps par le plan* P.

Nous le démontrerons en écrivant que la limite du rapport de l'accroissement du volume v, à l'angle infiniment petit $d\theta$ des deux plans, est égale à zéro. Prenons pour élément de volume un petit prisme élevé perpendiculairement au plan P sur l'élément de surface $d\sigma$ et terminé au plan P'. Nommons x la distance de l'élément $d\sigma$ à l'intersection des deux plans. La hauteur du prisme sera $xd\theta$; en sorte que, si nous convenons de compter la distance x positive du côté où le volume séparé v s'accroît, et négative du côté où ce volume diminue, le rapport de l'accroissement du volume v à l'angle $d\theta$ est représenté à la limite par l'intégrale $\int xd\sigma$, étendue à toute l'aire de la section faite dans le corps par le plan P.

Nous avons donc

$$\int xd\sigma = 0.$$

Cette équation exprime que l'intersection des deux plans dans sa position limite passe par le centre de gravité de la section.

2° *Le lieu du centre de gravité du volume constant* v, *séparé par le plan mobile* P', *et considéré comme un solide homogène, est une surface; le plan tangent à cette surface est parallèle au plan* P *qui correspond au point de contact.*

Fig. 80.

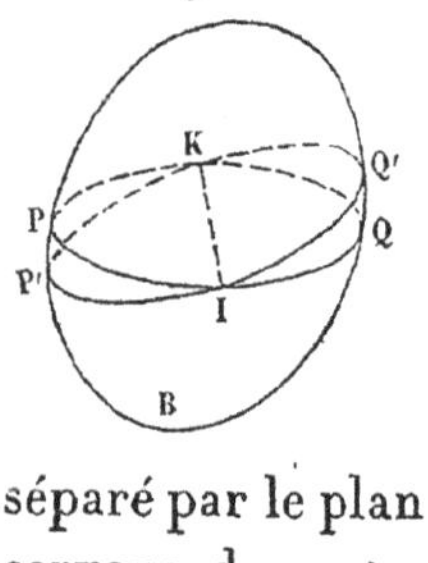

Soient PBQ le volume séparé par le plan P, et P'BQ' le volume égal séparé par le plan P', infiniment voisin du premier. Conservons du reste la notation de la question précédente.

Les volumes PBQ, P′B′Q′ étant égaux, la distance de leur centre de gravité à un plan quelconque est proportionnelle à la somme de leurs éléments de volume multipliés par leur distance à ce plan. Nous nommerons cette somme le *moment du volume* par rapport au plan.

Si nous prenons pour élément de volume le petit prisme défini plus haut, le moment du volume PIKP′ par rapport au plan P est représenté par l'intégrale

$$\frac{1}{2} d\theta^2 \int x^2 d\sigma,$$

étendue à l'aire PIK. Le moment du même volume par rapport à un plan perpendiculaire, mené suivant l'intersection IK, est représenté par l'intégrale

$$d\theta \int x^2 d\sigma,$$

prise dans les mêmes limites.

Les moments du volume QIKQ′ relatifs aux mêmes plans s'expriment de la même manière, si nous convenons que les intégrales s'étendent à l'aire QIK.

D'après cela, lorsque le plan mobile passe de la position PQ à la position infiniment voisine P′Q′, le moment relatif au plan P du volume constant v séparé par le plan diminue de la quantité

$$\frac{1}{2} d\theta^2 \int x^2 d\sigma,$$

l'intégrale étant étendue à toute l'aire PQ ; le moment du même volume relatif au plan perpendiculaire mené par l'intersection IK augmente ou diminue de la quantité

$$d\theta \int x^2 d\sigma,$$

l'intégrale étant pareillement étendue à toute l'aire de la section PQ.

Le premier accroissement est infiniment petit par rapport au second. Il s'ensuit que le déplacement du centre de gravité du solide v, estimé suivant une perpendiculaire au plan P, est infiniment petit par rapport au déplacement du même point estimé parallèlement à ce plan. Ceci démontre le théorème annoncé.

Il suit de ce théorème que, pour un corps flottant, il y a autant de positions d'équilibre qu'on peut abaisser de normales du centre de gravité du corps sur la surface qui est dans le corps le lieu du centre de gravité du liquide déplacé.

On peut dire encore que la condition d'équilibre d'un corps flottant est que la distance de son centre de gravité à la surface, lieu du centre de gravité du liquide déplacé, soit un maximum ou un minimum.

La détermination des positions d'équilibre est ainsi ramenée à la recherche d'une surface. Donnons un exemple de cette méthode.

4. *Trouver les positions d'équilibre d'un prisme droit à base triangulaire, qui flotte sur un liquide, l'une de ses bases étant entièrement plongée, et l'autre étant tout entière au-dessus du niveau.*

Soient ABC la base inférieure, PQR la section faite par le plan de la surface du liquide. Le volume du tronc de prisme immergé ABCPQR reste le même dans toutes les positions d'équilibre; il est au volume du prisme entier dans le rapport de la densité moyenne du prisme entier à la densité du liquide. Nous regarderons le volume du tronc de prisme comme connu, et nous le représenterons par v.

Considérons les troncs de prisme en nombre infini qui ont la même base ABC et le même volume v que le tronc de prisme immergé, et cherchons à déterminer la surface qui est le lieu des centres de gravité de ces différents corps supposés homogènes.

Soient O le pied de la perpendiculaire abaissée du point B sur le côté AC. Prenons OA pour axe des x, OB pour axe des y, et une perpendiculaire dirigée dans l'intérieur du prisme pour axe des z. Représentons le plan variable de la base oblique par l'équation

$$z = ax + by + c,$$

et nommons ξ, η, ζ les coordonnées du centre de gravité d'une masse homogène qui remplirait le tronc de prisme séparé par ce plan.

Ces coordonnées satisfont aux équations

$$(1)\quad \left\{\begin{aligned} v &= \iint (ax + by + c)\,dx\,dy, \\ v\xi &= \iint (ax + by + c)\,x\,dx\,dy, \\ v\eta &= \iint (ax + by + c)\,y\,dx\,dy, \\ v\zeta &= \frac{1}{2}\iint (ax + by + c)^2\,dx\,dy, \end{aligned}\right.$$

les intégrales s'étendant à toute la base du prisme.

Pour passer à une position du plan mobile infiniment voisine de la première, il faut différentier les équations précédentes en faisant varier seulement a, b, c, ξ, η, ζ. Il vient

$$\begin{aligned} 0 &= \iint (x\,da + y\,db + dc)\,dx\,dy, \\ v\,d\xi &= \iint (x\,da + y\,db + dc)\,x\,dx\,dy, \\ v\,d\eta &= \iint (x\,da + y\,db + dc)\,y\,dx\,dy, \\ v\,d\zeta &= \iint (ax + by + c)(x\,da + y\,db + dc)\,dx\,dy; \end{aligned}$$

d'où l'on tire

$$(2) \qquad d\zeta = a\,d\xi + b\,d\eta.$$

Cette dernière équation exprime que *la normale en un point quelconque de la surface lieu des centres de gravité est perpendiculaire au plan sécant qui répond à ce point.*

On a là une nouvelle démonstration du théorème précédent (3, 2°) pour le cas d'un prisme triangulaire. Cette démonstration vaut évidemment pour un cylindre de base quelconque. Elle est même au fond tout à fait générale; car, en négligeant les infiniment petits d'ordre supérieur qui disparaissent à la limite, on peut, dans le voisinage de la ligne de flottaison, remplacer la surface d'un corps flottant quelconque par une surface cylindrique, et considérer le volume immergé comme formé d'un cylindre et d'un autre volume qui n'atteint pas le niveau du liquide.

D'après cela, pour déterminer les positions d'équilibre d'un cylindre quelconque terminé par deux plans perpendiculaires aux génératrices, lorsque ce corps flotte sur un liquide dans lequel une de ses bases est entièrement plongée, il suffit de déterminer les normales que l'on peut abaisser du centre de gravité du cylindre sur la surface lieu des points (ξ, η, ζ). Car le corps restera en équilibre toutes les fois que l'une de ces normales sera placée verticalement, et que d'ailleurs le volume du liquide déplacé sera égal à v.

Dans le cas du prisme triangulaire, si l'on pose

$$OA = A,$$

$$OC = -A_1,$$

$$OB = B,$$

on a

$$\iint dx\,dy = \frac{1}{2}B(A - A_1),$$

$$\iint x\,dx\,dy = \frac{1}{6}B(A^2 - A_1^2),$$

$$\iint y\,dx\,dy = \frac{1}{6}B^2(A - A_1),$$

$$\iint x^2\,dx\,dy = \frac{1}{12}B(A^3 - A_1^3),$$

$$\iint xy\,dx\,dy = \frac{1}{24}B^2(A^2 - A_1^2),$$

$$\iint y^2\,dx\,dy = \frac{1}{12}B^3(A - A_1).$$

Par suite, les trois premières équations (1) peuvent s'écrire

$$(A + A_1)a + Bb + 3c = \frac{6v}{B(A - A_1)},$$

$$2(A^2 + AA_1 + A_1^2)a + B(A + A_1)b + 4(A + A_1)c = \frac{24v}{B(A - A_1)}\xi,$$

$$(A + A_1)a + 2Bb + 4c = \frac{24v}{B^2(A - A_1)}\eta.$$

On en tire les valeurs

$$a = 24v\,\frac{-B^2(A + A_1) + 2B^2\xi + B(A + A_1)\eta}{B^3(A - A_1)^3},$$

$$b = 24v\,\frac{-B(A^2 + A_1^2) + B(A + A_1)\xi + 2(A^2 - AA_1 + A_1^2)\eta}{B^3(A - A_1)^3}.$$

Substituant ces valeurs dans l'équation (2), intégrant, et déterminant les constantes par la condition que, pour $a = b = 0$, on ait

$$\xi = \frac{1}{3}(A + A_1) = \xi_0, \quad \eta = \frac{1}{3}B = \eta_0, \quad \zeta = \frac{1}{2}\,\frac{v}{\frac{1}{2}B(A - A_1)} = \zeta_0,$$

il vient

$$\frac{B^3(A-A_1)^3}{24\rho}(\zeta-\zeta_0)=B^2(\xi-\xi_0)^2+(A^2-AA_1+A_1^2)(\eta-\eta_0)^2$$
$$+B(A+A_1)(\xi-\xi_0)(\eta-\eta_0).$$

Telle est l'équation de la surface lieu des centres de gravité; elle représente un *paraboloïde elliptique;* car on a

$$[B(A+A_1)]^2-4B^2(A^2-AA_1+A_1^2)=-3B^2(A-A_1)^2,$$

quantité toujours négative. Ce paraboloïde a son axe parallèle aux arêtes du prisme; son sommet a pour coordonnées ξ_0, η_0, ζ_0; la convexité est tournée vers la base immergée. Ainsi, la question est ramenée à déterminer les normales que l'on peut abaisser d'un point donné sur une surface du second degré.

Si le centre de gravité du prisme entier est extérieur au paraboloïde, on ne peut mener par ce point qu'une seule normale à la surface; il n'y a qu'une seule position d'équilibre. Si le centre de gravité est intérieur au paraboloïde, on peut mener par ce point une, trois ou cinq normales; il y a autant de positions d'équilibre.

Si le prisme est homogène ou seulement composé de couches homogènes parallèles aux bases, le centre de gravité du prisme est situé sur l'axe du paraboloïde. Admettons, en outre, que le centre de gravité soit intérieur à la surface; nommons δ sa distance au sommet, et p, p_1 les paramètres des sections principales, p étant plus petit que p_1. Si l'on a $\delta < p$, il n'y a qu'une seule position d'équilibre, le prisme doit être vertical; si l'on a $p<\delta<p_1$, il existe, outre la position verticale, deux autres positions d'équilibre, symétriques par rapport à l'un des plans principaux; enfin, si l'on a $\delta > p_1$, il existe, outre la position verticale, quatre autres positions d'équilibre, deux à deux symétriques par rapport aux plans principaux.

Dans le cas où la base du prisme est un triangle équilatéral, le paraboloïde est de révolution. Alors, si le centre de gravité du prisme se trouve situé sur l'axe, dans l'intérieur de la surface, à une distance du sommet supérieure au paramètre de la courbe méridienne, il existe une infinité de positions d'équilibre autres que la position verticale, toutes également inclinées à l'horizon.

DAWIDOF, *Journal de Crelle*, t. XXXVIII, p. 158; 1847.

5. *Trouver les positions d'équilibre d'un prisme droit, triangulaire, homogène, qui flotte sur un liquide, les arêtes étant horizontales.*

Fig. 81.

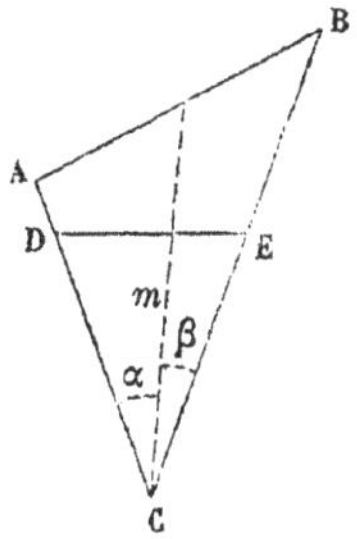

Soient σ la densité du corps, ρ celle du liquide, ABC la section droite du prisme.

Il suffit de considérer le cas où l'un des sommets C est seul plongé dans le liquide (p. 396). Nommons D et E les points où la surface du liquide coupe les côtés CA, CB.

Pour que le prisme flotte en équilibre, il faut que l'aire du triangle CDE soit à l'aire de la section CAB dans le rapport des densités $\frac{\sigma}{\rho}$. La ligne DE assujettie à cette seule condition a pour enveloppe une hyperbole, dont CA et CB sont les asymptotes, et qui touche la droite en son point milieu.

Pour l'équilibre il faut encore que la ligne qui joint les centres de gravité des deux triangles et, par conséquent, la ligne parallèle qui joint les milieux de AB et de DE soit perpendiculaire à DE.

La détermination des positions d'équilibre revient donc

à mener d'un point donné des normales à une hyperbole.

Si l'on nomme a, b, c les côtés du triangle opposés aux sommets A, B, C, m la droite qui joint le sommet C au milieu de la base AB, α et β les angles que cette droite forme avec les côtés CA, CB, et que l'on prenne pour inconnues $CD = x$, $CE = y$, les positions d'équilibre seront déterminées par les deux équations

$$xy = \frac{\sigma}{\rho} ab,$$
$$x^2 - 2m \cos\alpha . x = y^2 - 2m \cos\beta . y.$$

La première définit le volume immergé; la seconde exprime que le milieu de AB est à égale distance de D et de E.

L'élimination de y conduit à une équation du quatrième degré, dont le dernier terme est négatif. Cette équation a deux ou quatre racines réelles dont l'une est négative. Cette dernière doit être rejetée ainsi que les racines positives plus grandes que b. Il s'ensuit que le problème admet au plus trois solutions.

Si nous supposons le triangle isocèle, c'est-à-dire $a = b$, les équations précédentes deviennent

$$xy = \frac{\sigma}{\rho} a^2,$$
$$x^2 - y^2 = \frac{4a^2 - c^2}{2a}(x - y).$$

On y satisfait, soit en posant

$$x = y = a\sqrt{\frac{\sigma}{\rho}},$$

ce qui donne une position d'équilibre, soit en prenant pour x et y les racines de l'équation du second degré

$$z^2 - \frac{4a^2 - c^2}{2a} z + \frac{\sigma}{\rho} a^2 = 0.$$

Pour que les valeurs de x et de y ainsi obtenues donnent une seconde position d'équilibre, il est nécessaire que les racines de cette dernière équation soient réelles et moindres que a, c'est-à-dire que l'on doit avoir

$$2a\sqrt{1-\left(\frac{\sigma}{\rho}\right)^{\frac{1}{2}}} > c > a\sqrt{2\left(1-\frac{\sigma}{\rho}\right)}.$$

Quand le triangle est équilatéral, cette seconde solution devient

$$\left.\begin{matrix} x \\ y \end{matrix}\right\} = \frac{1}{4}a\left(3 \pm \sqrt{9-16\frac{\sigma}{\rho}}\right).$$

Pour qu'elle convienne au problème, il faut que le rapport $\frac{\sigma}{\rho}$ soit compris entre $\frac{8}{16}$ et $\frac{9}{16}$.

6. *Déterminer la position d'équilibre d'un cube homogène, qui flotte sur un liquide, en plongeant un seul de ses sommets.*

Les portions d'arêtes qui sont immergées doivent avoir la même longueur; en sorte qu'il ne peut y avoir plusieurs positions d'équilibre.

Si l'on nomme a le côté du cube, σ la densité du corps, et ρ celle du liquide, la longueur des parties d'arêtes immergées est

$$a\left(\frac{6\sigma}{\rho}\right)^{\frac{1}{3}}.$$

L'équilibre n'est possible, dans les conditions voulues, qu'autant que le rapport $\frac{\sigma}{\rho}$ est inférieur à $\frac{1}{6}$.

7. *Trois sphères de même rayon, mais de densités différentes, flottent sur un liquide en se touchant l'une l'autre. Quelle est l'inclinaison de leur commun plan tangent sur la surface du liquide?*

Si l'on nomme ρ la densité du liquide, r le rayon des sphères, σ, σ', σ'' leurs densités, c, c', c'' les hauteurs de leurs centres au-dessus de la surface du liquide, et γ l'inclinaison cherchée, on trouve

$$3r^2 \sin^2\gamma = c(c - c') + c'(c' - c'') + c''(c'' - c).$$

La distance c est déterminée par l'équation

$$4\sigma r^3 = \rho(r - c)^2(2r + c);$$

les distances c', c'' sont déterminées par des équations semblables.

8. *Trois poids différents* P, Q, R *font successivement équilibre à un cylindre homogène, qui est suspendu à l'extrémité d'une balance hydrostatique, et plonge en partie dans le liquide. On demande de trouver une relation entre les poids* P, Q, R *et les distances correspondantes* a, b, c *de la base immergée du cylindre à la surface du liquide.*

La relation qui lie ces quantités est la suivante :

$$\mathrm{P}(b - c) + \mathrm{Q}(c - a) + \mathrm{R}(a - b) = 0.$$

9. *On suppose un cône droit, homogène, dont le sommet est fixé dans l'intérieur d'un liquide, à une profondeur connue. Le cône peut tourner librement autour de ce point fixe, et flotte en élevant sa base tout entière au-dessus de la surface du liquide. Il s'agit de déterminer l'inclinaison de l'axe sur l'horizon.*

Soient h la distance du sommet du cône au niveau du liquide, l la longueur des génératrices, α l'angle des génératrices avec l'axe, σ la densité du corps et ρ celle du liquide.

L'inclinaison β de l'axe sur l'horizon est donnée par l'équation

$$\frac{\rho h^4}{\sigma l^4} = \frac{\cos\alpha}{\sin\beta} \sin^{\frac{5}{2}}(\beta + \alpha) \sin^{\frac{5}{2}}(\beta - \alpha).$$

10. *On suppose une sphère creuse, de rayon extérieur a, formée d'une matière homogène de densité connue σ. Cette sphère étant posée sur un liquide de densité connue ρ, flotte en plongeant le sommet inférieur de sa surface externe jusqu'à la distance c du niveau du liquide. Déterminer le rayon intérieur a'.*

On trouve

$$a' = a\left(1 - \frac{3}{4}\frac{\rho c^2}{\sigma a^2} + \frac{1}{4}\frac{\rho c^3}{\sigma a^3}\right)^{\frac{1}{3}}.$$

11. *Une tige homogène, dont l'épaisseur est négligeable vis-à-vis de la longueur, est soutenue par un fil attaché à son extrémité supérieure, et plonge en partie dans un liquide, où elle se maintient dans une position inclinée.*

Connaissant le rapport μ de la densité de la tige à celle du liquide, il s'agit de déterminer le rapport n de la longueur totale de la tige à celle de la partie qui s'élève au-dessus de la surface.

On trouve

$$n = \frac{1}{\sqrt{1-\mu}}.$$

Herman, *Phoronomia*, p. 159.

12. *Un plan mobile coupe dans un ellipsoïde homogène un volume constant v. Démontrer que le lieu du centre de gravité du volume v, séparé par le plan sécant, est la surface d'un ellipsoïde semblable au premier et semblablement placé.*

SECTION II.

CORPS SOUMIS A L'ACTION D'UN FLUIDE ÉLASTIQUE.

1. *On suppose un liquide homogène, de densité inconnue, dont la surface est soumise à la pression atmo-*

sphérique, et un vase de poids connu p, à parois très-minces, qui a la forme d'un cylindre droit ouvert à l'une de ses extrémités.

On place ce vase sur le liquide en le maintenant dans une position verticale, l'ouverture tournée en haut, et on le charge jusqu'à ce que son bord affleure la surface du liquide. Soit P le poids qu'il a fallu ajouter.

Ceci fait, on retire le vase plein d'air à la pression atmosphérique, puis on le pose sur le liquide en le maintenant dans une position verticale, l'ouverture en bas, sans laisser échapper l'air qu'il contient, et l'on charge jusqu'à ce que la base affleure la surface du liquide. Soit Q le poids qu'il a fallu ajouter.

On demande quelle est la pression atmosphérique.

Soient :

ϖ la pression atmosphérique sur l'unité de surface;
ρ la densité du liquide;
h la hauteur extérieure du vase;
A l'aire de la base extérieure;
β l'épaisseur du fond;
α l'aire de la section droite des parois latérales.
$A - \alpha$ sera l'aire de la base intérieure.

La première opération nous donne la relation

$$(1) \qquad P + p = g\rho h A.$$

Considérons actuellement le cylindre renversé, et soit x la hauteur extérieure de la partie du cylindre qui reste remplie d'air lorsque la base affleure la surface du liquide. L'effort de l'air intérieur pour soulever le vase est $\varpi(A - \alpha)\dfrac{h - \beta}{x - \beta}$, et la poussée du liquide agissant sur le bord des parois latérales est $(g\rho h + \varpi)\alpha$; l'ensemble de ces deux forces doit faire équilibre aux forces qui tendent à enfoncer le vase. Donc

$$(2)\qquad Q + p + \varpi A = \varpi(A - \alpha)\frac{h - \beta}{x - \beta} + (g\rho h + \varpi)\alpha.$$

Dans la même position, la pression de l'air intérieur sur le liquide en contact est égale à la pression du liquide sur la surface de cet air. Par suite, on a

$$(3)\qquad \varpi + g\rho x = \varpi\frac{h - \beta}{x - \beta}.$$

Les équations (1), (2) et (3) permettent de calculer la pression atmosphérique rapportée à l'unité de surface, en fonction des quantités p, P, Q, A, α et β.

Mais, par hypothèse, α et β sont de très-petites quantités; on peut les négliger sans erreur considérable. Alors, si de l'équation (2) on retranche l'équation

$$\varpi A + (P + p)\frac{x}{h} = \varpi A\frac{h}{x},$$

laquelle résulte des équations (1) et (3), il vient

$$Q + p = (P + p)\frac{x}{h}.$$

Multipliant cette dernière relation par l'équation (2), et tirant du résultat la valeur de ϖ, on trouve

$$\varpi = \frac{(Q + p)^2}{A(P - Q)}.$$

Telle est, à très-peu près, la pression de l'atmosphère sur l'unité de surface.

2. *Baromètre à balance du P. Secchi.* — L'appareil se compose d'un tube barométrique suspendu à l'extrémité d'un levier de premier genre. L'extrémité inférieure du tube plonge dans une cuvette fixe et profonde, pleine

de mercure, sans s'appuyer sur le fond du vase. Dans cette position, la force qui tend à abaisser le tube est égale au poids du mercure soulevé dans son intérieur au-dessus du niveau de la cuvette, plus le poids propre du tube diminué du poids du mercure déplacé par la partie du tube plongeant dans la cuvette. Un contre-poids, fixé sur la seconde branche du levier, fait équilibre à cette force. Comme cette force varie avec la pression atmosphérique, l'inclinaison du levier fait connaître à chaque instant la tension de l'atmosphère. On peut même disposer l'appareil de manière qu'un crayon, mis en mouvement par le levier, trace une courbe qui représente les variations diurnes de la pression atmosphérique; c'est là le principal avantage de ce nouveau baromètre.

Le tube peut avoir une forme quelconque; mais, afin d'augmenter la sensibilité de l'appareil, on fait le tube d'une largeur considérable dans la partie que baigne l'extrémité supérieure de la colonne mercurielle, et d'un moindre diamètre dans la partie qui descend au niveau de la cuvette. Alors, si la pression atmosphérique vient à augmenter, la quantité de mercure soulevée dans le tube et la force qui agit sur le levier augmentent non-seulement parce que la hauteur de la colonne barométrique est devenue plus grande, mais encore parce que, le tube s'étant abaissé, il faut une plus grande quantité de mercure pour former dans le tube une colonne de même hauteur.

Étudier la relation qui existe entre la pression atmosphérique, la position d'équilibre du levier et la forme du tube.

La partie du tube qui plonge dans le mercure de la cuvette sera cylindrique, tant à l'extérieur qu'à l'intérieur :

c sera l'aire de la section intérieure;

c' l'aire de la section de la paroi solide.

La partie du tube que baigne l'extrémité supérieure de la colonne mercurielle sera terminée intérieurement par une surface de révolution autour de la verticale.

y et $f(x)$ représenteront le rayon de cette surface;

x sera la distance du rayon y au-dessus d'un plan horizontal, et fixe relativement au tube.

Soient encore :

ϖ la hauteur de la colonne barométrique;

θ l'angle que fait avec la verticale ascendante la droite menée du centre de rotation du levier au point d'attache du tube;

a la longueur de cette droite;

μ le poids spécifique du mercure;

ϖ_0 et θ_0 des valeurs particulières de ϖ et de θ correspondantes à une même position d'équilibre choisie à volonté : je supposerai dans les raisonnements ϖ plus grand que ϖ_0, toutefois les formules seront générales;

P le produit du poids que supporte l'axe de rotation du levier, par la distance de cet axe au centre de gravité de la masse supportée, quand la hauteur de la colonne barométrique est ϖ_0 et que l'appareil est en équilibre : le tube et le mercure soulevés sont considérés ici comme une masse réunie au point d'attache sur le bras de levier;

Q' la quantité dont s'accroît le poids du mercure soulevé, quand la hauteur de la colonne barométrique augmente depuis ϖ_0 jusqu'à ϖ;

Q la diminution de poids qu'éprouvent les parois du tube en s'enfonçant dans le mercure de la cuvette, par suite du même changement de hauteur barométrique.

L'origine des distances x sera le plan horizontal passant par le point du tube où se termine la colonne barométrique.

On supposera que le niveau du mercure reste constant dans la cuvette.

Le théorème des moments donne l'équation d'équilibre

$$(1) \qquad P \sin(\theta - \theta_0) = (Q' - Q)\, a \sin\theta.$$

Il faut calculer Q et Q'.

Quand la hauteur de la colonne barométrique augmente de ϖ_0 à ϖ, le tube s'abaisse de la hauteur

$$a(\cos\theta - \cos\theta_0).$$

D'après cela, la hauteur de la partie supérieure du tube, primitivement vide, qui s'est remplie de mercure par l'effet du changement de pression, est égale à

$$a(\cos\theta - \cos\theta_0) + \varpi - \varpi_0,$$

en sorte que, si l'on pose

$$(2) \qquad a(\cos\theta - \cos\theta_0) = \mathrm{H},$$

le poids du mercure qui est venu remplir un espace primitivement vide dans la partie supérieure du tube sera représenté par l'intégrale

$$\pi\mu \int_0^{\mathrm{H} + \varpi - \varpi_0} [f(x)]^2\, dx.$$

La quantité H est la hauteur de la partie inférieure du tube qui a disparu dans le mercure de la cuvette par l'effet du changement de pression atmosphérique. Le poids du mercure qui était primitivement soulevé dans cette partie du tube est égal à $c\mu\mathrm{H}$, et l'on a

$$(3) \qquad Q' = \mu\pi \int_0^{\mathrm{H} + \varpi - \varpi_0} [f(x)]^2\, dx - c\mu\mathrm{H}.$$

D'ailleurs, puisque Q est égal au poids du mercure déplacé par les parois du tube qui se sont plongées dans le mercure de la cuvette, on a

$$(4)\qquad Q = c'\mu H = ac'\mu(\cos\theta - \cos\theta_0),$$

et par conséquent (3), (4),

$$Q' - Q = \mu\pi \int_0^{H + \varpi - \varpi_0} [f(x)]^2 \, dx$$
$$- (c + c') a\mu (\cos\theta - \cos\theta_0).$$

Substituant cette valeur de Q′ — Q dans la formule (1), on obtient l'équation explicite d'équilibre

$$(5)\qquad \begin{cases} \dfrac{P\sin(\theta - \theta_0)}{a\sin\theta} + (c + c') a\mu(\cos\theta - \cos\theta_0) \\ \quad = \mu\pi \displaystyle\int_0^{H + \varpi - \varpi_0} [f(x)]^2 \, dx, \end{cases}$$

dans laquelle il faut concevoir que H soit remplacé par sa valeur (2).

L'équation (5) fait connaître la hauteur de la colonne barométrique ϖ, en fonction de l'inclinaison θ du levier, quand la forme du tube est donnée.

Si le tube est cylindrique dans sa partie supérieure, en nommant A l'aire de la section droite du cylindre interne, on aura

$$\pi [f(x)]^2 = A,$$

et l'équation (5) deviendra

$$\varpi = \varpi_0 + \frac{1}{A}\left[\frac{P}{a\mu}\frac{\sin(\theta - \theta_0)}{\sin\theta} + (c + c' - A) a (\cos\theta - \cos\theta_0)\right].$$

La dérivée $\dfrac{d(\varpi - \varpi_0)}{d\theta}$ s'annule pour l'angle θ qui satisfait à la relation

$$(6)\qquad \sin^3\theta = \frac{P\sin\theta_0}{(A - c - c')a^2\mu}.$$

On en conclut que, dans le cas où la section interne supérieure du tube, A, est plus grande que la section externe inférieure $c + c'$, si de plus les conditions de l'appareil sont telles, que la valeur numérique du second membre de l'équation (6) soit inférieure à l'unité, il y aura une position d'équilibre définie par cette équation, pour laquelle un accroissement infiniment petit de pression atmosphérique produira une variation finie dans l'inclinaison du bras de levier, c'est-à-dire que, dans cette position, l'équilibre sera instable. Tout en laissant dans l'appareil $A > c + c'$, on pourra éviter cette instabilité d'équilibre, en faisant que le produit P soit considérable, et que le bras de levier a soit assez court.

Le cas d'un tube cylindrique et partout de même diamètre c est résolu pour les formules précédentes, dans lesquelles on fait $A = c$.

La même équation (5) fait connaître la forme que doit avoir le tube dans sa partie supérieure, pour que l'angle décrit par le levier $(\theta - \theta_0)$ soit une fonction donnée de l'accroissement de pression $(\varpi - \varpi_0)$.

Le cas le plus intéressant est celui où l'angle décrit est proportionnel à la variation de la pression atmosphérique. Nous allons l'étudier.

Soit donc donnée la relation

$$\varpi - \varpi_0 = \alpha(\theta - \theta_0),$$

où α est une constante choisie à volonté.

Dans ce cas, la fonction $f(x)$ est telle, que l'équation d'équilibre (5) se trouve vérifiée identiquement, quand on y remplace $\varpi - \varpi_0$ par $\alpha(\theta - \theta_0)$. Par conséquent, si, après avoir opéré cette substitution, l'on différentie l'équation par rapport à θ, en observant que $f(x)$ est indépendant de θ, on obtiendra une seconde identité dans laquelle la fonction f se trouvera dégagée de dessous le signe $\int$; et l'on en tirera immédiatement

$$\left\{f\left[\mathrm{H}+\alpha(\theta-\theta_0)\right]\right\}^2=\frac{\mathrm{P}\sin\theta_0-\mu a^2(c+c')\sin^3\theta}{\mu\pi a\alpha\sin^2\theta-\mu\pi a^2\sin^3\theta}.$$

Il s'ensuit que les coordonnées d'un point quelconque de la courbe méridienne appartenant à la surface intérieure du tube sont exprimées en fonction d'une même variable θ, par les formules

$$(7)\qquad \left\{\begin{aligned} x&=a(\cos\theta-\cos\theta_0)+\alpha(\theta-\theta_0),\\ y&=\left[\frac{\mathrm{P}\sin\theta_0-\mu a^2(c+c')\sin^3\theta}{\mu\pi a\alpha\sin^2\theta-\mu\pi a^2\sin^3\theta}\right]^{\frac{1}{2}}. \end{aligned}\right.$$

Dès lors il est facile de construire la courbe par points; car en donnant successivement différentes valeurs à θ dans ces formules, on aura autant de valeurs correspondantes de x et de y. Les valeurs des coordonnées ainsi calculées, à l'aide d'une valeur particulière θ' de l'angle θ, sont celles qui répondent à la section du tube où se termine la colonne mercurielle, lorsque le bras de levier fait avec la verticale l'angle θ', ou bien lorsque la hauteur de la colonne barométrique est

$$\varpi_0+\alpha(\theta'-\theta_0).$$

Si la partie supérieure du tube que baigne l'extrémité de la colonne mercurielle a la forme définie par cette courbe, une variation de hauteur dans la colonne barométrique égale à $\varpi-\varpi_0$ sera accusée par une rotation du levier égale à $\frac{\varpi-\varpi_0}{\alpha}$. Toute autre forme du tube donnerait aux mouvements de l'appareil une loi plus ou moins éloignée de cette loi de proportionnalité.

Cette courbe a une asymptote horizontale qui répond à $\theta=0$, car y devient infini, et x reste fini pour cette valeur de l'angle θ. La tangente à la courbe est verticale, c'est-à-dire parallèle à l'axe de révolution, au point qui correspond à $\theta = 90^\circ$; car pour cette valeur de l'angle θ la dérivée de y par rapport à θ est nulle, et celle de x ne l'est point. Les valeurs de y correspondantes à des angles θ également distants de 90 degrés sont égales entre elles, car y ne dépend que de $\sin\theta$; néanmoins la courbe n'est pas symétrique par rapport à l'ordonnée qui répond à $\theta = 90^\circ$, parce que x ne dépend point uniquement de $\sin\theta$.

Cette courbe s'éloigne peu d'une parallèle à l'axe de révolution dans une assez grande étendue de part et d'autre du point qui répond à $\theta = 90^\circ$. Il s'ensuit que, si l'on veut employer un tube cylindrique, et en même temps conserver autant que possible la proportionnalité des angles décrits aux variations de la pression atmosphérique, on devra disposer l'appareil de telle sorte, que le bras de levier soit horizontal quand la pression atmosphérique a sa valeur moyenne.

De la même manière on trouvera la forme que doit avoir le tube dans sa partie supérieure, pour qu'un crayon, placé sur le bras du levier, s'abaisse verticalement d'une quantité proportionnelle à l'accroissement de pression atmosphérique. Il suffit de poser

$$\varpi - \varpi_0 = \alpha(\cos\theta - \cos\theta_0),$$

et d'opérer comme dans le cas précédent.

On trouve pour les coordonnées de la courbe méridienne les expressions suivantes en fonction de l'angle θ :

$$(8)\qquad \left\{\begin{aligned} x &= (\alpha + a)(\cos\theta - \cos\theta_0),\\ y &= \left[\frac{-\mathrm{P}\sin\theta_0 + \mu a^2(c + c')\sin^3\theta}{\mu\pi a(a+\alpha)\sin^3\theta}\right]^{\frac{1}{2}}. \end{aligned}\right.$$

Pour une pression atmosphérique donnée ϖ_0, il existe toujours une forme du tube telle, que l'appareil construit avec ce tube restera en équilibre sous cette pression, dans toutes les inclinaisons qu'il plaira de donner au levier, et ne pourra jamais être en équilibre sous toute autre pression.

Cette forme du tube peut se déterminer par un calcul tout semblable à celui des problèmes précédents. On l'obtient immédiatement en faisant $\alpha = 0$ dans les formules (7) :

$$(9) \quad \begin{cases} x = a(\cos\theta - \cos\theta_0), \\ y = \left[\dfrac{-P\sin\theta_0 + \mu a^2(c + c')\sin^3\theta}{\mu\pi a^2 \sin^3\theta}\right]^{\frac{1}{2}}. \end{cases}$$

La courbe représentée par ces équations a sa tangente verticale au point qui répond à $\theta = 90°$; les coordonnées correspondantes à des valeurs de θ également distantes de 90 degrés sont égales entre elles, sans cependant que la courbe soit formée de deux arcs symétriques.

La forme du tube et une position particulière d'équilibre étant données à volonté, on reconnaîtra facilement si l'équilibre est stable ou instable, relativement aux petits mouvements que peut recevoir le tube sans changement de pression atmosphérique ou de hauteur dans la colonne mercurielle.

Pour cela on calculera par les formules (9) le diamètre que devrait avoir le tube au point où se termine la colonne barométrique pour que, toutes choses restant égales, l'équilibre soit indifférent. Si l'on trouve un diamètre plus grand que le diamètre réel du tube à l'extrémité de la colonne, l'équilibre est stable; si l'on trouve un diamètre plus petit, l'équilibre est instable.

En effet, considérons le tube et le mercure soulevé comme un poids situé au point d'attache du tube sur le levier. Si le tube a dans le voisinage de l'extrémité de la colonne le diamètre déterminé par les formules (9), un petit mouvement donné au levier n'élève pas le centre de gravité du système mobile, ni ne l'abaisse, puisqu'alors l'équilibre est indifférent. Si le tube est d'un moindre diamètre, en l'abaissant on abaisse un moindre poids, et en l'élevant on élève un plus grand poids que dans la première supposition; le centre de gravité est donc élevé par ces petits mouvements, et par suite l'équilibre est stable. Si le tube est d'un plus grand diamètre, le contraire a lieu, et l'équilibre est instable.

Quand on tient compte des variations de niveau du mercure dans la cuvette, si l'on représente par $C + c'$ l'aire constante de la section intérieure de la cuvette, faite au niveau du mercure, l'équation principale (5) devient

$$\frac{P(C - c)}{a(C + c')}\frac{\sin(\theta - \theta_0)}{\sin\theta} + \frac{C(c + c')a\mu}{C + c'}(\cos\theta - \cos\theta_0)$$
$$= \mu\pi\int_0^{H + \varpi - \varpi_0}[f(x)]^2\,dx,$$

où

$$H = \frac{aC}{C + c'}(\cos\theta - \cos\theta_0) - \frac{P}{a\mu(C + c')}\frac{\sin(\theta - \theta_0)}{\sin\theta}.$$

La discussion reste à peu près la même.

3. *Un tube cylindrique fermé par le haut, rempli en partie d'air sec, est maintenu dans une position verticale sur une cuve pleine de mercure soumis à la pression atmosphérique, dans lequel il plonge son extrémité ouverte. Le liquide s'élève dans le tube à la hauteur* h *au-dessus du niveau de la cuve, et la longueur de la portion du tube qui contient de l'air est égale à* H. *On enfonce le tube jusqu'à ce que le niveau du liquide y devienne le même que dans la cuve; alors la longueur de la portion*

de tube qui contient de l'air se réduit à H'. *On demande quelle est la pression atmosphérique.*

Si l'on nomme ρ la densité du mercure et ϖ la pression atmosphérique rapportée à l'unité de surface, on trouve

$$\varpi = g\rho h \frac{\mathrm{H}}{\mathrm{H} - \mathrm{H}'}.$$

4. *Un cylindre homogène, de densité σ et de longueur h, flotte dans une position verticale sur un liquide de densité ρ. Tout le système est placé sous un récipient plein d'air comprimé. Quelle est, en fonction de la densité ρ' de l'air du récipient, la longueur x de la partie du cylindre qui est immergée?*

On trouve

$$x = h \frac{\sigma - \rho'}{\rho - \rho'}.$$

SECTION III.

STABILITÉ DE L'ÉQUILIBRE DES CORPS FLOTTANTS.

Considérons un corps solide, pesant et libre de toute liaison, qui flotte en équilibre sur un liquide homogène.

L'équilibre est stable lorsque le centre de gravité du corps est situé au-dessous du centre de gravité du liquide déplacé.

L'équilibre est encore stable lorsque le centre de gravité du corps est situé au-dessus de celui du liquide déplacé, pourvu que la distance de ces deux points soit inférieure au quotient que l'on obtient en divisant par le volume immergé le plus petit des moments d'inertie de la section à fleur d'eau autour des droites menées par son centre de gravité dans son plan.

Si le corps est symétrique relativement à un plan vertical, pour que l'équilibre soit stable par rapport à des déplacements infiniment petits parallèles au plan de symétrie, quand le centre de gravité du corps est au-dessus de celui du liquide déplacé, il suffit que la distance de ces deux points soit inférieure au quotient que l'on obtient en divisant par le volume immergé le moment d'inertie de la section à fleur d'eau autour de la perpendiculaire au plan de symétrie menée par le centre de gravité de la section. L'équilibre serait instable si le contraire avait lieu.

Nous nous bornerons ici à considérer la stabilité de l'équilibre d'un corps symétrique relativement à un plan vertical, en supposant que les déplacements et les vitesses imprimées soient parallèles au plan de symétrie.

1. *Un corps symétrique par rapport à un plan vertical flotte en équilibre. Son centre de gravité est* G; *le centre de gravité du liquide déplacé est un point* H *situé*

Fig. 82.

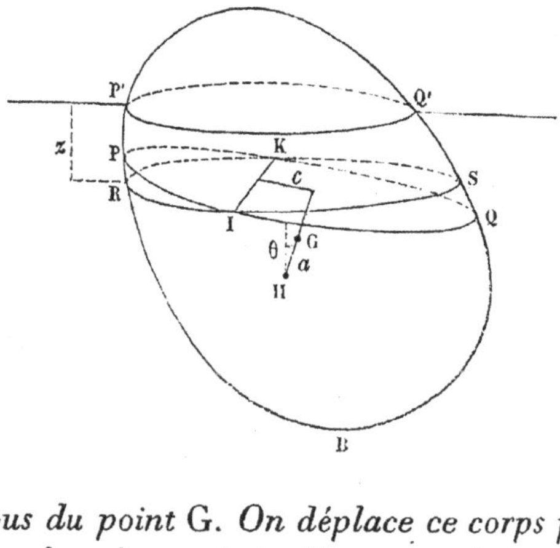

au-dessous du point G. *On déplace ce corps parallèlement au plan de symétrie d'une manière quelconque, mais sans changer le volume immergé; puis on le ra-*

mène graduellement à sa première position d'équilibre, toujours en le faisant mouvoir parallèlement au plan de symétrie et sans changer le volume immergé. Pendant ce mouvement, la verticale qui passe au centre de gravité du liquide déplacé et la droite HG, *considérée comme invariablement liée au corps, se coupent en un point* M, *qui se déplace sur la droite* HG, *et converge vers une position limite. Cette position limite est ce qu'on nomme le* métacentre. *Il s'agit de prouver que la hauteur du métacentre au-dessus du point* H *est égale au quotient que l'on obtient en divisant par le volume immergé* V, *dans l'état d'équilibre, le moment d'inertie* Ak^2 *de la section à fleur d'eau,* A, *autour d'une perpendiculaire au plan de symétrie menée par le centre de gravité de la section.*

On fera voir que, dans le cas où le volume immergé est variable, la position limite du point M *ne peut être assignée qu'autant que l'on connaît la nature du mouvement dans le voisinage de la position d'équilibre.*

Soient :

PQ la section à fleur d'eau dans l'état d'équilibre ;

P′Q′ la section à fleur d'eau dans une position infiniment voisine ;

z la distance du centre de gravité de la section PQ à la section P′Q′ ;

RS une section parallèle à P′Q′, menée par le centre de gravité de la section PQ ;

IK l'intersection des deux plans RS, PQ, laquelle est perpendiculaire au plan de symétrie ;

c la plus courte distance des droites IK et HG ;

θ l'angle des deux plans PQ, RS, ou bien l'angle de HG avec la verticale ;

a la distance HG ;

ρ la densité du liquide.

Les quantités infiniment petites z et θ seront considérées comme infiniment petites de premier ordre; les infiniment petits d'ordre supérieur disparaîtront dans le calcul.

D'après cela, le volume P'Q'QP peut être considéré comme celui d'un cylindre construit sur la base PQ; il est égal à l'aire de la base, A, multipliée par la distance z des centres de gravité des deux bases.

Il s'ensuit que la pression résultante est

$$g\rho V + g\rho A z.$$

Calculons la somme des moments des pressions autour d'une perpendiculaire au plan de symétrie menée par le point G; et, dans ce calcul, comptons positifs les moments des forces qui tendent à ramener le corps à sa première position d'équilibre.

Nous voyons d'abord que la somme dont il s'agit est égale et contraire au moment du poids du liquide qui remplirait le volume immergé. Ce volume lui-même se compose du volume PBQ, plus le volume P'Q'SR, plus le volume QIKS, moins le volume PIKR.

Pour le volume PBQ, le moment du poids est

$$g\rho V a \sin\theta \quad \text{ou} \quad g\rho V a \theta.$$

Pour le volume P'Q'SR le moment du poids est égal au produit du poids $g\rho A z$ par la distance de la droite IK à la verticale du point G. Mais, comme le poids est déjà un infiniment petit, on peut remplacer cette distance variable par la distance constante c qui en diffère infiniment peu. Alors le moment cherché devient

$$g\rho A c z.$$

Quant aux volumes QIKS, PIKR, on peut les concevoir décomposés en éléments prismatiqnes élevés perpendiculairement sur les éléments dA de la section PQ. Si l'on nomme x la distance de l'élément dA à la ligne IK, cette distance étant comptée positive à droite de IK et négative à gauche, la hauteur du prisme sera $\pm x \tang \theta$ ou $\pm x\theta$, la distance de son centre de gravité à la même ligne sera x, en négligeant toujours les infiniment petits de second ordre. Par suite, la différence entre le moment du poids du volume QIKS, et le moment du poids du volume PIKR, s'exprimera par l'intégrale

$$-g\rho\theta \int x(x-c)\,dA,$$

étendue à toute la section PQ. Mais, puisque la ligne IK passe au centre de gravité de cette section, on a

$$\int x\,dA = 0,$$

et l'intégrale se réduit au seul terme

$$-g\rho A k^2\theta.$$

D'après ces valeurs, la somme des moments des pressions est

$$\text{(U)} \qquad g\rho(-Va\theta - Acz + Ak^2\theta).$$

Divisant cette somme par la pression résultante, nous aurons la distance de cette pression à l'axe des moments; divisant encore par sin θ ou par θ, nous aurons la distance du point G au point M où la droite HG est coupée par la verticale qui passe au centre de gravité du liquide déplacé, et la distance obtenue sera positive si le point M est au-dessus du point G. Il vient

$$GM = \left(Ak^2 - aV - Ac\frac{z}{\theta}\right)(V + Az)^{-1},$$

et à la limite,

$$\text{lim.}\, \text{GM} = \frac{\text{A}k^2}{\text{V}} - a - \frac{\text{A}c}{\text{V}}\, \text{lim.} \left(\frac{z}{\theta}\right).$$

Or, si z n'est point nul, la limite du rapport $\frac{z}{\theta}$ dépend de la manière dont le corps revient à sa position d'équilibre; en sorte que l'on ne peut assigner la position limite du point M sans connaître la nature du mouvement, à moins que la distance c ne soit nulle. Mais si z est nul, c'est-à-dire si le volume immergé est invariable, alors la distance de la position limite du point M au centre de gravité du corps est

$$\frac{\text{A}k^2}{\text{V}} - a,$$

cette distance étant comptée positive ou négative, suivant que le point M est au-dessus ou au-dessous du centre de gravité. En d'autres termes, la hauteur du métacentre au-dessus du point H est $\frac{\text{A}k^2}{\text{V}}$, comme nous l'avons annoncé.

Si l'on rapproche ce résultat de la règle citée au commencement de cette Section, on voit que *l'équilibre est stable ou instable, suivant que le métacentre est situé au-dessus ou au-dessous du centre de gravité du corps. L'équilibre serait indifférent si le métacentre coïncidait avec le centre de gravité.*

Cette dernière proposition, évidente par elle-même quand on se borne à considérer la stabilité de l'équilibre par rapport à des déplacements qui n'altèrent point le volume immergé, a été donnée par Clairaut, pour ce cas seulement, dans le *Traité du Navire*. C'est à ce géomètre que l'on doit l'expression de *métacentre*.

DUHAMEL, *Journal de l'École Polytechn.*, XXIVe Cahier, p. 12; 1832.

2. *Quelle est la condition de stabilité pour un prisme rectangulaire homogène, dont la base est horizontale, relativement à des déplacements parallèles aux faces verticales ?*

Soient a et b les deux côtés de la base, c la hauteur, σ la densité du corps et ρ celle du liquide.

Le volume immergé est $\frac{\sigma}{\rho} abc$.

La hauteur du centre de gravité du prisme au-dessus du centre de gravité du liquide déplacé est égale à

$$\frac{c}{2}\left(1 - \frac{\sigma}{\rho}\right).$$

Le moment d'inertie de la section à fleur d'eau, autour d'un axe mené par le centre de cette section parallèlement au côté b, a pour expression

$$\int_{-\frac{1}{2}a}^{\frac{1}{2}a} bx^2 dx = \frac{1}{12} ba^3.$$

La condition de stabilité pour des déplacements parallèles aux faces (ac) est donc

$$\frac{c}{2}\left(1 - \frac{\sigma}{\rho}\right) < \frac{\frac{1}{12} ba^3}{\frac{\sigma}{\rho} abc},$$

ou bien

$$\frac{a^2}{c^2} > 6 \frac{\sigma}{\rho}\left(1 - \frac{\sigma}{\rho}\right).$$

L'équilibre serait instable si le premier membre était inférieur au second; il serait indifférent si les deux membres étaient égaux.

Encycl. Metrop. Mix. Sc., vol. I, p. 193.

3. *Un prisme droit homogène, dont la base est un triangle isocèle, flotte sur un liquide. La face latérale*

qui répond à la base du triangle isocèle est horizontale et tout entière située au-dessus du niveau. Trouver la condition de stabilité pour des déplacements parallèles à l'un des deux plans verticaux qui partagent le corps en deux parties symétriques.

Soient l la longueur du prisme, $2b$ la base du triangle isocèle, α l'angle au sommet, σ la densité du corps et ρ celle du liquide.

Pour des déplacements parallèles aux bases du prisme, la condition de stabilité est

$$\frac{l}{b}\operatorname{tang}\frac{\alpha}{2} > 2\left(\sqrt{\frac{\sigma}{\rho}} - \frac{\sigma}{\rho}\right)^{\frac{1}{2}}.$$

Pour des déplacements parallèles au plan de symétrie qui coupe le corps suivant l'arête inférieure, la condition de stabilité est

$$\cos^4\frac{\alpha}{2} < \frac{\sigma}{\rho}.$$

Si la base est un triangle isocèle rectangle, et que les déplacements lui soient parallèles, le niveau du liquide divise en deux parties égales la distance du métacentre au centre de gravité du liquide déplacé.

BOUGUER, *Traité du Navire*, p. 266.

4. *Trouver la condition de stabilité pour un cône droit et homogène, dont l'axe est vertical et le sommet plongé dans le liquide.*

Si l'on nomme r le rayon de la base, h la hauteur du cône, σ la densité du corps et ρ celle du liquide, on trouve la condition

$$\frac{r^2}{h^2} > \frac{\rho^{\frac{1}{3}} - \sigma^{\frac{1}{3}}}{\sigma^{\frac{1}{3}}}.$$

DANIEL BERNOULLI, *Comment. Acad. Petrop.*, 1738, p. 162.

5. *Trouver la condition de stabilité pour un cylindre droit et homogène, dont l'axe est vertical.*

Si l'on nomme r le rayon de la base, h la hauteur, σ la densité du cylindre et ρ celle du liquide, on trouve la condition

$$\frac{r^2}{h^2} > \frac{2\sigma(\rho - \sigma)}{\rho^2}.$$

DANIEL BERNOULLI, *ibid.*

6. *Trouver la condition de stabilité pour un paraboloïde de révolution homogène, terminé par un plan perpendiculaire à l'axe, et dont l'axe est vertical.*

Si l'on nomme p le paramètre de la parabole génératrice, b la longueur de l'axe, σ la densité du corps et ρ celle du liquide, on trouve la condition

$$\frac{3p}{2b} > 1 - \sqrt{\frac{\sigma}{\rho}}.$$

Archimède étudie la stabilité de l'équilibre du paraboloïde de révolution dans le second livre du traité *Des corps portés sur un fluide.*

SECTION IV.

PETITES OSCILLATIONS DES CORPS FLOTTANTS.

Nous nous bornerons à considérer un corps partagé en deux moitiés symétriques par un plan vertical, ce qui est le cas d'un navire. Nous supposerons que l'on ait légèrement écarté le corps d'une position d'équilibre stable, en imprimant à tous ses points une faible vitesse parallèle au plan de symétrie. Il en résultera des oscillations qui seront évidemment parallèles au même plan.

Conservons la notation et la figure du problème 1 de

la Section précédente (p. 426). De plus, nommons x la distance du centre de gravité du corps au-dessous du plan horizontal sur lequel est situé ce point dans la position d'équilibre, et h le rayon de giration du corps autour d'une perpendiculaire au plan de symétrie menée par le centre de gravité; $V\rho h^2$ sera le moment d'inertie du corps autour de cette perpendiculaire.

Nous négligerons les termes du second degré par rapport aux petites quantités x, z et θ.

Nous n'avons pas à nous occuper du mouvement horizontal du centre de gravité : il sera nul, ou, si l'on veut, il sera rectiligne et uniforme.

Quant au mouvement vertical, il sera régi par l'équation qu'on obtient en égalant la force effective, $V\rho\frac{d^2x}{dt^2}$, à la résultante des forces qui sollicitent le corps dans la direction de la pesanteur. Cette résultante est égale à la différence entre le poids du corps et le poids du liquide déplacé; et, dans le degré d'approximation qui a été adopté, cette différence se réduit au poids du liquide qui remplirait le volume P'Q'SR considéré comme un cylindre. On a donc

$$V\rho\frac{d^2x}{dt^2} = -g\rho Az.$$

Négligeant toujours les quantités du second ordre, on a

$$x = z + c\theta, \tag{1}$$

et l'équation précédente devient

$$\frac{d^2x}{dt^2} + \frac{gA}{V}(x - c\theta) = 0. \tag{2}$$

Il reste à trouver l'équation qui représente le mouvement de rotation du corps autour de son centre de gravité. Pour cela il suffit d'égaler le moment des forces effectives,

$V\rho h^2 \frac{d^2\theta}{dt^2}$, au moment des forces appliquées, lequel est représenté en signe contraire par la formule (U), p. 429. Il vient

$$V\rho h^2 \frac{d^2\theta}{dt^2} = -g\rho\,(-Va\theta - Acz + Ak^2\theta).$$

Afin de n'avoir que deux variables, il convient de remplacer z par sa valeur tirée de l'équation (1). Si, de plus, on pose

$$k^2 + c^2 = i^2,$$

en sorte que i soit le rayon de giration de la section PQ autour d'une perpendiculaire au plan de symétrie menée par le point où la droite HG perce la section considérée, on aura

$$(3)\qquad \frac{d^2\theta}{dt^2} - \frac{gAc}{Vh^2}x + \frac{g}{Vh^2}(Ai^2 - Va)\,\theta = 0.$$

Les équations (2) et (3) sont linéaires à coefficients constants; elles s'intègrent par la méthode connue.

Si l'on pose, pour abréger,

$$\frac{gA}{V} = m,\qquad \frac{Ai^2 - Va}{Ac} = n,$$

les équations deviennent

$$\frac{d^2x}{dt^2} + m\,(x - c\theta) = 0,$$

$$\frac{d^2\theta}{dt^2} - m\,\frac{c}{h^2}(x - n\theta) = 0;$$

et, en désignant par r_1, r_2 les racines de l'équation

$$k^2r^2 - (h^2 + cn)\,mr = cm^2(c - n),$$

par A_1, A_2, α_1, α_2 des constantes arbitraires, les intégrales sont

$$x = A_1 \sin(\sqrt{r_1}t + \alpha_1) + A_2 \sin(\sqrt{r_2}t + \alpha_2),$$

$$\theta = A_1 \frac{m - r_1}{mc} \sin(\sqrt{r_1}t + \alpha_1) + A_2 \frac{m - r_2}{mc} \sin(\sqrt{r_2}t + \alpha_2).$$

Lorsque le corps est tel, que, dans la position d'équilibre, les centres de gravité du corps et de la section à fleur d'eau soient sur une même verticale, alors la distance c est nulle, et les équations du mouvement ont pour intégrales

$$x = A_1 \sin\left(\sqrt{\frac{gA}{V}}\,t + \alpha_1\right),$$

$$\theta = A_2 \sin\left[\sqrt{\frac{g}{Vh^2}(Ak^2 - Va)}\,t + \alpha_2\right].$$

La durée d'une oscillation verticale est $\pi\sqrt{\frac{V}{gA}}$, et celle d'une oscillation angulaire $\pi\sqrt{\frac{Vh^2}{g(Ak^2 - Va)}}$. Les amplitudes de ces deux oscillations sont indépendantes l'une de l'autre.

Il ne faut point oublier que, dans toutes ces formules, les distances a et c sont positives quand elles ont les directions que leur assigne la figure, et négatives quand elles ont des directions contraires.

Les oscillations des corps flottants ont été étudiées successivement par Daniel Bernoulli (1), Euler (2), d'Alembert (3) et Bossut (4). M. Molins (5) a repris la même

(1) *Comment. Acad. Petrop.*, 1739, p. 100.

(2) *Scientia navalis*, part. II, cap. IV; 1749.

(3) *Essai d'une nouvelle théorie de la résistance des fluides*, chap. VI; 1752. — *Opuscules*, t. I, p. 104.

(4) *Sur l'arrimage des vaisseaux*. Prix de l'Académie des Sciences de Paris, t. IX; 1766.

(5) *Journal de M. Liouville*, t. III, p. 33; 1838.

question sans limiter en rien la forme du corps et la direction des petits mouvements.

A l'aide des formules qui précèdent, on n'aura aucune difficulté à résoudre les problèmes suivants :

1. *Un prisme homogène à base carrée, flottant sur un liquide, a été légèrement écarté de la position d'équilibre stable, où l'une des faces latérales est horizontale, par un petit déplacement parallèle à la base. Déterminer la longueur du pendule simple qui oscille dans le même temps.*

Soient b le côté de la base, σ la densité du corps, ρ celle du liquide et l la longueur cherchée.

S'il s'agit des oscillations verticales du centre de gravité, on trouve

$$l = b\,\frac{\sigma}{\rho};$$

et s'il s'agit des oscillations autour d'une perpendiculaire à la base, menée par le centre de gravité,

$$l = \frac{2b\rho\sigma}{\rho^2 - 6\rho\sigma + 6\sigma^2}.$$

DANIEL BERNOULLI, *Comment. Acad. Petrop.*, 1739, p. 106.

2. *Même problème, en supposant que la section du prisme soit un triangle isocèle, et que, dans la position d'équilibre stable, la face latérale correspondante à la base du triangle isocèle soit horizontale et située au-dessus du liquide.*

Soient $2b$ la base du triangle isocèle, q la hauteur du même triangle, σ la densité du prisme, ρ celle du liquide, et l la longueur du pendule qui oscille dans le même temps.

S'il s'agit des oscillations verticales du centre de gravité, on trouve

$$l = q\sqrt{\frac{\sigma}{\rho}};$$

et s'il s'agit des oscillations autour d'une perpendiculaire à la base, menée par le centre de gravité,

$$l = \frac{3b^2 + q^2}{12\left[\frac{b^2}{q}\sqrt{\frac{\sigma}{\rho}} - q\left(1 - \sqrt{\frac{\sigma}{\rho}}\right)\right]}.$$

Encycl. Metrop. Mixed Sc., vol. I, p. 194.

3. *Un paraboloïde de révolution homogène, terminé par un plan perpendiculaire à l'axe, flotte sur un liquide; l'axe est vertical, et le sommet en bas. Connaissant la durée* T *des petites oscillations verticales que ce corps exécute, il s'agit de déterminer la distance du sommet du corps à la surface du liquide, dans la position d'équilibre.*

La distance cherchée est

$$\frac{2gT^2}{\pi^2}.$$

SECTION V.

ÉQUILIBRE DES VASES QUI CONTIENNENT DES LIQUIDES.

Lorsqu'un vase contenant un liquide repose en équilibre sur un support, le poids du vase et la pression du fluide sur les parois font équilibre à la réaction du support.

1. *Une demi-sphère creuse, remplie d'un liquide, s'applique contre un plan vertical de manière à fermer exactement l'ouverture, et appuie sa surface convexe contre un plan incliné qui coupe le premier plan suivant*

une droite horizontale. On demande quelle est la pression exercée sur le vase par chacun des deux plans, dans l'état d'équilibre, et quel est le plus grand angle des deux plans qui permette à l'équilibre de subsister, le poids de l'enveloppe hémisphérique étant négligeable vis-à-vis du poids du liquide.

Soient r le rayon intérieur de la sphère, ρ la densité du liquide, α l'angle des deux plans, S la pression du plan vertical contre le bord du vase, R la pression du plan incliné, P la pression résultante du liquide sur la demi-sphère, θ l'angle de cette force avec la verticale.

Les trois forces S, R, P doivent se détruire dans l'état d'équilibre. Or les deux dernières passent par le centre de la sphère; donc la force S passe de même au centre de la sphère. De plus ces trois forces sont situées dans un même plan vertical. Il en résulte que les conditions d'équilibre se réduisent à celles-ci, que la somme des projections horizontales des trois forces soit nulle, ainsi que la somme des projections verticales. De là les équations

$$S + P\sin\theta = R\cos\alpha,$$

$$P\cos\theta = R\sin\alpha.$$

Mais $P\cos\theta$ est le poids du liquide ou $\frac{2}{3}\pi g\rho r^3$; $P\sin\theta$ est la pression résultante sur le plan vertical ou $\pi g\rho r^3$. Substituant ces valeurs dans les équations précédentes, on en tire

$$R = \frac{2}{3}\pi g\rho r^3 \operatorname{coséc}\alpha,$$

$$S = \frac{2}{3}\pi g\rho r^3\left(\cot\alpha - \frac{3}{2}\right).$$

Telles sont les valeurs cherchées.

La pression S ne pouvant être négative, il s'ensuit que la plus grande valeur de l'angle α compatible avec l'équilibre est celle qui annule la pression S, savoir :

$$\alpha = \text{arc tang } \frac{2}{3}.$$

2. *On verse lentement un liquide dans un vase cylindrique, qui est debout sur un plan incliné. Le vase finira par se renverser, s'il ne peut pas s'échapper en glissant sur le plan. On demande quelle quantité de liquide il faut introduire pour produire ce renversement, le poids du vase et l'épaisseur de ses parois étant négligeables.*

Soient r le rayon du cylindre et α la tangente de l'inclinaison du plan sur l'horizon.

Le volume du liquide qui produira la chute du vase est

$$\pi r^3 \frac{1 + \sqrt{1 - \frac{1}{2}\alpha^2 - \frac{1}{4}\alpha^4}}{\alpha}.$$

3. *Un vase hémisphérique, homogène, à parois très-minces, dont le poids est* P *et le rayon de la surface* r, *contient un poids de liquide égal à* Q. *Ce vase étant posé sur le sommet d'une sphère fixe de rayon* r', *de manière que le bord soit horizontal, on l'incline tant soit peu, en le faisant rouler sur la sphère fixe d'un très-petit angle; puis on attend que le liquide soit revenu au repos. On demande de trouver la condition à laquelle doivent satisfaire les poids* P, Q *et les rayons* r, r', *pour que le vase abandonné dans cet état tende à reprendre sa position primitive.*

La condition demandée est

$$\frac{P}{Q} > \frac{2r}{r' - r}.$$

CHAPITRE III.

ÉQUATIONS GÉNÉRALES DE L'ÉQUILIBRE DES FLUIDES.

Jusqu'ici nous avons considéré des fluides sollicités par la seule force de la pesanteur; nous allons considérer, dans ce chapitre, des fluides sollicités par des forces quelconques.

Soient :

x, y, z les coordonnées rectangulaires d'un élément du fluide;

ρ la densité du fluide en ce point;

p la pression au même point, rapportée à l'unité de surface;

X, Y, Z les composantes parallèles aux axes de toutes les forces qui sollicitent l'élément considéré, ces composantes étant rapportées à l'unité de masse et exprimées en fonction de x, y, z.

Pour que le fluide soit en équilibre, il faut et il suffit qu'en chaque point de sa masse on ait la relation

$$dp = \rho\,(\mathrm{X}\,dx + \mathrm{Y}\,dy + \mathrm{Z}\,dz).$$

L'intégrale du second membre est la valeur de la pression.

Dans l'état d'équilibre, la pression est une fonction des coordonnées, et, par suite, la somme $\mathrm{X}\,dx + \mathrm{Y}\,dy + \mathrm{Z}\,dz$ est la différentielle exacte d'une fonction des coordonnées x, y, z, considérées comme variables indépendantes. Il en résulte que, si l'on se donne à volonté les composantes X, Y, Z, l'équilibre n'est pas toujours possible sous ce système de forces. Pour qu'il soit possible, il faut que la fonction $\mathrm{X}\,dx + \mathrm{Y}\,dy + \mathrm{Z}\,dz$ soit une différentielle exacte.

Quand cette condition est remplie, l'équation

$$dp = 0 \quad \text{ou} \quad X\,dx + Y\,dy + Z\,dz = 0$$

est l'équation différentielle commune à toutes les surfaces sur chacune desquelles la pression est constante.

Le problème général de l'équilibre des fluides excita vivement l'intérêt des géomètres au temps de Newton, parce qu'il devait les conduire à déterminer la figure de la terre et des autres planètes, dans l'hypothèse où ces corps auraient été primitivement fluides.

Huyghens et Newton (*) ne connurent pas complétement la condition nécessaire à l'équilibre d'une masse fluide. Le premier donna pour unique condition la perpendicularité de la force à la surface; le second admit pour condition l'équilibre d'une colonne fluide allant du centre à la surface. Or ces deux conditions peuvent être satisfaites, même simultanément, sans qu'il y ait équilibre; car, pour l'équilibre de la masse entière, il faut qu'une partie quelconque du fluide, considérée comme un corps solide, soit en équilibre sous l'action des forces qui la sollicitent.

Daniel Bernoulli paraît avoir donné le premier la véritable condition d'équilibre. Il s'exprime en ces termes dans son *Hydrodynamique*, publiée en 1738 (sect. II, théor. 2) :

« In aqua stagnante tubus utcumque formatus fingi » potest, in quo utique aqua situm servabit, quem antea » habuit, cum perinde sit, sive aqua tubo inclusa, coer- » ceatur lateribus tubi, sive circumstagnante aqua. »

L'équation générale rappelée précédemment n'est que la traduction de ce principe. On la doit à Clairaut (**).

(*) *Principia*, lib. III, prop. 19.

(**) *Théorie de la figure de la Terre*; 1743.

SECTION I.

FLUIDES INCOMPRESSIBLES.

1. *Déterminer la figure d'équilibre d'une masse fluide, dont chaque molécule est sollicitée suivant trois directions rectangulaires, par trois forces qui varient respectivement comme les distances à trois plans donnés.*

Soient

$$ax + by + cz = d, \quad a'x + b'y + c'z = d',$$
$$a''x + b''y + c''z = d'',$$

les équations des plans donnés, par rapport à des axes parallèles aux directions des trois forces.

On aura

$$X = \lambda + \mu \frac{ax + by + cz - d}{\sqrt{a^2 + b^2 + c^2}},$$

$$Y = \lambda' + \mu' \frac{a'x + b'y + c'z - d'}{\sqrt{a'^2 + b'^2 + c'^2}},$$

$$Z = \lambda'' + \mu'' \frac{a''x + b''y + c''z - d''}{\sqrt{a''^2 + b''^2 + c''^2}},$$

$\lambda, \lambda', \lambda'', \mu, \mu', \mu''$ désignant des constantes.

Substituant ces valeurs dans l'équation différentielle

$$X dx + Y dy + Z dz = 0,$$

et intégrant, on aura l'équation finie de la surface extérieure. On voit que cette surface est une *surface du second degré.*

2. *Une sphère creuse est remplie d'un fluide pesant et homogène; à l'extrémité supérieure du diamètre vertical est un centre d'action, qui attire chaque molécule proportionnellement à sa distance. On suppose que la*

pression est nulle au sommet de la sphère. Montrer : 1° que la pression exercée sur l'hémisphère inférieur est triple de la pression exercée sur l'hémisphère supérieur; 2° que la pression sur le vase serait nulle, et que la sphère serait une figure naturelle d'équilibre, si l'action du centre sur l'unité de masse située à l'unité de distance était égale au quotient du nombre g par le rayon de la sphère; 3° que, dans le cas où l'action du centre sur l'unité de masse située à l'unité de distance serait une répulsion égale au quotient dont on vient de parler, la pression sur le vase serait la même que si le fluide n'était sollicité par aucune force autre que la pesanteur, et que sa densité fût doublée.

3. *On suppose un vase dont on connaît la forme et la masse* M, *qui contient un volume donné* V *d'un liquide de densité* ρ, *et qui est assujetti à glisser sur un plan horizontal parfaitement uni. Ce vase est traîné par un poids* P *qui le tire horizontalement à l'aide d'un fil sans masse engagé sur une poulie de renvoi. Déterminer la forme qu'affecte la masse liquide lorsqu'elle est devenue immobile par rapport aux parois du vase.*

On peut considérer le système comme absolument immobile, pourvu que l'on regarde chaque molécule du liquide comme sollicitée, non-seulement par la pesanteur, mais encore par une force accélératrice horizontale, égale et contraire à l'accélération du système,

$$\frac{gP}{P + gM + g\rho V}.$$

Si l'on rapporte la surface à des axes coordonnés invariablement liés au vase, l'axe des y étant dirigé en sens contraire de la pesanteur, et l'axe des x en sens contraire du mouvement, on trouve que la surface libre du liquide est un plan, représenté par l'équation

$$y = \frac{Px}{P + gM + g\rho V} + \text{const.}$$

La constante se détermine par la condition que la portion du vase occupée par le liquide ait un volume égal à V.

Supposons, comme exemple, que le vase soit un cylindre vertical à base quelconque, dont la section horizontale intérieure ait une aire égale à A. Dans ce cas, l'origine étant prise au centre de gravité de la base, l'équation de la surface libre du liquide sera

$$y = \frac{Px}{P + gM + g\rho V} + \frac{V}{A},$$

si toutefois le liquide couvre entièrement le fond du vase.

D. Bernoulli, *Hydrodynamica*, sect. XI, § 80.

SECTION II.

FLUIDES ÉLASTIQUES.

1. *On suppose une masse fluide telle, que l'accroissement de pression nécessaire pour produire un accroissement donné de densité soit proportionnel à la densité elle-même. Toutes les molécules de cette masse fluide s'attirent suivant la loi de la nature, et sont soumises à l'action d'une sphère solide et homogène, qui les attire suivant la même loi. Il existe évidemment un état d'équilibre où le fluide est disposé autour de la sphère en couches concentriques, sur chacune desquelles la densité est constante. On demande suivant quelle fonction du rayon varie la densité des couches dans cet état d'équilibre.*

Soient M la masse de la sphère solide, a son rayon, μ l'attraction de l'unité de masse sur l'unité de masse à l'unité de distance, r le rayon variable des couches fluides, et

$$dp = k\rho\, d\rho$$

la relation qui lie l'accroissement de pression à l'accroissement de densité.

Considérons un élément de la couche dont le rayon est r.

L'action des couches extérieures sur cet élément est nulle. L'action des couches intérieures et celle de la sphère solide sont dirigées vers le centre ; la première est égale à

$$\frac{4\pi\mu}{r^2}\int_a^r \rho r^2\, dr,$$

pour l'unité de masse ; et la seconde est égale à

$$\frac{\mu M}{r^2}.$$

D'après cela,

$$dp = -\frac{\mu\rho}{r^2}\left(4\pi\int_a^r \rho r^2\, dr + M\right) dr,$$

et, par conséquent, on a l'équation

$$k\, d\rho = -\frac{\mu}{r^2}\left(4\pi\int_a^r \rho r^2\, dr + M\right) dr.$$

On en déduit, par différentiation,

$$r\frac{d^2\rho}{dr^2} + 2\frac{d\rho}{dr} + \frac{4\pi\mu}{k} r\rho = 0.$$

Cette équation différentielle s'intègre aisément ; on trouve

$$\rho = \frac{A}{r}\sin\left(\sqrt{\frac{4\pi\mu}{k}}\, r + B\right),$$

A et B désignant des constantes.

Telle est l'expression de la densité en fonction du rayon.

Nous avons dit ailleurs que, dans la théorie de la figure de la terre, on arrive à des résultats peu différents de la réalité, en supposant la masse terrestre formée tout entière d'un fluide tel que celui que nous considérons actuellement. (*Voir* la *Mécanique céleste*, l. XI, §§ 1 et 6).

2. *Admettons que la tension de l'atmosphère terrestre soit proportionnelle à la puissance* $\frac{m+1}{m}$ *de la densité, et proposons-nous de déterminer le rapport entre la hauteur* H *de l'atmosphère terrestre ainsi constituée, et la hauteur* h *qu'aurait cette atmosphère si elle était homogène, la pression à la surface du globe restant la même dans les deux cas.*

La hauteur de l'atmosphère est certainement une très-petite fraction du rayon de la terre; aussi nous pourrons supposer sans erreur considérable que la pesanteur agit avec la même intensité sur toutes les couches de l'atmosphère.

Soient a le rayon de la terre supposée sphérique, ϖ la tension de l'atmosphère à la surface du globe, r la distance d'une couche quelconque de l'atmosphère au centre de la terre, et

$$p = k\rho^{\frac{m+1}{m}}$$

la relation qui lie la tension à la densité.

La constante k se détermine par une observation faite à la surface de la terre. Si l'on nomme ρ_a la densité de la couche inférieure de l'atmosphère, il vient

$$k = \varpi\rho_a^{-\frac{m+1}{m}}.$$

Dans l'hypothèse d'une atmosphère homogène, on a

$$dp = -g\rho_a dr;$$

d'où

$$p - \varpi = -g\left(\frac{\varpi}{k}\right)^{\frac{m}{m+1}}(r-a).$$

La valeur de $r-a$, qui répond à $p=0$, est la hauteur h de l'atmosphère; par conséquent,

$$h = \frac{1}{g}(\varpi k^m)^{\frac{1}{m+1}}.$$

Dans l'hypothèse d'une atmosphère non homogène, on a

$$dp = -g\rho dr \quad \text{et} \quad \rho = \left(\frac{p}{k}\right)^{\frac{m}{m+1}};$$

d'où l'on tire

$$\left(\frac{p}{k}\right)^{-\frac{m}{m+1}} dp = -g dr,$$

$$(m+1)k^{\frac{m}{m+1}}\left(p^{\frac{1}{m+1}} - \varpi^{\frac{1}{m+1}}\right) = -g(r-a),$$

et, par conséquent,

$$\mathrm{H} = \frac{m+1}{g}(\varpi k^m)^{\frac{1}{m+1}}.$$

Ainsi, le rapport cherché est

$$\frac{\mathrm{H}}{h} = m+1.$$

3. *On suppose une masse fluide, où la densité est proportionnelle à la $n^{ième}$ puissance de la pression, et dont toutes les molécules sont attirées par un centre fixe avec une intensité qui est fonction de la distance. Il s'agit de déterminer la pression en un point donné de la masse fluide.*

Soient $f(r)$ l'attraction sur l'unité de masse à la distance r, $F(r)$ une fonction dont la dérivée est $f(r)$, et

$$\rho = (kp)^n$$

la relation qui lie la densité à la pression.

Si n est différent de l'unité, la pression p à la distance r est donnée par l'équation

$$\frac{1}{1-n}(kp)^{1-n} = \text{const.} - kF(r).$$

Si n est égal à l'unité, on a

$$p = e^{-kF(r)\times \text{const.}}$$

Varignon, *Mém. de l'Acad. des Sc. de Paris*, 1716, p. 108.

SECTION III.

FLUIDES ANIMÉS D'UNE ROTATION UNIFORME AUTOUR D'UN AXE FIXE.

On dit en général qu'un fluide est en équilibre, lorsque ses molécules ne se déplacent pas les unes par rapport aux autres. Ainsi, une masse fluide peut être à la fois en équilibre et animée d'une rotation uniforme autour d'un axe fixe dans le fluide. Les conditions de cet équilibre sont les mêmes que si la masse était en repos absolu; seulement, aux forces X, Y, Z, qui solliciteraient un élément du fluide s'il était en repos, il faut ajouter la force centrifuge qui est développée par la rotation. Si l'on nomme ω la vitesse angulaire et r la distance de l'élément considéré à l'axe de rotation, l'équation générale de l'équilibre sera

$$dp = \rho(X\,dx + Y\,dy + Z\,dz + \omega^2 r\,dr).$$

Cette équation a été donnée par Clairaut dans la *Théorie de la figure de la Terre* (page 101 de la deuxième édition).

1. *Un vase cylindrique de révolution, dont l'axe est vertical, contient un liquide homogène, sur lequel flotte un cylindre solide de révolution, qui a son axe en coïncidence avec celui du vase; tout le système est animé d'une rotation uniforme autour de l'axe commun des cylindres, et l'équilibre est établi. Dans cet état, le flotteur est moins élevé au-dessus du fond du vase que si le système était en repos. On demande d'exprimer la différence de hauteur due à la rotation, en fonction de la vitesse angulaire* ω *et des rayons* A *et* a *du vase et du cylindre flottant.*

Soient x la distance d'une molécule fluide au fond du vase, et r la distance de cette molécule à l'axe de rotation.

On a

$$dp = \rho(-g\,dx + \omega^2 r\,dr);$$

d'où

$$p = \rho\left(-gx + \frac{1}{2}\omega^2 r^2\right) + \text{const}.$$

On voit que la surface libre du liquide, sur laquelle la pression est nulle, a la forme d'un paraboloïde de révolution, le paramètre de la parabole génératrice étant $\frac{g}{\omega^2}$.

Soient P le poids du liquide contenu dans le vase, Q le poids du liquide déplacé par le flotteur, x_0 la distance du sommet du paraboloïde au fond du vase, et h la distance de la base immergée du flotteur au même plan.

Si l'on se rappelle que le volume d'un paraboloïde de révolution terminé par un plan perpendiculaire à l'axe est égal à la moitié du volume du cylindre circonscrit, on exprime facilement, en fonction des éléments du paraboloïde, le volume immergé du flotteur et le volume du liquide augmenté du volume immergé. On trouve

$$\frac{Q}{g\rho} = \pi a^2 \left(x_0 - h + \frac{\omega^2 a^2}{4g}\right),$$

$$\frac{P+Q}{g\rho} = \pi A^2 \left(x_0 + \frac{\omega^2 A^2}{4g}\right).$$

Éliminant x_0 entre ces équations, il vient

$$h = \frac{1}{\pi g \rho}\left(\frac{P+Q}{A^2} - \frac{Q}{a^2}\right) - \frac{\omega^2}{4g}(A^2 - a^2).$$

Dans cette valeur, le terme

$$\frac{\omega^2}{4g}(A^2 - a^2),$$

qui seul dépend de ω, et s'annule avec cette vitesse, mesure la différence de hauteur due à la rotation.

2. *On suppose une masse fluide, homogène et incompressible, animée d'un mouvement quelconque, dont les molécules s'attirent les unes les autres suivant la loi de la nature, et sont libres de toute action étrangère. Par l'effet du frottement des molécules, cette masse a tendu à prendre une figure invariable et une rotation uniforme autour d'un axe fixe. On demande si cette figure d'équilibre a pu être un ellipsoïde de révolution autour de l'axe de rotation, quel qu'ait été le mouvement primitif, et si plusieurs ellipsoïdes de révolution conviennent comme figure finale, pour un mouvement primitif donné. — Appliquer les formules obtenues à la détermination de l'aplatissement de la terre, en supposant que ce corps ait été primitivement une masse fluide, homogène et incompressible.*

Observons d'abord que la somme des moments des quantités de mouvement de la masse fluide, autour d'un axe de direction invariable mené par son centre de gravité, reste constante pendant toute la durée du mouvement. Or, si l'axe de révolution de l'ellipsoïde coïncide avec l'axe de rotation, il est finalement l'axe du plus grand moment des quantités de mouvement; donc il est parallèle à l'axe primitif du plus grand moment. Ainsi, le mouvement primitif étant connu, on connaît la direction de l'axe de révolution de l'ellipsoïde, et aussi la somme S des moments des quantités de mouvement qui s'y rapportent.

De plus, la masse M du fluide et sa densité ρ étant connues, la vitesse ω de la rotation de l'ellipsoïde ne dépend que d'une seule inconnue, l'excentricité de l'ellipse méridienne ou une fonction de cette excentricité.

En effet, l'axe de rotation étant pris pour axe des x, soient

$$(1) \qquad \frac{x^2}{A^2} + \frac{y^2 + z^2}{B^2} = 1$$

l'équation de l'ellipsoïde, et

$$\frac{B^2}{A^2} = 1 + \lambda^2,$$

en sorte que l'excentricité de l'ellipse méridienne soit $\frac{A}{B}\lambda$ ou $\frac{\lambda}{\sqrt{-1}}$, suivant que l'ellipsoïde est aplati ou allongé.

On a les relations

$$M = \frac{4}{3}\pi\rho A^3(1 + \lambda^2),$$

$$S = \frac{2}{5} MA^2(1 + \lambda^2)\,\omega;$$

d'où l'on tire

$$\omega = \frac{5}{2}\frac{S}{M}\left(\frac{4\pi\rho}{3M}\right)^{\frac{2}{3}}(1+\lambda^2)^{-\frac{1}{3}}.$$

Ceci posé, il faut chercher si l'ellipsoïde de révolution est bien une figure d'équilibre.

Nommons μ l'attraction de l'unité de masse sur l'unité de masse à l'unité de distance; et posons de suite, pour abréger,

$$P = 4\pi\mu\rho(1+\lambda^2)\frac{\lambda - \text{arc tang}\lambda}{\lambda^3},$$

$$Q = 4\pi\mu\rho\frac{(1+\lambda^2)\,\text{arc tang}\lambda - \lambda}{2\lambda^3}.$$

Les composantes de l'attraction que la masse ellipsoïdale exerce sur l'unité de masse située au point (x, y, z) sont [p. 326, form. (7)]

$$X = -Px, \quad Y = -Qy, \quad Z = -Qz;$$

d'ailleurs les composantes de la force centrifuge sont respectivement

$$0, \quad \omega^2 y, \quad \omega^2 z;$$

donc on a

$$\frac{1}{\rho}dp = -Pxdx - (Q-\omega^2)(ydy + zdz),$$

$$\frac{2}{\rho}p = -Px^2 - (Q-\omega^2)(y^2+z^2) + \text{const}.$$

L'équation de la surface libre est

$$Px^2 + (Q-\omega^2)(y^2+z^2) = \text{const}.$$

Pour que cette surface coïncide avec celle que nous avons supposée (1), il faut et il suffit que l'on ait

$$\frac{P}{1+\lambda^2} = Q - \omega^2,$$

ou bien, en remplaçant P, Q, ω par leurs valeurs,

$$(2)\qquad (1+\lambda^2)^{\frac{2}{3}}\frac{(3+\lambda^2)\operatorname{arc\,tang}\lambda-3\lambda}{\lambda^3}=\frac{25}{6}\frac{S^2}{\mu M^3}\left(\frac{4\pi\rho}{3M}\right)^{\frac{1}{3}}.$$

Telle est l'équation que doit vérifier λ.

Chaque racine positive donnera un ellipsoïde de révolution aplati, qui conviendra comme figure d'équilibre; chaque racine imaginaire de la forme $\theta\sqrt{-1}$, θ étant positif et inférieur à l'unité, donnera un ellipsoïde allongé, qui sera aussi une figure d'équilibre.

Montrons d'abord que, *quel que soit le mouvement primitif, la figure d'équilibre ne peut être un ellipsoïde de révolution allongé.*

Les puissances fractionnaires qui entrent dans les deux membres de l'équation (2) doivent être prises avec le même signe; nous les prendrons positivement. Alors la quantité connue qui forme le second membre sera positive; nous la représenterons par U.

Si nous faisons

$$\lambda=\theta\sqrt{-1},$$

il vient

$$\operatorname{arc\,tang}\lambda=\frac{\sqrt{-1}}{2}\log\frac{1+\theta}{1-\theta},$$

et, par suite, l'équation (2) se transforme en celle-ci :

$$\frac{(1-\theta^2)^{\frac{2}{3}}(3-\theta^2)}{\theta^3}\times\left(\log\frac{1+\theta}{1-\theta}-\frac{6\theta}{3-\theta^2}\right)=-2U.$$

Or cette équation ne peut être satisfaite par aucune valeur positive de θ inférieure à l'unité; car le second membre est négatif, et, des deux facteurs qui composent le premier membre, le premier est évidemment positif lorsque θ est compris entre zéro et l'unité, le second s'annule pour $\theta = 0$, et devient positif pour des valeurs de θ comprises entre zéro et l'unité, puisque sa dérivée

$$\frac{8\theta^4}{(1-\theta^2)(3-\theta^2)^2}$$

est positive pour des valeurs de θ comprises entre ces limites.

Si maintenant nous supposons l'ellipsoïde aplati, nous arriverons à ce théorème : *Pour un mouvement primitif donné, il est toujours un ellipsoïde de révolution aplati qui convient comme figure d'équilibre, et il n'en est qu'un seul.*

Observons d'abord que le premier membre de l'équation (2) s'annule pour $\lambda = 0$; car, si l'on remplace arc tang λ par son développement

$$\lambda - \frac{\lambda^3}{3} + \frac{\lambda^5}{5} - \frac{\lambda^7}{7} + \ldots,$$

lequel est convergent pour des valeurs de λ inférieures à l'unité, ce premier membre devient

$$(1+\lambda^2)^{\frac{2}{3}}\left(\frac{4}{15}\lambda^2 - \frac{8}{35}\lambda^4 + \ldots\right).$$

Le même premier membre devient infini pour $\lambda = \infty$; car il peut se mettre sous la forme

$$\lambda^{\frac{1}{3}}\left(1+\frac{1}{\lambda^2}\right)^{\frac{2}{3}}\left[\left(\frac{3}{\lambda^2}+1\right)\text{arc tang}\lambda - \frac{3}{\lambda}\right].$$

Ainsi, quelle que soit la valeur essentiellement positive du second membre, il y a toujours une valeur positive de λ qui rend le premier membre égal au second.

Cette valeur de λ qui vérifie l'équation est nécessairement unique. Pour le démontrer, il suffit de faire voir que la dérivée du premier membre de l'équation (2) est positive pour toute valeur positive de λ. Or, si l'on pose

$$f(\lambda) = \frac{(3+\lambda^2)\lambda}{3+2\lambda^2} - \operatorname{arc\,tang}\lambda,$$

la dérivée dont il s'agit devient

$$\frac{1}{3}(1+\lambda^2)^{-\frac{1}{3}}\left[\operatorname{arc\,tang}\lambda + 9\,\frac{3+2\lambda^2}{\lambda^4}f(\lambda)\right],$$

et tout est évidemment positif, sauf peut-être le facteur $f(\lambda)$; mais ce facteur est aussi positif, car il s'annule pour $\lambda = 0$, et sa dérivée

$$f'(\lambda) = \frac{\lambda^4(1+2\lambda^2)}{(1+\lambda^2)(3+2\lambda^2)^2}$$

est toujours positive.

Donc, en résumé, l'équation (2) a toujours une racine positive unique, ce qui démontre le théorème annoncé.

Maclaurin a démontré le premier ce résultat important, que la figure d'un ellipsoïde de révolution convient à l'équilibre d'une masse fluide en rotation. (*Traité des fluxions*, liv. I, ch. XIV, § 641.)

Appliquons ces formules à la terre. — La somme S dépend de la forme de la terre, de sa constitution intérieure et de sa vitesse de rotation ω. Les mesures géodésiques nous apprennent que la figure de la terre est sensiblement celle d'un ellipsoïde de révolution dont l'aplatissement $\frac{B-A}{B}$ est égal à $\frac{1}{299}$, et pour lequel, par conséquent, on a

$$1+\lambda^2 = \left(\frac{299}{298}\right)^2.$$

De plus, sans connaître la constitution intérieure de la terre, tout nous porte à croire que la densité va en diminuant du centre à la surface. Si nous calculons S dans l'hypothèse d'une densité constante, la valeur obtenue sera certainement trop grande; il en résultera une valeur trop grande pour la racine λ que nous trouverons en résolvant l'équation (2). Mais ceci a peu d'importance; car, lors même que nous donnerions à S sa véritable valeur, l'équation (2) ne pourrait pas nous fournir un résultat exact, puisqu'elle suppose la terre homogène.

D'après la valeur observée de l'aplatissement et les expressions de S et de M données au commencement de cet article, l'équation (2) devient

$$(3)\qquad (1+\lambda^2)^{\frac{2}{3}}\,\frac{(3+\lambda^2)\,\text{arc tang}\,\lambda - 3\lambda}{\lambda^3} = \frac{1}{2\pi\mu\rho}\left(\frac{299}{298}\right)^{\frac{4}{3}}\omega^2.$$

Pour calculer $2\pi\mu\rho$, nous nous servirons d'une proposition démontrée précédemment (p. 332), d'après laquelle on a

$$2\pi\mu\rho = \frac{3}{2}\,\frac{G}{r},$$

r désignant la distance du centre de la terre au parallèle dont la latitude est $l = \text{arc sin}\,\frac{1}{\sqrt{3}}$, et G représentant l'attraction de la terre sur un point de ce parallèle.

Les mesures géodésiques donnent pour l'ellipsoïde terrestre

$$A = 6\,356\,080^{\text{m}},\quad B = 6\,377\,398^{\text{m}};$$

on en tire, en négligeant le carré de l'aplatissement,

$$r = \sqrt{A^2 \sin^2 l + B^2 \cos^2 l} = B\left(1 - \frac{1}{2}\,\frac{B^2 - A^2}{B^2}\sin^2 l\right)$$
$$= B - (B - A)\sin^2 l = 6\,370\,292^{\text{m}}.$$

L'attraction G est la somme algébrique de la pesanteur et de la composante verticale de la force centrifuge. La pesanteur s'observe à l'aide du pendule: l'unité de longueur étant le mètre, et l'unité de temps la seconde de temps solaire moyen, elle est représentée à une latitude quelconque par la formule

$$g = 9,80557(1 - 0,002588 \cos 2l).$$

La force centrifuge se calcule; sa composante verticale a pour valeur

$$\frac{1}{289,44} g \cos^2 l.$$

Faisant $l = \arc \sin \frac{1}{\sqrt{3}}$, il vient

$$G = 9,81968.$$

La vitesse ω de la rotation de la terre est égale à $\frac{2\pi}{86164}$.

D'après ces valeurs, il est facile de calculer le second membre de l'équation (3).

Comme la valeur de λ doit être une petite fraction, on peut développer le premier membre de l'équation (3) suivant les puissances ascendantes de λ, et ne conserver que les premiers termes. En s'arrêtant aux sixièmes puissances de l'inconnue, on obtient l'équation

$$\lambda^2 - \frac{4}{21}\lambda^4 + \frac{2}{63}\lambda^6 = 0,00866263.$$

Elle se résout par la méthode des approximations successives.

Une première valeur est

$$\lambda_1^2 = 0,00866263;$$

une seconde valeur est

$$\lambda_2^2 = \lambda_1^2 + \frac{4}{21}\lambda_1^4 - \frac{2}{63}\lambda_1^6 = 0,00867690.$$

une troisième valeur est

$$\lambda_3^2 = \lambda_1^2 + \frac{4}{21}\lambda_2^4 - \frac{2}{63}\lambda_2^6 = 0,00867695.$$

Telle serait donc, dans notre hypothèse, la valeur de λ^2 pour l'ellipse méridienne de la terre.

On en conclut la valeur de l'aplatissement,

$$\frac{B-A}{B} = 1 - \frac{1}{\sqrt{1+\lambda^2}} = \frac{1}{2}\lambda^2 - \frac{3}{8}\lambda^4 + \frac{5}{16}\lambda^6$$
$$= 0,00431044 = \frac{1}{231,99}.$$

Cette valeur est un peu supérieure à celle que donnent les mesures géodésiques, $\frac{1}{299}$. La plus grande densité de la terre au centre qu'à la surface suffit pour rendre compte de cette différence.

Corollaire I. — Terminons en calculant la *pesanteur à la surface de l'ellipsoïde.*

Soit g la pesanteur au point (x, y, z) de la surface. Les composantes de cette force suivant les axes sont

$$-Px, \quad -Qy + \omega^2 y, \quad -Qz + \omega^2 z.$$

Nous avons donc

$$g = \sqrt{P^2 x^2 + (Q-\omega^2)^2 (y^2+z^2)},$$

ou bien, d'après la relation $\frac{P}{1+\lambda^2} = Q - \omega^2$,

$$g = \frac{P}{1+\lambda^2}\sqrt{(1+\lambda^2)^2 x^2 + (y^2+z^2)}.$$

Pour exprimer cette valeur en fonction de la latitude l du point considéré sur la surface, nous pouvons supposer que ce point soit situé dans le plan méridien des xy.

Alors l'équation de l'ellipse méridienne,

$$(1+\lambda^2)x^2+y^2=B^2,$$

nous donne

$$\frac{x\sqrt{1+\lambda^2}}{\sin l}=\frac{y}{\cos l\sqrt{1+\lambda^2}}=\frac{B}{\sqrt{1+\lambda^2\cos^2 l}};$$

par suite,

$$g=\frac{PA}{\sqrt{1+\lambda^2\cos^2 l}}.$$

Développant suivant les puissances ascendantes de λ^2, et négligeant λ^4, il vient, *pour le cas d'un ellipsoïde très-peu aplati*,

$$g=PA\left(1-\frac{1}{2}\lambda^2\right)+\frac{1}{2}PA\lambda^2\sin^2 l.$$

D'après cette formule, *la pesanteur varie proportionnellement au sinus carré de la latitude* (*). L'observation du pendule montre que ce résultat est applicable à la terre.

La formule précédente peut s'écrire

$$g=K(1-K'\cos 2l),$$

K et K′ étant deux constantes, dont la première mesure la pesanteur à la latitude de 45 degrés, et dont la seconde est le quotient que l'on obtient en divisant la différence entre la pesanteur à 45 degrés et la pesanteur à l'équateur par la pesanteur à 45 degrés. L'observation du pendule fait connaître les valeurs de ces constantes pour la terre, et l'on obtient ainsi la formule déjà citée,

$$g=9{,}80557\,(1-0{,}002588\cos 2l).$$

Corollaire II. — On peut encore observer que les composantes de la pesanteur au point (x, y, z) de la

(*) Nous avons vu (p. 330) qu'il en est de même pour l'attraction.

surface, dirigées suivant les axes coordonnés, sont, à un facteur constant près, les dérivées partielles de la fonction de x, y, z qui, égalée à l'unité, représente l'ellipsoïde. Il s'ensuit que la pesanteur elle-même est égale, sauf un facteur constant, à la racine carrée de la somme des carrés des trois dérivées partielles. Or cette racine est précisément l'inverse de la perpendiculaire abaissée du centre sur le plan tangent à la surface au point (x, y, z). Par conséquent, *la pesanteur à la surface de l'ellipsoïde est inversement proportionnelle à la perpendiculaire abaissée du centre sur le plan tangent à la surface au point considéré.* Cette remarque est de M. Liouville (*Journ. de Math.*, t. VIII, p. 360; 1843).

Si l'on nomme p cette perpendiculaire, on a

$$g = \frac{\text{const.}}{p};$$

d'ailleurs, à l'équateur $p = B$ et $g = B(Q - \omega^2)$; donc la constante est égale à $B^2(Q - \omega^2)$, et, par suite,

$$g = \frac{B^2(Q - \omega^2)}{p}.$$

3. *Montrer qu'un ellipsoïde à trois axes inégaux peut être la figure d'équilibre d'une masse fluide homogène, dont les molécules s'attirent suivant la loi de nature, et qui est animée d'une rotation uniforme autour de l'un des axes de l'ellipsoïde.*

Soient M, μ, ρ, ω les mêmes quantités que dans le problème précédent, et A, B, C les longueurs des demi-axes de l'ellipsoïde, le premier étant l'axe de rotation.

Posons

$$\frac{B^2}{A^2} = 1 + \lambda^2, \quad \frac{C^2}{A^2} = 1 + \lambda'^2;$$

λ^2 et λ'^2 pourront être positifs ou négatifs; mais, dans ce dernier cas, leurs valeurs numériques seront nécessairement inférieures à l'unité, puisque $\frac{\lambda}{\sqrt{-1}}$ et $\frac{\lambda'}{\sqrt{-1}}$ seront alors les excentricités de deux sections principales. L'équation de l'ellipsoïde sera

$$(1) \qquad x^2 + \frac{y^2}{1+\lambda^2} + \frac{z^2}{1+\lambda'^2} = A^2.$$

Posons encore (p. 325)

$$P = 4\pi\mu\rho(1+\lambda^2)^{\frac{1}{2}}(1+\lambda'^2)^{\frac{1}{2}}\int_0^1 \frac{u^2\,du}{(1+\lambda^2u^2)^{\frac{1}{2}}(1+\lambda'^2u^2)^{\frac{1}{2}}},$$

$$Q = 4\pi\mu\rho(1+\lambda^2)^{\frac{1}{2}}(1+\lambda'^2)^{\frac{1}{2}}\int_0^1 \frac{u^2\,du}{(1+\lambda^2u^2)^{\frac{3}{2}}(1+\lambda'^2u^2)^{\frac{1}{2}}},$$

$$R = 4\pi\mu\rho(1+\lambda^2)^{\frac{1}{2}}(1+\lambda'^2)^{\frac{1}{2}}\int_0^1 \frac{u^2\,du}{(1+\lambda^2u^2)^{\frac{1}{2}}(1+\lambda'^2u^2)^{\frac{3}{2}}}.$$

Nous trouverons, de la même manière qu'au problème précédent, pour l'équation de l'équilibre de la masse fluide,

$$\frac{1}{\rho}\,dp = -Px\,dx - (Q-\omega^2)y\,dy - (R-\omega^2)z\,dz,$$

et pour l'équation de la surface libre,

$$Px^2 + (Q-\omega^2)y^2 + (R-\omega^2)z^2 = \text{const}.$$

Cette dernière équation devant coïncider avec l'équation (1), il en résulte les conditions

$$(Q-\omega^2)(1+\lambda^2) = P,$$
$$(R-\omega^2)(1+\lambda'^2) = P,$$

que l'on peut remplacer par les deux relations équivalentes

$$(2)\qquad (Q - R)(1 + \lambda^2)(1 + \lambda'^2) = P(\lambda'^2 - \lambda^2),$$

$$(3)\qquad 2\omega^2 = Q + R - P\left(\frac{1}{1+\lambda^2} + \frac{1}{1+\lambda'^2}\right).$$

Admettons que l'on se donne, comme dans le problème précédent, non la vitesse angulaire, mais la somme S des moments des quantités de mouvement autour de l'axe de rotation.

Nous aurons

$$S = \frac{\omega M}{5}(B^2 + C^2) = \frac{\omega M A^2}{5}(1 + \lambda^2 + 1 + \lambda'^2),$$

$$M = \frac{4}{3}\pi\rho A^3 (1 + \lambda^2)^{\frac{1}{2}}(1 + \lambda'^2)^{\frac{1}{2}};$$

d'où

$$\omega^2 = \frac{25 S^2}{M^2}\left(\frac{4\pi\rho}{3M}\right)^{\frac{4}{3}} \frac{(1+\lambda^2)^{\frac{2}{3}}(1+\lambda'^2)^{\frac{2}{3}}}{(1+\lambda^2+1+\lambda'^2)^2}.$$

Remplaçant P, Q, R, ω^2 par leurs valeurs, les équations (2) et (3) deviennent

$$(4)\quad \begin{cases} (1+\lambda^2)(1+\lambda'^2)(\lambda'^2-\lambda^2)\displaystyle\int_0^1 \frac{u^4\,du}{(1+\lambda^2u^2)^{\frac{3}{2}}(1+\lambda'^2u^2)^{\frac{3}{2}}} \\ \quad = (\lambda'^2-\lambda^2)\displaystyle\int_0^1 \frac{u^2\,du}{(1+\lambda^2u^2)^{\frac{1}{2}}(1+\lambda'^2u^2)^{\frac{1}{2}}}, \end{cases}$$

$$(5)\quad \begin{cases} \dfrac{50}{3}\dfrac{S^2}{\mu M^3}\left(\dfrac{4\pi\rho}{3M}\right)^{\frac{1}{3}} \\ \quad = \dfrac{(2+\lambda^2+\lambda'^2)^2}{(1+\lambda^2)^{\frac{7}{6}}(1+\lambda'^2)^{\frac{7}{6}}}\displaystyle\int_0^1 \frac{u^2(1-u^2)[\lambda^2+\lambda'^2+2\lambda^2\lambda'^2+(2+\lambda^2+\lambda'^2)\lambda^2\lambda'^2u^2]\,du}{(1+\lambda^2u^2)^{\frac{3}{2}}(1+\lambda'^2u^2)^{\frac{3}{2}}}. \end{cases}$$

Cette équation (5) nous donnera une valeur réelle de S pour tout système de valeurs positives attribuées à λ^2 et à λ'^2; car l'intégrale qui figure au second membre aura tous ses éléments positifs. Ainsi, pour démontrer le théorème que nous avons en vue, il nous reste à faire voir que l'équation (4) peut être satisfaite par deux valeurs positives et différentes l'une de l'autre attribuées respectivement à λ^2 et à λ'^2.

L'équation (4) admet la solution $\lambda^2 = \lambda'^2$, qui répond à l'ellipsoïde de révolution discuté dans l'article précédent. Supprimant le facteur $\lambda'^2 - \lambda^2$, l'équation peut s'écrire

$$(6) \qquad \int_0^1 \frac{u^2(1-u^2)(1-\lambda^2\lambda'^2u^2)\,du}{(1+\lambda^2u^2)^{\frac{3}{2}}(1+\lambda'^2u^2)^{\frac{3}{2}}} = 0.$$

Cette équation ne peut être satisfaite que par des valeurs de λ^2 et de λ'^2 toutes deux positives; car si λ^2 et λ'^2 étaient de signes contraires, le facteur $(1 - \lambda^2\lambda'^2u^2)$ serait positif, et tous les éléments de l'intégrale seraient positifs. La même chose aurait lieu si λ^2 et λ'^2 étaient tous deux négatifs, car alors leurs valeurs numériques seraient inférieures à l'unité, en sorte que le facteur $(1 - \lambda^2\lambda'^2u^2)$ resterait positif dans les limites de l'intégration. Nous voyons par là que *l'axe de rotation est nécessairement le plus petit des trois axes principaux*, si toutefois l'ellipsoïde est une figure d'équilibre quand la rotation s'effectue autour de l'un des trois axes.

Donnons à λ^2 une valeur positive et finie, mais quelconque. Pour toute valeur de λ'^2 positive et inférieure à $\frac{1}{\lambda^2}$, tous les éléments de l'intégrale seront positifs et finis; cette intégrale ne sera pas nulle. Donc l'équation ne peut être satisfaite à moins que l'une des quantités λ^2, λ'^2 ne soit supérieure à l'unité. On en conclut que dans la figure d'équilibre l'un des rapports $\frac{B}{A}$, $\frac{C}{A}$ est supérieur à $\sqrt{2}$.

Ainsi, *l'ellipsoïde à trois axes inégaux doit différer sensiblement d'une sphère, et, par suite, on ne peut pas admettre que sa figure soit celle de la terre.*

Maintenant, λ^2 restant toujours positif, fini, mais quelconque, faisons converger λ'^2 vers l'infini. L'intégrale deviendra négative pour une valeur suffisamment grande de λ'^2. On s'en assure en développant le rapport $\dfrac{1 - \lambda^2\lambda'^2 u^2}{(1+\lambda'^2 u^2)^{\frac{3}{2}}}$ suivant les puissances décroissantes de λ'^2; car alors l'intégrale devient

$$\frac{\lambda^2}{\lambda'}\int_0^1 \frac{u^2-1}{u(1+\lambda^2 u^2)^{\frac{3}{2}}}\left(u^2 - \frac{1}{\lambda^2\lambda'^2}\right)\left(1 - \frac{3}{2}\frac{1}{\lambda'^2 u^2} + \ldots\right)du,$$

et sous cette forme on voit clairement que pour des valeurs très-grandes de λ'^2, tous les éléments dans lesquels u n'est pas très-petit sont négatifs. Il en résulte que *l'ellipsoïde à trois axes inégaux peut être une figure d'équilibre.*

Ce théorème remarquable a été annoncé par Jacobi, en 1834, dans une lettre à l'Académie des Sciences de Paris. M. Liouville (*) en a aussitôt présenté une démonstration, qui a été publiée dans le XXIIIe Cahier du *Journal de l'École Polytechnique.*

Plus tard, M. Meyer, de Kœnigsberg (**), a tiré plusieurs résultats intéressants de la discussion attentive des formules. Ainsi, on reconnaîtra sans peine que, si l'on augmente indéfiniment la somme des moments des quantités de mouvement en même temps que l'on diminue

(*) M. Liouville a écrit sur le même sujet deux autres Mémoires, qui ont été publiés dans les *Additions à la Connaissance des Temps* pour 1846 et pour 1855. Le dernier est relatif à la stabilité de l'équilibre de la masse fluide. Ces deux Mémoires ont été reproduits dans le *Journal de Mathématiques*, t. XVI et t. XX.

(**) *Journal de M. Crelle*, t. XXIV, p. 44; 1842.

indéfiniment la vitesse de rotation, l'ellipsoïde à trois axes inégaux de Jacobi devient une aiguille très-allongée; tandis que, dans la même hypothèse, l'ellipsoïde de révolution de Maclaurin devient un disque très-étendu; dans les deux figures, l'axe de rotation est le plus petit des trois axes principaux. Comme la rotation est nulle à la limite, il s'ensuit que *la sphère n'est pas la seule figure d'équilibre d'une masse fluide en repos*. Le même géomètre a démontré que, pour un mouvement donné, il n'est jamais plusieurs ellipsoïdes à trois axes inégaux qui soient figures d'équilibre; et même, si la somme des moments des quantités de mouvement devient inférieure à une certaine limite, l'ellipsoïde à trois axes inégaux cesse de convenir comme figure d'équilibre. L'ellipsoïde qui était possible au delà de la limite est venu se confondre avec l'ellipsoïde de Maclaurin, quand la somme des moments des quantités de mouvement a diminué jusqu'à la limite qu'elle ne peut dépasser.

Ce dernier résultat se déduit aisément des formules auxquelles nous sommes parvenus. En effet, si l'on se rappelle que λ^2 et λ'^2 sont nécessairement positifs et que l'une de ces quantités est supérieure à l'unité, on voit de suite que le second membre de l'équation (5) admet un minimum relativement aux variables λ^2 et λ'^2, lesquelles sont assujetties à vérifier la relation (6). En outre, ce minimum répond à des valeurs égales des deux variables; car la relation (6) et la fonction qu'il s'agit de rendre un minimum ne sont point altérées par la permutation des lettres λ^2 et λ'^2. Ces valeurs communes sont les racines supérieures à l'unité de l'équation que l'on obtient en posant $\lambda'^2 = \lambda^2$ dans la relation (6).

Cette équation est la suivante :

$$\lambda(3 + 13\lambda^2) - (3 + 14\lambda^2 + 3\lambda^4)\,\text{arc tang}\,\lambda = 0.$$

Elle n'admet qu'une seule racine supérieure à l'unité, savoir,

$$\lambda = 1,3946.$$

Il s'ensuit que l'ellipsoïde à trois axes inégaux devient un ellipsoïde de révolution, où l'excentricité de l'ellipse méridienne est 0,8126, à l'instant où la quantité $\frac{S^2}{\mu M^3}\left(\frac{4\pi\rho}{3M}\right)^{\frac{1}{3}}$ atteint en décroissant la valeur 0,0922; au delà l'ellipsoïde à trois axes inégaux est impossible.

Terminons en observant que sur l'ellipsoïde à trois axes inégaux, comme sur l'ellipsoïde de révolution (p. 461), la pesanteur est inversement proportionnelle à la perpendiculaire abaissée du centre sur le plan tangent à la surface au point considéré. La démonstration est la même pour les deux cas.

4. *Un tube coudé à angle droit contient une colonne liquide qui ne peut se diviser. Une des branches étant horizontale et l'autre verticale, on fait tourner le tube avec une vitesse constante autour d'un axe vertical qui passe à l'extrémité de la branche horizontale, et l'équilibre s'établit. Trouver la relation qui existe entre la vitesse angulaire* ω, *la hauteur* h *de la colonne verticale, la longueur* l *de la colonne horizontale et la longueur* a *de la branche horizontale du tube.*

On trouve

$$h = \frac{2al - l^2}{2g}\omega^2.$$

DUCREST, *Essais sur les Machines hydrauliques*, p. 229; 1777.

5. *Une demi-sphère creuse et homogène, renversée sur un plan horizontal, est exactement remplie d'un liquide homogène, de densité connue* ρ. *Tout le système tourne autour de l'axe de la demi-sphère avec une vitesse*

angulaire constante et donnée ω. Déterminer le plus petit poids que puisse avoir le vase, sans que le liquide s'échappe en le soulevant.

Nommant a le rayon intérieur de la demi-sphère, on trouve que le poids doit être au moins égal à

$$\pi\rho a^3\left(\frac{1}{3}g + \frac{1}{4}\omega^2 a\right).$$

6. *Un cylindre circulaire et vertical, exactement rempli d'un liquide homogène de densité connue ρ, est fermé par un disque homogène, égal à la base de la surface interne, et mobile autour d'une charnière fixée à la paroi. Le système tourne autour de l'axe du vase avec une vitesse angulaire constante et donnée ω. Déterminer le plus petit poids que puisse avoir le couvercle, sans que le liquide s'échappe en le soulevant.*

Nommant a le rayon intérieur du cylindre, on trouve que le poids du disque doit être au moins égal à

$$\frac{1}{4}\pi\rho\omega^2 a^4.$$

7. *Un cylindre circulaire et vertical, contenant une quantité de liquide dont le poids joint à celui du vase est égal à Q, est réuni à un contre-poids mobile P par l'intermédiaire d'un cordon sans masse engagé sur une poulie fixe. Le système monte ou descend sous l'action de la pesanteur, pendant que le vase tourne autour de son axe avec une vitesse angulaire constante ω. On suppose le liquide parvenu à l'état d'équilibre dans lequel sa figure est invariable, et l'on demande de déterminer la forme de la surface libre.*

Cette surface est un paraboloïde de révolution autour

de l'axe du vase; le paramètre de la parabole génératrice est

$$\frac{2P}{P+Q}\frac{g}{\omega^2}.$$

8. *Un vase de dimensions connues, qui a la forme d'un cône droit, ouvert par sa base, tourne avec une vitesse angulaire constante ω autour de son axe, qui est vertical. On demande quel est le volume du liquide qu'il peut contenir dans cet état de rotation, et quelle est la plus petite vitesse de rotation qui ne permette à aucune molécule du fluide de rester dans le vase.*

Soient h la hauteur du cône et a le rayon de la base.

Pour une vitesse de rotation quelconque ω, le volume du liquide contenu dans le vase est au plus égal au volume qui remplirait le vase, diminué de $\frac{\pi\omega^2 a^4}{4g}$.

La plus petite vitesse ω qui chasse nécessairement tout le liquide hors du vase est

$$\frac{2}{\sqrt{3}}\frac{\sqrt{gh}}{a}.$$

9. *Une sphère creuse, exactement remplie d'un liquide, et percée d'un petit orifice à son extrémité inférieure, tourne uniformément autour de son diamètre vertical. On demande quelle est la vitesse de rotation nécessaire pour empêcher le liquide de s'écouler tout entier par l'orifice.*

Si l'on nomme a le rayon de la sphère, on trouve que la vitesse angulaire cherchée est égale au rapport $\frac{\sqrt{g}}{\sqrt{a}}$.

10. *Un cylindre de révolution, qui contient une masse d'air connue, tourne uniformément autour de son axe*

avec le fluide qu'il renferme. Déterminer la densité de l'air en un point donné, et la pression totale exercée sur la surface latérale du cylindre, en négligeant l'action de la pesanteur sur le fluide.

Soient M la masse du fluide, k le rapport constant de la pression à la densité, a le rayon intérieur du cylindre, h la hauteur du cylindre et ω la vitesse de rotation.

La densité du fluide à une distance de l'axe égale à r est

$$\frac{M\omega^2}{2\pi hk}\,\frac{e^{\frac{\omega^2 r^2}{2k}}}{e^{\frac{\omega^2 a^2}{2k}}-1},$$

par suite, la pression totale exercée sur la surface courbe est

$$Ma\omega^2\,\frac{e^{\frac{\omega^2 a^2}{2k}}}{e^{\frac{\omega^2 a^2}{2k}}-1}.$$

HYDRODYNAMIQUE.

CHAPITRE PREMIER.

MOUVEMENT PERMANENT DES FLUIDES.

On dit que le mouvement d'un fluide est *permanent*, lorsque la pression reste constamment la même en tout point fixe de l'espace occupé par la masse fluide, et qu'en outre les molécules qui passent successivement à ce point ont toutes la même vitesse et la même direction.

SECTION I.

MOUVEMENT PERMANENT DES LIQUIDES ET DES GAZ SANS FROTTEMENT.

Considérons un point fixe de l'espace occupé par la masse fluide en mouvement.

Soient :

x, y, z les coordonnées de ce point;

p la pression rapportée à l'unité de surface au même point;

ρ la densité du fluide;

v sa vitesse;

X, Y, Z les composantes parallèles aux axes de la force accélératrice extérieure qui sollicite les molécules du fluide à l'instant où elles passent au point considéré.

On a l'équation

$$(A) \qquad dp = \rho\left(X dx + Y dy + Z dz - \frac{1}{2} d.v^2\right);$$

d'où l'on voit que le mouvement permanent serait impossible, si $X dx + Y dy + Z dz$ n'était pas la différentielle exacte d'une fonction des coordonnées x, y, z, considérées comme variables indépendantes.

Supposons qu'il s'agisse d'un fluide sollicité par la seule force de la pesanteur, dont toutes les molécules traversent successivement deux plans horizontaux, dans des directions normales et avec une même vitesse. Si l'on nomme ω l'aire de la section faite dans la masse fluide par l'un des deux plans, v la vitesse et ρ la densité correspondantes, ω_0, v_0 et ρ_0 les quantités analogues pour la section faite par le second plan, on aura l'équation

$$\omega\rho v = \omega_0 \rho_0 v_0,$$

qui, jointe à la formule (A) et à la relation qui lie entre elles la densité et la pression, suffira pour déterminer toutes les circonstances de l'écoulement à travers une section, lorsque l'état du fluide sur l'autre section sera connu.

S'il s'agit d'un *liquide*, nommant p et p_0 les pressions correspondantes aux deux sections, et z la distance de la section ω au-dessous du plan de l'autre section, on aura

$$v = \sqrt{\frac{2(p_0 - p) + 2g\rho z}{\rho\left(1 - \frac{\omega^2}{\omega_0^2}\right)}}.$$

La quantité $z + \frac{p_0 - p}{g\rho}$ se nomme la *charge* sous laquelle a lieu l'écoulement.

Cette formule peut, sans erreur notable, s'appliquer au cas où les sections ω et ω_0 ne sont pas horizontales, pourvu que dans chacune d'elles les différences de niveau entre les différents points soient toutes très-petites; car alors il n'y a pas grande erreur à supposer que la pression et la vitesse soient les mêmes en tout point de chaque section.

Quand la section ω_0 est horizontale et beaucoup plus grande que la section ω, on peut négliger le rapport $\frac{\omega^2}{\omega_0^2}$; alors la formule exprime le théorème de Torricelli :

Lorsqu'un liquide, maintenu dans un vase à un niveau constant, s'écoule par un petit orifice dans un milieu où la pression est la même qu'à la surface de niveau, la vitesse du liquide à sa sortie est égale à celle qui serait due à la hauteur du niveau.

Ce théorème se vérifie facilement par l'expérience. En effet, supposons qu'on ait placé sur un plan horizontal un vase prismatique, où le liquide soit maintenu à un niveau constant, tandis qu'il s'échappe par un petit orifice percé dans l'une des faces verticales. Soient z la hauteur du niveau au-dessus de l'orifice, z_1 la hauteur de l'orifice au-dessus du plan horizontal, et $2a$ la distance de la verticale menée par l'orifice au point où la veine tombe sur le plan horizontal, quand le mouvement permanent est établi.

Si le théorème de Torricelli est applicable, le carré construit sur la ligne a doit être égal au rectangle construit sur les lignes z et z_1. Car chaque molécule de la veine liquide peut être considérée comme un projectile, lancé de l'orifice dans une direction horizontale avec la vitesse $\sqrt{2gz}$. Par suite, en négligeant la résistance de l'air, qui a peu d'influence dans un petit parcours, la molécule liquide emploie le temps $\frac{2a}{\sqrt{2gz}}$ pour parcourir la distance horizontale $2a$, et le temps $\sqrt{\frac{2z_1}{g}}$ pour parcourir la distance verticale z_1 sous l'influence de la pesanteur. Égalant ces deux temps, il vient

$$a^2 = zz_1.$$

On trouve que cette relation se vérifie quand l'orifice est percé en *mince paroi*, c'est-à-dire quand l'épaisseur de la paroi est moindre que la moitié de la plus petite dimension de l'ouverture. Si, pour des parois plus épaisses, on avait $a^2 = (z - \varepsilon) z_1$, la vitesse de sortie serait égale à $\sqrt{2g(z-\varepsilon)}$; alors, la perte de force vive initiale par unité de poids de liquide écoulé serait égale à 2ε.

Dans le cas d'un orifice percé en mince paroi, le volume V du liquide écoulé pendant le temps t serait $\omega\sqrt{2gz}\, t$, si l'on pouvait supposer, comme nous l'avons fait, que la vitesse des molécules est exactement perpendiculaire au plan de l'orifice. Mais on conçoit que les molécules liquides, se rendant à l'orifice de tous les points du vase, y arrivent en général avec une direction inclinée, en décrivant une ligne courbe; de là naissent des forces centrifuges, qui augmentent la pression à l'orifice de dehors en dedans et, par cela même, diminuent la quantité de liquide qui s'écoule. En effet, on reconnaît que le volume du liquide écoulé pendant le temps t n'est qu'une fraction de la quantité $\omega\sqrt{2gz}\, t$, égale sensiblement à 0,62, tant que le diamètre de l'ouverture n'excède pas 10 millimètres. D'un autre côté, on observe que la veine liquide se contracte à une petite distance de l'orifice, égale à peu près au diamètre de l'ouverture, et conserve au delà une section constante, dont l'aire est à peu près les 0,64 de l'aire de l'ouverture. D'après cela, on peut substituer l'aire de la section contractée à celle de l'orifice dans la formule $V = \omega\sqrt{2gz}\, t$; ou bien conserver l'aire de l'orifice, et multiplier le volume du liquide calculé dans cette hypothèse par le coefficient 0,62 : dans les deux cas on arrivera à des résultats sensiblement conformes à ceux de l'expérience.

Torricelli énonça la loi de l'écoulement des liquides à la fin de son Traité *De motu gravium naturaliter accelerato*, publié en 1643 ; elle n'était pour lui qu'un résultat de l'observation. Newton, dans ses *Principes* (liv. II, pr. 36), et Varignon, dans les *Mémoires de l'Académie des Sciences de Paris* pour l'année 1703 (p. 238), s'efforcèrent de tirer cette loi des principes admis en Mécanique; mais leurs raisonnements ne furent point à l'abri d'objections graves.

Toutefois, les recherches de Newton ne furent point infructueuses; elles l'amenèrent à découvrir le phénomène de la contraction de la veine. Ses observations à ce sujet lui fournirent une valeur du coefficient de contraction peu différente de celle qu'on adopte aujourd'hui.

Ce fut Daniel Bernoulli qui le premier démontra le théorème de Torricelli d'une manière tout à fait satisfaisante; et même il établit la formule citée précédemment, qui est plus générale. Sa démonstration n'est qu'une simple application du principe des forces vives. Elle parut d'abord dans les *Commentaires de Saint-Pétersbourg*, en 1727 (p. 111), et fut développée plus tard dans l'*Hydrodynamique* du même auteur.

Considérons maintenant un *fluide élastique*.

Posant $p = k\rho$, et conservant d'ailleurs la même notation, on arrive à la formule

$$v = \sqrt{\frac{2gz + 2k\log\frac{p_0}{p}}{1 - \frac{\omega^2 p^2}{\omega_0^2 p_0^2}}}.$$

Lorsque la distance z des deux sections n'est pas très-considérable, on peut négliger le terme $2gz$, à cause de la petitesse du rapport $\frac{g}{k}$.

Cette formule s'applique au cas où les sections ne sont point horizontales, pourvu que leurs dimensions verticales ne soient pas considérables.

Si de plus le rapport $\frac{\omega}{\omega_0}$ est très-petit, la formule peut se réduire à celle-ci :

$$v = \sqrt{2k \log \frac{p_0}{p}}.$$

1. *On suppose un vase dont la surface intérieure est un demi-ellipsoïde ouvert suivant un plan principal. L'ouverture est horizontale, et la concavité tournée vers le haut. On demande de couper le vase par un second plan horizontal, de manière qu'en maintenant le vase toujours rempli d'un liquide, la vitesse du liquide qui s'écoule par l'ouverture inférieure soit un minimum. On demande encore de déterminer le plan sécant par la condition que le volume du liquide qui s'écoule dans un temps donné soit un maximum.*

Soient a, b, c les demi-axes de l'ellipsoïde, le dernier de ces axes étant vertical, et soit z la distance du plan sécant au niveau constant du liquide.

La vitesse du liquide, à sa sortie par l'ouverture inférieure, est

$$\sqrt{\frac{2gz}{1-\left(1-\frac{z^2}{c^2}\right)^2}}.$$

Cette vitesse sera un minimum quand le binôme $2c^2z - z^3$ sera un maximum, c'est-à-dire quand on aura

$$z = c\sqrt{\frac{2}{3}}.$$

Le volume du liquide qui s'écoule dans l'unité de temps est

$$\pi ab\left(1-\frac{z^2}{c^2}\right)\sqrt{\frac{2gz}{1-\left(1-\frac{z^2}{c^2}\right)^2}}.$$

Ce volume sera un maximum en même temps que la fraction

$$\frac{(c^2-z^2)^2}{2c^2z-z^3},$$

c'est-à-dire quand on aura

$$z^2=c^2\,\frac{3+\sqrt{17}}{2}.$$

MOSELEY's *Hydrostatics*, p. 165 et 166.

2. *Déterminer le volume du liquide qui s'écoule dans un temps donné, par une ouverture circulaire de dimensions finies, pratiquée dans la paroi verticale d'un vase où le niveau est maintenu constamment à la même hauteur.*

Soient r le rayon de l'ouverture circulaire, nr la distance du centre de ce cercle au niveau du liquide, et θ l'angle d'un rayon quelconque avec la verticale qui est dirigée de bas en haut

Décomposons l'aire de l'ouverture en tranches horizontales infiniment minces. L'aire d'une tranche sera

$$2r\sin\theta\times -d.r\cos\theta=2r^2\sin^2\theta\,d\theta,$$

et sa distance au niveau,

$$nr-r\cos\theta.$$

Le volume du liquide qui s'écoule pendant le temps t, à travers l'une de ces tranches, est

$$t\sqrt{2g(nr-\cos\theta)}\,2r^2\sin^2\theta\,d\theta;$$

et, par suite, le volume V du liquide qui s'écoule dans le même temps par l'ouverture entière est égal à

$$2t\sqrt{2ngr^5}\int_0^\pi \sin^2\theta\left(1-\frac{\cos\theta}{n}\right)^{\frac{1}{2}}d\theta.$$

Or, d'une part,

$$\left(1-\frac{\cos\theta}{n}\right)^{\frac{1}{2}}=1-\frac{1}{1}\frac{\cos\theta}{2n}-\frac{1.1}{1.2}\frac{\cos^2\theta}{2^2n^2}-\frac{1.1.3}{1.2.3}\frac{\cos^3\theta}{2^3n^3}$$
$$-\frac{1.1.3.5}{1.2.3.4}\frac{\cos^4\theta}{2^4n^4}-\ldots;$$

d'autre part,

$$\int_0^\pi \sin^2\theta\cos^i\theta\,d\theta=\frac{1}{i+2}\int_0^\pi \cos^i\theta\,d\theta$$
$$=\begin{cases}\dfrac{1.3.5\ldots(i-1)}{2.4.6\ldots\quad i}\dfrac{1}{i+2}, & \text{si } i \text{ est pair;}\\ 0, & \text{si } i \text{ est impair.}\end{cases}$$

Donc,

$$V=t\pi\sqrt{2ngr^5}\left(1-\frac{1}{2}\frac{1}{4}\frac{1}{2^2n^2}-\frac{1.3.5}{2.3.4}\frac{3}{4}\frac{1}{6}\frac{1}{2^4n^4}\right.$$
$$\left.-\frac{1.3.5.7.9}{2.3.4.5.6}\frac{3.5}{4.6}\frac{1}{8}\frac{1}{2^6n^6}-\ldots\right).$$

Dans le cas particulier où le niveau du liquide affleure le sommet de l'orifice, l'intégration peut s'effectuer en quantités finies, et l'on trouve

$$V=\frac{64}{15}\sqrt{2gr^5}\,t.$$

Bossut, *Traité d'Hydrodynamique*, t. I, p. 266.

3. *Démontrer que les paraboles décrites par les filets liquides qui s'échappent à travers de petits orifices, pratiqués dans la paroi d'un cylindre vertical où le liquide est maintenu à un niveau constant, sont toutes tangentes à un même cône, dont les génératrices font avec la verticale un angle de 45 degrés.*

4. *Trois vases* A, B, C, *à larges sections, ouverts à leur partie supérieure, sont placés l'un à côté de l'autre. Le vase* A *communique avec le vase* B *par un petit orifice dont l'aire est* ω; *le vase* B *communique avec le vase* C *par un petit orifice dont l'aire est* ω'; *enfin le vase* C *communique avec l'extérieur par un petit orifice dont l'aire est* ω''. *Ces trois orifices sont situés dans un même plan horizontal. L'arrivée continuelle d'une veine liquide dans le vase* A *y maintient le niveau du liquide à une hauteur constante* h *au-dessus du plan des trois orifices; et l'on suppose que le mouvement permanent soit établi. Il s'agit de déterminer le volume du liquide qui traverse l'un quelconque des trois orifices pendant l'unité de temps.*

Le volume cherché est

$$\sqrt{\frac{2gh}{\frac{1}{\omega^2}+\frac{1}{\omega'^2}+\frac{1}{\omega''^2}}}.$$

Bossut, *ibid.*, p. 269.

5. *Trouver la quantité d'eau qui s'écoule dans l'unité de temps à travers une ouverture rectangulaire, dont deux côtés sont verticaux, et qui est pratiquée dans la paroi d'un vase où le niveau est maintenu constamment à la même hauteur.*

Soient a la largeur de l'ouverture, h et h' les distances du bord supérieur et du bord inférieur au niveau du liquide.

Le volume cherché est

$$\frac{2}{3}a\sqrt{2g}\left(h'^{\frac{3}{2}}-h^{\frac{3}{2}}\right).$$

Bossut, *ibid.*, p. 261.

6. *Un vase qui a la forme d'un paraboloïde de révolution, ouvert suivant deux sections horizontales perpendiculaires à l'axe, laisse échapper le liquide qu'il contient, tandis qu'une égale quantité de liquide arrive à l'ouverture supérieure, et maintient le vase constamment rempli. On admet que le mouvement soit permanent; et l'on propose de trouver la relation qui existe entre le volume du liquide qui s'écoule dans l'unité de temps et les distances du sommet du paraboloïde aux plans des deux ouvertures.*

Si l'on nomme p le paramètre de la parabole méridienne, x et x' les distances du sommet du paraboloïde à l'ouverture supérieure et à l'ouverture inférieure, et V le volume du liquide qui s'écoule dans l'unité de temps, on trouve la relation

$$\left(\frac{\pi p x x'}{2V}\right)^2 = \frac{x + x'}{2g}.$$

Moseley's *Hydrostatics*, p. 165.

SECTION II.

MOUVEMENT PERMANENT DES LIQUIDES AVEC FROTTEMENT.

1. *Effet d'un élargissement brusque de section dans une conduite d'eau. — Effet d'un coude.* — Considérons un liquide arrivant par l'orifice AB dans une conduite CDB'A' d'un plus grand diamètre. Nous supposerons que les sections AB, A'B' sont assez petites, ou du moins que la charge sous laquelle le liquide s'écoule est assez grande relativement à l'aire des sections, pour qu'on puisse considérer comme égales les vitesses correspondantes à tous les points d'une même section, lors même que son plan ne serait pas horizontal. Nous ad-

mettrons encore que le liquide traverse perpendiculairement les deux plans AB, A′B′; et nous ne tiendrons point compte ici du frottement qui s'exerce contre les parois.

Fig. 83.

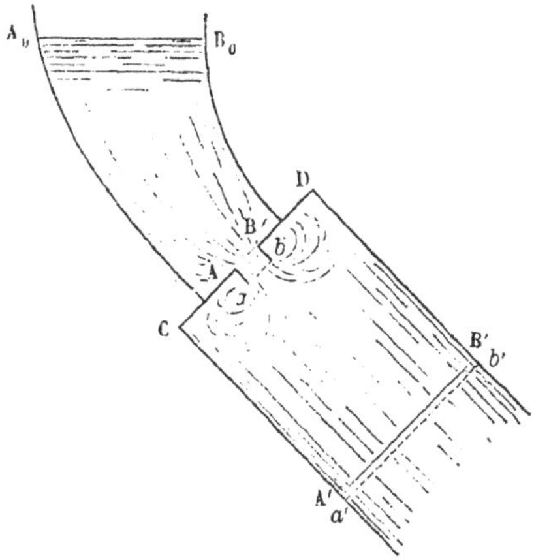

Soient :

ρ la densité du liquide;

ω l'aire de la section AB;

v la vitesse et p la pression moyenne (*) sur la même section;

ω', v' et p' les quantités analogues pour la section A′B′;

z la distance du centre de gravité de l'aire ω' au-dessous du plan horizontal qui passe par le centre de gravité de l'aire ω;

AB*ba* la colonne liquide qui traverse l'ouverture AB pendant le temps très-court dt;

A′B′*b′a′* la colonne liquide qui traverse la section A′B′ dans le même temps.

(*) *Voir* p. 375.

La loi de l'écoulement nous sera donnée par l'équation des forces vives, jointe à la relation

$$(1) \qquad \omega v = \omega' v'.$$

L'accroissement de force vive, que reçoit pendant l'instant dt la masse liquide qui au commencement de cet instant occupait l'espace CDB′A′, se compose de la force vive que possède le liquide A′B′$b'a'$ à la fin de l'instant dt, savoir $\rho\omega' v' dt . v'^2$, moins la force vive que possédait le liquide ABba au commencement de l'instant dt, savoir $\rho\omega v dt . v^2$, plus la différence entre la force vive du liquide qui occupe l'espace CAabBDB′A′ à la fin de l'instant dt, et la force vive du liquide qui occupait le même espace au commencement de l'instant dt; or cette différence est nulle en vertu de la permanence du mouvement. Ainsi, l'accroissement total de force vive pendant l'instant dt est

$$\rho\omega v dt (v'^2 - v^2).$$

Les travaux des forces qui agissent sur la même masse liquide pendant l'instant dt sont :

1° Le travail de la pression p, savoir $\omega p . v dt$;

2° Le travail résistant de la pression p', savoir $-\omega' p' . v' dt$ ou $-\omega p' . v dt$;

3° Le travail de la pesanteur. Ce travail est la différence entre la somme des produits que l'on obtient en multipliant le poids de chaque molécule de la masse liquide CDB′A′ par la *hauteur* de cette molécule au-dessus d'un plan horizontal, et la somme semblable relative à la masse liquide CAabBD$b'a'$ et au même plan horizontal. Or cette différence est évidemment égale au produit du poids de la masse liquide ABba par la hauteur de son centre de gravité au-dessus du plan horizontal, moins le produit du poids de la masse liquide A′B′$b'a'$ par la hauteur de son centre de gravité au-dessus du même plan horizontal. Ces deux masses liquides étant des tranches infiniment minces et de même poids, le travail dont il s'agit est

$$g\rho\omega v\,dt.z.$$

4° Le travail résistant des réactions mutuelles qui se produisent entre les molécules liquides. Dans l'ignorance où nous sommes relativement à la loi des actions moléculaires, il nous est nécessaire, pour calculer ce travail, d'introduire quelque hypothèse en harmonie avec les résultats de l'expérience. Admettons d'abord que les molécules liquides puissent être assimilées à de petites billes dépourvues d'élasticité, qui se choquent sans frottement. Alors la masse liquide qui occupe l'espace CDB′A′ au commencement de l'instant dt éprouvera pendant cet instant, par l'effet des chocs mutuels de ces molécules, une perte de force vive dont la mesure, donnée par le théorème de Carnot (p. 274), est la force vive due aux vitesses perdues, savoir $\rho\omega v\,dt.(v-v')^2$. Le travail résistant dû aux réactions mutuelles des molécules sera donc

$$-\frac{1}{2}\rho\omega v\,dt.(v-v')^2.$$

Nous pouvons arriver au même résultat par d'autres considérations. Pour cela, observons d'abord que les réactions mutuelles des molécules ne seraient point changées, si tout le système était animé d'une vitesse uniforme, égale et contraire à la vitesse de la tranche A′B′, en sorte que les molécules situées sur cette tranche soient dans un état de repos absolu. Ainsi, nous pouvons admettre que tout se passe dans la colonne liquide CDB′A′ à peu près comme dans un vase en repos, à large section, contenant une certaine quantité de liquide, et qui reçoit à sa surface une petite veine liquide animée d'une vitesse égale à $v - v'$. Or, dans ce cas, on observe que le liquide reste sensiblement immobile dans l'intérieur du vase; d'où il résulte que la force vive détruite dans un temps donné par les réactions moléculaires est sensiblement égale à la force vive du liquide qui arrive dans le même temps.

D'après cela, les actions moléculaires qui s'exercent dans la masse liquide CDB'A' lui font perdre une force vive égale à $\rho\omega v dt . (v - v')^2$, et le travail correspondant est

$$-\frac{1}{2}\rho\omega v dt . (v - v')^2,$$

comme nous l'avons déjà trouvé.

Ajoutant tous les travaux obtenus, et égalant le double de cette somme à la force vive perdue, on obtient l'équation cherchée,

$$(2) \qquad v'^2 - v^2 = 2\frac{p - p'}{\rho} + 2g\left[z - \left(\frac{v - v'}{\sqrt{2g}}\right)^2\right].$$

Le terme $\left(\frac{v - v'}{\sqrt{2g}}\right)^2$, qui provient seul des réactions moléculaires, est égal à la hauteur due à la vitesse $v - v'$. Il en résulte ce théorème important : *Le passage brusque de la vitesse v à la vitesse plus petite v' produit une perte de charge égale à la hauteur due à la différence de ces vitesses.*

L'équation précédente, jointe à la relation (1), fait connaître la vitesse v' en fonction des pressions p, p' :

$$v' = \sqrt{\frac{p - p' + g\rho z}{\rho\left(1 - \frac{\omega'}{\omega}\right)}}.$$

Nous avons supposé que les molécules liquides traversent l'ouverture AB avec une vitesse perpendiculaire au plan de cette section. Si le liquide est conduit vers cette ouverture par une paroi continue, cette supposition sera vérifiée; mais, si la forme de la paroi est discontinue, comme dans le cas de la figure, alors la veine liquide se contractera au delà de l'ouverture, et la supposition de la perpendicularité des vitesses ne sera plus vérifiée pour la section AB, mais bien pour la section de la veine contractée.

Dans ce cas, on imaginera que la veine liquide soit entourée d'une paroi très-mince, ouverte suivant la section de la veine contractée, et l'on substituera cette section à la section AB dans tous les raisonnements qui précèdent. Les formules resteront les mêmes, si ce n'est que les quantités p, z, v se rapporteront à la section contractée, et que l'aire ω de l'ouverture AB sera remplacée par celle de la section contractée $\lambda\omega$, λ désignant le coefficient de contraction.

Le pression p' peut se mesurer facilement, en ajustant un tube de verre vertical sur le contour de la section $A'B'$, et mesurant la hauteur à laquelle le liquide s'élève dans ce tube. Il n'est pas aussi facile de mesurer la pression p qui s'exerce dans la veine contractée; mais il est aisé d'obtenir une formule où cette pression soit remplacée par celle qui s'exerce dans une section quelconque A_0B_0, située en amont de l'ouverture AB.

Soient :

ω_0 l'aire de la section A_0B_0;

v_0 la vitesse, et p_0 la pression moyenne sur la même section;

z_0 la hauteur du centre de gravité de cette section au-dessus du plan horizontal qui passe par le centre de gravité de la section de la veine contractée.

Appliquant le théorème des forces vives à la masse liquide comprise entre la section A_0B_0 et la section de la veine contractée, on trouve l'équation

$$v^2 - v_0^2 = 2\frac{p_0 - p}{\rho} + 2gz_0,$$

qui, ajoutée à l'équation (2), donne

$$(3) \qquad v'^2 - v_0^2 = 2\frac{p_0 - p'}{\rho} + 2g(z + z_0) - (v - v')^2.$$

Si l'on élimine v et v_0 à l'aide des relations

$$\omega_0 v_0 = \lambda\omega v = \omega' v',$$

on obtient la formule

$$(4) \qquad v'^2\left[1 - \frac{\omega'^2}{\omega_0^2} + \left(\frac{\omega'}{\lambda\omega} - 1\right)^2\right] = 2\frac{p_0 - p'}{\rho} + 2g(z + z_0),$$

où il ne figure plus que des quantités facilement mesurables.

La formule principale (2) a été donnée en premier lieu par Borda, dans les *Mémoires de l'Académie des Sciences de Paris*, 1766, p. 590. Elle s'applique à tous les cas où quelque étranglement dans la colonne liquide produit des mouvements irréguliers et tumultueux. On voit par là avec quel soin il faut éviter les changements brusques de section dans les tuyaux de conduite, si l'on ne veut pas diminuer rapidement la dépense.

Plus généralement, toute cause qui produit une agitation irrégulière dans la colonne liquide diminue sa force vive et, par suite, diminue sa vitesse. Les *coudes* brusques produisent cet effet à un haut degré; il faut donc les éviter avec le même soin que les étranglements.

On n'a pas encore appliqué le calcul avec succès à la détermination de la perte de charge occasionnée par un coude. Toutefois l'expérience montre que la perte de charge est négligeable, lorsque le coude est bien arrondi, et que le rayon du cercle est plus grand que dix fois le diamètre de la conduite.

2. *Influence d'un ajutage cylindrique sur la dépense d'un orifice. — Expérience de Venturi.* — Quand le liquide commence à couler dans un ajutage cylindrique, il arrive en remplissant tout le cylindre, parce que les premières molécules qui se présentent ont peu de vitesse, et par suite peu de force centrifuge tendant à contracter la veine. Mais, à mesure que la vitesse augmente, les molécules liquides arrivant dans l'ajutage se pressent plus vivement vers l'axe du cylindre,

Fig. 84.

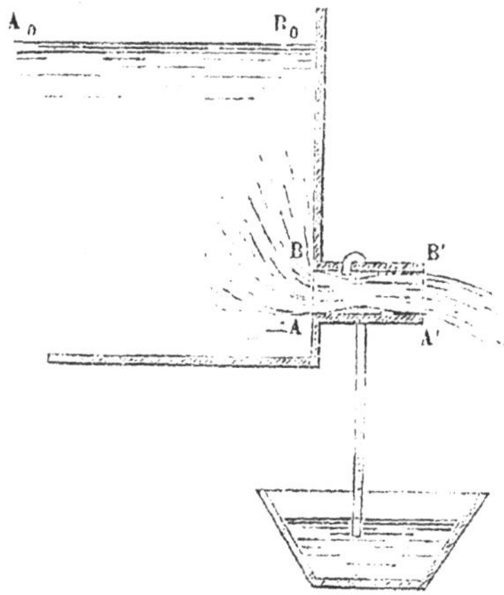

et il tend à se former un vide autour de la section contractée. En même temps, la pression atmosphérique, qui s'exerce à la sortie, refoule le liquide et le force à remplir encore tout l'ajutage. De ces deux actions combinées il résulte que la veine, se contractant à une petite distance de l'embouchure, s'y trouve entourée d'un anneau de liquide à l'état de remous sous une pression inférieure à la pression atmosphérique, et sort en remplissant tout le cylindre. Comme d'ailleurs il doit passer dans le même temps une même quantité de liquide à travers chaque section, il y a nécessairement changement rapide de vitesse dans l'ajutage, accompagné de mouvements irréguliers, et il en résulte une perte de force vive, qui se calcule à l'aide du théorème démontré au numéro précédent.

Admettons, pour simplifier, que le liquide arrive d'un vase à large section, ouvert dans l'atmosphère; et soient :

ω l'aire de la section de l'ajutage;

ω_0 l'aire de la section horizontale du vase faite au niveau du liquide;

z_0 la hauteur du niveau dans le réservoir au-dessus du centre de gravité de l'ouverture par laquelle le liquide débouche dans l'atmosphère;

λ le coefficient de contraction de la veine dans l'ajutage;

v' la vitesse du liquide à sa sortie.

Appliquant la formule (4) du numéro précédent au liquide qui est contenu dans le réservoir et dans l'ajutage, et négligeant le rapport $\frac{\omega^2}{\omega_0^2}$, il vient

$$(1) \qquad v'^2\left[1+\left(\frac{1}{\lambda}-1\right)^2\right]=2gz_0.$$

Si l'on pose $\lambda = 0,62$, on obtient pour la vitesse du liquide à sa sortie de l'ajutage

$$v' = 0,85\sqrt{2gz_0}.$$

Le volume du liquide qui s'écoule pendant l'unité de temps, ou la dépense de l'orifice, est

$$V = 0,85\,\omega\sqrt{2gz_0}.$$

Sans ajutage on aurait eu

$$v' = \sqrt{2gz_0}, \quad \text{et} \quad V = 0,62\,\omega\sqrt{2gz_0};$$

la vitesse eût été plus grande, mais la dépense eût été plus petite dans le rapport de 62 à 85.

Si le frottement du liquide contre la paroi de l'ajutage peut se négliger, ces résultats subsistent quelle que soit la longueur du tuyau, pourvu qu'elle soit au moins égale au double du diamètre. Nous verrons plus loin comment on peut tenir compte du frottement contre la paroi du tuyau, quand sa longueur est considérable.

Les expériences donnent en moyenne pour la dépense des ajutages cylindriques

$$V = 0,82\omega\sqrt{2gz_0}.$$

La petite différence qui existe entre cette formule et celle que le calcul nous a fournie peut être attribuée aux frottements contre les parois et aux petites inégalités entre les vitesses des filets liquides qui composent la veine (*).

Les expériences les plus célèbres sur les ajutages sont celles de Venturi. Ce physicien a reconnu que l'augmentation de dépense produite par les ajutages cylindriques

---

(*) Il est aisé de voir que la supposition d'une vitesse commune à tous les points d'une même section, égale au quotient de la dépense par l'aire de la section, donne toujours une force vive inférieure à celle qui existe réellement quand les vitesses sont inégales.

En effet, soient v la vitesse fictive commune à tous les points de la section ω, u la vitesse réelle correspondante à l'élément $d\omega$, et ε la différence $u - v$. La force vive réelle et la force vive calculée dans l'hypothèse d'une vitesse commune seront respectivement proportionnelles à

$$\int u^3 d\omega \quad \text{et} \quad v^3\omega.$$

Or, on a

$$\int u^3 d\omega = \int (v + \varepsilon)^3 d\omega = v^3\omega + 3v^2\int \varepsilon d\omega + \int \varepsilon^2(3v + \varepsilon)\,d\omega;$$

d'ailleurs

$$3v + \varepsilon = 2v + u,$$

et l'intégrale $\int \varepsilon d\omega$ est nulle, puisque la dépense calculée d'après les vitesses réelles, $\int u d\omega$, est égale à la dépense calculée dans l'hypothèse de la vitesse commune, $\int v d\omega$. Donc il reste

$$\int u^3 d\omega = v^3\omega + \int \varepsilon^2(2v + u)\,d\omega;$$

comme $2v + u$ est une quantité essentiellement positive, il s'ensuit que la différence $\int u^3 d\omega - v^3\omega$ s'exprime par une intégrale dont tous les éléments sont positifs.

Il en résulte que dans l'équation (1) le coefficient de v'^2 est un peu trop faible, quand on se place dans l'hypothèse d'une vitesse commune à toutes les molécules d'une même section. Par suite, la valeur de v' tirée de cette équation est un peu trop considérable.

Cette remarque est de M. Poncelet; elle s'applique à toutes les formules obtenues dans cette section de l'ouvrage.

est due à la différence des pressions qui s'exercent sur la section contractée de la veine liquide et sur la section de sortie. En effet, il a constaté, d'une part, que l'augmentation de la dépense cesse quand on pratique une petite ouverture dans la paroi de l'ajutage qui entoure la veine contractée; et d'autre part, que si l'on adapte sur l'ajutage un tube de verre recourbé, débouchant dans la cavité annulaire qui entoure la veine contractée, et plongeant son extrémité inférieure dans une cuve d'eau colorée, l'eau de la cuve s'élève dans le tube et s'y maintient à une certaine hauteur.

Dans l'une de ses expériences, où la hauteur du niveau au-dessus de l'ajutage était de $0^m,88$, l'eau colorée s'est élevée à $0^m,65$.

Cette hauteur est précisément celle qu'indique le calcul. Car, si l'on nomme :

p_0 la pression atmosphérique;

v' la vitesse à la sortie de l'ajutage;

p la pression sur la section de la veine contractée;

v la vitesse sur cette même section;

z_0 la hauteur du niveau au-dessus du centre de gravité de la même section;

On a, d'après le principe des forces vives,

$$v^2 = 2\frac{p_0 - p}{\rho} + 2gz_0.$$

D'un autre côté, on a

$$v = \frac{v'}{\lambda},$$

ou bien, posant $\lambda = 0,62$ et remplaçant v' par la valeur observée $0,82\sqrt{2gz_0}$,

$$v = \frac{0,82}{0,62}\sqrt{2gz_0}.$$

Cette valeur, reportée dans l'équation précédente, donne

$$\frac{p_0 - p}{g\rho} = \left[\left(\frac{82}{62}\right)^2 - 1\right] z_0 = 0,75 z_0;$$

d'où l'on voit que la hauteur de la colonne d'eau soulevée dans le tube sera $0,75\,z_0$. Or, si l'on fait $z_0 = 0^{\text{m}},88$, on trouve la hauteur $0^{\text{m}},66$, qui s'accorde très-bien avec l'expérience de Venturi.

3. *Influence d'un ajutage conique divergent sur la dépense d'un orifice.* — Nous supposons un ajutage divergent ABB'A', dont la plus petite section AB est raccordée avec les parois du vase par une surface continue. L'expérience montre que le liquide ne se sépare point de la paroi de l'ajutage, quand il mouille la substance dont cette paroi est formée, à moins que l'évasement ne soit très-considérable.

Fig. 85.

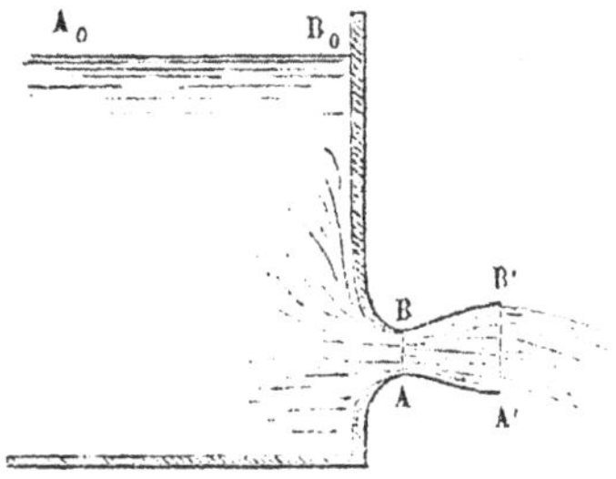

Ainsi, nous admettrons que la veine liquide remplit exactement l'ajutage, et nous nous placerons dans les mêmes circonstances que quand il s'agissait d'un ajutage cylindrique. La notation restera la même; les quantités ω, p, v se rapporteront à la plus petite section, et les quantités ω', v' se rapporteront à l'ouverture de sortie.

Quoiqu'il y ait un changement de vitesse assez rapide entre les sections AB, A'B', néanmoins, comme la veine coule sans agitation, il n'y a pas lieu de tenir compte des actions moléculaires.

La vitesse à la sortie de l'ajutage sera donc

$$v' = \sqrt{2 g z_0},$$

et le volume du liquide écoulé dans l'unité de temps sera

$$V = \omega' \sqrt{2gz_0}.$$

La dépense V de l'ajutage augmente quand on accroît l'ouverture de sortie ω'; mais elle ne peut pas augmenter indéfiniment, si la charge z_0 et la plus petite section ω restent constantes. En effet, la pression p devant rester positive, la relation

$$v^2 = 2\frac{p_0 - p}{\rho} + 2gz_0$$

montre que la vitesse v ne peut surpasser $\sqrt{2gz_0 + \frac{2p_0}{\rho}}$; par suite, la dépense ωv ne peut pas être supérieure à la quantité $\omega\sqrt{2gz_0 + \frac{2p_0}{\rho}}$.

La dépense atteint cette limite, quand les sections extrêmes vérifient la relation

$$\omega' \sqrt{2gz_0} = \omega \sqrt{2gz_0 + \frac{2p_0}{\rho}},$$

ou bien

$$\frac{\omega'}{\omega} = \sqrt{1 + \frac{p_0}{g\rho z_0}}.$$

Si le rapport $\frac{\omega'}{\omega}$ était supérieur au second membre de cette dernière équation, la veine liquide se briserait ou cesserait de remplir l'ajutage.

L'ajutage divergent jouit de cette propriété remarquable, qu'il peut fournir une dépense supérieure à celle qui aurait lieu par l'ouverture de la plus petite section, si la veine liquide traversait cette ouverture sans contraction sous la charge donnée. Ce résultat s'explique en observant que la pression moyenne p, dans la plus petite section de l'ajutage, peut être inférieure à la pression atmosphérique p_0.

On a peu d'expériences sur les ajutages divergents à forme continue; de sorte qu'on ne saurait dire avec quelque certitude de combien la limite réelle de la dépense est inférieure à celle que donne le calcul, en négligeant les frottements et supposant tous les filets de la veine liquide animés d'une même vitesse.

4. *Effet du frottement dans les tuyaux d'une grande longueur.* — On peut se figurer la colonne liquide qui coule dans un tuyau, comme formée de couches concentriques. La couche extérieure est ralentie par son frottement contre la paroi du tuyau; cette couche ralentit à son tour la couche intérieure qui lui est contiguë, et celle-ci la couche suivante, en sorte que chaque couche est ralentie par la couche extérieure adjacente, et accélérée par la couche intérieure. Ainsi, la vitesse n'est point la même sur tous les points d'une même section. Néanmoins, dans les calculs que nous avons en vue, nous pourrons supposer à toutes les molécules situées sur une même section une vitesse commune v, égale au quotient du volume d'eau qui traverse la section dans l'unité de temps par l'aire de cette section. Pour déterminer cette vitesse, dans le cas où le tuyau a une section constante et n'est point coudé brusquement, on peut considérer la colonne liquide comme une tige flexible, glissant dans l'intérieur du tube, et retardée sans cesse par le frottement des parois; mais l'intensité de cette force de frottement ne sera pas régie par les mêmes lois que dans le cas de deux corps solides glissant l'un sur l'autre.

Prony (*) a fait voir qu'on arrive à des résultats satisfaisants, si l'on suppose cette force égale au produit de la

(*) Cette loi du frottement des liquides avait été signalée par Coulomb dès l'année 1800, dans les *Mémoires de l'Académie des Sciences*, t. III, p. 246; mais ce physicien n'avait point montré l'application qu'on peut en faire à l'écoulement des liquides.

densité du liquide, de la surface du tuyau baignée par le liquide, et d'une certaine fonction de la vitesse. Cette fonction est de la forme $\alpha v + \beta v^2$; α et β représentent des coefficients dépendants de la nature du liquide, mais indépendants de la vitesse, indépendants de la section du tuyau et même de la nature des parois, du moins pour les substances communément employées.

Lorsque le liquide considéré est de l'eau, si l'on prend le mètre pour unité de longueur, et la seconde pour unité de temps, on a, suivant Prony,

$$\alpha = 0{,}000170, \quad \beta = 0{,}003416.$$

Soient :

ρ la densité du liquide;

ω l'aire de la section constante du tuyau, que nous supposerons circulaire;

D le diamètre de cette section;

l la longueur du tuyau;

p la pression moyenne qui s'exerce sur la section supérieure;

p' la pression moyenne qui s'exerce sur la section inférieure;

z la distance du centre de gravité de cette dernière section au plan horizontal qui passe par le centre de gravité de la section supérieure.

La vitesse étant la même sur toutes les sections, la somme des travaux des forces qui agissent sur la colonne liquide considérée est nulle pendant un instant infiniment petit dt. Or cette somme se compose du travail des pressions sur les sections extrêmes, $\omega v\,dt.(p-p')$; du travail de la pesanteur, $\omega v\,dt.g\rho z$; et enfin du travail de la force de frottement,

$$-v\,dt.\frac{4\rho\omega l}{\mathrm{D}}(\alpha v + \beta v^2).$$

D'après cela, si l'on pose

$$(1) \qquad J = \frac{4}{gD}(\alpha v + \beta v^2),$$

on a l'équation

$$p - p' + g\rho(z - lJ) = 0.$$

La quantité J mesure la perte de charge due au frottement par unité de longueur.

Comme application de cette théorie, nous résoudrons le problème suivant :

Un réservoir à large section, où le liquide est maintenu à un niveau constant, se décharge par un tuyau cylindrique et sans coudes dans un réservoir inférieur, qui contient une certaine quantité de liquide, également maintenu à un niveau constant. La surface libre du liquide est soumise de part et d'autre à la pression atmosphérique. On demande de déterminer le volume du liquide qui arrive dans le réservoir inférieur pendant l'unité de temps.

Fig. 86.

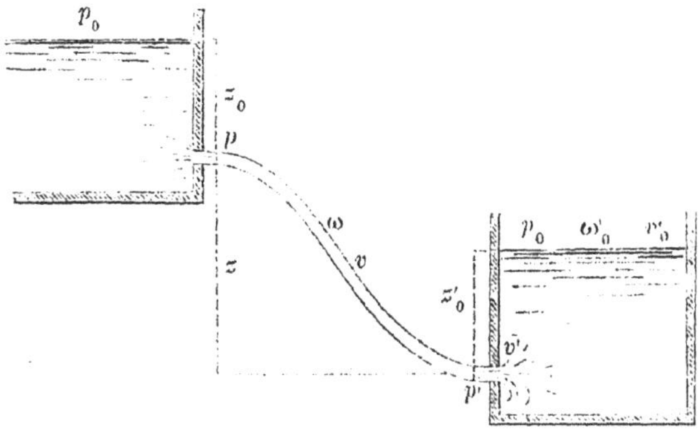

Nous partagerons la masse liquide en trois parties : la première sera le liquide contenu dans le réservoir supérieur et dans une petite longueur du tuyau, égale à deux fois le diamètre; la seconde sera le liquide renfermé dans le tuyau, sauf la petite portion déjà considérée et une portion égale prise à l'autre extrémité; la troisième sera le liquide contenu dans le réservoir inférieur et dans la petite longueur du tuyau égale à deux fois le diamètre qui lui est adjacente.

La notation précédente sera conservée pour ce qui regarde la colonne liquide renfermée dans le tuyau, c'est-à-dire pour la seconde partie du liquide considéré. De plus, nous nommerons :

z_0 la distance du centre de gravité de la section supérieure de cette colonne liquide au-dessous du niveau du réservoir supérieur;

z'_0 la quantité analogue pour la section inférieure et le niveau du second réservoir;

ω'_0 l'aire de la surface de niveau dans ce second réservoir;

v'_0 la vitesse verticale du liquide sur cette surface;

v' la vitesse du liquide sur la section contractée de la veine qui arrive du tuyau dans le réservoir inférieur;

λ le coefficient de contraction;

p_0 la pression atmosphérique.

Pour le mouvement de la première partie du liquide, nous avons, d'après le n° **2**,

$$(2) \qquad v^2\left[1+\left(\frac{1}{\lambda}-1\right)^2\right]-2\frac{p_0-p}{\rho}-2gz_0=0.$$

Pour la seconde partie du liquide, nous avons, d'après la théorie actuelle,

$$(3) \qquad p-p'+g\rho(z-lJ)=0.$$

Enfin, pour la troisième partie du liquide, nous avons, d'après le n° **1**, équation (3),

$$(4) \qquad v'^2_0-v^2+(v'-v'_0)^2-2\frac{p'-p_0}{\rho}+2gz'_0=0.$$

En outre,

$$v' = \frac{1}{\lambda} v, \quad v'_0 = \frac{\omega}{\omega'_0} v. \tag{5}$$

Ajoutant les équations (2) et (4), retranchant du résultat le produit de l'équation (3) par $\frac{2}{\rho}$, et ayant égard aux valeurs (1) et (5), il vient finalement

$$v^2\left[\left(\frac{1}{\lambda}-1\right)^2+\left(\frac{1}{\lambda}-\frac{\omega}{\omega'_0}\right)^2+\frac{\omega^2}{\omega'^2_0}+\frac{8l\beta}{D}\right] + v\frac{8l\alpha}{D} - 2g(z_0+z-z'_0) = 0.$$

Telle est l'équation qui donne la vitesse v et, par suite, la dépense ωv.

Dans les cas ordinaires de la pratique, la section du réservoir inférieur est très-grande par rapport à la section du tuyau. Alors on peut négliger le rapport $\frac{\omega}{\omega'_0}$, et l'équation se simplifie.

Si le tuyau débouche dans l'atmosphère, on n'a pas à considérer l'équation (4), et l'on a $p' = p_0$; l'équation qui détermine v est alors

$$v^2\left[1+\left(\frac{1}{\lambda}-1\right)^2+\frac{8l\beta}{D}\right]+v\frac{8l\alpha}{D}-2gh=0,$$

h désignant la distance $z_0 + z$ du centre de gravité de l'ouverture de sortie au-dessous du niveau du réservoir.

Quand la longueur du tuyau est très-grande par rapport au diamètre, la quantité $1+\left(\frac{1}{\lambda}-1\right)^2$ devient négligeable vis-à-vis de $\frac{8l\beta}{D}$, et l'on a sensiblement

$$\beta v^2 + \alpha v - \frac{gDh}{4l} = 0.$$

Cette dernière formule est celle dont Prony s'est servi pour déterminer expérimentalement les valeurs des coefficients α et β.

Gaz. — Pour les gaz, les choses ne se passent pas tout à fait comme pour les liquides. Le gaz a une densité plus faible, là où il supporte une moindre pression; il doit donc en ces points avoir une plus grande vitesse, si, comme nous le supposons, la conduite a partout une même section. Cependant, dans les cas ordinaires, la densité et la vitesse varient peu d'une extrémité à l'autre du tuyau, et on s'écarte peu de la vérité si l'on admet que le gaz a sur tout le parcours de la conduite une même vitesse, moyenne arithmétique entre les vitesses extrêmes. On peut, dans ces cas, appliquer au mouvement permanent du gaz ce que nous venons de dire du mouvement permanent d'un liquide, sauf que la perte de charge par unité de longueur, qui est due au frottement, sera donnée par la formule

$$J = \frac{4}{D}\beta v^2.$$

v est la vitesse, D le diamètre de la conduite, et β un coefficient égal pour tous les gaz à 0,000355.

5. *Mouvement de l'eau dans les canaux découverts. — Moyens pratiques de jaugeage.* — Nous nous bornerons à considérer un canal où, dans une longueur considérable, tout est identique sur chaque section. C'est ce qu'on exprime d'un seul mot, en disant que le *régime* est établi dans l'étendue que l'on considère. Ceci suppose que la section et la pente du lit sont invariables, ainsi que la direction et la vitesse de chaque filet liquide.

La vitesse varie d'un point à un autre sur chaque section, à cause du frottement des parois, qui retarde les couches adjacentes et, par elles, influe sur le mouvement des couches plus éloignées. Néanmoins, dans les calculs que nous avons en vue, il sera permis de supposer à tous les points d'une même section une vitesse commune, égale au quotient que l'on obtient en divisant le volume d'eau qui traverse la section dans l'unité de temps par l'aire de la section.

La vitesse fictive ainsi définie se nomme la *vitesse moyenne* du canal.

Considérons, à une époque quelconque, la colonne liquide qui est comprise entre les deux sections extrêmes de la portion du canal où le régime est établi.

Soient l la longueur de cette colonne;

h la différence du niveau du liquide aux deux extrémités de la colonne;

ω l'aire de la section;

c la longueur développée du contour de la section qui est baignée par le liquide;

v la vitesse moyenne.

La somme des travaux des forces qui agissent sur cette masse liquide pendant l'instant infiniment petit dt doit être nulle, puisque l'accroissement de force vive est nul pendant le même temps. Or cette somme contient le travail de la pesanteur, $\omega v dt . g\rho h$, et en outre le travail résistant de la force de frottement. Si nous admettons avec Prony que, dans le cas actuel, la force de frottement soit régie par les lois qui conviennent au frottement des tuyaux de conduite, cette force aura pour expression

$$\rho lc(\alpha v + \beta v^2),$$

et son travail sera

$$- v dt . \rho lc(\alpha v + \beta v^2).$$

Il en résulte l'équation suivante, donnée par Prony,

$$(1) \qquad \beta v^2 + \alpha v - g \frac{h}{l} \frac{\omega}{c} = 0.$$

Cet ingénieur s'est servi de cette formule pour déterminer les coefficients α et β. Il a reconnu par plusieurs expériences que, dans le cas dont il s'agit, si l'on prend le mètre pour unité de longueur et la seconde pour unité de temps, on a

$$\alpha = 0,000436, \quad \beta = 0,003034.$$

Ces valeurs étant différentes de celles qui conviennent au frottement dans les tuyaux, on doit en conclure que les coefficients α et β ne sont point tout à fait indépendants de la grandeur de la section et peut-être même de sa forme; mais les expériences manquent pour assigner la loi de leurs variations.

Pour jauger un canal, on mesurera les quantités ω, c et le rapport $\frac{l}{h}$, qui n'est autre que la pente par mètre courant; puis on calculera v par la formule (1) : le produit ωv sera le volume d'eau qui traverse la section dans une seconde, ou le *débit* du canal.

On peut encore calculer, suivant Prony, la vitesse moyenne v et, par suite, le débit du canal ωv, à l'aide d'une formule déduite d'expériences faites par Dubuat sur de petits canaux en bois, tels que ceux qui alimentent les usines.

Si l'on nomme v' la vitesse de l'eau mesurée à la surface au milieu du courant, on a sensiblement

$$v = \frac{v'(v' + 2,372)}{v' + 3,153}.$$

Cette formule donne des résultats assez satisfaisants, même pour des canaux de grandes dimensions. La vitesse v' se mesure sans peine à l'aide d'un petit flotteur offrant peu de prise à la résistance de l'air.

Enfin un troisième moyen de jaugeage, qui s'applique

spécialement aux cours d'eau peu considérables, consiste à faire déboucher le canal par un orifice régulier, dont on puisse calculer la dépense par quelqu'une des formules les mieux vérifiées.

On pourra, par exemple, construire un barrage en travers du canal, et faire passer l'eau sous une vanne, ou bien la forcer à couler par-dessus la crête du barrage, qui alors prend le nom de *déversoir*.

Dans le cas d'une vanne dont la levée excède 1 décimètre, on obtiendra assez exactement le débit du canal, en multipliant l'aire de l'ouverture par la vitesse due à la hauteur du niveau au-dessus du centre de gravité de l'ouverture, et prenant les 0,60 du résultat.

Dans le cas d'un déversoir, on mesurera la surface du rectangle qui a pour base la longueur du déversoir et pour hauteur la hauteur du niveau du canal en amont du déversoir au-dessus de la crête du barrage; on multipliera cette surface par la vitesse due à la hauteur du rectangle, et on prendra les 0,405 du résultat. Le nombre ainsi obtenu mesurera approximativement le débit du canal.

On trouvera dans le tome XIII du *Recueil des Savants étrangers* (Académie des Sciences, prix de 1850) le détail de nombreuses expériences faites par M. Lesbros sur la dépense des grands orifices; c'est peut-être le travail le plus complet et le plus important qui ait été fait sur cette question.

CHAPITRE II.

MOUVEMENTS QUELCONQUES DES FLUIDES.

Les équations générales du mouvement des fluides, telles qu'elles sont données dans tous les Traités de Mécanique, ont été trouvées par Euler (*). On ne sait les intégrer que dans un très-petit nombre de cas particuliers.

SECTION I.

ÉCOULEMENT DES LIQUIDES DANS L'HYPOTHÈSE DU PARALLÉLISME DES TRANCHES.

Lorsqu'un liquide renfermé dans un vase s'écoule par un petit orifice, on admet souvent que les molécules qui se trouvent sur une même tranche horizontale y restent pendant toute la durée du mouvement, tant que la tranche n'est pas très-voisine de l'orifice ; de plus, on néglige les vitesses horizontales des molécules, quand la section horizontale du vase varie peu avec la hauteur du plan sécant.

Ces suppositions constituent l'*hypothèse du parallélisme des tranches*. Elles conduisent à des formules qui, pour toute époque tant soit peu éloignée de celle où l'écoulement commence, se réduisent aux formules du mouvement permanent, avec cette différence, toutefois, que la

(*) *Mémoires de l'Académie de Berlin*, 1755, p. 274 et suiv.

hauteur du niveau au-dessus de l'orifice est variable avec le temps.

Ainsi, nommant ω l'aire de l'orifice, v la vitesse de sortie, p la pression qui s'exerce à l'orifice du dehors au dedans sur l'unité de surface, ω_0, v_0, p_0 les quantités analogues pour la surface de niveau, z la hauteur du niveau au-dessus de l'orifice, ρ la densité du liquide, et supposant le rapport $\frac{\omega}{\omega_0}$ assez petit pour qu'on puisse négliger son carré dans le calcul de la vitesse v, on obtient les formules

$$\text{(A)} \qquad v = \sqrt{2\frac{p_0 - p}{\rho} + 2gz},$$

$$\text{(B)} \qquad \omega v = \omega_0 v_0 \quad \text{ou bien} \quad \omega v dt = -\omega_0 dz.$$

L'hypothèse du parallélisme des tranches a été introduite dans la théorie des fluides par Daniel Bernoulli (*).

1. *Un vase contenant un liquide est réuni à un contrepoids* P *par un fil sans masse, qui passe sur une poulie fixe; tout le système est en mouvement sous l'action de la pesanteur, pendant que le liquide s'écoule à travers un petit orifice pratiqué dans la paroi du vase. On connaît la forme du vase, et la somme* Q_0 *de son propre poids et du poids du liquide qu'il contient à une époque donnée* t_0. *Déterminer, dans ces circonstances, la loi de l'écoulement.*

On peut considérer le vase comme immobile, pourvu que l'on regarde chaque molécule liquide comme sollicitée, non-seulement par la pesanteur, mais encore par une force accélératrice égale et contraire à l'accélération du système. Si l'on nomme Q la somme du poids du vase

(*) *Hydrodynamique*; 1738.

et du poids du liquide qu'il contient à une époque quelconque t, la force accélératrice additionnelle, pour cette époque, estimée dans le sens de la pesanteur, sera sensiblement

$$g\frac{P-Q}{P+Q}.$$

On remplacera donc, dans la formule (A), l'accélération g par la somme

$$g+g\frac{P-Q}{P+Q}=2g\frac{P}{P+Q}.$$

Alors, si les pressions p et p_0 sont égales, il vient

(1) $$v=2\sqrt{\frac{Pgz}{P+Q}};$$

et, par suite (B),

(2) $$\omega_0\,dz=-2\omega\sqrt{\frac{Pgz}{P+Q}}\,dt.$$

D'ailleurs, si l'on nomme z_0 la valeur de z à l'époque t_0, on a

(3) $$Q=Q_0+g\rho\int_{z_0}^{z}\omega_0\,dz.$$

Les équations (1), (2), (3), jointes à l'équation de la surface du vase, qui fait connaître ω_0 en fonction de z, suffisent pour déterminer toutes les circonstances de l'écoulement.

Lorsque $Q=P$, on a

$$v=\sqrt{2gz};$$

en sorte que l'écoulement est le même à cet instant que si le vase était immobile.

Si l'on avait $P=0$, la vitesse v serait nulle, le liquide ne s'écoulerait point.

Si l'on suppose $P = \infty$, il vient

$$v = 2\sqrt{gz},$$

c'est-à-dire que la vitesse d'écoulement est à celle qui aurait lieu à l'état de repos dans le rapport de $\sqrt{2}$ à l'unité.

DANIEL BERNOULLI, *Hydrodynamique*, sect. XI, § 19.

2. *Démontrer qu'un vase cylindrique, rempli de liquide et percé à sa base d'un petit orifice, emploie pour se vider un temps double de celui qui suffirait à l'écoulement du liquide renfermé primitivement dans le vase, si le niveau était maintenu constamment à la même hauteur par l'introduction d'un liquide de même densité.*

On suppose que le liquide éprouve une même pression du dehors au dedans, au niveau supérieur et à l'orifice.

3. *Quelle est la surface de révolution qui forme un vase où le niveau s'abaisse de quantités égales dans des temps égaux, lorsque le liquide s'échappe par un petit orifice et que l'axe de figure est vertical?*

Si l'on prend l'axe des z dirigé suivant l'axe de révolution en sens contraire de la pesanteur, l'équation de la courbe méridienne en coordonnées rectangulaires est de la forme

$$y^4 = a^3 z \pm b^4,$$

a et b étant deux constantes, dont la dernière est nulle quand les pressions qui s'exercent du dehors au dedans, au niveau supérieur et à l'orifice, sont égales.

JEAN BERNOULLI, *Opera*, t. IV, p. 480.

4. *Un vase formé d'une demi-sphère et d'un plan diamétral est percé de deux petits orifices égaux, l'un*

situé au sommet de la surface courbe, l'autre situé sur la base. Ce vase, étant exactement rempli d'un liquide et placé dans l'atmosphère, peut se vider entièrement, soit par le premier orifice, soit par le second, suivant la position fixe qu'on lui donne. On demande le rapport des temps nécessaires à l'écoulement complet dans ces deux hypothèses.

Soient A le temps nécessaire à l'écoulement complet par l'orifice pratiqué au sommet, et B le temps nécessaire à l'écoulement complet par l'orifice pratiqué dans la base.

On trouve

$$\frac{A}{B} = \frac{7}{12}.$$

Encycl. Metrop. Mix. Sc., t. I, p. 204.

SECTION II.

OSCILLATIONS D'UN LIQUIDE RENFERMÉ DANS UN TUBE.

Nous négligerons ici le frottement du fluide contre les parois du tube, et nous supposerons que le mouvement a lieu par tranches perpendiculaires à l'axe du tube, de manière que chaque tranche reste composée des mêmes molécules pendant toute la durée du mouvement.

1. *Trouver la loi des oscillations d'une colonne liquide pesante, qui est renfermée dans un siphon formé de deux tubes verticaux, réunis par un tube horizontal de même diamètre.*

Soient ρ la densité du liquide, ω l'aire de la section du tube, l la longueur de la colonne oscillante, et z la hauteur du liquide dans l'une des branches verticales au-dessus du niveau qui convient à l'équilibre.

La force motrice effective est $\rho\omega l \frac{d^2 z}{dt^2}$, la force motrice appliquée est $-2\rho\omega g z$. Donc

$$l \frac{d^2 z}{dt^2} + 2gz = 0,$$

$$z = A \cos\left(\sqrt{\frac{2g}{l}}\, t + B\right),$$

A et B désignant deux constantes arbitraires.

Si l'on compte le temps à partir de l'instant où une oscillation commence, et que l'on nomme z_0 la valeur initiale de z, il vient

$$z = z_0 \cos\left(\sqrt{\frac{2g}{l}}\, t\right).$$

La durée de l'oscillation est $\pi\sqrt{\frac{l}{2g}}$; elle est la même que pour un pendule simple dont la longueur serait égale à la demi-longueur de la colonne liquide.

Newton donne cette loi dans ses *Principes* (lib. II, prop. 44, 45 et 46); puis, assimilant les oscillations de la mer à celles de l'eau renfermée dans un siphon, il en conclut qu'une vague parcourt la distance qui la sépare de la vague suivante, à peu près dans le même temps qu'un pendule d'une longueur égale à cette distance accomplit une oscillation; car l'eau de la mer exécute deux oscillations dans l'intervalle de temps qui sépare le passage de deux vagues successives au même point. Il en résulte que, si l'on nomme l la distance de deux vagues consécutives, la vitesse des vagues est sensiblement $\frac{1}{\pi}\sqrt{gl}$.

2. *Trouver la loi des oscillations d'un liquide pesant, renfermé dans un tube de section variable.*

Soient :

ρ la densité du liquide;

p la pression rapportée à l'unité de surface sur une section de la colonne liquide;

ω l'aire de cette section;

v la vitesse du liquide suivant la normale à cette section;

s l'arc de la courbe que forme l'axe du tube, compté depuis un point fixe jusqu'à la section considérée;

z la hauteur de l'extrémité de l'arc s au-dessus d'un plan horizontal fixe.

Considérons la petite portion du liquide qui est comprise entre les sections faites aux extrémités des arcs s et $s + ds$.

Les forces appliquées doivent faire équilibre aux forces effectives prises en sens contraire. Or la somme des forces appliquées, projetées sur la tangente à l'axe, est

$$\omega \frac{dp}{ds} ds + g\rho\omega \frac{dz}{ds} ds;$$

la force effective, estimée suivant la même direction, est le produit de la masse $\rho\omega ds$ par la dérivée totale de la vitesse prise relativement au temps, savoir

$$\frac{dv}{ds}\frac{ds}{dt} + \frac{dv}{dt} \quad \text{ou} \quad v\frac{dv}{ds} + \frac{dv}{dt}.$$

Nous avons donc l'équation

$$\frac{dp}{ds} + g\rho\frac{dz}{ds} - \rho v\frac{dv}{ds} - \rho\frac{dv}{dt} = 0.$$

Si nous intégrons dans l'étendue de toute la colonne liquide, en nommant p', z', v', s', ω' et p'', z'', v'', s'', ω'' les valeurs des quantités p, z, v, s, ω aux deux extrémités de la colonne, il vient

$$p' - p'' + g\rho(z' - z'') - \frac{1}{2}\rho(v'^2 - v''^2) - \rho\int_{s''}^{s'} \frac{dv}{dt}\,ds = 0,$$

ou bien, d'après les relations

$$\omega v = \omega' v' = \omega'' v'' \quad \text{et} \quad v' = \frac{ds'}{dt},$$

$$p' - p'' + g\rho(z' - z'') - \frac{1}{2}\rho\frac{ds'^2}{dt^2}\left(1 - \frac{\omega'^2}{\omega''^2}\right) - \rho\omega'\frac{d^2 s'}{dt^2}\int_{s''}^{s'} \frac{ds}{\omega} = 0$$

Les pressions extrêmes p', p'', la forme du tube et le volume du liquide étant connus, les quantités z', z'', ω', ω'' et l'intégrale $\int_{s''}^{s'} \frac{ds}{\omega}$ pourront s'exprimer en fonction de la seule variable s'; alors l'équation différentielle ne contiendra plus que les variables s' et t; il suffira de l'intégrer pour connaître le mouvement.

Supposons, comme exemple, qu'il s'agisse des *oscillations du mercure dans un baromètre à siphon*. Prenons l'origine des distances z et des arcs s, à la hauteur où s'élève le mercure dans le tube scellé quand l'équilibre a lieu, ces distances et ces arcs étant comptés positifs lorsqu'on s'élève sur ce tube. Nommons l' la longueur de la colonne à petit diamètre et l'' celle de la colonne à grand diamètre dans l'état d'équilibre, et supposons en général que les lettres simplement accentuées se rapportent au niveau supérieur et les lettres doublement accentuées au niveau inférieur.

Il vient

$$p' = 0, \quad s' = z', \quad z'' = -\frac{p''}{g\rho} - z'\frac{\omega'}{\omega''},$$

$$\int_{s''}^{s'} \frac{ds}{\omega} = \frac{l' + z'}{\omega'} + \frac{l'' - \frac{\omega'}{\omega''}z'}{\omega''};$$

d'où résulte l'équation

$$\left[l' + \frac{\omega'}{\omega''}l'' + z'\left(1 - \frac{\omega'^2}{\omega''^2}\right)\right]\frac{d^2z'}{dt^2} + \frac{1}{2}\left(1 - \frac{\omega'^2}{\omega''^2}\right)\frac{dz'^2}{dt^2} - g\left(1 + \frac{\omega'}{\omega''}\right)z' = 0.$$

Si les oscillations sont très-petites, nous pouvons négliger les termes du second degré par rapport à z' et à ses dérivées; l'intégrale est alors

$$z' = \mathrm{A}\cos\left[\sqrt{\frac{g(\omega' + \omega'')}{\omega' l'' + \omega'' l'}}\,t + \mathrm{B}\right],$$

A, B désignant des constantes arbitraires.

Si, de plus, la section ω' est beaucoup plus petite que la section ω'', la valeur de z' se réduit approximativement à

$$z' = \mathrm{A}\cos\left(\sqrt{\frac{g}{l'}}\,t + \mathrm{B}\right).$$

Dans ce cas, la durée des oscillations est sensiblement la même que pour un pendule simple de même longueur que la colonne au petit diamètre.

Cette dernière formule convient encore au cas où le tube aurait partout même section, quelle que soit d'ailleur l'amplitude des oscillations.

EULER, *Novi Comment. Acad. Petrop.*, 1770, p. 219.

3. *Trouver la loi des petites oscillations de la colonne liquide, dans le thermomètre différentiel de Leslie et dans le thermoscope de Rumford.*

Soient :

ω l'aire de la section du tube;

l la longueur de la colonne oscillante;

V le volume d'air renfermé dans l'appareil de chaque

côté de la colonne liquide, quand cette colonne est en équilibre;

h la hauteur de la colonne liquide qui produirait une pression égale à celle qu'exerce l'air intérieur dans l'état d'équilibre;

s le chemin parcouru par la colonne liquide à partir de sa position d'équilibre.

Pour le thermomètre de Leslie, on a l'équation

$$l\frac{d^2s}{dt^2} = g\left(\frac{hV}{V+\omega s} - \frac{hV}{V-\omega s} - 2s\right).$$

Si l'on suppose les oscillations très-petites, leur durée est celle des oscillations du pendule simple dont la longueur serait

$$\frac{lV}{2(h\omega + V)}.$$

Pour le thermoscope de Rumford, on a l'équation

$$l\frac{d^2s}{dt^2} = gh\left(\frac{V}{V+\omega s} - \frac{V}{V-\omega s}\right).$$

Si l'on suppose les oscillations très-petites, on trouve que la longueur du pendule synchrone est

$$\frac{lV}{2h\omega}.$$

CHAPITRE III.

ACTION DES FLUIDES EN MOUVEMENT.

SECTION I.

PRESSION.

On admet ordinairement que la pression normale, qui s'exerce entre un fluide et un corps dans leur mouvement relatif, est égale, sur chaque élément de la surface choquée directement par le fluide, au produit de cet élément, par une constante k, par la densité du fluide, et par le carré de la vitesse relative estimée suivant la normale à l'élément considéré.

Si l'on prend respectivement pour unités de temps, de longueur et de force, la seconde, le mètre et le kilogramme, les expériences faites sur les projectiles donnent en moyenne

$$k = 0,72.$$

Nous appliquerons cette loi; et de plus nous chercherons à déterminer directement la pression dans quelques cas simples, à l'aide de principes incontestables.

La théorie de la résistance des fluides a vivement préoccupé les géomètres du dernier siècle. Newton le premier, puis les Bernoulli, d'Alembert et d'autres ont beaucoup travaillé sur cette question; mais leurs efforts ont eu peu de succès. La théorie reste encore presque tout entière à trouver.

1. *Déterminer le sommet du cône droit auquel doit appartenir un tronc, dont on connaît la hauteur et la*

grande base, pour que la pression exercée sur la petite base et sur la surface convexe, dans le sens de l'axe, par un fluide qui se meut dans la même direction, soit un minimum.

Soient v la vitesse du fluide, ρ sa densité, h la hauteur du tronc de cône, a le rayon de la grande base, b celui de la petite base et α l'angle des génératrices avec l'axe.

La pression exercée sur la petite base est

$$k\rho v^2 . \pi b^2.$$

La pression normale exercée sur la surface convexe étant le produit de $k\rho v^2 \sin^2\alpha$ par l'aire de la surface, la composante parallèle à l'axe est le produit de $k\rho v^2 \sin^2\alpha$ par la projection de la surface courbe sur le plan de la base, c'est-à-dire

$$k\rho v^2 \sin^2\alpha . \pi (a^2 - b^2).$$

La somme de ces deux pressions est le produit d'une quantité donnée et du binôme

$$a^2 \sin^2\alpha + b^2 \cos^2\alpha.$$

Il s'agit de déterminer α par la condition que ce binôme soit un minimum.

Remplaçant $b\cos\alpha$ par sa valeur $a\cos\alpha - h\sin\alpha$, et égalant à zéro la dérivée relative à α, on trouve

$$a\cot\alpha = \frac{1}{2}h + \sqrt{a^2 + \frac{1}{4}h^2}.$$

Cette équation exprime que le sommet du cône et le contour de la grande base sont à égale distance du point milieu de la droite qui joint les centres des deux bases.

NEWTON, *Principia*, lib. II, prop. 34, schol.

2. *Trouver toutes les surfaces de révolution qui jouissent de cette propriété, qu'un fluide, animé d'une vitesse parallèle à l'axe de figure, exerce dans la direction de l'axe, sur la portion de surface comprise entre deux parallèles quelconques, une pression qui est un minimum.*

L'axe de révolution étant pris pour axe des x, la pression exercée dans le sens de l'axe est proportionnelle à l'intégrale

$$\int \frac{y\left(\frac{dy}{dx}\right)^3}{1+\frac{dy^2}{dx^2}}\,dx \quad \text{ou} \quad \int y\,\frac{dy^3}{dx^2+dy^2},$$

prise entre des limites constantes.

Il s'agit de déterminer la relation qui doit exister entre y et x pour que cette intégrale soit un minimum.

Ce problème se résout par le calcul des variations. Nous considérerons x et y comme des fonctions d'une variable indépendante, choisie à volonté. Nous n'aurons rien à changer dans la fonction comprise sous le signe $\int$, puisqu'elle ne contient que des différentielles premières. Soient L, L', M et M' les dérivées partielles de cette fonction prises par rapport à x, y, dx et dy.

Les équations de la courbe génératrice seront

$$\text{(1)} \qquad L - dM = 0,$$

$$\text{(2)} \qquad L' - dM' = 0.$$

Or, si l'on pose $\frac{dy}{dx} = p$, on trouve

$$L = 0, \qquad L' = \frac{p^3}{1+p^2}\,dx,$$

$$M = -\frac{2yp^3}{(1+p^2)^2}, \quad M' = y\,\frac{3p^2+p^4}{(1+p^2)^2}.$$

D'après ces valeurs, la formule (1) donne immédiatement

$$(3)\qquad 2yp^3 = a(1+p^2)^2,$$

a désignant une constante arbitraire.

Cette nouvelle équation permet d'éliminer y de la valeur de M', en sorte que l'on a

$$M' = \frac{a}{2}\frac{3+p^2}{p}.$$

Substituant cette valeur et celle de L' dans la formule (2), il vient

$$\frac{p^3}{1+p^2}\left[dx - \frac{a}{2}\left(\frac{1}{p} - \frac{2}{p^3} - \frac{3}{p^5}\right)dp\right] = 0.$$

Cette équation est vérifiée, soit par $p = 0$, ce qui représente un cylindre, soit par

$$(4)\qquad x = b + \frac{a}{2}\left(\log p + \frac{1}{p^2} + \frac{3}{4p^4}\right),$$

b désignant une nouvelle constante arbitraire.

Occupons-nous de cette dernière solution, seule intéressante.

Si l'on éliminait p entre les équations (3) et (4), on aurait l'équation finie de la courbe génératrice; mais cette élimination n'est point nécessaire pour trouver la forme de la courbe.

Fig. 87.

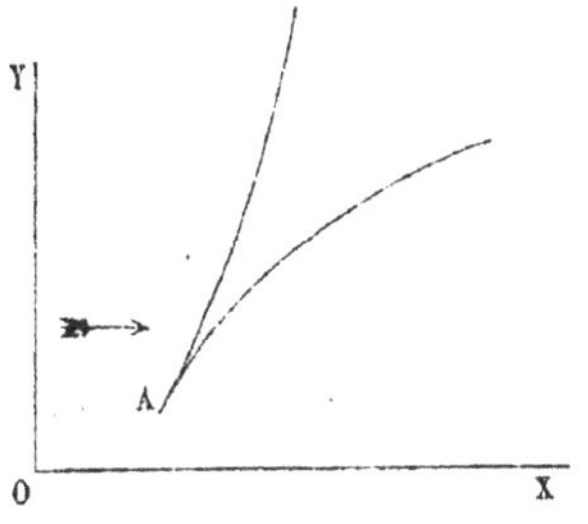

Remarquons d'abord que l'on peut supposer la constante a positive, sans nuire à la généralité de la solution; car le signe de cette constante ne dépend que du sens suivant lequel on compte les coordonnées positives. La constante b dépend du point de l'axe de révolution qui est pris pour origine des coordonnées; on peut donner à cette constante telle valeur que l'on voudra, sans que la forme de la courbe soit changée.

Ceci posé, l'équation (3) peut s'écrire

$$(5) \qquad p^4 - 2\frac{y}{a}p^3 + 2p^2 + 1 = 0.$$

Pour une valeur positive de $\frac{y}{a}$, cette équation ne peut pas être satisfaite par des valeurs négatives de p. Lorsque $\frac{y}{a}$ est supérieur à 2, la valeur $p = 1$, substituée dans le premier membre, donne un résultat négatif; donc il est alors deux valeurs positives de p qui vérifient l'équation. La règle de Descartes montre qu'il n'y en a jamais un plus grand nombre. Les valeurs de x qui correspondent à ces deux valeurs de p sont réelles, d'après l'équation (4), quelque grande que soit la valeur attribuée à $\frac{y}{a}$. Donc la courbe se compose de deux branches infinies.

Lorsque $\frac{y}{a}$ est très-grand, les valeurs $p = \frac{y}{a}$, $p = \sqrt[3]{\frac{a}{y}}$ rendent négatif le premier membre de l'équation (5); on en conclut que les deux valeurs correspondantes de p sont l'une très-grande, l'autre très-petite, c'est-à-dire que les deux branches, à mesure qu'elles s'éloignent, tendent à devenir parallèles, l'une à l'axe des y, l'autre à l'axe des x. Elles n'admettent point d'asymptotes, car x converge vers l'infini lorsque p augmente ou diminue indéfiniment.

Chacune des dérivées $\frac{dx}{dp}$, $\frac{dy}{dp}$ n'est annulée que par une seule valeur positive de p, et cette valeur est la même pour les deux dérivées, savoir $p = \sqrt{3}$. La valeur correspondante de $\frac{y}{a}$ est $\frac{8}{3\sqrt{3}}$. Cette valeur rend égales les deux racines réelles de l'équation (5). Comme alors il ne répond aux deux racines qu'une seule valeur de x, il s'ensuit que les deux branches de la courbe viennent se toucher l'une l'autre en un point A; à ce point leur inclinaison sur l'axe des x est de 60 degrés. En outre, la courbe n'a pas de points d'inflexion. Le point A est un point de rebroussement, car l'équation (5) n'est vérifiée par aucune valeur réelle de p lorsque $\frac{y}{a}$ est inférieur à $\frac{8}{3\sqrt{3}}$. Ce point de rebroussement est du premier genre, puisque, à partir de ce point, p croît sur l'une des branches et décroît sur l'autre.

La plus petite valeur de y, $\frac{8a}{3\sqrt{3}}$, ne peut être nulle; car, si l'on fait $a = 0$, la surface se réduit à un plan perpendiculaire à l'axe, et alors la pression est évidemment un maximum et non un minimum. Il suit de là que la surface de moindre pression ne peut jamais recouvrir entièrement le cercle qu'on obtient en la coupant par un plan perpendiculaire à l'axe. Mais on peut faire en sorte que l'ouverture centrale soit aussi petite que l'on veut. Il suffit pour cela de donner à la constante a une valeur très-petite. Cette faible valeur de la constante n'empêche pas la surface de s'étendre indéfiniment en longueur et en largeur; car quelque petite que soit cette constante, pourvu qu'elle ne soit point nulle, on peut toujours assigner une valeur de p suffisamment grande pour que x et y dépassent toute quantité donnée.

Ce problème est l'un des premiers exemples du calcul des variations que l'on rencontre dans les écrits des géomètres du dernier siècle. C'est à Newton (*) que l'on en doit la première solution; il énonça, sans la démontrer,

(*) *Principia*, lib. II, prop. 34, schol.

la propriété des tangentes représentée par l'équation (3). Plus tard Fatio Duiller (*), donna une démonstration analytique, mais elle est fort compliquée. L'Hôpital (**) la simplifia beaucoup. Jean Bernoulli (***) se consola de n'avoir pas été le premier à résoudre cette intéressante question, en se récriant sur la facilité du problème, qu'il dit avoir trouvé sans plume ni papier pendant qu'il reposait sur son lit.

On trouve dans le *Traité du Navire*, de Bouguer, et aussi dans les *Mémoires de l'Académie des Sciences de Paris* pour l'année 1733, la solution d'un problème du même genre que celui qui nous occupe : *Une base qui est exposée au choc d'un fluide étant donnée, trouver le conoïde dont il faut la couvrir pour que l'impulsion soit la moindre qu'il est possible.* Bouguer entend ici par conoïde une surface telle, que les sections parallèles à la base soient semblables, et soient percées en des points homologues par une même perpendiculaire à la base; cette droite est celle qu'il nomme l'*axe du conoïde*. Il arrive à ce résultat digne de remarque, que le conoïde de moindre résistance au mouvement suivant l'axe est aussi celui pour lequel la résistance suivant l'axe est un minimum quand le mouvement est oblique; et spécialement, si la base est un demi-eercle et que l'axe passe au centre, la résistance totale est un minimum quel que soit le mouvement.

3. *Déterminer la figure d'équilibre que prend une masse liquide placée entre un plan horizontal* H, *un plan*

(*) *De murorum inclinatione fructiferas ad arbores sustinendas;* Londres, 1699.

(**) *Mémoires de l'Académie des Sciences de Paris*, 1699, p. 107.

(***) *Acta eruditorum*, 1699, p. 513, et 1700, p. 208. — *Opera*, t. I, p. 307 et suiv.

vertical V *et deux plans* M, M′ *perpendiculaires aux premiers, lorsqu'elle est soumise à l'action d'un courant d'air dirigé perpendiculairement au plan* V.

Il nous suffit de déterminer la section AP faite dans la surface libre de la masse liquide par un plan parallèle aux deux plans M, M′. Prenons l'origine des coordonnées au sommet A, l'axe des x dirigé dans le sens de la pesanteur et l'axe des y dirigé en sens contraire du courant.

Fig. 88.

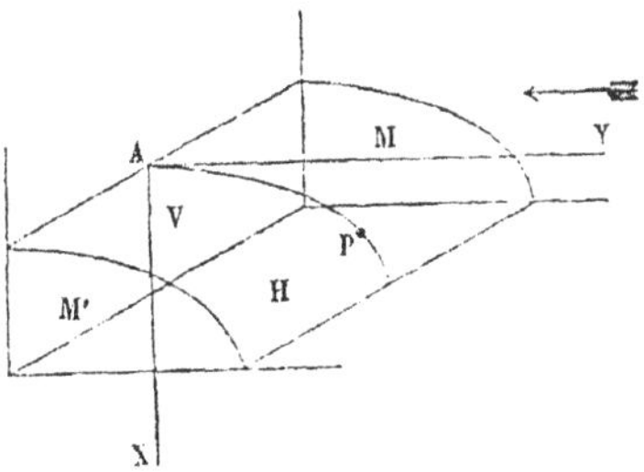

Soient s l'arc de la courbe AP compté à partir du point A, σ la densité du liquide, v la vitesse du courant, ρ la densité de l'air et k la constante définie dans les préliminaires.

Le liquide supérieur exerce en vertu de son poids, en un point quelconque P de la courbe, une pression égale à

$$g\sigma x.$$

Au même point, la pression exercée par le courant d'air est

$$k\rho\left(v\frac{dx}{ds}\right)^2.$$

Égalant ces deux pressions, et posant, pour abréger,

$$\frac{k\rho v^2}{g\sigma} = 2a,$$

il vient

$$x = 2a\frac{dx^2}{ds^2},$$

ou bien

$$dy = \sqrt{\frac{2a - x}{x}}\,dx.$$

Cette équation a pour intégrale, comme on sait,

$$y = \sqrt{2ax - x^2} + a \arccos \frac{a - x}{a}.$$

On n'ajoute pas de constante, parce que la courbe passe à l'origine.

La surface libre du liquide est donc une surface cylindrique qui a pour base une cycloïde; le rayon du cercle générateur de la cycloïde est $\frac{k\rho v^2}{2g\sigma}$.

Euler, à qui nous empruntons ce problème, a considéré le cas où le courant d'air est incliné à l'horizon.

EULER, *Acta Acad. Petrop.*, 1777, part. I, p. 190.

4. *Déterminer la forme et le mouvement d'une bulle qui s'élève à travers un liquide.*

Soient QQ' le niveau du liquide, ABA' un demi-méridien de la bulle. Prenons pour axe des x l'horizontale OX qui passe au point B où la tangente au méridien est verticale. Nommons :

Fig. 89.

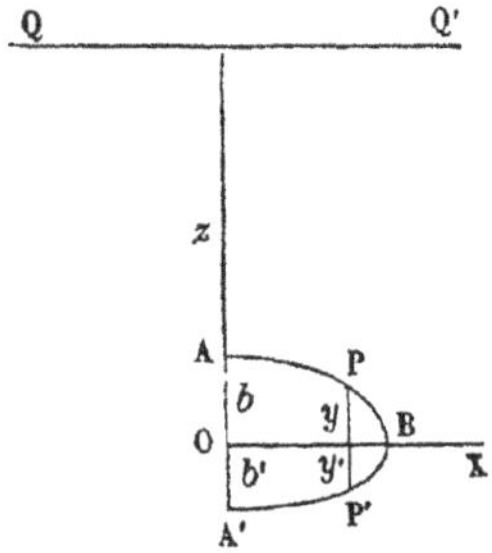

y la hauteur au-dessus de cet axe d'un point P appartenant à la branche supérieure de la courbe méridienne;

y' la distance au même axe d'un point P' de la branche inférieure;

b la distance OA;

b' la distance OA';

s l'arc AP;

z la distance du point O au-dessous du niveau QQ';

v la vitesse du point O ou $-\frac{dz}{dt}$;

ρ la densité du liquide ambiant;

σ celle de la bulle.

Nous admettrons que la pression exercée par le liquide ambiant sur chacun des éléments de la surface de la bulle est égale à la pression qui aurait lieu si la bulle était en repos, plus la pression due à la vitesse relative. Nous supposerons, comme à l'ordinaire, cette seconde partie de la pression proportionnelle au carré de la vitesse. De plus, comme la bulle se déforme lentement, nous pourrons admettre, sans grande erreur, que chaque point de la surface est animé de la même vitesse que le point O.

Ceci posé, la constante définie dans les préliminaires étant toujours représentée par k, les pressions normales exercées aux points B, A, P, rapportées à l'unité de surface, seront respectivement

$$g\rho z,\quad g\rho(z-b)+k\rho v^2,\quad g\rho(z-y)+k\rho v^2\frac{dx^2}{ds^2}.$$

Or la pression au point P est égale à la pression au point A, plus la pression due à une colonne fluide de même nature que la bulle et d'une hauteur égale à la différence de niveau $b-y$. On a donc

$$g\rho(z-y)+k\rho v^2\frac{dx^2}{ds^2}=g\rho(z-b)+k\rho v^2+g\sigma(b-y).$$

De même, en comparant les pressions exercées aux points P et B, on trouve

$$(1)\qquad g\rho(z-y)+k\rho v^2\frac{dx^2}{ds^2}=g\rho z-g\sigma y.$$

Ces équations donnent les suivantes :

$$b=\frac{k\rho v^2}{g(\rho-\sigma)},$$

$$y=b\frac{dx^2}{ds^2}.$$

La dernière montre que la branche supérieure APB est

une demi-cycloïde, engendrée par un cercle de diamètre b roulant sur l'horizontale OB.

Considérons dans la bulle un filet vertical PP′ de très-petite section ω. Le poids de ce filet est $\omega g \sigma (y + y')$, la pression qu'il supporte au point P dans le sens de la pesanteur est (1), $\omega g (\rho z - \sigma y)$, et la pression verticale qu'il supporte au point P′ de bas en haut est $\omega g \rho (z + y')$; donc la force accélératrice qui tend à le soulever a pour valeur

$$g \frac{\rho - \sigma}{\sigma} \frac{y'}{y + y'}.$$

On trouverait de même, pour l'expression de la force accélératrice qui tend à soulever le filet central AA′,

$$g \frac{\rho - \sigma}{\sigma} \frac{b'}{b + b'}.$$

Les accélérations verticales des diverses molécules de la bulle étant peu différentes les unes des autres, on peut égaler les forces accélératrices des deux filets. Il en résulte l'équation du mouvement,

$$\frac{dv}{dt} = g \frac{\rho - \sigma}{\sigma} \frac{b'}{b + b'},$$

et aussi

$$\frac{y'}{y} = \frac{b'}{b}.$$

On voit, par cette dernière relation, que la branche inférieure A′P′B est une demi-cycloïde dont les ordonnées verticales ont été diminuées dans un même rapport.

Il reste à déterminer la quantité b'. On y parviendra en égalant la masse connue de la bulle, M, au produit de la densité σ et du volume calculé en fonction de b' à l'aide des équations de la courbe méridienne. L'équation est

$$M = 2\pi\sigma \int_0^{\frac{\pi b}{2}} (y + y')\, x\, dx.$$

Remplaçant y' par $\frac{b'}{b}y$, y par $\frac{b}{2}(1 + \cos\omega)$, x par $\frac{b}{2}(\omega + \sin\omega)$, et intégrant par rapport à ω entre les limites o et π, on trouve

$$M = \pi\sigma b^2 (b + b') \left(\frac{3\pi^2}{16} - \frac{1}{3}\right).$$

Il s'ensuit

$$b' = \frac{M}{\pi\sigma b^2 \left(\frac{3\pi^2}{16} - \frac{1}{3}\right)} - b.$$

D'après cette valeur et celle de b, l'équation du mouvement devient

$$\frac{dv}{dt} = g\,\frac{\rho - \sigma}{\sigma} - \frac{\pi\rho^3 k^3}{M g^2 (\rho - \sigma)^2} \left(\frac{3\pi^2}{16} - \frac{1}{3}\right) v^6.$$

Si la bulle est liquide, l'équation est de la forme

$$\frac{dv}{dt} = A - Bv^6,$$

A et B désignant des constantes. On sait l'intégrer une première fois en quantités finies.

Si la bulle est gazeuse, on devra poser $\sigma = hz$, h étant une constante, puis remplacer v par $-\frac{dz}{dt}$; alors on aura une équation du second ordre, où ne figureront que les variables z et t.

PAGANI, *Journal de M. Crelle*, t. XI, p. 384; 1834.

Maupertuis (*) a déterminé le mouvement d'une bulle d'air en la supposant sphérique. Cette hypothèse étant certainement bien éloignée de la vérité, l'Académie de Bruxelles considéra le problème comme non résolu, et le mit au concours pour l'année 1828.

5. *On suppose un liquide oscillant sous l'action de la pesanteur, dans un siphon qui est formé de deux tubes verticaux réunis par un tube horizontal de même diamètre. Il s'agit de démontrer que la pression moyenne exercée, pendant chaque oscillation, sur un élément de la paroi du tube constamment en contact avec le liquide, est inférieure à celle qui s'exercerait sur le même élément si la colonne liquide était en repos.*

On entend par pression moyenne exercée pendant une oscillation le rapport

$$\frac{\int_0^T p\,dt}{T},$$

où p représente la pression à l'époque t, et T *la durée d'une oscillation.*

Soient ρ la densité du liquide;

l la longueur de la colonne;

z la hauteur du liquide dans l'une des branches verticales au-dessus du niveau qui convient à l'équilibre;

h la distance de l'élément considéré au même niveau d'équilibre, cette distance étant comptée positive au-dessous du niveau;

z_0 la valeur de z au commencement de chaque oscillation.

D'après le principe de d'Alembert, et en supposant que

(*) *Mémoires de l'Académie des Sciences de Paris*, 1733, p. 255.

le mouvement ait lieu par tranches perpendiculaires à l'axe du tube, la portion de la colonne liquide qui se termine vers l'élément considéré doit être en équilibre sous les actions réunies de la pression p qui s'exerce sur la base, du poids de la colonne verticale située au-dessus de l'élément ds, et d'une force égale et contraire à la force accélératrice de la même colonne verticale.

On a donc l'équation

$$p = g\rho(h+z) + \rho(h+z)\frac{d^2z}{dt^2}.$$

En outre, on a trouvé précédemment (p. 507)

$$\frac{d^2z}{dt^2} = -\frac{2g}{l}z,$$

$$z = z_0 \cos\left(\sqrt{\frac{2g}{l}}\,t\right), \quad T = \pi\sqrt{\frac{l}{2g}}.$$

D'après ces valeurs, il vient

$$\frac{\int_0^T p\,dt}{T} = g\rho h\frac{\int_0^T dt}{T} + g\rho z_0\left(1 - 2\frac{h}{l}\right)\frac{\int_0^T \cos\frac{\pi t}{T}\,dt}{T}$$

$$- \frac{2g\rho z_0^2}{l}\frac{\int_0^T \cos^2\frac{\pi t}{T}\,dt}{T}$$

$$= g\rho h - \frac{g\rho z_0^2}{l}.$$

Si le liquide était en repos, la pression moyenne serait $g\rho h$; donc, par le fait même des oscillations, la pression moyenne est diminuée de

$$\frac{g\rho z_0^2}{l}.$$

COMBES, *Journal de M. Liouville,* t. VIII, p. 40; 1843.

M. Anatole de Caligny (*) a construit sur ce principe un appareil très-simple, composé de deux tubes seulement, qui est capable d'élever l'eau à une petite hauteur, par l'effet d'une agitation irrégulière produite dans le liquide du réservoir supérieur. C'est encore dans cette diminution de pression occasionnée par le mouvement du liquide, que M. de Caligny trouve l'explication de ce fait singulier, que certains cours d'eau du littoral se jettent dans la mer, selon toutes les apparences, bien que leur niveau soit moins élevé qu'elle.

6. *Calculer directement la pression totale exercée contre les parois d'un tube, dans lequel se meut un liquide sous l'action de forces quelconques, en supposant que le mouvement ait lieu par tranches perpendiculaires à l'axe du tube.*

Rapportons le système à trois axes rectangulaires.

Soient :

x, y, z les coordonnées d'un point de la courbe qui forme l'axe du tube ;

s l'arc de cette courbe qui se termine au point (x, y, z) ;

α l'angle que la tangente à la courbe au même point fait avec l'axe des x ;

ω l'aire de la section du tube au même point ;

v la vitesse du liquide qui traverse cette section ;

X, Y, Z les composantes parallèles aux axes de la force accélératrice qui est appliquée aux molécules situées sur cette même section ;

$p_x\,ds$, $p_y\,ds$, $p_z\,ds$ les composantes parallèles aux axes de la pression que la tranche liquide comprise entre les

(*) *Journal de M. Liouville*, t. VIII, p. 23.

sections faites aux extrémités des arcs s et $s+ds$ exerce contre la paroi du tube;

P_x la pression totale que le liquide exerce sur le tube dans la direction de l'axe des x;

ρ la densité du liquide;

x_0, s_0, α_0, ω_0, v_0, et x_1, s_1, α_1, ω_1, v_1 les valeurs de x, s, α, ω, v correspondantes aux extrémités du tube.

Si l'on exprime que les forces perdues se font équilibre sur la tranche considérée, il vient

$$p_x = \omega\rho\left(X - \frac{d^2x}{dt^2}\right), \quad p_y = \omega\rho\left(Y - \frac{d^2y}{dt^2}\right),$$
$$p_z = \omega\rho\left(Z - \frac{d^2z}{dt^2}\right).$$

Il en résulte, en particulier, que la pression totale exercée dans la direction de l'axe des x s'exprime par la formule

$$P_x = \rho\int_{s_0}^{s_1} X\omega\,ds - \rho\int_{s_0}^{s_1}\frac{d^2x}{dt^2}\omega\,ds.$$

L'accélération $\frac{d^2x}{dt^2}$ peut se représenter par $\frac{d.v\cos\alpha}{dt}$; mais il faut observer que v est une fonction de t et de s, α une fonction de s seulement, et que la dérivée est ici une dérivée totale. On a donc

$$\frac{d^2x}{dt^2} = \cos\alpha\frac{dv}{dt} + \frac{d.v\cos\alpha}{ds}\frac{ds}{dt},$$

les dérivées qui figurent au second membre étant des dérivées partielles.

De plus, on a les relations

$$\frac{ds}{dt} = v, \quad ds\cos\alpha = dx,$$

$$\omega v = \omega_0 v_0, \quad \omega\frac{dv}{dt} = \omega_0\frac{dv_0}{dt}.$$

Substituant ces valeurs dans l'expression de P_x, on obtient

$$P_x = \rho \int_{s_0}^{s_1} X\omega\, ds - \rho\omega_0 \frac{dv_0}{dt}(x_1 - x_0)$$
$$- \rho\omega_0 v_0 (v_1 \cos\alpha_1 - v_0 \cos\alpha_0).$$

Des formules semblables donneraient la valeur de la pression qui s'exerce suivant l'axe des y et suivant l'axe des z.

Le terme qui contient la dérivée $\frac{dv_0}{dt}$ disparaît quand le mouvement est permanent.

Si les forces appliquées au liquide se réduisent à la pesanteur, alors, nommant Π le poids du liquide contenu dans le tube et a l'angle que fait l'axe des x avec la verticale, on aura

$$\rho \int_{s_0}^{s_1} X\omega\, ds = \Pi \cos a;$$

et, si l'on se borne à considérer le mouvement lorsqu'il est devenu permanent, la pression totale ne sera point changée, de quelque manière que l'on courbe le tube, pourvu que les extrémités conservent la même différence de niveau et des directions parallèles à leurs directions premières; il faut néanmoins exclure les coudes brusques qui changeraient la nature du mouvement.

Ces formules ont été données pour la première fois par Euler. La démonstration qui précède est de Coriolis (*Journal de M. Liouville*, t. II, p. 130; 1837).

7. *Démontrer directement, par le principe des forces vives, qu'une veine liquide, tombant sur un plan qu'elle ne quitte qu'après avoir perdu toute sa vitesse perpendiculaire au plan, exerce sur cette surface une pression normale, proportionnelle au carré de la vitesse relative*

de la veine et du plan estimée suivant la normale au plan.

JEAN BERNOULLI, *Comment. Petrop.*, 1737, p. 37. — *Opera*, t. IV, p. 422.

8. Revenons à l'hypothèse d'après laquelle la pression qui s'exerce entre un fluide et une surface solide, dans leur mouvement relatif, est proportionnelle au carré de la vitesse relative estimée suivant la normale, et proposons-nous les problèmes suivants.

Trouver le centre de pression d'un demi-cercle qui tourne autour de sa base dans un fluide homogène.

Le centre de pression est situé sur le rayon qui partage la surface en deux parties symétriques, à une distance de la base égale à la fraction $\frac{32}{15\pi}$ du rayon.

9. *Un cylindre de révolution, homogène, placé debout sur un plan horizontal, est exposé au choc d'un vent qui souffle dans une direction parallèle au plan. On demande quelle est la vitesse du vent nécessaire pour renverser le cylindre, en supposant la surface du plan de telle nature, que le cylindre ne puisse pas glisser.*

Si l'on nomme P le poids du cylindre, l sa hauteur, ρ la densité de l'air, k la constante définie dans les préliminaires et v la vitesse cherchée, on trouve

$$v^2 = \frac{3P}{2k\rho l^2}.$$

10. *Déterminer la forme d'équilibre d'une voile rectangulaire, dont deux côtés opposés sont maintenus dans des directions parallèles entre elles et perpendiculaires à la direction du vent.*

La surface cherchée est évidemment une surface cylindrique.

On trouve que la section droite est une chaînette.

Si l'on nomme a le rapport de la tension de la voile dans le sens perpendiculaire aux génératrices, avec la pression que le vent exercerait sur une surface plane égale à l'unité et qui lui serait directement opposée, la courbe peut se représenter par l'équation

$$y = \frac{a}{2}\left(e^{\frac{x}{a}} + e^{-\frac{x}{a}}\right).$$

Ce problème fut le sujet d'une lutte intéressante entre les deux frères Jacques et Jean Bernoulli (*). Le premier trouva la solution du problème dès l'année 1691, et le second peu de temps après.

11. *On suppose une lame rectangulaire, rigide, extrêmement mince, tout entière exposée au courant d'un fluide homogène qui la frappe perpendiculairement. Cette lame est d'abord maintenue immobile, puis tout à coup on la laisse libre de tourner autour de l'une de ses arêtes qui reste fixe. Il s'agit de trouver à quelle distance de l'axe de rotation sont situés les points qui, au premier instant, ont une vitesse égale à celle du fluide. Le poids et le moment d'inertie de la lame sont négligeables.*

Si l'on nomme x le rapport de la distance cherchée à la longueur de la lame dans le sens perpendiculaire à l'axe de rotation, on arrive à l'équation

$$x^4 - 3x^2 + 4x - \frac{3}{2} = 0;$$

d'où l'on tire

$$x = 0,65\ldots.$$

Ducrest, *Essais sur les machines hydrauliques*, p. 267; 1777.

(*) *Voir* l'histoire de ce problème dans les *Acta eruditorum*, 1695, p. 546, ou bien dans les *Œuvres de Jacques Bernoulli*, t. I, p. 653.

SECTION II.

MACHINES MISES EN MOUVEMENT PAR LES FLUIDES.

1. *Équation de la transmission du travail appliquée aux roues hydrauliques en général.* — Nous nous proposons ici de calculer le travail moteur que l'eau transmet aux principales roues hydrauliques, lorsque le mouvement de la machine peut être considéré comme uniforme, et celui du liquide comme permanent. Ce calcul nous donnera des indications précieuses sur la valeur dynamique et la disposition la plus convenable de ces récepteurs. Commençons par établir l'équation générale.

Imaginons dans la colonne d'eau deux sections perpendiculaires au courant et très-voisines de la roue, l'une en amont, l'autre en aval. C'est à la masse liquide comprise entre ces deux sections, à une époque donnée, que nous allons appliquer le principe de la transmission du travail.

Soient :

v la vitesse moyenne du liquide dans la section en amont;

v' la vitesse moyenne dans la section en aval;

h la distance du centre de gravité de la deuxième section au plan horizontal qui passe par le centre de gravité de la première section;

Q le volume du liquide qui traverse chacune des sections pendant l'unité de temps;

ρ la densité du liquide, ou le poids de l'unité de volume divisé par le nombre g;

T_f le travail produit pendant l'unité de temps par les frottements et actions mutuelles du liquide agité;

T_m le travail dû à la pression de la roue sur le liquide pendant l'unité de temps, lequel est égal au travail moteur transmis par le liquide à la roue.

L'accroissement de force vive de la masse liquide, pendant l'instant infiniment petit dt qui suit l'époque considérée, est $\rho Q(v'^2 - v^2)\,dt$. Le travail des forces qui agissent pendant le même instant sur cette même masse liquide comprend le travail de la pesanteur $g\rho Qh\,dt$, le travail $-T_f\,dt$ et le travail $-T_m\,dt$. On a donc

$$\rho Q(v'^2 - v^2)\,dt = 2(g\rho Qh\,dt - T_f\,dt - T_m\,dt),$$

et, par suite,

$$\text{(A)} \qquad T_m = g\rho Qh + \frac{1}{2}\rho Q(v^2 - v'^2) - T_f.$$

Quand il s'agit d'établir une roue hydraulique, les quantités données sont ordinairement la dépense Q et la hauteur de la chute, c'est-à-dire la différence de niveau entre deux réservoirs situés l'un en amont de la roue, l'autre en aval, dans lesquels la vitesse de l'eau est nulle ou très-petite.

Nous désignerons cette hauteur de chute par H.

On devra employer une partie h_0 de la hauteur H à faire acquérir à la colonne liquide la vitesse v avec laquelle l'eau doit arriver sur la roue; l'autre partie de la hauteur de chute sera employée tout entière à faire agir l'eau sur le récepteur, autrement on n'utiliserait point toute la chute. De plus, on évitera autant que possible les pertes de force vive dans le canal d'amenée, afin de procurer la vitesse v avec la plus petite hauteur possible h_0. Admettons qu'on soit parvenu à éviter ces pertes de force vive. Alors on aura

$$v = \sqrt{2gh_0} = \sqrt{2g(H - h)},$$

et (A)

$$T_m = g\rho QH - \frac{1}{2}\rho Qv'^2 - T_f.$$

Cette formule nous montre que le travail utile T_m ne

peut jamais surpasser la quantité $g\rho QH$, et s'en approche d'autant plus que v' et T_f sont plus petits. De là résulte cette double condition du bon rendement des roues hydrauliques, *que l'eau arrive sur la roue sans choc, et la quitte sans vitesse.*

La quantité $g\rho QH$, qui mesure le travail de la pesanteur dans le passage de l'eau du bief supérieur au bief inférieur, est ce qu'on nomme la *puissance absolue de la chute.*

2. *Roue à augets.* — On peut admettre, avec une approximation suffisante, que l'eau reçue dans les augets prend la vitesse de la roue, et en sort avec la même vitesse.

Fig. 90.

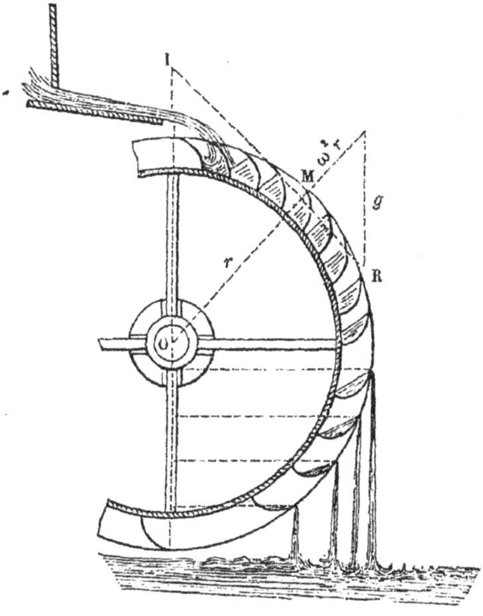

L'eau, arrivant sur la roue avec la vitesse v, change donc rapidement cette vitesse contre la vitesse v' de la circonférence extérieure de la roue. Ce changement de vitesse accuse un travail résistant T_f, égal à la demi-somme des forces vives dues aux vitesses perdues (*voyez* p. 484). Si l'on nomme w la vitesse perdue, qui n'est autre que la vitesse de l'eau affluente, estimée relativement à la circonférence extérieure de la roue, on aura

$$w^2 = v^2 + v'^2 - 2vv' \cos(\widehat{v, v'}),$$

et, par conséquent,

$$T_f = \frac{1}{2}\rho Q[v^2 + v'^2 - 2vv' \cos(\widehat{v, v'})].$$

Si l'on pouvait admettre que les augets se vident instantanément, lorsqu'ils arrivent à l'extrémité de la roue qui touche la surface du bief inférieur, le travail de la pesanteur serait $g\rho Qh$, et l'on aurait (A)

$$(1) \qquad T_m = g\rho Qh + \rho Qv'[v \cos(\widehat{v, v'}) - v'].$$

Cette formule n'est applicable qu'aux roues lentes, dont les augets ne sont point remplis entièrement ; encore, pour la faire concorder avec les résultats de l'expérience, faut-il multiplier le terme $g\rho Qh$ par un coefficient de correction, égal à 0,78 si les augets sont remplis à moitié, égal à 0,65 si les augets sont remplis aux deux tiers.

Pour construire une formule plus exacte, il est nécessaire de connaître la quantité d'eau que renferme chaque auget dans une position donnée.

Considérons une molécule M, située à la surface du liquide qui est renfermé dans l'auget. La pesanteur g et les forces égales et contraires aux forces accélératrices qui produiraient le mouvement de la molécule, si elle était libre, doivent se faire équilibre sur cette molécule en vertu des liaisons et, par conséquent, doivent avoir une résultante normale à la surface du liquide. Il nous est facile de déterminer cette surface; car le mouvement réel de la molécule diffère peu d'un mouvement circulaire uniforme, égal à celui de la roue, en sorte que les secondes forces se réduisent à peu près à la force centrifuge.

Soient ω la vitesse angulaire de la roue, r la distance de l'axe à la molécule considérée, R la résultante de la pesanteur g et de la force centrifuge $\omega^2 r$, et I le point où la direction de cette résultante rencontre le rayon vertical OI qui est situé avec la molécule M dans un même plan perpendiculaire à l'axe de la roue.

Il est aisé de voir, par la considération de deux triangles semblables, que l'on a l'égalité

$$\frac{\text{OI}}{r} = \frac{g}{\omega^2 r}, \quad \text{d'où} \quad \text{OI} = \frac{g}{\omega^2}.$$

La position du point I déterminée par cette dernière relation étant indépendante de la distance r, il s'ensuit que les normales aux différents points de la surface du liquide s'appuient toutes sensiblement sur une même droite horizontale I, située avec l'axe de la roue dans un même plan vertical. *La surface de l'eau dans chaque auget est donc à peu près celle d'un cylindre circulaire, dont l'axe est parallèle à l'axe de la roue et situé dans le même plan vertical, à une hauteur au-dessus de cette droite égale à* $\frac{g}{\omega^2}$.

D'après cela, on peut aisément déterminer la position de l'auget où le déversement commence. A cet effet, on tracera le profil de la roue et les profils circulaires des surfaces de niveau qui passent au bord de chaque auget; on aura, par cette construction, le profil du plus grand volume d'eau que chaque auget puisse contenir; ce volume pourra se calculer approximativement par la méthode des quadratures. Après quelques tâtonnements, on trouvera la position de l'auget où ce volume est sensiblement égal au volume d'eau reçu, lequel est égal au quotient du volume Q par le nombre des augets qui passent dans l'unité de temps. Cette position sera la position cherchée.

Soient h' la hauteur du bord de l'auget où le déversement commence au-dessus du niveau du bief inférieur, q le volume variable de l'eau qui reste dans l'auget lorsqu'il descend au bas de la roue, et n le nombre des augets qui passent dans l'unité de temps.

Pendant que la roue tourne de l'intervalle compris entre deux augets consécutifs, l'eau contenue dans les augets qui ont commencé à se vider produit par son poids un travail égal à celui que produit l'eau contenue dans un seul auget, pendant tout le temps que cet auget met à se vider. Le travail de la pesanteur pendant l'unité de temps est donc

$$g\rho Q(h-h') + g\rho n \int_0^{h'} q\,dh.$$

L'intégrale $\int_0^{h'} q\,dh$ se calculera par la formule de Thomas Simpson. On mesurera sur le profil le volume d'eau qui reste dans l'auget pour cinq positions, correspondantes aux hauteurs du bord o, $\frac{1}{4}h'$, $\frac{1}{2}h'$, $\frac{3}{4}h'$, h'. Nommant q_0, q_1, q_2, q_3, q_4 ces volumes, on aura, avec une approximation suffisante,

$$\int_0^{h'} q\,dh = \frac{h'}{12}[q_0 + 2q_2 + 4(q_1 + q_3) + q_4].$$

Ainsi, quand on tient compte du temps que les augets mettent à se vider, la formule qui exprime le travail moteur est

$$(2)\begin{cases} T_m = g\rho Q(h - h') + g\rho n \frac{h'}{12}[q_0 + 2q_2 + 4(q_1 + q_3) + q_4] \\ \quad + \rho Q v' [v \cos \widehat{(v, v')} - v']. \end{cases}$$

Si l'on suppose Q, q_0, q_1, ..., exprimés en mètres cubes, h et h' en mètres, v et v' en mètres par seconde et T_m en kilogrammètres, la formule devient

$$T_m = 1000 Q (h - h') + \frac{1000 n}{12} h' [q_0 + 2q_2 + 4(q_1 + q_3) + q_4]$$
$$+ 102 Q v' [v \cos \widehat{(v, v')} - v'].$$

Le quotient de ce nombre par 75 est le nombre de chevaux qui mesure la force de la roue.

Cette dernière formule est entièrement d'accord avec les résultats d'expériences faites dans des circonstances très-variées. Elle est due à M. Poncelet.

On voit que, toutes choses égales, le travail utile augmente à mesure que l'angle $\widehat{(v, v')}$ diminue; mais cet angle ne sera jamais nul, sinon l'eau n'entrerait pas dans les augets. Il faudra toujours donner aux augets une disposition convenable pour que l'eau s'introduise facilement, sans qu'aucune partie soit rejetée au dehors.

Si l'on admet la relation $v = \sqrt{2gh_0}$, la formule (2) peut s'écrire

$$T_m = g\rho Q (H - h') + g\rho n \frac{h'}{12} [q_0 + 2q_2 + 4(q_1 + q_3) + q_4]$$
$$- \frac{1}{2} \rho Q [v^2 + 2v'^2 - 2vv' \cos \widehat{(v, v')}].$$

Sous cette forme, on voit que le travail résistant représenté par le dernier terme décroît à mesure que les vitesses v et v' diminuent; de plus, à mesure que la vitesse de la roue diminue, le déversement anticipé est moins considérable, et par conséquent la somme des deux premiers termes s'approche d'être égale à la puissance absolue de la chute. Donc il y a de l'avantage à amener l'eau avec une petite vitesse et à faire tourner la roue lentement. La vitesse d'un mètre à la circonférence donne en général les meilleurs résultats.

3. *Roue en dessous à aubes planes emboîtées dans un coursier.* — Nous suivrons ici une marche un peu différente. Considérons la colonne liquide qui se trouve comprise, à une époque donnée, entre deux sections AB, A'B'

Fig. 91.

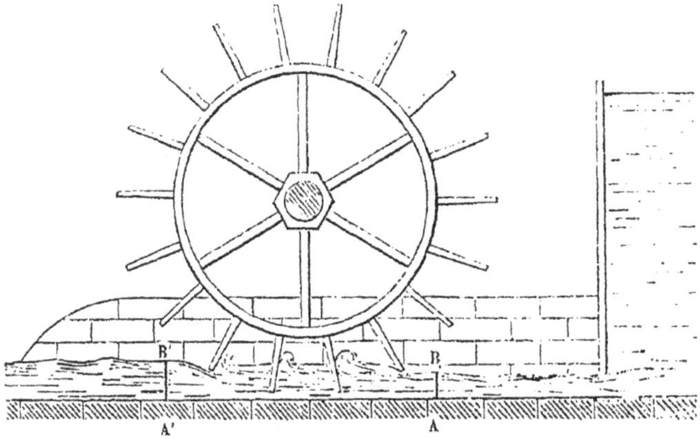

perpendiculaires au courant, l'une en amont de la roue, l'autre en aval.

Soient :

v la vitesse moyenne sur la section AB;

v' la vitesse moyenne sur la section A'B';

l la hauteur du niveau au-dessus du fond du coursier sur la section d'amont;

l' la hauteur analogue sur la section d'aval;

Q le volume de l'eau qui traverse chaque section dans l'unité de temps;

F la composante des actions de la roue sur la colonne liquide en sens contraire du courant;

P la somme de toutes les autres pressions que supporte la colonne liquide, estimées dans la direction du courant;

ρ la densité du liquide;

m la masse de l'une de ses molécules;

x la distance de cette molécule à un plan fixe parallèle à l'une des sections extrêmes, cette distance étant comptée positive dans le sens du courant.

Exprimant que les composantes horizontales des forces perdues se font équilibre sur la colonne considérée, il vient

$$\sum m \frac{d^2 x}{dt^2} - \mathrm{P} + \mathrm{F} = 0. \tag{1}$$

La somme $\sum m \frac{d^2 x}{dt^2}$ est la dérivée de la quantité de mouvement de la colonne liquide, prise par rapport au temps. Puisque le mouvement est permanent, l'accroissement de la quantité de mouvement, pendant l'instant infiniment petit dt qui suit l'époque considérée, se réduit à la différence entre les quantités de mouvement des deux petites parties du liquide qui traversent les plans fixes A'B', AB pendant le même instant, savoir $\rho \mathrm{Q}\, dt \times v' - \rho \mathrm{Q}\, dt \times v$. La dérivée est donc $\rho \mathrm{Q}\,(v' - v)$. Par suite,

$$\sum m \frac{d^2 x}{dt^2} = \rho \mathrm{Q}\,(v' - v).$$

La somme P comprend la pression atmosphérique, la résistance due au frottement contre les parois du coursier, et enfin les pressions exercées par le liquide adjacent aux extrémités de la colonne. Les composantes horizontales des pressions qui proviennent de l'atmosphère font évidemment une somme nulle. La résistance qui

par des aubes cylindriques présentant leur concavité au courant. La courbure de ces aubes est à volonté, pourvu qu'elle soit continue; on fait ordinairement la section circulaire.

Admettons que les molécules liquides arrivent sur l'aube avec une vitesse v, dirigée dans le plan tangent au premier élément de la surface, et que, pendant le temps peu considérable que chaque molécule reste en contact avec l'aube, cette surface puisse être considérée comme se mouvant parallèlement à elle-même dans la direction de la vitesse v, avec une vitesse constante v', égale à celle de la circonférence extérieure de la roue. Calculons dans cette hypothèse le travail qu'une molécule liquide, de masse m, transmettrait à la roue, si le mouvement de cette molécule n'était nullement gêné par le liquide affluent, et que le frottement contre la surface de l'aube fût négligeable.

Le mouvement de translation commun à l'aube et à la molécule liquide, pendant qu'elles sont en contact, n'aura pas d'influence sur leur mouvement relatif; de sorte que la molécule liquide, après s'être élevée sur l'aube, acquerra, en descendant au bas de la surface, une vitesse relative égale et contraire à la vitesse relative $v - v'$ qu'elle possédait à son arrivée. La vitesse absolue de la molécule liquide à sa sortie de l'aube sera donc

$$v' - (v - v') = 2v' - v.$$

La force vive perdue pendant son action sur l'aube sera

$$m\left[v^2 - (2v' - v)^2\right] = 4mv'(v - v'),$$

et le travail communiqué à la roue,

$$2mv'(v - v').$$

Il en résulte que, en représentant par Q le volume

d'eau admis dans la roue pendant l'unité de temps, le travail moteur serait donné par la formule

$$T_m = 2\rho Q v' (v - v'),$$

si nos hypothèses étaient réalisées. Le maximum du travail moteur répondrait à $\frac{v'}{v} = \frac{1}{2}$, et serait égal à la puissance absolue de la chute.

Mais les suppositions sur lesquelles se fonde cette théorie sont trop éloignées de la réalité, pour qu'on doive regarder la formule obtenue comme représentant avec quelque exactitude le travail de la roue à aubes courbes. Il paraît fort difficile de donner à ce sujet une théorie complétement satisfaisante.

Les expériences ont appris que le maximum de l'effet utile répond à $\frac{v'}{v} = 0,55$, et ne dépasse pas les 0,70 de la puissance absolue de la chute.

Quand on exprime Q en mètres cubes, v et v' en mètres par seconde, et T_m en kilogrammètres, on a sensiblement :

Pour des chutes de 2^m et au-dessus,

$$T_m = 122 Q v' (v - v');$$

Pour des chutes de $1^m,50$ à 2^m,

$$T_m = 132 Q v' (v - v');$$

Pour des chutes au-dessous de $1^m,50$,

$$T_m = 143 Q v' (v - v').$$

5. *Ailes des moulins à vent.* — Nous supposerons l'arbre qui porte les ailes parallèle à la direction du vent, et la surface des ailes engendrée par une ligne droite de longueur constante, qui glisse sur un bras perpendicu-

laire à l'arbre, en restant elle-même perpendiculaire à ce bras. Cette disposition est la plus ordinaire, et aussi celle qui paraît susceptible de donner les meilleurs résultats.

Nous partagerons la surface de l'aile en éléments compris entre deux génératrices consécutives, et nous considérerons chacun de ces éléments comme situé dans le plan déterminé par le bras et par l'une des deux génératrices; l'aire de cet élément aura pour mesure le produit de la largeur de l'aile par la plus courte distance des deux génératrices.

Soient :

l la largeur constante de l'aile;

r la distance de l'axe à l'un des éléments de la surface;

r_0 et r_1 les valeurs extrêmes de r;

φ l'angle que le plan de l'élément considéré fait avec la direction du vent;

v la vitesse du vent;

ω la vitesse angulaire de l'arbre qui porte les ailes;

ρ la densité de l'air, ou le poids d'un volume d'air égal à l'unité divisé par le nombre g;

k un coefficient constant que l'observation déterminera.

D'après l'hypothèse admise dans la Section précédente, la pression exercée par le vent sur l'élément de l'aile sera le produit des constantes k et ρ par la surface ldr et par le carré de la vitesse relative, estimée suivant la normale à l'élément. Or la projection de la vitesse du vent sur la direction de la normale est $v \sin\varphi$, et la projection de la vitesse de l'élément lui-même est $\omega r \cos\varphi$; donc la pression sera

$$k\rho l (v \sin\varphi - \omega r \cos\varphi)^2 dr.$$

Il en résulte que le travail moteur élémentaire aura

pour valeur

$$k\rho l(v\sin\varphi - \omega r\cos\varphi)^2 dr.\omega r\cos\varphi\, dt;$$

et, si le mouvement est uniforme, le travail moteur développé pendant l'unité de temps sur l'aile entière sera

$$(1)\qquad k\rho l\int_{r_0}^{r_1}(v\sin\varphi - \omega r\cos\varphi)^2\omega r\cos\varphi\, dr.$$

Supposant données la largeur des ailes et les distances de leurs extrémités à l'axe, on peut déterminer la courbure de la surface des ailes, de manière que le travail moteur ait la plus grande valeur possible, quelle que soit la vitesse angulaire. Ceci revient à trouver la fonction de r qui, substituée à φ, rend un maximum l'intégrale (1).

Puisque chaque élément de l'intégrale ne dépend que d'un seul élément de la surface, et en aucune façon des éléments voisins, la somme sera un maximum, si le travail exercé sur chaque élément de la surface est séparément un maximum. Or, pour qu'il en soit ainsi, il faut que la fonction comprise sous le signe $\int$ ait une dérivée nulle relativement à la variable φ. Égalant la dérivée à zéro, après avoir supprimé le facteur $(v\sin\varphi - \omega r\cos\varphi)$, qui ne saurait être nul sans que le travail soit nul lui-même, il vient

$$(2)\quad 2(v\cos\varphi + \omega r\sin\varphi)\cos\varphi - \sin\varphi(v\sin\varphi - \omega r\cos\varphi) = 0;$$

d'où l'on tire

$$(3)\qquad \tan\!g\,\varphi = \frac{3\omega r}{2v} + \sqrt{\left(\frac{3\omega r}{2v}\right)^2 + 2}.$$

Cette dernière équation détermine la forme la plus avantageuse des ailes, pour une vitesse angulaire qui est dans un rapport donné avec la vitesse du vent. Le radical y est pris avec le signe $+$, car autrement $\tang\varphi$ serait négatif, et, le vent frappant les ailes par derrière, le travail ne serait plus moteur.

Pour épuiser complétement la question du maximum d'effet, il faut encore trouver quel est le rapport de la vitesse angulaire des ailes à la vitesse du vent qui assure le plus grand travail, quand la surface des ailes vérifie l'équation (3).

Cette valeur du rapport $\frac{\omega}{v}$ annule la dérivée de l'intégrale (1), prise par rapport à ω en y considérant φ comme une fonction de ω donnée par l'équation (3). Ainsi, nommant V la fonction comprise sous le signe $\int$, on a l'équation

$$\int_{r_0}^{r_1}\left(\frac{dV}{d\omega}+\frac{dV}{d\varphi}\frac{d\varphi}{d\omega}\right)dr=0,$$

dans laquelle on doit substituer sous le signe $\int$ la valeur (3) de l'angle φ, après avoir formé les dérivées. Dans cette substitution, la dérivée $\frac{dV}{d\varphi}$ disparaîtra complétement (2), en sorte qu'on n'aura pas à tenir compte du terme $\frac{dV}{d\varphi}\frac{d\varphi}{d\omega}$. Profitant des autres simplifications que l'équation (2) peut apporter dans la valeur de $\frac{dV}{d\omega}$, on arrive à la formule

$$\int_{r_0}^{r_1} v(v\sin\varphi-\omega r\cos\varphi)\frac{r\cos^3\varphi}{\sin\varphi}dr=0.$$

L'intégration devient facile quand on prend pour variable l'angle φ. En effet, les valeurs à substituer sous le signe $\int$ sont (2)

$$r = \frac{v}{3\omega} \frac{1 - 3\cos^2\varphi}{\sin\varphi\cos\varphi}, \quad dr = \frac{v}{3\omega} \frac{1 + \cos^2\varphi}{\sin^2\varphi\cos^2\varphi} d\varphi;$$

elles changent l'équation précédente en celle-ci,

$$\int_{\varphi_0}^{\varphi_1} \frac{(1 - 3\cos^2\varphi)(1 + \cos^2\varphi)}{\sin^5\varphi} d\varphi = 0,$$

où φ_0 et φ_1 représentent les valeurs de φ correspondantes aux distances r_0 et r_1, exprimées en fonction de ces distances par la formule (3). Sous cette forme, on trouve aisément l'intégrale indéfinie

$$f(\varphi) = \frac{5\cos^3\varphi - 3\cos\varphi}{2\sin^4\varphi} - \frac{1}{2}\log\left(\text{tang}\,\frac{1}{2}\varphi\right).$$

L'équation qui détermine le rapport $\frac{\omega}{v}$ est donc

$$f(\varphi_1) - f(\varphi_0) = 0.$$

Malheureusement cette équation est trop compliquée pour qu'on puisse s'en servir commodément dans la pratique. Il suffira de savoir que Coriolis (*), auquel est dû ce calcul, a comparé les résultats de l'analyse avec ceux de l'observation, et a trouvé un accord satisfaisant en prenant le coefficient k égal à $\frac{3}{2}$.

D'autre part, les expériences de Coulomb (**) et de Smeaton (***) ont montré que la valeur la plus avantageuse du rapport $\frac{\omega}{v}$ est comprise entre $\frac{2,5}{r_1}$ et $\frac{2,7}{r_1}$.

(*) *Du calcul de l'effet des machines*, p. 210; 1829.

(**) *Théorie des machines simples.*

(***) *Recherches expérimentales sur l'eau et le vent* (ouvrage traduit de l'anglais par Girard).

Dans ces conditions, si l'on nomme A la surface de l'une des quatre ailes exprimée en mètres carrés, et v la vitesse du vent exprimée en mètres par seconde, le travail moteur T_m transmis par les ailes peut se calculer par la formule empirique

$$T_m = 0,13 A v^3 \text{ km}.$$

6. *Calcul du travail développé par la vapeur dans les machines.* — Nous considérerons une machine à détente, et nous supposerons que la vapeur agissant sur le piston conserve une même température pendant toute la durée de son action; en sorte qu'il faudra concevoir que les parois du cylindre restituent à la vapeur la température qu'elle perd nécessairement, lorsqu'elle change de volume en agissant par détente. Cette température constante de la vapeur sera celle de la chaudière.

Soient :

Ω la surface du piston, exprimée en mètres carrés;

H la hauteur du cylindre diminuée de l'épaisseur du piston, exprimée en mètres;

h la portion de la hauteur H que parcourt le piston pendant que la vapeur agit à pleine pression;

p la pression de la vapeur dans la chaudière sur un centimètre carré, exprimée en kilogrammes;

p' la pression de la vapeur dans le condenseur, ou la pression atmosphérique s'il n'y a pas de condenseur.

Le travail moteur que produit la vapeur, pendant qu'elle agit à pleine pression, est évidemment le produit de la pression par le volume que décrit le piston, c'est-à-dire $10\,000 p \Omega h$ kilogrammètres.

Si l'on nomme x la hauteur variable de la partie du cylindre que remplit la vapeur lorsqu'elle agit par détente, la pression pendant la détente sur un centimètre carré de la surface du cylindre est $\frac{ph}{x}$, d'après la loi de Mariotte; par suite, le travail produit par la détente a pour expression

$$10000\,p\,\Omega\,h\int_h^H \frac{dx}{x} = \left(10000\,p\,\Omega\,h \log \frac{H}{h}\right)^{\mathrm{km}}.$$

Le travail résistant de la vapeur qui se trouve dans le condenseur, pendant toute la course du piston, est égal à

$$-\,10000\,p'\,\Omega\,H^{\mathrm{km}}.$$

Réunissant toutes ces parties, on obtient le travail de la vapeur pendant la course entière du piston,

$$T_m = 10000\,p\,\Omega\,h\left(1 + \log \frac{H}{h} - \frac{p'}{p}\,\frac{H}{h}\right)^{\mathrm{km}}.$$

Le quotient de cette quantité par le nombre de courses simples du piston en une minute et par le produit 60×75 sera le nombre de chevaux qui mesure la force théorique de la machine.

Le travail théorique T_m peut encore s'écrire

$$T_m = 10000\,p\nu\left(1 + \log \frac{p}{p_1} - \frac{p'}{p_1}\right)^{\mathrm{km}},$$

en nommant ν le volume engendré par le piston dans sa course pendant l'admission de la vapeur, exprimé en mètres cubes, et p_1 la pression que la vapeur exerce après la détente sur un centimètre carré de la surface du cylindre.

FIN DU TOME SECOND.

A. M. D. G.

Made in the USA
Monee, IL
19 October 2026

66039183R00312